普通高等院校"十二五"规划教材

数据库技术与应用

虞益诚　主　编

于　春　王邦千　孙　莉
郭　娜　陶　然　周　行　马宪勇　副主编
陈忠英　凌韶华　韩　欣
闻悦波　石秀金　参　编

U0229852

中国铁道出版社
CHINA RAILWAY PUBLISHING HOUSE

内 容 简 介

SQL Server 2005 是一个性能卓越、支持多种操作系统的数据库管理系统,广泛应用于电子商务、银行证券和金融保险等领域。本书从数据库基础知识、管理技术和应用开发 3 个层面系统地介绍了数据库基础、SQL Server 2005 数据库及表创建与管理、数据查询方法、数据库系统安全以及数据库应用与开发等,旨在凸显"项目导向、任务驱动、条理明晰、内容新颖、夯实基础、强化实践、提升能力、面向应用"的教材特色与导读理念。

本书结构合理、循序渐进、内容翔实、论述严谨、实例丰富、应用性强。内容既有一定的知识深度,也充满着应用实例,是作者长期从事该分支教学与实践研究的心得。为便于学习和梳理思绪,每章后均附有小结、思考与练习题,供读者加深理解与自我测试之用。本书提供了与教材配套的教学课件以及经过精心设计和调试的例题源代码,以供教师使用,旨在减轻教师们的课件制作与代码编写负担。本书尤其适合于教师和学生的教与学。

本书适合作为高等院校教材,也可作为从事该分支研究的研究生与广大工程技术人员的重要参考书,另外,还可作为广大 SQL Server 数据库系统管理、应用开发的人士的自学参考书。

图书在版编目(CIP)数据

数据库技术与应用 / 虞益诚主编. —北京 : 中国
铁道出版社, 2012.9
普通高等院校"十二五"规划教材
ISBN 978-7-113-14921-5

Ⅰ. ①数… Ⅱ. ①虞… Ⅲ. ①数据库系统—高等学校
—教材 Ⅳ. ①TP311.13

中国版本图书馆 CIP 数据核字(2012)第 198825 号

书　　名:数据库技术与应用
作　　者:虞益诚　主编

策　　划:郑　涛　　　　　　　　　　读者热线:400-668-0820
责任编辑:吴宏伟
编辑助理:郑　涛
封面设计:付　巍
封面制作:刘　颖
责任印制:李　佳

出版发行:中国铁道出版社(100054,北京市西城区右安门西街 8 号)
网　　址:http://www.51eds.com
印　　刷:北京铭成印刷有限公司
版　　次:2012 年 9 月第 1 版　　2012 年 9 月第 1 次印刷
开　　本:787mm×1092mm　1/16　印张:29　字数:705 千
印　　数:1~2 000 册
书　　号:ISBN 978-7-113-14921-5
定　　价:50.00 元

Microsoft SQL Server 2005 是微软公司推出的一个性能优越的网络型关系数据库管理系统（RDBMS），是支持多种网络操作系统的数据库管理平台，该版本扩展了前期低版的性能，提升了可靠性、安全性、可用性、可编程性、易用性等性能，目前正以其集成的商业智能、数据库引擎、分析服务等优异功能广泛地应用于信息管理、电子商务、管理工程等诸多应用领域，成为杰出的企业数据库系统管理的强大支撑平台，通过提供完整的数据管理和分析解决方案及面向数据库的通用数据处理语言规范等特点赢得了学者与业内人士的青睐。

SQL Server 数据库应用技术在经历了多年的演进与洗礼后已有了长足的发展，而作为一门迅速崛起的高等院校专业类课程仍然在不断地建设和完善中，亟需真正能表述其内涵、丰富其外延、展示其方法、发挥其技能、体现其应用、导引其演进的教材来不断充实和提升之。本教材依据普通高校教学大纲和基于同时提升读者应用技能的理念，注重理论的严谨性与完整性、技能的实用性与创新性、实践的应用性与发展性，力求使读者在掌握 SQL Server 数据库技术的同时获得应用设计能力。

本书以其结构合理、论述严谨、循序渐进、内容翔实、图文并茂、实例丰富、知识面广、应用性强等特点赢得了用户的赞誉；深感该教材体现了应用先导、实例驱动、知行合一、清晰易懂的编著理念，使得该课程教学环节的理论与实践有机结合，数据库管理与系统应用开发效果得以迅速彰显。

教材基于"项目导向、任务驱动、条理明晰、内容新颖、夯实基础、强化实践、提升能力、面向应用"特色与导读理念，通过一个信息管理数据库与学生管理系统来体现项目导向、任务驱动效用，由本教材三篇 21 章的文体构架与任务驱动、实例引领、图文解析向读者呈现了条理明晰、内容新颖的特点；通过基础知识篇、管理技术篇夯实基础、强化实践的思绪；由应用开发篇形成了提升能力、面向应用的效用。书中内容：（1）构架合理递进有序；（2）归类梳理突出发展；（3）提升能力面向应用。

本教材通篇分为：基础知识篇、管理技术篇、应用开发篇三大部分。全面地介绍了数据库基础、SQL Server 2005 数据库管理、数据查询与更新、数据库安全性管理、系统应用开发等的相关原理、方法和技能。涉及的内容既有一定的知识深度，也充满着应用技能，是作者长期从事该领域教学与实践研究的"心得"。书中配备了大量的操作示例，并辅以通过运行的屏幕画面，可使读者有身临其境之感，易于阅读和理解。每章后均附有选择题、思考与实验题，供读者领悟与自我测试之用，以使读者在学习 SQL Server 2005 数据库应用技术方面得以有所帮助，真正从中觅得真知、夯实基础、提升技能、获取裨益。

基础知识篇包括第 1~7 章，系统地阐述了数据库基础知识、数据模型、数据库系统结构、关系数据库、网络数据、SQL Server 的发展、SQL Server 2005 安装技巧与管理工具、SQL Server 2005 系统及服务器管理、系统配置与服务器属性、数据库创建与管理、数据的导入与导出、数据库分离与附加、数据库备份与恢复、数据完整性及约束基础、表的创建、修改与删除、表数据管理与索引等。

管理技术篇包括第 8~14 章，扼要地介绍了 Transact-SQL 语言与程序设计基础、程序流控制语句与事务、数据查询方法与操作技巧、视图创建与管理、存储过程和触发器及其应用、游标的使用、SQL Server 2005 安全机制、用户登录名管理、数据库用户管理、角色与权限管理及架构管理、数据库复制等。

应用开发篇包括第 15~21 章，概括地解析了 SQL Server 2005 数据库访问与应用开发技术。融含了 VB 与 VB.NET、ASP 与 ASP.NET、Java 与 JSP 访问 SQL Server 2005 数据库的应用开发技术，以及 SQL Server2005 应用开发与课程设计实例等。

本书提供了与教材配套的教学课件、经过精心设计与调试的例题与编程实例的源代码以资使用，旨在使读者（尤其是教师们）能从繁杂的课件与代码编写中聊以释负，具体可从出版社网站下载，或可通过 E_mail：yuyich@126.com 与作者联系。

本书由虞益诚任主编，于春、王邦千、孙莉、郭娜、陶然、周行、马宪勇任副主编。本教材的第 1 章由虞益诚、陈忠英、凌韶华编写，第 2 章、第 3 章、第 5 章、第 12 章、第 19 章、第 20 章、第 21 章由虞益诚编写，第 4 章由马宪勇、虞益诚编写，第 5 章由陈忠英、虞益诚编写，第 6 章由孙莉、虞益诚编写，第 7 章由凌韶华、虞益诚编写，第 8 章、第 10 章、第 13 章由于春编写，第 18 章由陶然编写，第 9 章由王邦千编写，第 11 章由郭娜编写，第 14 章由周行编写，第 15 章由马宪勇、石秀金编写，第 16 章、第 17 章由马宪勇编写，，附录 A 由于春、王邦千、郭娜、周行编写，附录 B 由韩欣蔚编写，附录 C 由闻悦波编写。全书由虞益诚校改、统稿酌定。

在本书的编写过程中朱德昌、强立伟等也提出了真知灼见；闻悦波、徐丹对本书编写的资料整理提供了帮助，在此一并表示由衷的感谢！

由于作者水平有限及本书编辑仓促、涵盖面广，书中的疏漏不当之处在所难免，敬请广大的读者和同仁不吝赐教、拨冗指正。

编　者
2012 年 5 月

目录

第一篇　基础知识

第1章　数据库基础 1
　1.1　数据库管理系统 1
　　1.1.1　信息、数据、数据库 1
　　1.1.2　数据管理技术的发展 2
　　1.1.3　数据库管理系统 2
　1.2　数据库系统 3
　1.3　构建数据模型 5
　　1.3.1　E-R 方法 5
　　1.3.2　数据模型 7
　1.4　关系数据库 8
　　1.4.1　关系模型的基本概念 8
　　1.4.2　关系数据库基本演算 9
　　1.4.3　关系模型的规范化 11
　1.5　数据仓库与数据挖掘 12
　　1.5.1　数据仓库理念 12
　　1.5.2　数据仓库系统系统构成 ... 13
　　1.5.3　数据仓库系统关键技术 ... 13
　1.6　网络数据库基础 14
　　1.6.1　网络数据库系统基础 14
　　1.6.2　网络数据库系统特点 14
　　1.6.3　网络数据库系统体系结构 . 15
　本章小结 16
　思考与练习 16

第2章　SQL Server 2005 概述 19
　2.1　SQL Server 的演进 19
　2.2　SQL Server 2005 系统新增功能 20
　　2.2.1　数据库引擎 20
　　2.2.2　集成服务 20
　　2.2.3　分析服务 21
　　2.2.4　复制服务 21
　　2.2.5　报表服务 21
　　2.2.6　通知服务 21

　　2.2.7　全文搜索 22
　　2.2.8　服务代理 22
　　2.2.9　管理工具集 22
　　2.2.10　开发工具 22
　2.3　SQL Server 2005 平台性能机制 ... 23
　　2.3.1　SQL Server 2005 平台构架 ... 23
　　2.3.2　SQL Server 2005 性能机制 ... 23
　2.4　SQL Server 2005 安装技巧 25
　　2.4.1　SQL Server 2005 版本功能 ... 25
　　2.4.2　SQL Server 2005 安装环境 ... 26
　　2.4.3　SQL Server 2005 安装过程 ... 29
　　2.4.4　SQL Server 升级 33
　2.5　SQL Server 2005 管理工具 33
　　2.5.1　SQL Server Management
　　　　　Studio 34
　　2.5.2　SQL Server 配置管理器 ... 40
　　2.5.3　数据库引擎优化顾问 41
　　2.5.4　SQL Server Profiler 42
　　2.5.5　SQL Server 2005 联机
　　　　　丛书 42
　　2.5.6　SqlCmd 命令行工具程序 ... 43
　本章小结 45
　思考与练习 45

第3章　SQL Server 2005 系统及
　　　　服务器管理 47
　3.1　SQL Server 2005 系统与示例
　　　　数据库 47
　　3.1.1　SQL Server 2005 系统
　　　　　数据库 47
　　3.1.2　SQL Server 2005 的数据库
　　　　　对象 50
　3.2　SQL Server 2005 服务器管理 51

3.2.1　SQL Server 服务的启停
　　　　管理 51
3.2.2　创建服务器组 52
3.2.3　服务器连接管理 53
3.2.4　服务启动模式配置 55
3.3　SQL Server 2005 配置管理 56
3.3.1　网络协议与连接方式
　　　　选择 56
3.3.2　SQL Server 2005 网络配置
　　　　管理 58
3.3.3　SQL 客户端网协议配置 59
3.3.4　SQL Server 外围应用配置 .. 62
3.4　配置 SQL Server 服务器属性 64
3.4.1　服务器常规属性 64
3.4.2　服务器内存属性 65
3.4.3　服务器处理器属性 66
3.4.4　服务器安全属性 67
3.4.5　服务器连接属性 67
3.4.6　服务器高级属性 68
3.4.7　服务器数据库属性 68
3.4.8　服务器权限属性 69
3.4.9　使用 sp_configure 服务器
　　　　属性设置 69
3.5　使用日志阅览服务器运行状况 70
3.6　结构化查询语言 SQL 70
3.6.1　SQL 语言及发展 71
3.6.2　SQL 语言的组成 71
3.6.3　Transact-SQL 语言的
　　　　特点 72
本章小结 72
思考与练习 73

第 4 章　数据库管理 74
4.1　数据库的存储结构 74
4.1.1　数据库规划 74
4.1.2　数据库文件和文件组 74
4.1.3　数据库文件的空间分配 ... 75
4.2　创建数据库 76

4.2.1　使用 SQL Server 管理平台
　　　　创建数据库 76
4.2.2　使用 Transact-SQL 语言
　　　　创建数据库 78
4.3　修改数据库 80
4.3.1　使用 SQL Server 管理平台
　　　　修改数据库 80
4.3.2　使用 Transact-SQL 语言
　　　　修改数据库 83
4.4　查看数据库信息 84
4.4.1　使用 SQL Server 管理平台
　　　　查看数据库信息 84
4.4.2　使用 Transact-SQL 语言
　　　　查看数据库的信息 85
4.5　压缩数据库 87
4.5.1　使用 SQL Server 管理平台
　　　　压缩数据库 87
4.5.2　使用 Transact-SQL 语言
　　　　压缩数据库 88
4.6　删除数据库 89
4.6.1　使用 SQL Server 管理平台
　　　　删除数据库 89
4.6.2　使用 Transact-SQL 语言
　　　　删除数据库 90
4.7　管理数据库快照 91
本章小结 92
思考与练习 92

第 5 章　数据转换及数据库加载备份
　　　　管理 95
5.1　数据转换 95
5.1.1　数据转换服务 95
5.1.2　导入数据 97
5.1.3　导出数据 99
5.2　数据库分离与附加 101
5.2.1　分离数据库 101
5.2.2　附加数据库 101
5.3　数据库备份与恢复 102

5.3.1 备份和恢复概述............ 102
5.3.2 备份设备 105
5.3.3 备份数据库 107
5.3.4 恢复数据库 109
本章小结 111
思考与练习 112

第6章 表的管理与使用 113
6.1 数据完整性 113
6.1.1 数据完整性概述 113
6.1.2 数据完整性分类与实施 . 113
6.1.3 约束 115
6.2 创建表 119
6.2.1 按需规划设计数据表 120
6.2.2 使用 SQL Server 管理平台
创建表 121
6.2.3 使用 Transact-SQL 语言
创建表 123
6.3 修改表 124
6.3.1 使用 SQL Server 管理平台
修改表 124

6.3.2 使用 Transact-SQL 语言
修改表 126
6.4 删除表 127
6.4.1 使用 SQL Server 管理平台
删除表 127
6.4.2 使用 Transact-SQL 语言
删除表 127
6.5 表属性与更名 128
6.6 数据管理 129
6.6.1 数据插入 129
6.6.2 数据更新 132
6.6.3 数据删除 133
6.7 索引 134
6.7.1 索引的特点和用途 134
6.7.2 索引分类 134
6.7.3 创建索引 135
6.7.4 查看索引 137
6.7.5 修改索引 138
6.7.6 删除索引 139
本章小结 140
思考与练习 140

第二篇 管理技术

第7章 Transact-SQL 语言基础 143
7.1 程序设计基础 143
7.1.1 注释语句 143
7.1.2 批处理 144
7.1.3 GOTO 语句 146
7.1.4 RETURN 语句............ 146
7.1.5 PRINT 命令 147
7.2 Transact-SQL 语法规则 148
7.2.1 关键字 148
7.2.2 Transact-SQL 语法规则 .. 149
7.3 常量与变量 149
7.3.1 常量 149
7.3.2 局部变量 150
7.3.3 全局变量 152

7.4 运算符与表达式 154
7.4.1 算术运算符 155
7.4.2 位运算符 155
7.4.3 比较运算符 155
7.4.4 逻辑运算符 156
7.4.5 字符串连接符 158
7.4.6 赋值运算符 158
7.4.7 运算符的优先级 159
7.4.8 表达式 160
7.5 程序流控制语句 160
7.5.1 IF...ELSE 160
7.5.2 BEGIN...END 162
7.5.3 CASE 结构 162
7.5.4 WHILE 循环结构 164

7.5.5　WAITFOR 语句 165
7.5.6　TRY...CATCH 语句 166
7.5.7　EXECUTE 语句 167
7.6　事务 167
7.6.1　事务基础 168
7.6.2　事务模式 168
本章小结 170
思考与练习 171

第 8 章　数据查询操作 173
8.1　SELECT 语句基础 173
8.1.1　SELECT 语句的语法
格式 173
8.1.2　SELECT 语句的执行
方式 174
8.1.3　简单查询 176
8.2　使用 FROM 子句 177
8.3　SELECT 子句 178
8.4　WHERE 子句的使用 181
8.5　ORDER BY 排序子句 184
8.6　分类汇总 185
8.6.1　常用统计函数 185
8.6.2　GROUP BY 分组子句 186
8.6.3　HAVING 筛选子句 187
8.6.4　使用 COMPUTE BY 汇总 .. 187
8.7　多表连接查询 188
8.7.1　内连接 189
8.7.2　外连接 190
8.7.3　交叉连接 192
8.7.4　自连接 192
8.7.5　多表连接 192
8.7.6　联合查询 192
8.8　子查询的运用 193
8.8.1　子查询基础 193
8.8.2　多行子查询 194
8.8.3　单值子查询 196
8.8.4　子查询多层嵌套及应用 . 196
8.9　数据更新 198

8.9.1　使用 INSERT 插入行 198
8.9.2　使用 UPDATE 更新数据 ... 199
8.9.3　使用 DELETE 删除行 200
本章小结 200
思考与练习 200

第 9 章　视图管理 202
9.1　视图的概述 202
9.1.1　视图的优点 202
9.1.2　视图的分类 203
9.2　创建视图 203
9.2.1　使用 SQL Server 管理平台
创建视图 204
9.2.2　使用 Transact-SQL 语言
创建视图 205
9.3　修改视图 208
9.3.1　使用 SQL Server 管理平台
修改视图 208
9.3.2　使用 Transact-SQL 语言
修改视图 209
9.3.3　视图的更名 209
9.4　删除视图 210
9.4.1　使用 SQL Server 管理平台
删除视图 210
9.4.2　使用 Transact-SQL 语言
删除视图 210
9.5　使用视图 211
9.5.1　视图约束与可更新视图 .. 211
9.5.2　使用视图插入表数据 211
9.5.3　使用视图修改表数据 212
9.5.4　使用视图删除表数据 212
本章小结 212
思考与练习 213

第 10 章　存储过程与触发器 214
10.1　存储过程 214
10.1.1　存储过程基础 214
10.1.2　创建存储过程 216
10.1.3　执行存储过程 218

10.1.4 修改存储过程............219
　　10.1.5 查看存储过程............220
　　10.1.6 删除存储过程............221
10.2 触发器............222
　　10.2.1 触发器概述............222
　　10.2.2 触发器分类............222
　　10.2.3 创建触发器............223
　　10.2.4 修改触发器............225
　　10.2.5 管理触发器............226
　　10.2.6 删除触发器............227
10.3 存储过程与触发器的应用............228
　　10.3.1 存储过程应用............228
　　10.3.2 触发器的应用............232
本章小结............236
思考与练习............237

第 11 章 游标............239
11.1 游标概述............239
11.2 声明游标............240
11.3 打开游标............242
11.4 游标函数............242
11.5 提取游标数据............243
11.6 关闭/释放游标............244
11.7 游标的应用............245
本章小结............246
思考与练习............246

第 12 章 SQL Server 2005 安全性
管理............247
12.1 SQL Server 2005 安全机制........247
　　12.1.1 SQL Server 2005 安全
基础............247
　　12.1.2 SQL Server 2005 安全
等级............248
　　12.1.3 SQL Server 2005 验证
模式............249
12.2 用户登录名管理............252
　　12.2.1 系统内置登录名............252
　　12.2.2 创建 SQL Server 登录名..253

12.2.3 删除 SQL Server
登录名............257
　　12.2.4 修改 SQL Server
登录名............257
12.3 数据库用户管理............258
　　12.3.1 特殊数据库用户............258
　　12.3.2 数据库用户管理............259
12.4 角色............263
　　12.4.1 服务器角色............263
　　12.4.2 数据库角色............265
　　12.4.3 应用程序角色............268
　　12.4.4 用户自定义数据库
角色............270
　　12.4.5 为角色添加成员............272
12.5 管理架构............273
　　12.5.1 创建架构............273
　　12.5.2 修改架构............275
　　12.5.2 删除架构............275
12.6 权限............276
　　12.6.1 权限类型............276
　　12.6.2 权限操作............276
　　12.6.3 使用 SQL Server 管理
平台管理权限............277
　　12.6.4 使用 Transact-SQL 语句
管理权限............278
12.7 安全管理应用实例............280
本章小结............282
思考与练习............282

第 13 章 数据库复制............285
13.1 复制概述............285
　　13.1.1 复制特点............286
　　13.1.2 复制的基本要素............285
　　13.1.3 SQL Server 复制技术....286
　　13.1.4 复制的结构模型............287
13.2 配置分发服务器............289
13.3 创建发布............290
13.4 创建订阅............292

13.5　查看复制项目属性 295

本章小结 295

思考与练习 296

第 14 章　SQL Server 2005 的 Web
　　　　　技术 297

14.1　SQL Server 与 Web 交互基础.... 297

14.1.1　SQL Server 与 Web 交互
　　　　基础 297

14.1.2　HTML 基础 298

14.2　XML 数据库访问技术 299

14.2.1　XML 基础 299

14.2.2　XML 文档格式 299

14.2.3　XML 数据访问基础 300

14.3　SQL Server Web 浏览技术 303

14.4　SQL Server 数据库的 ODBC
　　　设置 304

14.4.1　ODBC 概述 304

14.4.2　ODBC 结构层次 304

14.4.3　SQL Server 数据库的
　　　　ODBC 设置 305

14.4.4　删除 ODBC 数据源 307

本章小结 307

思考与练习 308

第三篇　应用开发

第 15 章　Visual Basic 访问 SQL Server
　　　　　2005 数据库 309

15.1　Visual Basic 与 SQL Server 关联的
　　　常用编程接口 309

15.2　访问数据库基础 310

15.3　使用 ADO 控件访问
　　　SQL Server 2005 数据库 310

15.3.1　ADO 控件要素分析 310

15.3.2　使用 ADO 控件访问 SQL
　　　　Server 2005 数据库 312

15.4　使用 ADO 对象操作 SQL Server
　　　2005 数据库 315

15.4.1　ADO 对象基础 315

15.4.2　使用 ADO 对象操作 SQL
　　　　Server 2005 数据库实例 318

本章小结 320

思考与练习 321

第 16 章　Visual Basic.NET 访问 SQL
　　　　　Server 2005 数据库 322

16.1　Visual Basic.NET 数据库访问
　　　基础 322

16.1.1　.NET 基础 322

16.1.2　.NET 数据提供程序 322

16.1.3　DataSet 数据集 323

16.1.4　使用 ADO.NET 开发数据库
　　　　应用程序步骤 324

16.2　通过 ADO.NET 控件访问 SQL
　　　Server 2005 数据库 324

16.3　ADO.NET 对象访问 SQL Server
　　　2005 数据库及编程 328

本章小结 333

思考与练习 333

第 17 章　ASP 访问 SQL Server 2005
　　　　　数据库 335

17.1　ASP 访问 SQL Server 2005
　　　基础 335

17.1.1　ASP 及其特点 335

17.1.2　建立与连接数据库
　　　　基础 335

17.2　ASP 访问 SQL Server 2005 数据库
　　　应用实例 337

17.2.1　数据查询 337

17.2.2　增加记录 339

17.2.3　修改记录 340

17.2.4　删除记录 341
17.2.5　综合应用实例............. 341
本章小结 346
思考与练习 346

第 18 章　ASP.NET 访问 SQL Server 2005
技术 347
18.1　ASP.NET 开发环境的熟悉与
设置 347
18.2　ASP.NET 访问 SQL Server 2005
的基础 349
18.2.1　ADO.NET 结构 349
18.2.2　ASP.NET 数据访问 349
18.2.3　ASP.NET 数据源控件 ... 350
18.2.4　ASP.NET 数据绑定控件.. 351
18.3　ASP.net 访问 SQL Server 2005
应用实例 351
18.3.1　创建与 SQL Server
数据库的连接 351
18.3.2　创建数据输入页并
配置 DetailsView 控件 .. 352
18.3.3　配置 SqlDataSource 控件
显示数据 352
18.3.4　配置 SqlDataSource
控件 353
18.3.5　添加 GridView 控件并
完成连动显示 355
本章小结 357
思考与练习 357

第 19 章　Java 访问 SQL Server 2005
数据库 358
19.1　JDBC 基础 358
19.1.1　JDBC 概述 358
19.1.2　JDBC 驱动程序类型 358
19.2　使用 JDBC 访问 SQL Server2005
数据库过程 359
19.2.1　JDBC 数据库访问过程 . 360

19.2.2　JDBC 数据库连接编程
步骤 360
19.3　Java 访问 SQL Server 2005 数据库
应用实例 362
19.3.1　查询数据 362
19.3.2　添加数据 363
19.3.3　修改数据 364
19.3.4　删除数据 365
本章小结 365
思考与练习 366

第 20 章　JSP 访问 SQL Server 2005
数据库 367
20.1　JSP 开发环境设置 367
20.2　JSP 访问 SQL Server 2005
数据库 368
20.2.1　JDBC 驱动程序类型 368
20.2.2　JSP 访问 SQL Server 2005
数据库方法 368
20.3　访问 SQL Server 2005 数据库
应用实例 369
20.3.1　查询数据 369
20.3.2　添加数据 370
20.3.3　修改数据 372
20.3.4　删除数据 373
本章小结 374
思考与练习 375

第 21 章　SQL Server 2005 应用开发
与课程设计实例 376
21.1　数据库规划与设计 376
21.1.1　需求分析 376
21.1.2　概念结构设计 377
21.1.3　逻辑结构设计 377
21.1.4　物理结构设计 377
21.1.5　数据库实施 377
21.1.6　数据库运行和维护 378
21.2　SMIS 需求分析与功能结构 378

21.3 SMIS 应用程序的编制 383

21.4 SQL Server 数据库对象设计 396

本章小结 398

思考与练习 399

附录 A SQL Server 2005 实验 400

附录 B 数据类型 423

附录 C 函数 432

附录 D 教学大纲 449

参考文献 452

第一篇 基础知识

第 1 章 数据库基础

数据库管理系统作为数据管理最有效的手段广泛应用于各行各业中，成为存储、使用和处理信息资源的主要手段，是信息化运作的基石。本章介绍了数据库管理系统、数据库系统、E-R 方法和数据模型、关系数据库及其基本演算、数据仓库和网络数据库基础等。

1.1 数据库管理系统

当今，信息资源已成为社会发展的重要基础和财富，也是实施有效信息处理的信息系统的重要基础与构成要素，尤其是其中代表真实世界的数据更是人们关注的焦点，由此引出了数据库技术理念与蓬勃发展之势。20 世纪 60 年代末，数据库技术开始崭露头角，作为数据管理最有效的手段广泛应用于各行各业中，成为存储、使用、处理信息资源的主要手段，是任何行业信息化运作的基石。而今，各种数据库系统不仅已成为办公自动化系统（OAS）、管理信息系统（MIS）和决策支持系统（DSS）的核心，并且已经和正在与计算机网络技术紧密地结合起来，成为电子商务、电子政务以及其他各种现代信息处理系统的核心，得到了越来越广泛的应用。

1.1.1 信息、数据、数据库

信息是客观世界在人们头脑中的反映，是客观事物的表征，是可以传播和加以利用的一种知识。而数据（data）则是信息的载体，是对客观存在实体的一种记载和描述。

数据是描述事物的符号，代表真实世界的客观事物，是指原始（即未经加工的信息）的事实，本身并没有什么价值；信息则是经过加工后的数据，具有特定的价值，是客观事物的特征通过一定物质载体形式的反映。在我们的日常生活中数据无所不在，数字、文字、图表、图像和声音等都是数据，人们通过数据来认识世界、交流信息。即对信息的记载和描述产生了数据；反之，对众多相关的数据加以分析和处理又将产生新的信息。

数据库（database）是指数据存放的地方。在信息系统中，数据库是数据和数据库对象（如表、视图、存储过程和触发器等）的集合。数据库中的大量数据必须按一定的逻辑结构加以存储，即结构化概念，数据库中的数据具有较高的数据共享性、独立性、安全性及较低的数据冗余度，能有效地支持对数据进行各种处理，并能保证数据的一致性和完整性。

1.1.2 数据管理技术的发展

数据处理是计算机应用的一个主要领域，其面临着如何管理大量、复杂的数据，即计算机数据管理的技术问题，它是伴随着计算机软、硬件技术与数据管理手段的不断发展而发展的。计算机数据管理技术主要经历了如下 3 个阶段：

1. 人工管理阶段

人工管理阶段约在 20 世纪 50 年代中期以前，当时计算机刚诞生不久，主要用于科学与工程计算。当时的硬件系统尚没有大容量的存储设备，而就其软件而言，操作系统和数据管理软件尚未开发。因此，这一阶段人们在进行数据处理时，需要在编制的程序中对所处理的数据作专门的定义，并需要对数据的存取及输入/输出方式做具体的安排。这样，程序与数据就不具有独立性，同一种数据在不同的程序中不能被共享。因而，各应用程序之间存在着大量的重复数据，即数据冗余。

2. 文件管理阶段

文件管理阶段约为 20 世纪 50 年代后期至 60 年代中后期，由于计算机软、硬件技术的发展，大容量的存储设备逐渐地被投入使用，操作系统也已诞生，从而为数据管理技术的发展提供了物质条件和手段，计算机开始大量地运用于数据管理和处理工作，此时步入文件管理阶段。

在当时的操作系统中，通常包含着一种专门进行文件管理的软件，它可将数据的集合按照一定的形式放到计算机的外存中形成数据文件，而不需要人们去考虑这些数据的存储结构、存储位置以及输入/输出方式等。用户只需运用简单的操作命令，即可通过文件管理程序实现对数据的存取、查询及修改等多项操作，操作系统则提供了应用程序与相应数据文件之间的接口。这样，数据和程序之间有了一定的独立性。然而文件管理程序的功能仍不能适应新的需要，数据文件本身仍仅应用于一个或几个应用程序，数据的独立性较差、共享性较弱、冗余度较大。极易形成存储空间的浪费、修改工作的麻烦、数据信息的不一致性。

3. 数据库管理阶段

从 20 世纪 60 年代后期至 80 年代初期是数据库管理技术的发展成熟时期。20 世纪 60 年代中期之后，为了克服文件管理方式的不足，有关数据库的理论研究和具体应用得到了迅猛的发展，进而出现了各种数据库管理系统，将数据管理技术推进到了一个新的阶段。数据库管理方式是将大量的相关数据按照一定的逻辑结构组织起来，构成一个数据库，然后借助于专门的数据库管理系统软件对这些数据资源进行统一、集中的管理，从而不仅减少了数据的冗余度、节约存储空间，而且充分地实现了数据的共享，并具有很好的易维护性和易扩充性，极大地提高了程序运行和数据利用的效率，凸显了数据库技术效用。

目前，数据库技术已成为计算机科学最重要的分支之一，成为各种管理信息系统和决策支持系统的核心。近来，企业需求和数据库技术的成熟引导了数据仓库的产生，数据仓库作为决策支持系统的一种有效、可行的体系化解决方案，包括数据仓库技术（DW）、联机分析处理技术（OLAP）和数据挖掘技术（DM）3 个方面的内容，形成了以数据仓库为基础，OLAP 和 DM 工具为手段的一整套可操作、可实施的解决方案。

1.1.3 数据库管理系统

数据库管理系统（database management system，DBMS）是管理数据库的软件工具，是帮助用户创建、维护和使用数据库的软件系统。它建立在操作系统的基础之上，实现对数据库的统一管理和操作，满足用户对数据库进行访问的各种需要。数据库管理系统具有以下功能：

（1）数据定义功能。数据库管理系统软件具有专门的数据定义语言，用于描述数据库的结构。例如，关系型数据库管理系统的标准语言 SQL 有 CREATE、ALTER 和 DROP 等命令，分别用来创建、修改和删除关系数据库的二维表结构。此外，SQL 语言还具有定义数据库中数据之间的约束条件、定义二维数据表之间的关联等功能。

（2）数据操作功能。数据库管理系统提供的数据操作功能，可支持用户对数据库中的数据进行查询、追加、插入、删除、修改、更新、统计和排序等操作。不同的数据库管理系统实现数据操作的方法和命令格式不尽相同，然而大多数的数据库管理系统都支持 SQL 语言，因而可通过相应的 SQL 命令来实现各种数据操作。

（3）控制和管理功能。数据库管理系统须具有控制和管理功能，以保障数据源的安全。而安全措施包括对数据的备份与恢复、数据转换、用户身份检查和用户权限控制等。数据库系统规模越大，这类功能的要求也就越强。

（4）数据字典。数据库管理系统通常提供数据字典功能，以便对数据库中数据的各种描述进行集中管理。数据字典中存放了系统中所有数据的定义和设置信息，如字段的属性、字段间的规则和记录间的规则、数据表间的联系等。用户可以利用数据字典功能，为数据表的字段设置默认值、创建表之间的永久关系等。

总之，数据库管理系统是用户和数据库之间的交互界面，在各种计算机软件中，数据库管理系统软件占有极为重要的位置。用户只需通过它就能实现对数据库的各种操作与管理。在其控制之下，用户在对数据库进行操作时，可以不必关心数据的具体存储位置、存放方式以及命令代码执行的细节等问题，就能完成对各种相关数据的处理任务，而且可以保证这些数据的安全性、可靠性与一致性。目前，广泛运用的大型数据库管理系统软件有 Oracle、Sybase 和 DB2 等，而在 PC 上广泛应用的则有 SQL Server、Visual FoxPro 和 Access 等。

1.2 数据库系统

数据库系统（database system）泛指引入数据库技术后的系统，狭义地讲，是由数据库、数据库管理系统构成；广义而言，是由计算机系统、数据库管理系统、数据库管理员、应用程序、维护人员和用户组成。数据库系统是一个有机体，其在整个计算机系统中的地位如图 1-1 所示。

1. 数据库系统的组成

利用数据库可以有组织地、动态地存储大量的相关数据，并提供数据处理和共享的便利手段，为用户提供数据访问和数据查询服务。一个数据库系统通常由 5 个部分组成，包括计算机硬件、数据库集合、数据库管理系统、相关软件和人员。

图 1-1 数据库在计算机中的地位

（1）计算机硬件系统。任何一个计算机系统都需要存储器、处理器和输入/输出设备等硬件平台，一个数据库系统更需要有足够容量的内存与外存来存储大量的数据，同时需要有足够快的处理器来处理这些数据，以便快速响应用户的数据处理和数据检索请求。对于网络数据库系统，还需要有网络通信设备的支持。

（2）数据库集合。数据库是指存储在计算机外部存储器上的、结构化的相关数据集合。数据库不仅包含数据本身，而且还包括数据间的联系。数据库中的数据通常可被多个用户或多个应用程序所共享。在一个数据库系统中，常可以根据实际应用的需要创建多个数据库。

（3）数据库管理系统。数据库管理系统（DBMS）是用来对数据库进行集中统一的管理，是帮助用户创建、维护和使用数据库的软件系统。数据库管理系统是整个数据库系统的核心。

（4）相关软件。除了数据库管理系统软件之外，一个数据库系统还必须有其他相关软件的支持。这些软件包括：操作系统、编译系统以及应用软件开发工具等。对于大型的多用户数据库系统和网络数据库系统，则还需要多用户系统软件和网络系统软件的支持。

（5）人员。数据库系统的人员包括数据库管理员和用户。在大型的数据库系统中，需要有专门的数据库管理员来负责系统的日常管理和维护工作，他们是系统的核心与中坚力量。而数据库系统的用户则可以根据应用程度的不同，分为专业用户和最终用户。

2．数据库系统的特点

数据库系统的特点包括：数据结构化、数据共享、数据独立性以及统一的数据控制功能。

（1）数据结构化。数据库中的数据是以一定的逻辑结构存放的，这种结构是由数据库管理系统所支持的数据模型决定的。数据库系统不仅可以表示事物内部各数据项之间联系，而且还可以表示事物和事物之间的联系。只有按一定结构（即按一定规律）组织和存放的数据，才便于对其实现有效的管理。

（2）数据共享。数据共享是数据库系统最重要的特点。数据库中的数据能够被多个用户、多个应用程序所共享。此外，由于数据库中的数据被集中管理、统一组织，因而避免了不必要的数据冗余。与此同时，还带来了数据应用的灵活性。

（3）数据独立性。在数据库系统中，数据与程序基本上是相互独立的，其相互依赖的程度已大大减小。对数据结构的修改将不会对程序产生影响或者没有大的影响。反过来，对程序的修改也不会对数据产生影响或者没有大的影响。

（4）统一的数据控制。数据库系统必须提供必要的数据安全保护措施，包括如下几项：

- 安全性控制。数据库系统提供安全措施，使得只有合法的用户才能进行其权限范围内的操作，以防止非法操作造成数据的破坏或泄露。
- 完整性控制。数据的完整性包括数据的正确性、有效性和相容性。数据库系统可提供必要手段来保证数据库中数据在处理过程中始终符合其事先规定的完整性要求。
- 并发操作控制。对数据的共享将不可避免地出现对数据的并发操作，不加控制的并发操作将导致相互干扰从而出现错误的结果，并使数据的完整性遭到破坏，因此必须采用数据锁定的方法对并发操作进行控制和协调。

一般而言，数据库关注的是数据，数据库管理系统强调的是系统软件，数据库系统则侧重数据库的整个运行系统。

3．数据库管理员

要想成功地运转数据库，就要在数据处理部门配备数据库管理员：DBA database administrator。

DBA 必须具备的条件是相当熟悉系统性能，充分了解用户需求，明确企业数据用途等。DBA 主要职责如下：

（1）决定数据库信息结构。DBA 必须参与数据库设计的全过程，与用户、应用程序员和系统分析员紧密结合，设计概念模式，决定与应用有关的实体、实体之间的关系与属性。然后，决定数据库信息结构，设计数据库相关模式。

（2）决定数据库的存储结构和存取策略。DBA 要综合各用户的应用要求，与数据库设计人员共同决定数据库的存储结构和存取策略，充分优化数据库存储空间利用率和存取效率。

（3）定义数据库系统的完整性约束条件。DBA 具有保证数据库安全性和完整性的职责。不同用户对数据库的存取权限、数据的保密级别和完整性约束条件等应由 DBA 负责确定。

（4）监督和控制数据库的使用和运行。DBA 负责监视数据库系统的运行情况，及时处理运行过程中出现的问题，尤其是遇到硬件、软件或人为故障时，DBA 必须能够在最短时间内把数据库恢复到正常状态，且尽可能不影响或少影响计算机系统其他部分的正常运行。为此，DBA 要定义和实施适当的备份和恢复策略。如，周期性地转储数据、维护日志文件等。

（5）数据库系统性能的改进。DBA 负责监视、分析系统空间利用率与处理效率等方面的性能，负责对运行状况进行记录、统计分析，根据应用环境不断改进数据库的设计。

（6）数据库系统的更新重组。在数据库运行过程中，许多数据不断插入、删除和修改，久而久之会影响系统的性能。DBA 要定期地按一定的策略对数据库进行重新组织。当用户的需求增加或改变时，还要对数据库进行较大的重构，涵盖内模式和模式的修改。

1.3 构建数据模型

数据模型是描述一个系统中的数据、数据之间关系，以及对数据约束的一组完整性的概念。它是对数据库的结构与定义的描述，是对现实世界的抽象。它是数据库系统的核心和基础。通俗地讲，数据模型就是现实世界的模拟。各种机器上实现的 DBMS 软件都是基于某种数据模型的。

数据模型应满足三方面要求：① 能比较真实地模拟现实世界；② 容易为人所理解；③ 便于在计算机上实现。一种数据模型要很好地满足这三方面的要求，在目前尚很困难。

在数据库系统中，针对不同的使用对象和应用目的，应采用不同的数据模型。数据模型实际上是模型化数据和信息的工具。

数据模型大体上可分为两种类型：一种是独立于计算机系统的数据模型，即概念模型；另一种则是涉及计算机系统和数据库管理系统的数据模型。

1.3.1 E-R 方法

各种计算机上实现的 DBMS 软件都是基于某种数据模型的。为了把现实世界中的具体事物进行抽象，人们先把现实世界抽象为信息世界，然后再将信息世界转化为计算机世界。把现实世界抽象为信息世界的过程，实际上是抽象出现实系统中有应用价值的元素及其关联，此时所形成的信息结构是概念模型。在抽象出概念模型后，再把概念模型转换为计算机上某一种 DBMS 所支持的数据模型。概念模型不涉及数据组织，也不依赖于数据组织结构，它只是现实世界到真实机器的一个中间层次。

目前描述概念模型最常用方法是实体-联系（entity-relationship）方法（即 E-R 方法），它源于 1976 年。由于这种方法简单、实用，所以得到了非常广泛的应用。它使用的工具称作 E-R 图。E-R 图所描述的现实世界的信息结构称为实体-联系模型（E-R 模型）。

E-R 图中包括了实体、属性和联系三种基本图素。实体用矩形框表示，属性用椭圆形框表示，联系用菱形框表示，框内填入相应的实体名，实体与属性或实体与联系之间用无向直线连接，多值属性用双椭圆形框表示，派生属性用虚椭圆形框表示。

E-R 图中三种基本图素内涵如下：

（1）实体通常是指客观存在的并且可以相互区分的事物。实体可以是实际的事物，例如一个学生、一本书等；也可以是抽象的事件，例如一个创意、一场比赛等。

（2）属性是指描述对象的某个特性。如：关于职工实体可用工号、姓名、性别和出生日期等属性来描述；关于竞赛实体可用竞赛名、时间、地点、竞竞赛者和举办方等属性来描述。

（3）联系是指实体间的相互关系。它反映了客观事物间相互依存的状态。

实体间的联系有 3 种类型：

- 一对一联系：如厂长管理工厂，就是典型的一对一联系，如图 1-2 所示。
- 一对多联系：如仓库存放货物，仓库与货物两个实体之间积存在着一对多的联系，如图 1-3 所示。一对多的联系是最普遍的联系，也可以将一对一的联系看作是一对多联系的特殊情况。
- 多对多联系：如学生选修课程，即是一种典型的多对多联系，如图 1-4 所示。多对多联系可分解为多个一对多联系来处理。

图 1-2　一对一联系　　　图 1-3　一对多联系　　　图 1-4　多对多联系

【例 1-1】已知学生实体具有学号、姓名、性别、班级号和年龄属性，班级实体具有班级号、班级名、人数、教室和所属学院属性，试画出它们的 E-R 图并建立其间的联系。

（1）建立两个实体与属性间的联系，如图 1-5（a）与图 1-5（b）所示。

（2）建立实体间的联系，如图 1-5 所示。

（a）学生实体与属性　　　　　　　（b）班级实体与属性

图 1-5　学生与班级的一对多 E-R 图

1.3.2　数据模型

数据库中的数据是按一定的逻辑结构存放的，这种结构是用数据模型来表示的。任何一个数据库管理系统都是基于某种数据模型的。目前比较流行的数据模型主要有 3 种，即按图论理念建立起来的层次模型和网状络模型，以及按关系理论建立起来的关系模型。

（1）层次模型。

在具有层次模型的数据集合中，数据对象之间是一种依次的一对一或一对一多的联系。 在这种模型中，层次清楚，可沿层次路径存取和访问各个数据。层次结构犹如一棵倒置的大树，因而也称其为树型结构，层次数据模型如图 1-6 所示。

层次模型具有如下特点：

- 有且仅有一个根结点，其层次最高。
- 一个父结点向下可以有若干个子结点，而一个子结点向上只有一个父结点。
- 同层次的结点之间没有联系。

层次模型的优点是：结构简单、层次清晰，并且易于实现。适宜于描述类似于目录结构、行政编制、家族关系以及书目章节等信息载体的数据结构。但用层次模型不能直接表示多对多的联系，因而难以实现对复杂数据关系的描述。

（2）网状模型。

在网状模型中，各数据实体之间建立的往往是一种层次不清的一对一、一对多或多对多的联系，此种结构可用来表示数据间复杂的逻辑关系。网状数据模型如图 1-7 所示。

图 1-6　层次型数据模型

图 1-7　网状型数据模型

网状模型具有如下特点：

- 一个结点可以有多个父结点。
- 可以有一个以上的结点无父结点。
- 两个结点之间可以有多个联系。

网状模型的主要优点是在表示数据之间的多对多联系时具有很大的灵活性，但这种灵活性是以数据结构的复杂化为代价的。事实上，网状模型和层次模型在本质上是类似的，它们都是用结点表示实体，用连线表示实体之间的联系。

（3）关系模型。

关系模型是一种易于理解并具有较强数据描述能力的数据模型。关系模型用二维表格表示实体及实体之间的联系，即用若干行与若干列构成的表格来描述数据集合以及它们之间的联系，每一个此类表格被称为一个关系。图 1-8 所示的学生数据表格就是一个典型的关系模型数据集合例子。

对于一个符合关系模型的二维表格，通常将其中的每一列称为一个字段（field），而将其中的每一行称为一个记录（record）。一张二维表格若能构成一个关系模型的数据集合，必须具备以下条件：

(1) 表中不允许有重复的字段名；

(2) 表中每一列中数据的类型必须相同；

(3) 在含有主关键字段或唯一性关键字段的表中，不应有内容完全相同的数据行；

图 1-8　关系型数据模型

(4) 表中，行或列的顺序应不影响表中各数据项间的关系等。

依据关系模型建立的数据库称为关系型数据库（relation database），其与层次型、网状型数据库的主要区别在于：它描述数据的一致性，把每个数据子集都分别按同一方法描述为一个关系，并且让子集之间彼此独立，而不像后两者那样事先规定子集之间的先后顺序或从属、层次等关系。使用时，通过筛选和投影等关联演算方法，使数据间或子集间按某种关系进行操作。因此，关系数据库具有通用的数据管理功能，数据表示能力较强、易于理解、使用也颇为方便。目前，关系型数据库以其完备的理论基础、简单的关系模型和便捷的使用方法等优点获得了最广泛的应用，本教材后文阐述的数据库模型都是基于关系型数据库展开的。

1.4　关系数据库

20 世纪 80 年代以来，关系数据库（relation database）理论日臻完善，并在数据库系统中得到了广泛的应用，是各类数据库中使用最为重要、最为广泛、最为流行的数据库。如 Oracle、SQL Server 和 Visual FoxPro 等都是著名的关系模型数据库管理系统。本节将探讨关系理论与关系数据库系统的一些基本概念。

1.4.1　关系模型的基本概念

1. 术语

在关系理论中，有以下几个常见的关系术语。

(1) 关系：关系就是一个符合一定条件的二维表格，每个关系都有一个关系名。在 SQL Server 2000 中，关系被称为表（table）。

(2) 记录（元组）：在一个具体的关系（二维表格）中，每一行被称为一个记录或元组。

(3) 字段（属性）：在一个具体的关系表格中，每一列被称为一个字段或属性。

(4) 域：就是属性的取值范围，即不同记录（元组）对同一个属性的取值所予以限定的范围。如"性别"属性的域范围为"男"和"女"，"成绩"属性的域是 0 ~ 100 等。

(5) 关键字：在一个关系中有一个或几个这样的字段（属性），其值可以唯一地标识一个记录，便称之为关键字。例如，职工档案表中的"编号"字段就可以作为关键字，而"职称"字段则因其值不唯一而不能作为关键字。

(6) 关系模式：对关系的描述称为关系模式。一个关系模式对应于一个关系结构，它是命名的属性集合。其格式为：

关系名（属性名 1,属性名 2,…,属性名 n）

（7）关系数据库管理系统（RDBMS）：关系数据库管理系统就是管理关系数据库的计算机软件，数据库管理系统使用户能方便地定义和操纵数据，维护数据的安全性和完整性，以及进行多用户下的并发控制和恢复数据库等。

若基于集合论的观点来定义关系，可以将关系定义为记录的集合，关系模式是命名的属性集合，记录（元组）是相关的属性值的集合；而一个具体的关系模型则是若干个相联系的关系模式的集合。

2. 关系的特点

在关系模型中，每一个关系都必须满足一定的条件，即关系必须规范化。一个规范化的关系必须具备以下几个特点：

- 每个属性必须是不可分隔的数据单元，即表中不能再包含表。或者说，每一个字段不能再细分为若干个手段。
- 属性列是同质的，即每一列中的分量是同一类型的数据，源于同一个域。
- 在同一个关系中不能出现相同的属性名。
- 在一个设有主关键字或唯一性关键字的关系中不允许有完全相同的数据行。
- 在一个关系中任意交换两行的位置不影响数据的实际含义。
- 在一个关系中任意交换两列的位置不影响数据的实际含义。

1.4.2 关系数据库基本演算

在一关系中访问所需数据时势必要对这关系进行一定的关系（有广义与狭义之分）运算。

1. 广义关系运算

广义集合运算又称传统集合运算，包括并、交、差及广义笛卡儿积等运算。设 R 和 S 都具有 n 个属性，即具有相同目 n 的两个关系，且相应属性取自同一域，则四种运算定义如下：

（1）并关系运算。关系 R 与关系 S 的并集由属于 R 或属于 S 的元组，其结果关系仍为 n 目关系，记作 $R \cup S$。

（2）交关系运算。关系 R 与关系 S 的交集由既属于 R 又属于 S 的元组，其结果关系仍为 n 目关系，记作 $R \cap S$。

（3）差关系运算。关系 R 与关系 S 的差集由属于 R 而不属于 S 的所有元组，其结果关系仍为 n 目关系，记作 $R-S$。

（4）广义笛卡儿积关系运算。两个分别为 n 目和 m 目的关系 R 和关系 S 的广义笛卡儿积是一个 $(n+m)$ 列的元组的集合。元组的前 n 列是关系 R 的一个元组，后 m 列是关系 S 的一个元组。例如：若 R 有 $A1$ 个元组，S 有 $A2$ 个元组，则关系 R 和关系 S 的广义笛卡儿积有 $A1 \times A2$ 个元组，记作 $R \times S$。

2. 狭义关系运算

狭义关系运算主要应用于关系型数据库中的运算，包括：选择、投影、连接及除运算等，其源于关系代数中并、交、差或除、选择、投影和连接等运算，在此仅叙述前三种。

（1）选择。从一个关系或二维表格中找出满足给定条件的记录行的操作称为选择。选择是从行的角度对二维表格内容进行的筛选，经过选择运算得到的结果可以形成新的关系，其关系模式不变，并且其中的记录是原关系的一个子集。

【例1-2】建立一个选择运算。即从图1-8所示的表中筛选出区域="东北"的记录，如图1-9所示。

程序代码如下：

```
SELECT   *
FROM 学生
WHERE 区域= '东北'
```

（2）投影。从一个关系或二维表格中找出若干个字段（属性），进而构成新的关系的操作

	学号	姓名	性	出生日期	班级编号	学分	区域	校名
1	030211	叶倩	女	2001-07-16 00:00:00	04021122	223.0	东北	复旦大学
2	031102	黎和生	男	2004-02-18 00:00:00	04021000	240.0	东北	上海理工大学
3	031103	周玉琴	女	2004-05-09 00:00:00	04021138	280.0	东北	上海财经大学
4	040219	王海霞	女	2003-06-12 00:00:00	04021115	540.0	东北	华东师范大学
5	050214	叶文倩	女	2001-07-16 00:00:00	04021122	243.0	东北	复旦大学

图 1-9   选择运算举例

称为投影。投影是从列的角度对二维表格内容进行的筛选或重组，经过选择运算得到的结果也可以形成新的关系，其关系模式所包含的字段（属性）个数往往比原关系少，或者其字段（属性）排列的顺序将有所不同，是原关系的一个子集。

【例1-3】建立一个投影运算。从如图1-8所示的表中筛选所需的列（学号，姓名，学分，区域，校名），结果如图1-10所示。

程序代码如下：

```
SELECT 学号,姓名,学分,区域,校名
FROM 学生
```

（3）连接。连接是将两个关系表中的记录按一定的条件横向结合，组成一个新的关系表。最常见的连接运算是自然连接，它是利用两个关系中所共有的一个字段，将该字段值相等的记录内容连接起来，去掉其中的重复字段作为新关系中的一条记录。

连接过程是通过连接条件来控制的，不同关系中的公共字段或者具有相同语义的字段是实现连接运算的纽带，满足连接条件的所有记录将可形成一个新的关系。

【例1-4】建立一个带条件的成绩表与课程表间连接运算，运行结果如图1-11所示。

程序代码如下：

```
SELECT 成绩.学号,课程.课程号,课程.课程名,成绩.成绩
FROM 课程 INNER JOIN   成绩 ON 课程.课程号 = 成绩.课程号
WHERE 成绩.课程名 <>'数学'
```

	学号	姓名	学分	区域	校名
1	030211	叶倩	223.0	东北	复旦大学
2	031101	陈顺发	360.0	西南	华东理工大学
3	031102	黎和生	240.0	东北	上海理工大学
4	031103	周玉琴	280.0	东北	上海财经大学
5	031104	周杰	290.0	西南	上海交通大学
6	031105	黎琼	301.0	西南	华东政法学院
7	031106	林哲	259.0	西南	上海中医药大学
8	031108	陈顺	355.0	西南	上海音乐学院
9	031109	陈林	270.0	西南	上海戏剧学院
10	040201	黄向东	268.0	西南	上海应用技术…
11	040210	许慧	251.0	华东	上海工程技术…
12	040211	李强	258.0	华南	东华大学
13	040212	刘华德	388.0	华东	上海师范大学

图 1-10   投影运算举例

图 1-11   连接运算实例

综观所述可以归结出：选择和投影运算的操作对象通常是一个表，相当于对一个表的数据进行横向或纵向的提取。而连接运算则是对两个或两个以上表进行的操作，如果需要连接操作的是两个以上的表，则应当进行两两关系连接。

总之，在对关系数据库的操作中，利用关系的选择、投影和连接运算，可便捷地在一个或多个关系表中提取所需的各种数据，建立或重组新的关系。

1.4.3 关系模型的规范化

关系模型规范化的目的是为了消除存储（即插入和删除等）异常，减少数据冗余性，保证数据的完整性和存储效率。满足不同规律或程序要求的规范化关系模型称为不同范式。

1. 相关概念

（1）函数依赖：设 $R(U)$ 是一个关系模式，U 是 R 的属性集合，X 和 Y 是 U 的子集；对于 $R(U)$ 的任意一个可能的关系 r，如果 r 中不存在两个元组（记录），它们在 X 上的属性值相同，而在 Y 上的属性值不同，则称"X 函数确定 Y"或"Y 函数依赖于 X"，记做 $X \to Y$。

（2）完全函数依赖：在关系模式 $R(U)$ 中，如果 $X \to Y$，并且对于 X 的任何一个真子集 X'，不存在 $X' \to Y$，则称 Y 完全函数依赖于 X，记做 $X \xrightarrow{f} Y$。

（3）部分函数依赖：在关系模式 $R(U)$ 中，若 $X \to Y$，但 Y 不完全函数依赖于 X，称 Y 部分函数依赖于 X，记作 $X \xrightarrow{p} Y$。P 定义为部分依赖关系。

（4）传递函数依赖：在关系模式 $R(U)$ 中，如果 $X \to Y$，$Y \nrightarrow X$，$Y \not\subseteq X$，$Y \to Z$，则称 Z 传递函数依赖于 X。

为了更好地理解，请见表 1-1～表 1-5。

在表 1-2 中，学号列能唯一地标识出学生基本情况表中的每一行，所以学号列是主关键字。选择不同学号都会有一个姓名与它对应，即姓名完全函数依赖于学号。

又如，在表 1-3 中，若学号和课程号列为组合主关键字，当知道学号和课程号就能唯一地确定学生成绩，成绩既依赖于学号又依赖于课程号，是完全依赖于主关键字（学号，课程号）。而姓名只依赖于主关键字的一部分：学号，而与课程号无关，则姓名为部分依赖于主关键字（学号，课程号）。在表 1-5 中，课程列为主键，专业列依赖于专业号列，而专业号列又函数依赖于主键列，所以专业列传递依赖于主键列。

表 1-1　学生表（2NF）

学　号	姓　名	性　别	出生时间	专　业
2006030101	关　键	男	1987-02-03	信息管理与信息系统
2006030102	李　明	男	1988-05-15	电子商务
2006030103	王　坤	女	1987-08-22	信息管理与信息系统

表 1-2　成绩表（not 2NF）

学　号	姓　名	课程号	成　绩	学　分
2006030101	关　键	C001	88	3
2006030102	李　明	E001	76	4

表 1-3　成绩表（2NF）

学　号	课程号	成　绩	学　分
2006030101	C001	88	3
2006030102	E001	76	4

表 1-4　课程表

课程号	课程名	学　分	专业号	专　业
C001	计算机基础	4	6	信息管理与信息系统
E001	英语	4	6	电子商务

表 1-5　课程表（3NF）

课程号	课程名	学　分	专业号
C001	计算机基础	6	4
E001	英语	6	4

2．范式

根据一个关系满足数据依赖的程度不同，可规范化为第一范式（1NF）、第二范式（2NF）、第三范式（3NF）和修正的第三范式（BCNF）等。

（1）第一范式。若关系 R 的所有属性均为不可再分的简单属性，则称 R 满足第一范式。

（2）第二范式。若关系 R 满足第一范式，且每一个非主属性完全函数依赖于主键，则称 R 满足第二范式。

（3）第三范式。若关系 R 满足第二范式，且每一个非主属性既不部分依赖于主键，也不传递依赖于主键，则称 R 满足第三范式。

例如，表 1-1 满足第二范式，因为其中学号列为主键，其他各列均完全依赖于该列。而表 1-2 不满足第二范式，学号和课程号列为组合主键，姓名列并不完全依赖于主键。删除姓名列后成为表 1-3，它满足第二范式。表 1-4 满足第二范式而不满足第三范式，因为该表中课程号列为主键，专业列传递依赖于主键。删除专业列后，成为表 1-5，它满足第三范式。

（4）修正的第三范式。BCNF 范式是由 Boyce 和 Codd 于 1974 年提出的，在 3NF 基础上又进行了发展。如果一个关系模式 R 中的所有属性（包括主属性和非主属性）都不传递依赖于任意候选关键字，则称 R 满足 BCNF 范式，记作 $R \in BCNF$。

1.5　数据仓库与数据挖掘

数据仓库常用于决策支持系统（DSS），是决策支持系统的基础。随着数据库应用的不断拓展，从大量数据中检索、查询出制定市场策略的信息就显得越来越重要了。

1.5.1　数据仓库理念

如何对海量数据进行高速有效访问，成为人们关注的焦点。据此人们引出了一种新的支持决策的特殊的数据仓库（data warehouse，DW）理念，即从大量的事务型数据库中抽取数据，并将其处理、转换为新的存储格式，为锁定决策目标而把数据聚合在一种特殊的格式中。

数据仓库是面向主题的、集成的、随时间变化的、但信息本身相对稳定的数据集合。其中，"主题"是指用户使用数据仓库辅助决策时所关心的重点问题，每一个主题对应一个客观分析领域，如销售、成本和利润的情况等。那么，所谓"面向主题"就是指数据仓库中的信息是按主题组织和提供信息的。"集成的"是指数据仓库中的数据不是业务处理系统数据的简单拼凑与汇总，而是经过系统地加工整理，是相互一致的、具有代表性的数据。所谓"随时间变化"是指数据仓库中存储的是一个时间段的数据，而不仅仅是某一个时点的数据，所以主要用于进行时间趋势分析。

从数据仓库的数据来源及实施环境来看，它离不开数据库，数据仓库技术与数据库技术有着紧密联系，二者能相互连通，相互支持，但又有着重要差别。主要差别是：数据仓库侧重于决策分析，而数据库则侧重于操作和管理。数据仓库可作为决策支持系统的一种有效、可行和体系化解决方案。数据仓库包括数据的存储与组织、联机分析技术（OLAP）和数据挖掘技术（DM）。数据仓库并不是一个新的平台，它仍然建立在数据库管理系统基础上，只是一个新的概念。数据仓库是一些数据、过程、工具和设施，它能够管理完备的、及时的、准确的和可理解的业务信息，并把这些信息赋予个人，使之做出相应的决定。

1.5.2　数据仓库系统系统构成

数据仓库系统（DWS）由数据源、仓库管理和分析工具三部分构成。

（1）数据源：数据仓库的数据来源于多个数据源，包括企业内部数据、市场调查报告及各种文档之类的外部数据。

（2）仓库管理：仓库管理基于数据库管理系统的相关功能与实施包括对数据的安全、归档、备份、维护、恢复等工作管理。整个管理过程是在确定数据仓库信息需求后，进行数据建模、拟定从源数据到数据仓库的数据抽取、清理和转换过程；划分维数及确定数据仓库的物理存储结构。元数据是数据仓库的核心，它用于存储数据模型和定义数据结构、转换规划、仓库结构、控制信息等。

（3）分析工具：用于完成实际决策问题所需的各种查询检索工具、多维数据的 OLAP 分析工具、数据开采的 DM 工具等，以实现决策支持系统的各种要求。

1.5.3　数据仓库系统关键技术

数据仓库中的数据是从操作型系统中集成、转换和载入进去的，通常是不被更新的，因此数据仓库系统基本上没有更新开销。由于数据仓库管理大量的历史数据（明细和汇总数据），数据量比一般环境多得多，近乎 0.1TB。为了满足数据仓库处理数据的需求，数据仓库须具备如下关键技术：

（1）海量数据存储管理与实施数据压缩。数据仓库可使用索引寻址、有效溢出管理等方法来管理海量数据，并实施压缩方式存储数据，以减少数据的存储空间。

（2）管理多种介质。为兼顾成本和效率等因素，应根据数据仓库中数据的重要性和访问速度，将满足不同要求的数据存放在不同层次的存储介质上。

（3）语言接口与多种技术接口。前者提供数据仓库语言接口，以保证能一次访问一条记录或一组数据和具有 SQL 接口。后者是指数据仓库用不同的技术接收和传送数据。

（4）双重粒度几级管理。粒度是数据仓库中所保存的数据单位的明细或综合程度的级别。双重粒度系指数据仓库中不仅包含真实的细节数据（如近来 30 天的业务数据），还存放了综合数据（每月的业务统计数据）。

（5）索引和监视数据。能轻松地筹建索引，以提高数据仓库的访问效率。能监视数据仓库中的数据，观察剩余可用空间的大小、索引是否合适、有多少数据溢出等。

（6）高效载入数据与支持复合。通过一个语言接口逐一地载入数据，或用一个程序一次性载入全部数据。

（7）并行处理技术。在数据仓库中，用户访问系统的特点是庞大而稀疏，每一个查询和统计都很复杂，但访问的频率并不很高，此时系统需要有能力将所有的处理机调动起来为这一个复杂的查询请求服务，并将该请求并行处理。并行处理技术在数据仓库中比以往更加重要，它是克服数据库管理系统瓶颈效应的关键技术。

1.6　网络数据库基础

数据库是当今网络应用中不可或缺的要素之一。网络数据库是指所有连入网络并提供信息服务的数据库集合。

1.6.1　网络数据库系统基础

网络数据库系统是指具有跨越计算机单机系统、在网络上建立与运行的数据库系统。与单机数据库不同，网络数据库为数据存储与提取提供了多种路径，这是通过在数据之间建立多种关系而实现的。就本质而言，网络数据库是一种能通过网络通信进行组织、存储和检索的相关数据集合。目前比较流行的关系型数据库产品——Microsoft SQL Server、Oracle 等都具有网络数据库功能，都可用做网络数据库创建及开发工具。

一般来说，网络数据库系统有网络操作系统、网络数据库、网络数据库管理系统、网络数据库管理员和网络数据库应用程序 5 个重要组成部分。

网络操作系统是网络数据库系统运行的软件系统环境；数据库管理系统是负责组织和管理数据信息的程序；网络数据库管理员是数据库系统不可或缺的重要角色，主要负责数据库的建立、使用和维护工作；网络数据库应用程序是数据库前端程序，即用于浏览、修改数据的应用程序。网络数据库应用系统是信息管理与信息系统的重要支撑，如企业信息系统开发、网站的建设、2010年上海世博会信息化管理平台等都是网络数据库应用系统的具体实例。

1.6.2　网络数据库系统特点

通常，网络数据库系统主要具有以下特点：

（1）运行环境为网络操作系统，如 Windows NT Server、Windows Server 2000、Windows Server 2003、Linux Server、UNIX 和 Solaris 等。

（2）具有强大的网络功能，可根据软硬件和网络环境的不同而组成各种工作模式。

（3）数据库系统管理是分布式的，前端开发工具和后台数据库可独立分离。

（4）支持超大规模数据库技术、Internet 并行在线查询、多线程服务器等。

（5）网络信息资源集成。网络信息资源集成是指数据库应用系统借助互联网，利用超文本技术，在不同的信息资源之间进行通信链接与整合服务。

（6）海量数据信息。Internet 中包含着丰富的信息资源，利用网的功能特征便捷地整合各类数据，只需输入一个检索式即可同时检索数据库中的相关信息。Internet 上存、取操作交替出现，使得数据量成几何级数般地上升，呈现为海量态势，也为信息资源利用提供了方便。

（7）全天候全方位在线服务。网络数据库借助于互联网运行环境，可 24 小时全天候、全方位地通过互联网为世界各地授权终端用户提供服务。为人们检索和利用数据库提供了极大的便利，只要网路畅通，用户足不出户，即可查找、获取和利用所需信息资源。

（8）Web 浏览器的便捷阅览。网络数据库可通过 Internet Explorer 和 Netscape 等通用的标准浏览器等进行查阅文档信息，显得相当快捷、方便。

（9）提供完备的数据安全性方案，提供完善的数据库备份和恢复手段。

1.6.3　网络数据库系统体系结构

通常，网络数据库系统的体系结构分为：主机–终端体系结构、客户机/服务器（C/S）体系结构和基于 Web 的浏览器/服务器（B/S）体系结构 3 种类型。

1. 主机-终端体系结构

主机–终端体系结构也称为单层体系结构，是在大型主机上部署网络数据库应用系统。所有的功能和操作集中在主机上，终端仅作为输入和输出设备使用。

2. C/S 体系结构

客户机/服务器（C/S）模式体系结构源于 20 世纪 80 年代，结构有两层与三层之分，如图 1–12 所示。系统被分为两部分：其一是为用户提供公共服务的服务器；其二为向服务器提出服务请求的客户机。

（1）二层 C/S 模式。该模式是 C/S 模式最初的基本形态，由数据库服务器和客户机构成，客户机向数据库服务器提交数据服务请求，数据库服务器根据请求将数据返回客户机，客户机收到数据后进行处理并最后把结果显示给用户，如图 1–12（a）所示。

（2）三层 C/S 模式。该模式即客户机/应用服务器/数据库服务器模式。其中，客户机驻留在用户端，负责用户与系统间的对话；应用服务器用来处理客户机请求、完成相应业务处理和复杂计算，若有数据库访问则向数据库服务器读取数据；数据库服务器可保存系统数据，负责管理对数据库数据的读写、查询、更新与存储等任务，如图 1–12（b）所示。

C/S 技术帮助企业提高了工作效率，但随着信息管理的复杂化、网络系统集成的高度化发展，这种模式逐渐显示出它的局限性。

（a）二层 C/S 模式　　　　　　　（b）三层 C/S 模式

图 1–12　C/S 体系结构

3. B/S 体系结构

20 世纪 90 年代，随着 Web 技术与应用的日趋成熟，基于 Web 技术的 B/S 模式产生了，其结构如图 1–13 所示。该模式包括浏览器/Web 服务器/数据库服务器三层结构。其中，Web 服务器是系统的核心，用户端通过浏览器向 Web 服务器提出服务请求，Web 服务器按需向数据库服务器发出服务数据请求，数据库服务器则将处理结果返回 Web 服务器，Web 服务器最终把结果以 HTML 语言格式反馈给浏览器，用户通过客户端浏览器浏览所需结果。该模式可提供稳健、安全、高效的应用环境和连接机制，使客户端与后端数据库紧密连接和集成。

图 1-13   B/S 模式示意图

本 章 小 结

本章介绍了数据库的基本概念，包括：数据管理技术的发展、数据库管理系统、常见的数据模型、E-R 方法、关系模型、关系数据库基本演算、数据仓库与数据挖掘等知识，它们有助于读者理解和掌握以后章节中的内容。

数据库系指数据存放的地方，在信息系统中数据库是数据和数据库对象（如表、视图、存储过程与触发器等）的集合。数据库中的大量数据必须按一定的逻辑结构加以存储。数据库系统泛指引入数据库技术后的计算机系统。狭义地讲，是由数据库和数据库管理系统构成；广义而言，是由计算机系统、数据库管理系统、数据库管理员、应用程序、维护人员和用户组成。数据库系统的主要特点包括：数据结构化、数据共享、数据独立性以及统一的数据控制功能。

数据模型是描述一个系统中的数据、数据之间关系，以及对数据约束的一组完整性的概念。它是对数据库的结构与定义的描述，是对现实世界的抽象。数据模型大体上可分为两种类型：一种是独立于计算机系统的数据模型，即概念模型；另一种则是涉及计算机系统和数据库管理系统的数据模型。关系型数据库主要支持的 3 种基本关系运算为：选择、投影和连接，其源于关系代数中并、交、差、选择、投影和连接等运算。

传统集合运算包括并、交、差及广义笛卡儿积等运算。关系模型规范化的目的是为了消除存储（即插入和删除等）异常，减少数据冗余性，保证数据的完整性和存储效率。满足不同规律或程序要求的规范化关系模型称为不同范式。根据一个关系满足数据依赖的程度不同，可规范化为第一范式（1NF）、第二范式（2NF）、第三范式（3NF）和修正的第三范式（BCNF）。数据仓库系统（DWS）由数据源、仓库管理和分析工具三部分构成。就本质而言，网络数据库是一种能通过网络通信进行组织、存储和检索的相关数据集合。

通常，网络数据库系统的体系结构分为 3 种类型：主机-终端体系结构、客户机/服务器（C/S）体系结构和基于 Web 的浏览器/服务器（B/S）体系结构。

思 考 与 练 习

一、选择题

1. ＿＿＿＿＿＿是位于用户与操作系统间的管理软件，用于数据建立、使用和维护等管理。

   A. DBMS   B. DB   C. DBS   D. DBA

2. _____是长期存储在计算机存储器内有序的、可共享的数据集合。

    A. DB　　　　　　　　B. INFORMATION　　　　C. DATA　　　　　　D. DBS

3. 目前，_____数据库系统已逐渐淘汰了网状数据库和层次数据库而流行应用。

    A. 关系　　　　　　　　B. 对象　　　　　　　C. 分布　　　　　　　D. 连接

4. 数据管理模型分为：_____与网状型三类。

    A. 层次型、关系型　　　　　　　　　　　B. 层次型、网络型

    C. 树型、层次型　　　　　　　　　　　　D. 星型、关系型

5. 数据库设计中的概念结构设计的主要工具是_____。

    A. 数据模型　　　　　B. E-R 模型　　　　　C. 新奥尔良模型　　　D. 概念模型

6. 计算机数据管理技术主要经历了：人工管理阶段、_____3 个阶段。

    A. 文件管理阶段与资源库管理阶段　　　　B. 文件管理阶段与数据库管理阶段

    C. 文件管理阶段与文档库管理阶段　　　　D. 信息管理阶段与数据库管理阶段

7. （狭义）关系运算主要支持的为：选择、_____及除运算等。

    A. 投影、连接　　　　B. 合并、连接　　　　C. 合并、投影　　　　D. 合并、拆分

8. 根据一个关系满足数据依赖的程度不同，可规范化为 1NF、2NF、_____范式等。

    A. 3NF 和 7NF　　　　B. 3NF 和 BCNF　　　　C. 3NF 和 CBNF　　　D. 2NF 和 BGNF

9. 数据仓库系统由数据源、仓库管理和_____3 部分构成。

    A. 管理模型　　　　　B. 分析工具　　　　　C. 设计软件　　　　　D. 仓库模型

10. 通常，网络数据库系统的体系结构分为：主机-终端、C/S 和_____3 种体系结构。

    A. B/S　　　　　　　　B. C/D　　　　　　　　C. B/D　　　　　　　D. M/T

11. 网络数据库系指所有连入网络并提供信息服务的_____集合。

    A. 数据表　　　　　　B. 数据库　　　　　　C. 信息库　　　　　　D. 合成库

12. 连接是将两个关系表中的记录按一定条件_____，组成一个新的关系表。

    A. 条件组合　　　　　B. 纵向结合　　　　　C. 横向结合　　　　　D. 有机结合

13. 消除了部分依赖关系的 1NF 关系模式，必定是_____。

    A. 1NF　　　　　　　　B. 2NF　　　　　　　　C. 3NF　　　　　　　D. 4NF

14. 广义集合运算，不包括_____。

    A. 并运算　　　　　　B. 交运算　　　　　　C. 差运算　　　　　　D. 和运算

二、思考与实验

1. 简述信息、数据与数据库的内涵。试问数据管理技术主要经历了哪些阶段。

2. 何谓数据库管理系统？简述数据库管理系统的功能。

3. 通常，数据库系统由哪些部分组成？其在整个计算机系统中的地位又如何？

4. 简述数据库系统的特点。E-R 图中包括哪些基本图素？具体如何表示？

5. 实体间的联系有哪几种类型？试举例说明。

6. 目前比较流行的数据模型有哪几种？各有何特点？

7. 简述关系、记录、字段、域、关键字、关系模式和关系数据库管理系统的内涵。

8. 简述关系必须具备的特点。简述关系型数据库的基本关系运算及其内涵。

9. 简述数据仓库系统的组成。简述实施数据仓库所需关注的相关技术。

10. 图 1-14 给出了学生实体和课程实体之间的联系，试写出各个实体的属性及关键字、实体间联系名称与类型和联系结果。

图 1-14　E-R 实例示意图

SQL Server 2005 是一个典型的网络数据库管理系统，是应用最为广泛的 DBMS。本章主要介绍了 SQL Server 的演进、SQL Server 2005 系统的新增功能、SQL Server 2005 平台性能机制、SQL Server 2005 的安装技巧以及 SQL Server 2005 管理工具等。要求掌握 SQL Server 2005 安装所需环境以及 SQL Server 2005 管理工具等的使用。

2.1 SQL Server 的演进

SQL Server 是美国微软公司推出的一个性能卓越的关系型数据库管理系统（relational database management system，RDBMS），支持多种操作系统平台、性能可靠、易于使用，是电子商务等应用领域中较佳的数据库产品之一。它是一种面向数据库对象的通用数据处理语言规范，能完成提取、查询数据，插入、修改删除数据，生成、修改和删除数据库对象，数据库安全控制，数据库完整性及数据保护控制。

SQL Server 理论源于 20 世纪 70 年代 IBM 公司的结构化查询语言（SQL）。SQL Server 最初由 Microsoft 和 Sybase 等公司共同开发的系统，于 1988 年推出了第一个基于 OS/2 平台的雏形版本，在 Windows NT 推出后 Microsoft 与 Sybase 在 SQL Server 的开发上就分道扬镳了。本书所介绍的是 Microsoft SQL Server，其后简称为 SQL Server 或 MS SQL Server。

1992 年 Microsoft 公司将 SQL Server 移植到 Windows NT 网络操作系统上，开发新的 SQL Server 的 Windows NT 版本。

1993 年 Microsoft 公司设计了基于 Windows NT 3.1 的 SQL Server 4.2 版。由于 SQL Server 系统的功能完善、用户界面良好及网络性能高等特征，使得它一举获得了成功，成为在关系型数据库管理系统中颇具竞争力品牌开发公司。

1995 年 SQL Server 6.0 版亮相，在改写了系统核心模块的基础上，设计了内嵌复制功能的集中管理方式。

1996 年 Microsoft 公司发布了 SQL Server 6.5 版。1997 年 Microsoft 公司推出了配置涵盖支持 4GB RAM、8 微处理器及集群计算机的 SQL Server 6.5 企业版。

1998 年 Microsoft 公司发布了 SQL Server 7.0 版，其完全修正了核心数据库引擎和管理结构，同

Windows NT、IIS 以及 Site Server 完美集成，具有简单易行的网络发布功能等，可为处理电子贸易提供了一个理想的数据库平台。

2000 年 SQL Server 2000 版发布。该版本增加了许多更先进的功能，具有使用方便、图形处理工具丰富，可伸缩性好，以及与相关软件集成程度高等优点。

2005 年 SQL Server 2005 版闪亮登台，Microsoft 公司对构架等方面作了重大改进，使之更适应各种规模的数据处理与应用开发。诸如集成服务 Integration Service 和 NET Framework 等的引入使从而也使 Web 下的关系型数据库的网络化应用特性得以发挥与彰显。

2008 年 8 月 SQL Server 2008 版问世，该版可支持包括微软在内的各类操作系统，且改进了数据库镜像，加强了可支持性、性能数据的采集、数据备份与压缩、ADO.NET 实体框架、语言级集成查询能力、CLR 集成等方面的性能。但其与其他诸多软件的融合性还无法知晓。因此，本教材仍将视点聚焦于 SQL Server 2005 版，以求得教学与研究的可靠性。

2.2　SQL Server 2005 系统新增功能

SQL Server 2005 是用于大规模数据与联机事务处理（OLTP）、数据仓库和电子商务应用的数据库平台，也可运用于数据集成分析和报表处理解决方案的商业智能平台。SQL Server 2005 系统的新增功能主要包括：数据库引擎、分析服务（Analysis Services）、集成服务（Integration Services）、复制服务、报表服务（Reporting Services）、通知服务（Notification Services）、全文搜索、服务代理（Service Broker）、管理工具与开发工具等诸多部分。

2.2.1　数据库引擎

数据库引擎引入了新的可编程增强功能，是用于存储、处理和保护数据的核心服务，使性能得到了提高且支持结构化和非结构化数据。使用数据库引擎创建用于联机事务处理或联机分析处理数据的关系数据库，包括创建用于存储数据的表和用于查看、管理和保护数据安全的数据库对象（如索引、视图和存储过程）。可使用 SQL Server Management Studio 管理数据库对象，使用事件探查器捕获服务器事件。数据库引擎主要完成以下工作：

（1）提供访问和更改数据库中存储数据的途径，实现处理数据或网站建设的应用等。

（2）设计并创建数据库以保存系统所需的关系表或 XML 文档。

（3）为单位或客户部署实现的系统与提供日常管理支持以优化数据库的性能。

2.2.2　集成服务

SQL Server 2005 集成服务（SQL Server 2005 Integration Services，SSIS）是 SQL Server 2005 中的一个全新的组件，它引入了新的可扩展体系结构和新设计器，提供了构建企业级数据整合应用程序所需的功能和性能。无论是在轻量级的 32 位系统中，还是在高端的 64 位架构中，它提供的转换引擎性能优势都非常明显。SQL Server integration services 的基础结构可非常容易地进行扩展，并且功能非常强大，软件提供商们可非常方便地开发和分发他们所制作的高级组件，与此同时，用户能尽情享受新型的集成方法、应用组件以及软件提供商所提供的技术支持服务。

集成服务是用于生成企业级数据集成和数据转换解决方案的平台。使用 Integration Services 可解决复杂的业务问题。方法是复制或下载文件，发送电子邮件以响应事件，更新数据仓库，清除和挖掘数据以及管理 SQL Server 对象和数据。SQL Server Integration Services 的意义不仅仅在于整合数据，其架构和基础结构使得集成服务可以在专门的软件提供商和特定的用户之间建立起非同寻常的、动态的和形式多样的交流方式。

2.2.3　分析服务

分析服务（Analysis Services）引入了新管理工具、集成开发环境及与.NET Framework 的集成功能。它是一种核心服务，可支持对业务数据的快速分析，以及为商业智能应用程序提供联机分析处理（OLAP）和数据挖掘功能。Analysis Services 包含创建复杂数据挖掘解决方案所需的功能和工具，为根据统一的数据模型构建的大量数据提供快速、直观、由上至下的分析，这样可以采用多种语言和货币向用户提供数据。

2.2.4　复制服务

数据复制可用于数据分发或移动数据处理应用程序、企业报表解决方案的后备数据，具有可伸缩并发性、与异构系统（包括已有的 Oracle 数据库）集成等特性。使用复制可以将数据通过局域网、广域网或 Internet 分发到不同位置。SQL Server 提供了三种功能各不相同的复制类型：事务复制、合并复制和快照复制。这三种复制，使得 SQL Server 2005 系统更具可靠性与灵活性。

2.2.5　报表服务

SQL Server 2005 Reporting Services（SSRS，SQL Server 2005 报表服务）是基于服务器的报表平台，提供来自关系和多维数据源的综合数据报表，可创建、管理和发布传统的、可打印的报表，以及交互的、基于 Web 的报表。Reporting Services 包含处理组件、一整套可用于创建和管理报表的工具，以及允许开发人员在自定义应用程序中集成和扩展数据和报表处理的应用程序编程接口（API）。生成的报表可以基于 SQL Server、Analysis Services、Oracle 或任何 Microsoft.NET Framework 数据访问接口（如 ODBC 或 OLE DB）提供的关系数据或多维数据。通过 Reporting Services，可以集中存储和管理报表，安全地访问报表、模型和文件夹，控制报表的处理和分发方式，主体涉及报表设计功能的增强、报表服务与可编程功能的增强以及报表服务管理功能的增强等。

2.2.6　通知服务

SQL Server 2005 通知服务（Notification Services）是用于开发、生成和发送通知的应用程序的平台，也是运行这些应用程序的引擎。可据此生成并向订阅方及时发送个性化的消息，还可以向各种应用程序和设备传递消息。

通知服务涉及订阅和事件两个元素。其中，订阅表达了订阅方对特定信息（称为事件）的关注与阅读欲，可根据事件的到达或计划对其进行评估。而事件可以源自内部数据库以及外部数据源。通知是事件和订阅匹配的结果，在发送给订阅方前，可采用各种格式予以匹配。

2.2.7 全文搜索

使用全文搜索可以快速、灵活地对存储在 Microsoft SQL Server 数据库中的文本数据进行基于关键字的查询或创建索引，包含对 SQL Server 数据表中基于纯字符的数据进行全文查询操作。全文查询可包括字词和短语，或者一个字词或短语的多种形式。在 SQL Server 2005 中，全文搜索可以提供企业级的搜索功能。

由于在性能、可管理性和功能方面的显著增强，全文搜索可为任意大小的应用程序提供强大的搜索功能。对大量非结构化的文本数据进行查询时，使用全文搜索获得的性能优势会得到充分的表现。对数百万行文本数据执行的 LIKE 查询可能需要花费几分钟时间才能返回结果，但对同样的数据，全文查询只需几秒或更少的时间，具体取决于返回的行数。

2.2.8 服务代理

服务代理（Service Broker）可轻松缩放应用程序，以容纳应用程序接收的通信流量，是 Microsoft SQL Server 2005 提供的新技术之一，该功能可以帮助开发人员生成可伸缩的、安全的数据库应用程序。此项新技术是数据库引擎的一部分，它提供了一个基于消息的通信平台，使独立的应用程序组件可以作为一个整体来运行。服务代理包含用于异步编程的基础结构，可用于单个数据库或单个实例中的应用程序，也可用于分布式应用程序，提供了生成分布式应用程序所需的大部分基础结构，从而减少了应用程序的开发时间。

使用 Service Broker 的应用程序，开发人员无需编写复杂的内部通信和消息，即可跨多个数据库分发数据工作负荷。为消息和队列应用程序提供了 SQL Server 数据库引擎本地支持，使得开发人员可以轻松地创建使用数据库引擎组件在完全不同的数据库之间进行通信的复杂应用程序。开发人员可以使用 Service Broker 轻松生成可靠的分布式应用程序。

2.2.9 管理工具集

SQL Server 提供的集成管理工具可用于高级数据库管理和优化，同时又与其他工具，如 Microsoft 操作管理器（Microsoft Operations Manager，MOM）和系统管理服务器（Microsoft Systems Management Server，SMS）紧密集成在一起。标准数据访问协议大大减少了 SQL Server 和现有系统间数据集成所花的时间。此外，构建于 SQL Server 内的本机 web service 支持确保了和其他应用程序及平台的互操作能力。

SQL Server 管理工具集包括一个使用 Transact-SQL、MDX、XMLA 和 SQL Server Mobile 版本等来完成编写、编辑和管理脚本、存储过程的开发环境，也包括一些工具可用来调度 SQL Server Agent 作业和管理维护计划以自动化每日的维护和操作任务。

SQL Server 2005 提供了一个集成的管理控制台——SQL Server Management Studio，用来管理和监视 SQL Server 关系型数据库、集成服务、分析服务、报表服务和通知服务，以及分布式服务器和数据库上的 SQL Mobile，在很大程度上可以帮助数据库管理员简化管理数据库的复杂度，并可以实现同时执行编写和查询，查看服务器对象，管理对象，监视系统活动，查看在线帮助等任务。

2.2.10 开发工具

SQL Server 为数据库引擎、数据抽取、转换和装载、数据挖掘、OLAP 和报表提供了和 Microsoft

Visual Studio 相集成的开发工具，以实现端到端的应用程序开发能力。SQL Server 中每个主要的子系统都有自己的对象模型和应用程序接口（API），能够将数据系统扩展到任何独特的商业环境中。此外，SQL Server 2005 对使用的用户界面工具和命令提示实用工具进行了改进提升。

2.3　SQL Server 2005 平台性能机制

SQL Server 2005 扩展与提升了 SQL Server 2000 的性能，这使得它能够成为大规模联机事务处理（OLTP）、数据仓库和电子商务应用程序的优秀数据库平台。

2.3.1　SQL Server 2005 平台构架

SQL Server 2005 包含了非常丰富的系统特性：通过提供一个更安全、可靠和高效的数据管理平台，先进的应用智能平台来满足众多客户对业务的实时统计分析、监控预测等多种复杂管理需求，SQL Server 2005 平台构架如图 2-1 所示。以此来增强企业组织中用户的管理能力，从而大幅提升了信息系统管理与开发的效率并降低了风险和成本。

图 2-1　SQL Server 2005 平台构架图

2.3.2　SQL Server 2005 性能机制

SQL Server 2005 通过提供优越的性能机制包括：开发人员效率机制、数据管理性能机制、智能应用特色机制，用于实现 Internet 数据业务互联，推动着企业管理信息化建设和业务发展。另外，SQL Server 2005 还提供一个极具扩展性和灵活性的开发平台，能不断拓展应用空间，以获取新的应用发展机遇。SQL Server 2005 提供的性能机制见表 2-1。

表 2-1　SQL Server 2005 系统性能机制

机制	机制效用	平 台 性 能 机 制 分 层 功 能
开发人员效率	SQL Server 2005 包含许多可显著提高开发人员生产效率的新技术，以提高开发人员的实施效率。	① 改进的开发工具：开发人员可将开发工具用于 Transact-SQL、XML、多维表达式（MDX）和 XML for Analysis（XMLA），与 Visual Studio 开发环境集成将应用程序的开发和调试更有效
		② 扩展性：SQL Server 2005 中的用户自定义类型不是与对象相关的扩展性机制。它们是一种扩展数据库标量类型系统的方式
		③ 改进的数据访问和 Web Services：在 SQL Server 2005 中，可开发数据库层中的 XML Web Services，把 SQL Server 作为 HTTP 侦听器。这对那些以 Web Services 为中心的应用程序提供了新型的数据访问功能，无需使用 Internet 信息服务（IIS）这样的中间层侦听器。且其可执行 SQL 语句、调用函数及过程。查询结果可用 XML 格式返回，且可利用 Visual Studio Web Services 基础架构
		④ 应用程序框架：SQL Server 2005 引入了新的 SQL Server 应用程序框架，包括 Service Broker、Notification Services、SQL Server Mobile 和 SQL Server Express。Service Broker 是一个分布式应用程序框架，它可在数据库到数据库级上提供可靠的异步消息传递

机制	机制效用	平台性能机制分层功能
开发人员效率		⑤ XML支持：像本机XML数据类型和XQuery之类的先进功能使组织能够无缝地连接内部和外部系统。SQL Server 2005将完全支持关系型和XML数据，这样企业可以以最适合其需求的格式来存储、管理和分析数据。对于那些已存在的和新兴开放标准，如超文本传输协议（HTTP）、XML、简单对象访问协议（SOAP）、XQuery和XML方案定义语言（XSD）的支持也有助于让整个企业系统相互通信
		⑥ CLR开发的灵活性：由于公共语言运行时（CLR）承载于数据库引擎中，开发人员可选择他们熟悉的语言来开发数据库应用程序，包括Transact-SQL、Visual Basic .NET和Visual C# .NET。此外，通过用户自定义的类型和函数，CLR宿主为开发人员提供更高的灵活性与使用非代码快速应用开发机会
数据管理性能	SQL Server 2005始终为用户提供安全平台，以减少应用程序的差错、提高系统可扩展性、便捷性与可靠性，通过改进的功能来帮助IT人员效率地工作	① 系统的易管理性：SQL Server 2005使部署、管理和优化企业数据以及分析应用程序变得更简单、更容易。它提供单一管理控制台，使数据管理员能够在任何地方监视、管理和调谐企业中所有的数据库和相关的服务，可使用SQL管理对象轻松编程的可扩展管理基础结构，使得用户可定制和扩展他们的管理环境，同时使独立软件供应商（ISV）也能够创建附加的工具和功能来扩展所见即所得的能力
		② 系统的可用性：在高可用性技术、额外的备份和恢复功能，以及复制增强上的投资使企业能够构建和部署高可用的应用程序。在高可用性上的创新有数据库镜像、故障转移群集、数据库快照和增强的联机操作，这有助于最小化停机时间，并确保可以访问关键的企业系统
		③ 系统的可伸缩性：可伸缩性的改进将使用户能够使用SQL Server 2005构建和部署最关键的应用程序。对大型表和索引的分区功能显著地增强了大型数据库的查询性能。表和索引分区把数据库分成更小、更易管理的块，从而简化了大型数据库的管理。系统提供了在数据库的文件组之间表分区的功能。水平分区允许把表分区方案分成多个小的分组，表分区可用于非常大的数据库，具有更强的处理功能
		④ 系统的安全性：SQL Server 2005在数据库平台的安全模型上有了显著的增强，由于提供了更为精确和灵活的控制，数据安全更为严格。在许多性能上进行了大量投入，用于为企业数据提供更高级别的安全性，其中包括：在身份验证空间中，强制执行SQL Server登录密码的策略；可在不同范围上根据指定的权限来提供更细的身份验证空间粒度；在安全管理空间中，允许所有者和架构的分离
智能应用特色	SQL Server 2005通过在可伸缩性、数据集成、丰富的分析方法、报表功能与开发工具等的提升中，促进了系统在智能应用领域的导向作用，把关键的信息及时地传递给应用管理人员，以实现快速而便捷地管理数据，做出更快、更好的系统性决策分析	1. 端到端的智能应用平台：通过提供包括设计、集成、分析、报表和管理等工具来实施应用程序集成。 ① 分析。数据挖掘一直都简单易用。SQL Server 2005模糊了关系数据库和多维数据之间的界限，使用户可以在关系数据库中存储数据，也可以存储在多维数据库中，或者使用新的主动缓存功能使两种方式达到最佳。而Analysis Services多维数据集也新增了一些重要的分析功能，包括关键性能指标框架、MDX脚本以及其他的内置高级业务分析方法 ② 设计。Business Intelligence Development Studio是第一个专门为BI开发人员设计的集成开发环境，它构建于Visual Studio 2005上，为BI系统开发人员提供了一个丰富集成的专业开发平台。BI平台的所有组件的调试、源代码管理以及脚本和代码的开发都是可用的 ③ 集成。SQL Server Integration Services（SSIS）已被重新编写，用以对超大数据量高速执行复杂的数据集成、转换和合成 ④ 报表。Reporting Services是一种企业管理报表环境，它通过Web服务进行嵌入和管理。用户可以用大量的交互选项和打印选项，以各种不同的格式使报表个性化并予以提交。通过将报表以数据源的形式分发至下游BI，复杂分析可以为更广泛的用户使用。SQL Server 2005还提供了新的报表工具报表生成器 ⑤ 管理。SQL Server Management Studio集成了SQL Server 2005所有组件的管理。BI从业者都将得益于盼望已久的服务器能力的扩展，即从关系引擎（可伸缩性、可靠性、可用性、可编程性，等等）到全套BI平台组件的能力的扩展

机制	机制效用	平 台 性 能 机 制 分 层 功 能
智能应用特色		2. Integration Services：SQL Server 2005 包含一个重新设计的企业数据抽取、转换和加载（ETL）平台，它被称之为 SQL Server Integration Services（SSIS）。SSIS 使得组织能更容易地集成和分析来自多个异类信息源的数据。通过分析跨多个操作系统的数据，组织能以整体的视角去理解它们的业务情况，从而取得竞争优势
		3. Analysis Services：借助 SQL Server 2005，Analysis Services 能为商业数据提供统一和集成的视图，它可用于作为传统报表、联机分析处理（OLAP）分析和数据挖掘的基础
		4. Reporting Services：Reporting Services 将 Microsoft BI 平台延伸至那些需要访问商业数据的信息工作者，它是一个基于服务器的企业级报表环境，可通过 Web services 进行管理。报表可用不同的格式发布，并可带多种交互选项和打印选项。通过将报表以数据源的形式分发至下游 BI 等
		5. 与 Office System 的集成：Reporting Services 中的报表服务器提供的报表可运行在 Microsoft SharePoint Portal Server 和 Office System 应用程序（如 Word 和 Excel）的上下文中，可使用 SharePoint 中的功能来订阅报表，创建新版报表和分发报表，也可以在 Word 或 Excel 中查看 HTML 版的报表

2.4　SQL Server 2005 安装技巧

微软的 SQL Server 2005 提供多种版本，不同的客户可根据自己的应用方案选择需要的版本进行安装，以供具体的数据库应用服务。

2.4.1　SQL Server 2005 版本功能

SQL Server 2005 是一个集数据管理和智能应用为一体的数据平台，客户可据此组建诸如数据管理、复制发布、分析服务、报表服务等与数据相关的应用。它发布了 6 个版本：

- SQL Server 2005 企业版（Enterprise Edition），有 32 位和 64 位之分；
- SQL Server 2005 开发版（Developer Edition），有 32 位和 64 位之分；
- SQL Server 2005 标准版（Standard Edition），有 32 位和 64 位之分；
- SQL Server 2005 工作组版（Workgroup Edition），仅适用于 32 位；
- SQL Server 2005 精简版（Express Edition），仅适用于 32 位；
- SQL Server 2005 移动版（Mobile Edition），仅适用于 32 位。

大多数企业都在企业版、标准版与工作组版 3 个 SQL Server 2005 版本间选择。SQL Server 2005 产品版本家族包含的版本的与功能见表 2-2。

表 2-2　SQL Server 2005 版本及功能

SQL Server 2005 版本	功　　能	用　途
企业版 Enterprise Edition	支持超大型企业进行联机事务处理、高度复杂的数据分析、数据仓库系统、规模型网站建设、全面商业应用智能及高可用性（如故障转移群集）、完全的在线和并行操作能力等，是最全面的版本	是超大型企业级应用 DBMS
开发版 Developer Edition	开发人员可在 SQL Server 上生成任何类型的应用程序。包括该企业版的所有功能，但有许可限制只能用于开发和测试系统，而不能用做生产服务器	是独立软件供应商、系统集成商等的理想选择

续表

SQL Server 2005 版本	功　　能	用　途
标准版 Standard Edition	支持电子商务、数据仓库和业务流解决方案所需的基本功能。具有应用智能和高可用性功能，是个完善的数据管理和分析平台	中小型企业数据管理和应用开发
工作组版 Workgroup Edition	支持数据管理解决方案，可用于部门或分支机构的运营，包括核心数据库功能，可作前端 Web 服务器，具有可靠功能强大易于管理的特点。且可轻松地升级至标准版或企业版	主要用于大小和用户数量上没有限制的小型企业
精简版 Express Edition	是个免费可网上下载、易用且便于管理的数据库。简易版与 Microsoft Visual Studio 2005 集成在一起，可轻松开发功能丰富、存储安全、可快速部署的数据驱动应用程序	是低端服务器用户与 Web 程序非专业应用开发
移动版 Mobile Edition	是种压缩数据库，支持广泛的智能设备和 Tablet PC，是将企业数据管理功能扩展到小型设备上，是开发人员快速应用开发的编程模型	允许用户维护与主数据库同步的移动数据存储

2.4.2　SQL Server 2005 安装环境

1．安装、运行 SQL Server 2005 的硬件需求

（1）分辨率至少在 1024×768 像素之上的显示器。

（2）CD 或者 DVD 驱动器及网络适配卡（网卡）。

（3）处理器型号、速度及内存需求。SQL Server 2005 不同的版本其对处理器型号、速度及内存的需求是不同的，见表 2-3。

表 2-3　SQL Server 2005（32/64 位）6 个版本处理器型号、速度及内存需求

	SQL Server 2005	处理器类型	处理器速度	内　　存
32 位	企业版 Enterprise Edition 开发版 Developer Edition 标准版 Standard Edition	需要 Pentium III 及兼容处理器或更高速度的处理器	最低：600 MHz 推荐：1GHz 或更高 最低：600 MHz	最小：512MB 建议：1GB 或更大 最大：操作系统的最大内存
	工作组版 Workgroup Edition			最小：192MB 建议：512MB 或更高 最大：操作系统的最大内存
	精简版 Express Edition			
	移动版 Mobile Edition			最小：256MB 建议：512MB 或更大 最大：操作系统的最大内存
64 位	企业版 Enterprise Edition 开发版 Developer Edition 标准版 Standard Edition	IA64 最低：Itanium 处理器或更高 X64 最低：AMD Opteron、AMD Athlon 64、支持 Intel EM64T 的 Intel Xenon 或 Intel Pentium IV	IA64 最低 1GHz IA64 建议：1GHz 或更高 X64 最低：1GHz X64 建议：1GHz 或更高	• IA64 最小：512MB • IA64 建议：1GB 或更大 • IA64 最大：32TB • 操作系统的最大内存允许的最小值：512 MB • X64 建议：1GB 或更大 • X64 最高：操作系统最大内存

注：IA64 = Intel Itanium 体系结构。X64 = AMD 体系结构/Intel Extended Systems 体系结构。

（4）硬盘空间需求。在 SQL Server 2005 的安装或升级过程中，Windows 安装程序会在系统驱动器中创建临时文件，请务必验证安装驱动盘中是否具有 1.6GB 的可用磁盘空间来存储这些文件。实际的硬件需求还取决于系统配置以及所选择安装的 SQL Server 2005 服务和组件，见表 2-4。

表 2-4　SQL Server 2005 服务和组件对硬盘需求

服　务　和　组　件	硬　盘　需　求
数据库引擎及数据文件、复制以及全文搜索等	150 MB
分析服务（Analysis Services）及数据文件	35 kB
报表服务（Reporting Services）和报表管理器	40 MB
通知服务（Notification Services）引擎组件、客户端组件以及规则组件	5 MB
集成服务（Integration Services）	9 MB
客户端组件	12 MB
管理工具	70 MB
开发工具	20 MB
SQL Server 联机丛书以及 SQL Server 移动（Mobile）联机图书	15 MB
范例以及范例数据库	390 MB

2．安装、运行 SQL Server 2005 的软件需求

（1）Internet 软件。在安装 SQL Server 2005 之前，需安装 Microsoft Internet Explorer 6.0 SP1 或者其升级版本。因为微软控制台以及 HTML 帮助都需要此软件。

（2）Internet 信息服务。在安装 SQL Server 2005 之前，需安装 Internet Information Server 5.0 或后续高版本及 ASP.NET 2.0 等，以支持 SQL Server 2005 的报表服务。

（3）运行基础环境组件。尚需要安装：Microsoft Windows .NET Framework 2.0、Microsoft Windows Installer 3.1 和 Microsoft SQL Server Setup support files 及 Microsoft 数据库访问组件（MDAC）2.8 SP1 或更高版本等软件。

（4）网络协议。SQL Server 2005 支持：TCP/IP、Shared Memory、Named Pipes 和 VIA。不支持：Banyan VINES 顺序包协议（SPP）、多协议、AppletTalk 和 NWLink IPX/SPX。

（5）操作系统软件。SQL Server 2005 的不同版本需要不同的操作系统平台支撑，具体见表 2-5。

表 2-5　SQL Server 2005（32 位）运行操作系统要求

操 作 系 统	SQL Server 2005				
	企业版 Enterprise Edition	开发版 Developer Edition	标准版 Standard Edition	工作组版 Workgroup Edition	精简版 Express Edition
Windows 2000	否	否	否	否	否
Windows 2000 Professional Edition SP4	否	是	是	是	是
Windows 2000 Server SP4	是	是	是	是	是
Windows 2000 Advanced Server SP4	是	是	是	是	是
Windows 2000 Datacenter Edition SP4	是	是	是	是	是

操 作 系 统	SQL Server 2005				
	企业版 Enterprise Edition	开发版 Developer Edition	标准版 Standard Edition	工作组版 Workgroup Edition	精简版 Express Edition
嵌入式 Windows XP	否	否	否	否	否
Windows XP Home Edition SP2	否	是	否	否	是
Windows XP Professional Edition SP2	否	是	是	是	是
Windows XP Media Edition SP2	否	是	是	是	是
Windows XP Tablet Edition SP2	否	是	是	是	是
Windows 2003 Server SP1	是	是	是	是	是
Windows 2003 Enterprise Edition SP1	是	是	是	是	是
Windows 2003 Datacenter Edition SP1	是	是	是	是	是
Windows 2003 Web Edition SP1	否	否	否	否	是
Windows Small Business Server 2003 Standard Edition SP1	是	是	是	是	是
Windows Small Business Server 2003 Premium Edition SP1	是	是	是	是	是
Windows 2003 64 位 Itanium Datacenter Edition SP1	否	否	否	否	否
Windows 2003 64 位 Itanium Enterprise Edition SP1	否	否	否	否	否
Windows 2003 64 位 X64 Standard Edition SP1	WOW64	WOW64	WOW64	WOW64	WOW64
Windows 2003 64 位 X64 Datacenter Edition SP1	WOW64	WOW64	WOW64	WOW64	WOW64
Windows 2003 64 位 X64 Enterprise Edition SP1	WOW64	WOW64	WOW64	WOW64	WOW64

64 位版本的 SQL Server 2005 对操作系统的要求见表 2-6。

表2-6　在64位平台上的安装的操作系统要求

SQL Server 2005	操　作　系　统				
	Windows 2003 64 位 Itanium Datacenter Edition SP1	Windows 2003 64 位 Itanium Enterprise Edition SP1	Windows 2003 64 位 X64 Standard Edition SP1	Windows 2003 64 位 X64 Datacenter Edition SP1	Windows 2003 64 位 X64 Enterprise Edition SP1
企业版 Enterprise Edition （IA64）	是	是	否	否	否
企业版 Enterprise Edition (X64)	否	否	是	是	是
开发版 Developer Edition (IA64)	是	是	否	否	否
开发版 Developer Edition (X64)	否	否	是	是	是

续表

SQL Server 2005	操　作　系　统				
	Windows 2003 64 位 Itanium Datacenter Edition SP1	Windows 2003 64 位 Itanium Enterprise Edition SP1	Windows 2003 64 位 X64 Standard Edition SP1	Windows 2003 64 位 X64 Datacenter Edition SP1	Windows 2003 64 位 X64 Enterprise Edition SP1
标准版 Standard Edition (IA64)	是	是	否	否	否
标准版 Standard Edition (X64)	否	否	是	是	是
精简版 Express Edition	否	否	WOW64	WOW64	WOW64
评估版 Evaluation Edition (IA64)	是	是	否	否	否
评估版 Evaluation Edition (X64)	否	否	是	是	是

2.4.3　SQL Server 2005 安装过程

SQL Server 2005 有 32 位和 64 位两种版本。SQL Server 2005 的 64 位版本的安装方法与 32 位版本相同，主要基于向导方式进行，即通过安装向导或命令提示符进行安装。下面介绍使用向导方式安装 Microsoft SQL Server 2005 Enterprise Edition（32）。

（1）将安装光盘插入光驱后，出现如图 2-2 所示的安装向导界面。单击"服务器组件、工具、联机丛书和示例"链接，开始安装 SQL Server 2005，弹出如图 2-3 所示的对话框。

图 2-2　安装向导启动界面　　　　　　　图 2-3　最终用户许可协议

（2）在"最终用户许可协议"界面下方，选中"我接受许可条款和条件"复选框，然后单击"下一步"按钮，出现如图 2-4 所示"安装必备组件"对话框，并自动进行检测与安装。

（3）稍待一段时间后，弹出如图 2-5 所示的"欢迎使用 Microsoft SQL Server 安装向导"对话框，单击"下一步"按钮，弹出如图 2-6 所示的"系统配置检查"对话框，将对系统自动进行检查。

注意："系统配置检查"对话框将扫描安装计算机，查找是否存在可能阻止安装程序运行的情况。若要查看结果可单击"报告"按钮选择报告选项，包括查看报告，将报告保存到文件或复制到剪贴板和以电子邮件的形式发送报告。

（4）完成系统配置检查后，系统将要求用户输入安装密钥，如图 2-7 所示。输入完毕后单击"下一步"按钮，弹出如图 2-8 所示的"要安装的组件"对话框，用户勾选需要安装的组件。单击"高级"按钮，弹出如图 2-9 所示的"功能选择"对话框，使用列表框选择要安装的程序功能，还可单击"浏览"按钮设置组件的安装路径。

图 2-4　安装必备组件

图 2-5　安装向导的欢迎对话框

图 2-6　"系统配置检查"对话框

图 2-7　"注册信息"对话框

图 2-8　选择安装组件

图 2-9　更改功能的安装方式

（5）单击"下一步"按钮，安装向导将提示是否安装默认实例或命名实例，如图 2-10 所示。

如果本机没有默认实例，用户才可以安装默认实例。若要安装新的命名实例，可选中"命名实例"单选按钮，然后在文本框中输入一个唯一的实例名。

如果已经安装了默认实例或已命名实例，并且为安装的软件选择了现有实例，安装程序将升级所选择的实例并提供安装其他组件的选项。在此，选中"默认实例"单选按钮，单击"下一步"按钮，弹出如图 2-11 所示的"服务账户"对话框。若使用内置系统帐户，能为可配置的 SQL Server 服务的登录分配本地系统帐户、网络服务帐户或本地服务帐户；若使用域用户帐户，可使用一个 Windows 身份验证的域用户连接 SQL，并为帐户指定用户名、密码和域名。

图 2-10　"实例名"对话框

图 2-11　"服务账户"对话框

（6）设置好"服务账户"后单击"下一步"按钮，弹出如图 2-12 所示的"身份验证模式"对话框，选择具体的验证模式。

注意：若选择要用于 SQL Server 安装的身份验证模式，还必须输入并确认用于 sa 登录的强密码。建议用户使用"Windows 身份验证"，SQL Server 2005 安装程序不对不是域成员的 Windows Server 2003 的默认设置没有强制密码要求，但设置强密码对于确保系统的安全至关重要

（7）单击"下一步"按钮，弹出如图 2-13 所示的"排序规则设置"对话框。此时指定的 SQL Server 实例的排序规则，将只用于 SQL Server 和 SQL Analysis，或为各个组件指定排序规则。若要为 SQL Server 和 SQL Analysis 设置单独的排序规则，可勾选"为每个服务账户进行自定义"复选框。选中之后，将出现下拉选择框，从中选择一个服务，然后分配其排序规则。对每个服务可重复此操作。

图 2-12　"身份验证模式"对话框

图 2-13　"排序规则设置"对话框

排序规则指示符和排序顺序各选项说明如下：

- 二进制：根据位模式对表数据进行排序。该排序顺序既区分大小写，也区分重音。
- 二进制–码位：根据 Unicode 码位对 SQL Server 表数据进行排序。
- 区分大小写：若选中可区分大写字母和小写字母。排序时小写字母在前。
- 区分重音：若选中可区分重音字符和非重音字符。
- 区分假名：若选中可区分日语中的平假名和片假名。
- 区分全半角：若选中可区分字符的单字节形式和双字节形式。

（8）单击"下一步"按钮，弹出如图 2-14 所示的"报表服务器安装选项"对话框，采用默认值即可。单击"下一步"按钮，弹出如图 2-15 所示的"错误和使用情况报告设置"对话框，采用默认值即可。单击"下一步"按钮，弹出如图 2-16 所示的出现"准备安装"对话框。

选择此项安装默认配置

图 2-14　"报表服务器安装选项"对话框　　　图 2-15　"错误和使用情况报告设置"对话框

（9）单击"安装"按钮，弹出如图 2-17 所示的"安装进度"对话框，其中显示了安装进度，这是个相对漫长的安装过程。若要在安装期间查看组件的日志文件，可以在其中单击产品或状态名称即可。

图 2-16　安装提示　　　　　　　　　　　　图 2-17　安装进度

（10）所有组件安装完成后单击"下一步"按钮，弹出如图 2-18 所示的"完成 Microsoft SQL Server 2005 安装"对话框，单击"完成"按钮即可。

2.4.4　SQL Server 升级

　　SQL Server 2005 支持从 SQL Server 7.0（除 SQL Server 7.0 Evaluation Edition SP4 外）或 SQL Server 2000 升级。升级或迁移包括以下内容。

- 升级数据库引擎、升级或迁移分析服务 （Analysis Services）；
- 升级或迁移 Data Transformation Services；
- 迁移通知服务实例（Notification Services）；
- 升级报表服务（Reporting Services）与升级复制数据库及升级组件帮助服务。

图 2-18　"完成 Microsoft SQL Server 2005 安装"对话框

　　可使用 SQL Server 2005 提供的"升级顾问"升级至 SQL Server 2005。安装完"升级顾问"后运行，将显示"升级顾问"窗口，通过该窗口，可以启动以下工具：

- 升级顾问分析向导。
- 升级顾问报表查看器。
- 升级顾问帮助。

　　首先运行"升级顾问分析向导"以分析 SQL Server 组件。向导完成分析后，可以使用"升级顾问报表查看器"查看结果报表。报表提供的链接内包含修复或缓和已知问题的信息。"升级顾问帮助"可以帮助帮助用户解决升级中的疑问。

　　运行升级顾问分析向导一般分为 3 个阶段：

　　（1）确定要分析的服务器和组件。选择需要分析的 SQL Server 组件，这个组件表随着用户安装的情况和版本的不同而变化。

　　（2）收集其基于组件类型等信息、收集身份验证信息与分析所选组件。

　　（3）生成升级问题报表，引导完成 SQL Server 的升级。

2.5　SQL Server 2005 管理工具

　　SQL Server 2005 常用工具及其效用见表 2-6，其中，SQL Server Management Studio 是　SQL Server 2005 数据库产品中最重要的组件。

表 2-6　SQL Server 2005 的管理工具

工　　　具	功　　　　能
SQL Server Management Studio（SSMS）	用于编辑和执行查询，并用于启动标准向导与管理数据系统
SQL Server 配置管理器	管理服务器和客户端网络配置设置
数据库引擎优化顾问	可以协助创建索引、索引视图和分区的最佳组合
SQL Server 事件探查器（SQL Server Profiler）	SQL Server Profiler 提供了图形用户界面，用于监视 SQL Server 数据库引擎实例或 Analysis Services 实例
SQL Server 安装程序	安装、升级到或更改 SQL Server 2005 实例中的组件

续表

工　　具	功　　　　能
Business Intelligence Development Studio	用于 Analysis Services 和 Integration Services 解决方案的集成开发环境
Import and Export Data	提供一套用于移动、复制及转换数据的图形化工具和可编程对象
命令提示实用工具	从命令提示符管理 SQL Server 对象

2.5.1　SQL Server Management Studio

SQL Server Management Studio（SSMS，SQL Server 管理平台，后文将多以此来称呼之）包括 SQL Server 2000 中的企业管理器、查询分析器和服务管理器，是一个集成的环境，用于访问、配置和管理所有的 SQL Server 组件。它为数据库管理人员提供了集成的实用工具，使用户能够通过便捷易用的图形化工具和丰富的脚本来完成任务。

可以在 SQL Server 管理平台中使用 Transact-SQL、多维表达式、XML for Analysis 和 SQL Server Mobile Edition 来编写、编辑和管理脚本和存储过程。SQL Server Management Studio 可以方便地与源代码控制集成在一起。SQL Server Management Studio 还包括一些工具，可用来调度 SQL Server 代理作业和管理维护计划，以自动执行日常维护和操作任务。

1．SQL Server Management Studio 的启动与关闭

启动 SQL Server Management Studio 的方法是：

（1）单击"开始"⇨"程序"⇨Microsoft SQL Server 2005⇨SQL Server Management Studio 命令，如图 2-19 所示。

（2）弹出 Microsoft SQL Server Management Studio 窗口，如图 2-20 所示，并弹出如图 2-21 所示的"连接到服务器"对话框。在"连接到服务器"对话框中，可采用默认设置（Windows 身份验证），再单击"连接"按钮即可连接登录到服务器。

图 2-19　从"开始"菜单选择 SQL Server Management Studio　　图 2-20　SQL Server 2005 启动界面

要关闭与退出 SQL Server Management Studio，只要单击主窗口右上角的 ✖ 按钮即可。

2．SQL Server Management Studio 组件介绍

默认情况下，SQL Server 管理平台启动后将显示三个组件窗口，已注册的服务器组件窗口、对象资源管理器组件窗口和文档组件窗口，如图 2-22 所示。

（1）已注册的服务器组件窗口。

"已注册的服务器"窗口列出的是经常管理的服务器，可以在此列表中添加和删除服务器。已注册的服务器和后述的对象资源管理器与 SQL Server 2000 中的企业管理器类似，但具有更多的功能。

已注册的服务器组件窗口可完成连接到服务器。已注册的服务器组件的工具栏包含数据库引擎、Analysis Services、Reporting Services、SQL Server Mobile 和 Integration Services 按钮。可以用于

注册上述服务器类型，以便于系统管理。

图 2-21　打开与连接 SQL Server Management Studio 示意图

例如：注册"信息管理"数据库的方法如下：

① 在"已注册的服务器"工具栏中，单击"数据库引擎"图标。

② 在下方列表框中右击"数据库引擎"，从弹出菜单中选择"新建"⇨"服务器注册"，打开"新建服务器注册"对话框。

③ 在"服务器名称"文本框中输入 SQL Server 实例的名称。

④ 在"已注册的服务器名称"文本框中输入信息管理。

⑤ 在"连接属性"选项卡的"连接到数据库"列表中，选择信息管理，然后单击"保存"按钮。

以上操作说明可以通过选择的名称组织服务器，更改默认的服务器名称。

（2）对象资源管理器组件窗口。

对象资源管理器是服务器中所有数据库对象的树型视图，此树型视图包括 SQL Server Database Engine、Analysis Services、Reporting Services、Integration Services 和 SQL Server Mobile 等。

对象资源管理器组件窗口可与对象资源管理器连接。与已注册的服务器类似，对象资源管理器也可以连接到数据库引擎、Analysis Services、Integration Services、Reporting Services 和 SQL Server Mobile。方法是：

① 在对象资源管理器的工具栏上，单击"连接"下拉列表，在其中选择"数据库引擎"，将弹出"连接到服务器"对话框，如图 2-21 所示。

② 在"服务器名称"文本框中，输入 SQL Server 实例的名称。

③ 单击"选项"按钮，然后浏览各选项；单击"连接"按钮，连接到服务器。如果已经连接，则将直接返回到对象资源管理器，并将该服务器设置为焦点。

连接到 SQL Server 的某个实例时，对象资源管理器会显示外观和功能与 SQL Server 2000 企业管理器中的控制台根结点非常相似的信息。增强功能包括在浏览数以千计的数据库对象时可具有更大的伸缩性。使用对象资源管理器，可以管理 SQL Server 安全性、SQL Server 代理、复制、数据库邮件以及 Notification Services。

（3）文档组件窗口。

文档组件窗口是 SQL Server Management Studio 中的最大部分。文档组件窗口包含查询编辑器和浏览器窗口。默认情况下，将显示已与当前计算机上的数据库引擎实例连接的摘要页。

3．查询编辑器的使用

SQL Server Management Studio 是一个集成开发环境，其中的查询编辑器（如图 2-22 所示）可用于编写 Transact-SQL、MDX、XMLA、XML、SQL Server 2005 Mobile Edition 查询和 SQLCMD 命令，是一个用于编写 Transact-SQL 语句等的组件，与以前版本的 SQL Server 查询分析器类似。

在 SQL Server Management Studio 中，单击工具栏中的"新建查询"按钮，在右下打开查询编辑器窗口，在其中输入 SQL 语句，执行的结果显示在结果窗格中，如图 2-23 所示。

图 2-22　SQL Server Management Studio 的窗体布局

图 2-23　查询编辑器

（1）查询编辑器的新增功能。

SQL Server 2005 的查询编辑器与低版的查询分析器相比新增了如下功能：

① 最大化查询编辑器窗口。单击"查询编辑器"窗口中的任意位置可完成最大化操作。按 Shift+Alt+Enter 组合键，可以在全屏显示模式和常规显示模式之间进行切换。

② 自动隐藏所有工具窗口。单击"查询编辑器"窗口中的任意位置，单击菜单"窗口"⇨"自动全部隐藏"命令，则会隐藏所有工具窗口。若要还原工具窗口，请打开每个工具，再单击窗口上的"自动隐藏"按钮以打开此窗口。

③ 注释部分脚本。使用鼠标选择要注释的文本，单击菜单"编辑"⇨"高级"，⇨"注释选定内容"命令，所选文本将带有破折号（--），完成注释。

（2）查询编辑器的按钮说明。

在开发数据库应用系统时，经常要在 SQL Server 2005 中编写代码。编写代码是在查询编辑器中实现的。下面分别介绍查询编辑器中工具栏中的相关按钮。

● 　，依次为：新建、打开、保存、全部保存 SQL 脚本文件。

● 　，依次为：显示已注册服务器、摘要、对象资源管理器、模板资源管理器、属性窗口。

- ，依次为：连接、断开连接、更改连接、连接数据库。
- ，依次为：将结果以文本格式显示、以网络格式显示、将结果保存到文件。
- ，依次为对当前选中脚本行进行注释、取消注释、减少缩进、增加缩进。
- ，依次为：执行脚本、分析脚本、停止执行、显示执行计划。

（3）查询编辑器多代码窗口运用。

可以配置多代码窗口，即以多种方式同时显示和操作多个代码窗口，方法为：

① 在 Microsoft SQL Server Management Studio 工具栏中利用"新建查询"，打开两个查询编辑器窗口，若要水平显示这两个查询窗口并同时查看两个代码窗口，请右击查询编辑器的标题栏，在弹出的菜单中选择"新建水平选项卡组"命令即可。

② 单击上面的查询编辑器窗口将其激活，再单击"新建查询"按钮，打开第三个查询窗口，该窗口将显示为上面窗口中的一个选项卡。

③ 在"窗口"菜单的子菜单中或在相应选项卡右键弹出的菜单中，单击"移动到下一个选项卡组"，第三个窗口将移动到下面的选项卡组中。使用这些选项，可用多种方式配置窗口。

④ 若要关闭查询编辑器窗口，只要单击该窗口右上角的✕按钮即可。

（4）查询编辑器的连接与代码执行。

SQL Server 管理平台允许在与服务器断开连接时编写或编辑代码。当服务器不可用或服务器与网络资源短缺及脱机状态时颇显效用。用户可更改查询编辑器与 SQL Server 实例的连接，而无需打开新的查询编辑器窗口或重新键入代码。连接到服务器运行代码的方法是：

① 在 SQL Server Management Studio 工具栏中单击"数据库引擎查询"按钮，打开查询编辑器。

② 在代码编辑器中输入 Transact-SQL 语句。

```
select * from 学生
```

代码编辑器中输入的文本按类别显示为不同颜色，表 2-7 列出了最常用的颜色方案。

表 2-7　查询编辑器的颜色方案

颜　色	类　别	颜　色	类　别	颜　色	类　别
红色	字符串	洋红色	系统函数	蓝色	关键字
暗绿色	注释	绿色	系统表	青色	行号或模板参数
黑色、银色背景	SQLCMD 命令	褐紫红色	SQL Server 存储过程	深灰色	运算符

注意：单击"连接"、"执行"、"分析"或"显示估计的执行计划"按钮可连接到 SQL Server 实例。单击工具栏中的"查询菜单"和"查询编辑器"按钮，或在查询编辑器窗口中右击，所显示的快捷菜单中也提供了这些选项。

代码程序语句编写技巧：

- 注释脚本行或取消注释。利用工具栏中的"注释脚本行"按钮可以为当前选中的脚本行加上注释；也可以利用"取消注释"按钮取消已经加上注释的脚本按钮。
- 减少缩进或增加缩进。代码的层次缩进是增进代码可读性的重要措施。在查询编辑器中，可以利用工具栏中的按钮为当前选中的行增加缩进或减少缩进。

③ 分析代码。分析代码主要是检查代码中的语法错误。

④ 执行代码。按 F5 键或单击工具栏中的"执行"按钮，可以执行脚本代码。另外，如果选中多行代码，则只执行选中部分的代码。代码运行结果如图 2-23 所示。

4．解决方案资源管理器

SQL Server Management Studio 中的"解决方案资源管理器"可将脚本分解为多个脚本项目，然后将各个脚本项目作为一个解决方案进行集中管理。将脚本置于脚本项目和解决方案中，便可将其视为一个组同时打开，或者同时保存。脚本项目包括可使脚本正确执行的连接信息，还包括非脚本文件。

通过"解决方案资源管理器"，可管理与开发项目相关的多种语法文件。各种日常管理服务器的语法操作也能以项目的方式存储。

在 SQL Server Management Studio 中，单击菜单"文件" ⇨ "新建" ⇨ "项目"命令，打开"新建项目"对话框。在其中选择相关属性，并设置好项目名称以及路径，然后单击"确定"按钮，弹出的"新建项目"对话框，再单击"确定"按钮，则弹出相应的"解决方案资源管理器"对话框，如图 2-24 所示，进而可完成具体的项目方案管理。在"解决方案资源管理器"窗口内可查看新的解决方案、设置相关数据库连接以及编写 SQL 脚本。保存时方案数据文件的后缀为 ssmssln，而项目文件的后缀名为 ssmssqlproj。

5．模板资源管理器

SQL Server Management Studio 附带了许多模板，模板的真正作用在于它能为必须频繁创建的复杂脚本创建自定义模板。模板是包含必要表达式的基本结构的文件，以便在数据库中新建对象。通过单击菜单"视图" ⇨ "模板资源管理器"命令，可打开"模板资源管理器"窗口，如图 2-25 所示。

图 2-24　打开"解决方案资源管理器"　　　　图 2-25　模板资源管理器

若要查看不同类型服务的语法模板，可以通过"模板资源管理器"窗口最上方的图标进行切换。有三种不同的语法模板：SQL Server 模板、分析模板和 SQL Mobile 模板，如图 2-25 右侧所示。

若用户对 Transact-SQL 语言不太熟悉，可以通过修改模板中的部分内容来完成任务。SQL

Server 2005 提供很丰富的各种模板，模板的默认安装位置位于：C:\Program Files\Microsoft SQL Server\90\Tools\Profiler\Templates 下。

SQL Server2005 下解决方案、项目和各类型的程序代码编辑环境都可以使用模板创建。利用模板可以创建数据库、数据表、视图、索引、存储过程、触发器、统计数据和函数等对象，还有一些模板可创建 Analysis Services 和 SQL Server Mobile 的扩充属性、连接服务器、登录、角色以及用户等。

6．更改环境布局

SQL Server Management Studio 的各组件会占用屏幕空间。为了腾出更多空间，可以将组件关闭、隐藏或移动。

（1）关闭和隐藏组件。

① 在 SQL Server Management Studio 中，单击"已注册的服务器"面板右上角的 ⊠ 按钮（如图 2-26 所示），可以将其关闭。

② 在"对象资源管理器"面板中，单击"自动隐藏"按钮 ⏽，如图 2-27 所示。对象资源管理器将被最小化到屏幕的左侧。

图 2-26　"已注册的服务器"关闭按钮　　　图 2-27　自动隐藏"对象资源管理器"

③ 再次单击"自动隐藏"按钮，可使"对象资源管理器"面板驻留在打开的位置。

④ 单击菜单"视图"⇨"已注册的服务器"命令，对其进行打开/还原。

注：可尝试将"对象资源管理器"面板关闭隐藏，将"已注册的服务器"面板自动隐藏，然后再恢复它们。

（2）移动组件。

SQL Server Management Studio 的承载环境允许用户移动组件并将它们移动至各种配置中。单击"已注册的服务器"面板的标题栏，并将其拖到文档窗口中央，在拖动过程中呈现图 2-28（a）所示的状态，直到将其放下。如将"已注册的服务器"面板与"对象资源管理器"交换位置，则可拖动"已注册的服务器"面板的标题栏到窗体框架上部即可。当然，也可拖动"已注册的服务器"面板的标题栏到屏幕的其他位置，如窗体框架下部、窗体框架左部、窗体框架右部、窗体框架中心（代表选项卡方式）。右击该面板的标题栏，则弹出右键菜单，如图 2-28（b）所示，可设置面板的停靠和隐藏等。

若拖动时会出现箭头，则表示组件放在该位置时窗口将停靠在框架的顶部、底部或一侧。将组件移到箭头处会导致目标位置的基础屏幕变暗。如果出现"左/右/上/下/中心"，则表示该组件与其他组件共享空间。若把可用组件放入该中心，则该组件显示为框架内部的选项卡。当拖放于窗体框架上部时，界面分为上下结构；当拖放于右边文档窗口的中心时，界面又成为左右结构等。请君尝试吧。

表示放置于
框架区域的
左/右/上/下/
中心（代表
选项卡方式）

窗体框
架上部

窗体框
架右部

窗体框
架左部

窗体框
架下部

（a）拖动过程中的 SQL Server Management Studio　　（b）右击菜单对话框

图 2-28　拖动与右击菜单过程中的 SQL Server Management Studio

（3）MDI 环境模式的布局设置

在 SQL Server Management Studio 中，单击菜单"工具" ⇨ "选项"命令，在弹出对话框中的左侧展开至"环境"/"常规"。在"环境布局"区域中选择"MDI 环境"单选按钮，然后单击"确定"按钮，如图 2-29 所示。此时，各查询子窗口分别浮动在文档窗口中，如图 2-30 所示。此时，每个查询子窗口相当于 SQL Server 2000 的查询分析器查询窗口。

图 2-29　"选项"对话框　　　　　　　图 2-30　文档窗口的 MDI 形式

2.5.2　SQL Server 配置管理器

SQL Server 2005 引入了 SQL Server 配置管理器（SQL Server Configuration Manager），该工具用于管理与 SQL Server 相关联的服务，配置 SQL Server 使用的网络协议以及对 SQL Server 客户机的配置管理等，它综合了 SQL Server 2000 中服务器和客户端网络实用工具、服务管理器等工具的功能，可启动、暂停、恢复或停止服务与查看或更改服务属性等。

SQL Server 配置管理器启动是：单击"开始" ⇨ "程序" ⇨ Microsoft SQL Server 2005 ⇨ SQL Server Configuration Manager 命令，如图 2-31 所示（可见配置工具包括了多个配置子集），打开 SQL Server

配置管理器对话框，如图 2-32 所示。SQL Server 配置管理器主要包含如下功能：

- 管理服务。使用 SQL Server 配置管理器可以启动、暂停、恢复或停止服务，还可以查看或更改服务属性。
- 更改服务使用的账户。使用 SQL Server 配置管理器可以管理 SQL Server 服务。
- 管理服务器和客户端网络协议。使用 SQL Server 配置管理器可以配置服务器和客户端网络协议以及连接选项。可以管理服务器和客户端网络协议，其中包括强制协议加密、启用和禁用网络协议，查看别名属性或启用/禁用协议等功能。可以创建或删除别名、更改使用协议的顺序或查看服务器别名的属性。

图 2-31 SQL Server 配置管理器的启动   图 2-32 SQL Server 配置管理器界面

2.5.3 数据库引擎优化顾问

SQL Server 2005 的数据库引擎优化顾问（Database Engine Tuning Advisor）是分析数据库上工作负荷的性能效果的工具，可以优化数据库、提高查询处理性能。

工作负荷是对要优化的数据库执行的一组 Transact-SQL 语句，数据库引擎优化顾问在分析数据库的工作负荷效果后，会提供在数据库中添加、删除或修改物理设计结构的建议。物理设计结构包括聚集索引、非聚集索引、索引视图和分区。数据库引擎优化顾问会推荐一组物理设计结构，以降低工作负荷的开销。可在 SQL Server Management Studio 中使用查询编辑器创建 Transact-SQL 脚本工作负荷，或通过使用 SQL Server Profiler 中的优化模板来创建跟踪文件和跟踪表工作负荷。现介绍几种常用的数据库引擎优化顾问启动方式。

（1）通过开始菜单启动数据库引擎优化顾问。单击"开始"⇨"程序"⇨Microsoft SQL Server 2005⇨"性能工具"⇨"数据库引擎优化顾问"命令，弹出如图 2-33 所示的对话框。

（2）使用 SQL Server Management Studio 启动数据库引擎优化顾问。在 SQL Server Management Studio 中，单击菜单"工具"⇨"数据库引擎优化顾问"命令即可。

（3）在 SQL Server Profiler 中启动数据库引擎优化顾问。在 SQL Server Profiler 中，单击菜单"工具"⇨"数据库引擎优化顾问"命令。

（4）在 SQL Server 管理平台的查询编辑器中启动数据库引擎优化顾问。在查询编辑器中选择一个 Transact 查询或选择整个脚本，右击选定的内容，在弹出的菜单中选择

图 2-33 数据库引擎优化顾问

"在数据库引擎优化顾问中分析查询"命令，打开数

据库引擎优化顾问图形用户界面，并将该脚本作为 XML 文件工作负荷导入。可指定会话名称和优化选项，以对选定的 Transact 查询作为负荷进行优化。

2.5.4　SQL Server Profiler

　　SQL Server 事件探查器（SQL Server Profiler）是 SQL 跟踪的图形用户界面，用于从服务器捕获 SQL Server 2005 事件。它可以捕获有关每个事件的数据，并将事件保存在一个跟踪文件中，可在以后对该文件进行分析，也可在试图诊断某个问题时，用它来重播某一系列的步骤。它还可以显示 SQL Server 如何在内部解析查询，这使得管理员能够准确查看提交到服务器的 Transact-SQL 语句或多维表达式，以及服务器是如何访问数据库或多维数据集以返回结果集的。使用 SQL Server Profiler 可以执行：创建基于可重用模板的跟踪，当跟踪运行时监视跟踪结果，将跟踪结果存储在表中，根据需要启动、停止、暂停和修改跟踪结果以及重播跟踪结果等操作。

　　SQL Server Profiler 的使用方法如下：

　　（1）单击"开始"⇨"程序"⇨Microsoft SQL Server 2005⇨"性能工具"⇨SQL Server Profiler 命令，弹出 SQL Server Profiler 窗口。

　　（2）单击菜单"文件"⇨"新建跟踪"命令，连接上服务器后出现"跟踪属性"对话框，图 2-33 所示的嵌入信息。

　　注意：在"跟踪名称"文本框中输入本次跟踪的名字；在"使用模板"列表框中选择由 SQL Server Profiler 提供的跟踪模板；如勾选"保存到文件"复选框，则将跟踪情况存储到文件中，以便以后查看与分析；如勾选"启用跟踪停止时间"复选框，则需设置跟踪停止时间。设置完相应的跟踪参数后，单击"运行"按钮，弹出如图 2-35 所示的显示跟踪结果对话框，可以根据运行的跟踪结果来分析解决问题。

图 2-34　SQL Server Profiler 及"跟踪属性"对话框

图 2-35　跟踪结果

2.5.5　SQL Server 2005 联机丛书

　　联机丛书是 SQL Server 2005 的主要文档，通过它，用户可以获取相关的帮助，了解 SQL Server 2005 的功能及特性，方便地学习和使用 SQL Server 2005 系统。

　　联机丛书涉及以下内容：系统安装和升级、新增功能信息，SQL Server 2005 的技术和功能的概念性说明，SQL Server 2005 系统各种功能的使用性主题，完成常见任务的相关教程，SQL Server 2005 支持的图形工具和命令提示实用工具、编程语言和应用程序编程接口的参考文档，对 SQL Server 2005 示例数据库和应用程序的说明等。

用户通过可以使用安装的联机丛书，如图 2-36
所示，也可通过 http://msdn2.microsoft.com/zh
-cn/library/ ms166019.aspx 网址获取联机丛书。

2.5.6　SqlCmd 命令行工具程序

SQL Server 2005 提供了丰富的命令行工具程序，
如：导入导出大容量数据的 bcp.exe、分析性能的
dta.exe、与 SSIS 相关的 dtexec.exe、dtutil.exe、与报表
服务相关的 rs.exe、rsconfig.exe 和 rskeymgmt.exe 等。
常用命令提示实用工具见表 2-8。

图 2-36　SQL Server 2005 联机丛书示意图

注意：在表中的盘符 "x" 代表用户安装 SQL Server 2005 的实际盘符。

表 2-8　SQL Server 2005 实用命令行工具程序表

命令实用工具	功 能 说 明	命令文件位置
sqlcmd	用于在命令提示符下输入系统过程、Transact-SQL 语句和脚本文件	x:\Program Files\Microsoft SQL Server\90\Tools\Binn
bcp	用于在 SQL Server 实例和用户指定的数据文件之间复制数据	x:\Program Files\Microsoft SQL Server\90\Tools\Binn
dta	用于分析工作负荷以优化服务器性能	x:\Program Files\Microsoft SQL Server\90\Tools\Binn
dtexec	用于配置并执行 SQL Server Integration Services (SSIS)包	x:\Program Files\Microsoft SQL Server\90\DTS\Binn
dtutil	用于管理 SQL Server Integration Services（ssis）包	x:\Program Files\Microsoft SQL Server\90\DTS\Binn
msmdsrv	将 Analysis Services 项目部署到 Analysis Services 实例	x:\Program Files\Microsoft SQL Server\MSSQL.2\OLAP\bin
nscontrol	创建、删除和管理 Notification Services 实例	x:\Program Files\Microsoft SQL Server\90\NotificationServices\n.n.nnn\bin
osql	在命令提示符下输入系统过程、Transact-SQL 语句和脚本文件	x:\Program Files\Microsoft SQL Server\90\Tools\Binn
profiler90	在命令提示符下启动 SQL Server Profiler	x:\Program Files\Microsoft SQL Server\90\Tools\Binn
rs	用于运行专门管理 Reporting Services 报表服务器的脚本	x:\Program Files\Microsoft SQL Server\90\Tools\Binn
rsconfig	配置报表服务器连接	x:\Program Files\Microsoft SQL Server\90\Tools\Binn
rskeymgmt	管理报表服务器上的加密密钥	x:\Program Files\Microsoft SQL Server\90\Tools\Binn
sac	用于在 SQL Server 2005 实例之间导入或导出外围应用配置器设置	x:\Program Files\Microsoft SQL Server\90\ Shared
sqlagent90	用于在命令提示符下启动 SQL Server 代理	x:\Program Files\Microsoft SQL Server\<instance_name>\MSSQL\Binn

续表

命令实用工具	功 能 说 明	命令文件位置
SQLdiag	为 Microsoft 客户服务和支持部门收集诊断信息	x:\Progam Files\Microsoft SQL Server\90\Tools\Binn
sqlmaint	用于执行以前版本的 SQL Server 创建的数据库维护计划	x:\Program Files\Microsoft SQL Server\MSSQL.1\MSSQL\Binn
sqlservr	用于在命令提示符下启动和停止数据库引擎实例以进行故障排除	x:\Program Files\Microsoft SQL Server\MSSQL.1\MSSQL\Binn
sqlwb	在命令提示符下启动 SQL Server Management Studio	x:\Program Files\Microsoft SQL Server\90\Tools\Binn\VSShell\Common7\IDE
tablediff	比较两个表中的数据以查看数据是否无法收敛	x:\Program Files\Microsoft SQL Server\90\ COM

SqlCmd 命令通过 OLE DB 数据访问界面与 SQL Server 数据引擎沟通,可让用户互动地执行 SQL 语句或指定 T-SQL 脚本文件交互执行,可以周期性的在后台批处理地执行。一些日常的营运和维护工作将会用到它。

SqlCmd 命令语句有众多选择参数与功能可用（如图 2-37 所示）,部分语法格式如下:
```
sqlcmd [{{-U login_id [ -P password ]}|-E}][-S server_name [\ instance_name]]
[-H wksta_name]
[-d db_name][-l time_out][-t time_out][-h headers][-s col_separator ] …[-?]]
```

注意:图 2-36 对参数与设置格式仅进行了简单说明,鉴于篇幅因素,就在此搁笔了,具体可参见 SQL Server 2005 联机丛书或相关参考书籍详述。

启动 SqlCmd 时,可以指定也可以不指定连接的 SQL Server 实例。单击"开始" ⇨ "程序" ⇨ "附件" ⇨ "命令提示符"命令,在命令提示符处输入 SqlCmd 命令。

例如:若要使用 SqlCmd 连接到名为 YUServer 的 SQL Server 命名实例,必须使用-S 选项启动 SqlCmd。在命令提示符窗口。输入:SqlCmd -S YUServer,然后按回车键。

进入到 SqlCmd 程序后,1>是 SqlCmd 提示符,可以指定行号。每按一次 Enter 键,显示的数字就会加 1。顺序显示的数字代表曾使用的几个命令,而 GO 命令会把累积下来可执行的 SQL 命令传递到服务器端并返回结果。具体实例运行如图 2-38 所示。

图 2-37　SqlCmd 命令参数与功能示意图　　　　图 2-38　SqlCmd 命令实例运行示意图

本 章 小 结

　　SQL Server 2005 扩展了其前低版本的性能，它的可靠性和易用性使其成为一个杰出的数据库平台，它功能强大、操作简便，日益为广大数据库用户所钟爱。本章介绍了 SQL Server 的演进过程。SQL Server 2005 系统的新增功能主要包括：数据库引擎、分析服务（Analysis Services）、集成服务（Integration Services）、复制服务、报表服务（Reporting Services）、通知服务（Notification Services）、全文搜索、服务代理（Service Broker）、管理工具与开发工具等诸多部分。SQL Server Management Studio 提供了一个开发环境，可在其中使用多维表达式、Transact-SQL、XML for Analysis 和 SQL Server Mobile Edition 来编辑和管理脚本和存储过程。

　　SQL Server Management Studio 可以方便地与源代码控制集成在一起，可用来调度 SQL Server 代理作业和管理维护计划，以自动执行日常维护和操作任务。管理和脚本编写集成在单一工具中，同时，该工具具有管理所有类型的服务器的能力，为数据库管理员提供了更强的生产效率。SQL Server 配置管理器用于管理与 SQL Server 相关联的服务、配置 SQL Server 使用的网络协议及从 SQL Server 客户端计算机管理网络连接配置等。

　　SQL Server 2005 的数据库引擎优化顾问（Database Engine Tuning Advisor）是分析数据库上工作负荷的性能效果的工具，可以优化数据库、提高查询处理性能。

思考与练习

一、选择题

1. 分析服务引入了新管理工具、集成开发环境及与_____的集成功能。
   A．.NET Framework 　　 B．VB.NET 　　　 C．ADO 　　　　 D．ASP. NET
2. SQL Server 2005 提供的集成管理工具可用于高级数据库_____。
   A．设置与管理 　　 B．管理和优化 　　 C．优化与配置 　　 D．处理与优化
3. SQL Server 2005 发布了_____版本。
   A．4 个 　　　　 B．5 个 　　　　 C．2 个 　　　　 D．6 个
4. 配置管理器用于管理与 SQL Server 相关联服务、配置 SQL Server 使用_____等。
   A．网络协议 　　　　　　　 B．网络操作系统
   C．操作协议 　　　　　　　 D．开发协议
5. 数据库引擎优化顾问是分析数据库上_____的性能效果的工具。
   A．工作效果 　　 B．工作容积 　　 C．工作负荷 　　 D．数据容量
6. SQL Server Management Studio 是 SQL Server 2005 的_____等。
   A．管理控制台 　　 B．管理软件 　　 C．工作控制室 　　 D．优化管理器
7. SQL Server 管理平台可用于_____和管理所有 SQL Server 2005 组件。
   A．访问、管理 　　 B．管理、优化 　　 C．访问、配置 　　 D．访问、连接
8. 对象资源管理器是服务器中所有数据库对象的_____。
   A．管理容器 　　 B．树型视图 　　 C．有形视图 　　 D．总控制台

9. 查询编辑器是个可用于编写 Transact-SQL 等语句的组件，但不包括_____。

    A. MDX   B. XML   C. SQLCMD   D. PING

10. SQL Server 配置管理器可停止服务与查看或更改服务属性等，但不包括_____。

    A. 启动服务   B. 运行程序   C. 恢复服务   D. 暂停服务

二、简述与实验

1. 简述 SQL Server 的演进过程，简述 SQL Server 2005 系统的新增功能。

2. 简述 SQL Server 2005 的平台构架和 SQL Server 管理平台及其作用。

3. 试问 SQL Server 2005 包括哪些不同的版本？简述其主题内涵与用途。

4. 试述安装、运行 SQL Server 2005 的软件需求。

5. 简述 SQL Server 2005（32/64 位）6 个版本处理器型号、速度及内存需求。

6. 何谓数据库引擎优化顾问？

7. 简述其启动方式和 SQL Server 2005 所包括的管理工具。

8. 查询编辑器的有哪些新增功能？

9. 简述对象资源管理器连接到数据库引擎等方法。

10. 试完成 SQL Server 2005 安装，倘若无此环境可以利用"模拟机软件"来虚构硬盘安装该软件。

11. 试完成 SQL Server Management Studio 启动与关闭实验。

12. 试熟悉使用已注册的服务器组件窗口，并完成新建服务器注册实验。

13. 试熟悉使用对象资源管理器组件窗口，并完成浏览数据库表：学生表数据的实验。

14. 试熟悉查询编辑器，并使用 T-SQL 语言编辑完成学生表数据查询实验。

15. 试使用查询编辑器编辑：学生、班级、成绩查询，并通过多代码窗口分别进行和完成查询输出实验。

16. 试熟悉使用模板资源管理器，并在模板资源管理器下打开模板或编辑简单查询代码。

17. 简述并完成 SQL Server Management Studio 下移动组件和配置管理器的实验。

18. 试使用 SQL Server 配置管理器完成实验：将 SQL SERVER BROWSER 服务设置为自动启动；将 SOL SERVER FullText Search、SERVER Analysis Services 服务分别设置为手动和禁用。

第 3 章 SQL Server 2005 系统及服务器管理

SQL Server 2005 系统及服务器管理是系统运作的基础。本章主要介绍了 SQL Server 2005 系统数据库、示例数据库、数据库对象、SQL Server 服务的启停管理、服务器连接管理、SQL Server 2005 配置管理、服务器属性配置与结构化查询语言 SQL 基础等。

3.1 SQL Server 2005 系统与示例数据库

SQL Server 2005 在安装过程中，自动创建了 4 个系统数据库（master、model、tempdb 和 msdb）和 3 个示例数据库，其中的数据表格定义了运行和使用 SQL Server 的规则。

3.1.1 SQL Server 2005 系统数据库

系统数据库是运行 SQL Server 2005 的基础，支撑着系统的操作与管理。

1. master 主数据库

master 主数据库用于记录 SQL Server 2005 中所有的系统级信息，是最重要的数据库。包括实例范围的元数据（例如登录账户）、端点、链接服务器和系统配置设置。master 数据库还记录了所有其他数据库的存在与否、数据库文件的位置以及 SQL Server 的初始化信息。因此，若 master 数据库不可用，则 SQL Server 无法启动。master 数据文件为 master.mdf，日志文件为 mastlog.ldf。

不能在 master 数据库中创建任何用户对象（例如，表、视图），即不能在 master 数据库中执行下列操作：添加文件或文件组；更改排序规则；更改数据库所有者，创建全文目录或全文索引；在数据库的系统表上创建触发器；删除数据库；从数据库中删除 guest 用户；参与数据库镜像；删除主文件组、主数据文件或日志文件；重命名数据库或主文件组。执行创建、修改或删除数据库，更改服务器或数据库的配置值，修改或添加登录账户等操作后，系统管理员应经常对 master 数据库进行备份，以防不测。

使用 master 数据库时应注意以下几点：

- 执行创建、修改或删除数据库、更改服务器或数据库的配置值，修改或添加登录账户后要尽快备份；且始终有一个 master 数据库的当前备份可用。
- 不要在 master 中创建用户对象。否则，必须更频繁地备份 master 数据库。
- 系统对象不再存储在 master 数据库中，而是存储在 resource 数据库中。

2. model 模型数据库

model 模型数据库是建立新数据库的模板，用于在 SQL Server 实例上创建所有数据库的模板。因为每次启动 SQL Server 时都会创建 tempdb，所以 model 数据库必须始终存在于 SQL Server 系统中。model 数据文件是 model.mdf，日志文件是 modellog.ldf。

例如，当执行 Create DataBase 语句时，将通过复制 model 数据库中的内容来创建数据库的第一部分，然后用空页填充新数据库的剩余部分。model 数据库中的所有用户定义对象都将复制到所有新创建的数据库中，可以向 model 数据库中添加任何对象（例如，表、视图、存储过程和数据类型），以将这些对象包含到所有新创建的数据库中。修改 model 数据库之后，创建的所有数据库都将继承这些修改。

3. tempdb 临时数据库

tempdb 临时数据库系统数据库是一个全局资源，可供连接到 SQL Server 实例的所有用户使用，用于存放所有的临时工作表格和将临时存储过程等。tempdb 数据文件是 tempdb.mdf，日志文件是 templog.ldf。

tempdb 可用于保存：显式创建的临时用户对象、SQL Server 2005 数据库引擎创建的内部对象、由使用已提交读的数据库中数据修改事务生成的行版本；由数据修改事务为实现联机索引操作、多个活动的结果集（mars）以及 AFTER 触发器等功能而生成的行版本等工作的记录。tempdb 中的操作是最小日志记录操作，这将使事务产生回滚。在 tmpdb 数据库中存放的所有数据信息都是临时的，tmpdb 数据库在每次启动 SQL Server 时自动重建，而每当连接断开时，所有的临时表格和临时存储过程都将自动丢弃。

4. msdb 调度数据库

msdb 调度数据库是 SQL Server 2005 代理服务使用的数据库，为警报和作业任务调度和相关操作等提供的存储空间，也可为 service broker 和数据库邮件等使用。主要被 SQL server agent 用于进行复制、调度作业、管理报警及排除故障等活动，其中存储了处理作业和警告所需的信息。

用户不能直接修改 msdb 数据库，而只能通过用户接口生成、修改和删除 SQL ServerAgent 对象。msdb 数据文件是 MSDBData.mdf，日志文件是 MSDBLog.ldf。

5. resource 数据库

资源 resource 数据库是只读数据库，它包含了 SQL Server 2005 中的所有系统对象，它们出现在每个数据库的 sys 架构中。resource 数据库不包含用户数据或用户元数据。资源数据库的物理文件名是 mssqlsystemresource.mdf 和 mssqlsystemresource.ldf。默认情况下，这些文件位于<驱动器>:\Program Files\Microsoft SQL Server\MSSQL.1\MSSQL\ Data\中。每个 SQL Server 实例都具有唯一的一个关联的 mssqlsystemresource.mdf 文件，并且实例间不共享此文件。资源 resource 数据库依赖于 master 数据库的位置。如果移动了 master 数据库，则必须也将 resource 数据库移动到相同的位置，SQLServer 不能备份 resource 数据库。通过将 mssqlsystemresource.mdf 文件作为二进制（.EXE）文件而不是作为数据库文件，可以执行用户自己的基于文件的备份或基于磁盘的备份，但是不能使用 SQL Server 还原数据库。只能手动还原 mssqlsystemresource.mdf 的备份副本。

6．northwind 和 pubs 数据库

默认情况下，SQL Server 2005 与低版本不同，其中不安装 northwind 和 pubs 示例数据库。这些数据库可以从 Microsoft 下载中心下载。下载 SQL2005SampleDb.msi 后，双击 SQL2005SampleDb.msi 解压缩示例数据库脚本。SQL2005SampleDb.msi 将数据库脚本和自述文件解压缩到 C:\SQL Server 2005 Sample Databases 文件夹中。再按照自述文件中的说明运行安装。

northwind 数据库是模仿经营世界各地风味食品的进出口贸易公司的数据库。其中，包含了与公司经营有关的众多数据，如：雇员（Eployees）、顾客（Customers）、运输商（Shipper）、供货商（Suppliers）、订单（Order）及一些记录各表间状态关系的表等。Pubs 数据库是一个基于图书出版公司模式而建立的数据库模型，其中包含了大量的样本表和样本数据，有出版者（Publishers）、出版物（Titles）、作者（Authors）和书店（Stores）等。

7．AdventureWorks 示例数据库

AdventureWorks 是 SQL Server 中虚拟的示例数据库，它模拟一家生产金属和复合材料的自行车公司，是产品远销北美、欧洲和亚洲市场的大型跨国生产公司。该示例数据库包含：AdventureWorks 示例 OLTP 数据库、AdventureWorksDW 示例数据仓库、AdventureWorksAS 示例分析服务数据库等。这些数据库可用于 SQL Server 2005 联机丛书中所包含的示例和代码示例。将有助学习研究。若初装 SQL Server 2005 的过程中没有安装该示例数据库，可另行安装（删除后再安装则不然），简要步骤如下：

（1）启动控制面板的"添加或删除程序"，从中选择"Microsoft SQL Server 2005"，然后单击"更改"按钮。按照"Microsoft SQL Server 2005 维护"向导中的步骤操作。

（2）在"选择组件"对话框中选择"工作站组件"单选按钮，然后单击"下一步"按钮，在"欢迎使用 SQL Server 安装向导"中单击"下一步"按钮，在"系统配置检查"对话框中单击"下一步"按钮。

（3）在"更改或删除实例"对话框中单击"更改已安装的组件"图标，在"功能选择"列表中展开"文档、示例和示例数据库"结点，选择"示例代码和应用程序"。

（4）展开"示例数据库"，然后选择要安装的示例数据库，单击"下一步"按钮。

（5）若要安装并附加示例数据库，请从"安装示例数据库"中选择"安装并附加示例数据库"，然后单击"下一步"按钮。数据库文件创建并存储在文件夹<drive>:\Program Files\Microsoft SQL Server\MSSQL.n\MSSQL\Data 中，数据库已附加并可以使用。

（6）若要安装示例数据库文件但不附加它们，请在"安装示例数据库"对话框中选择"安装但不附加示例数据库"，然后单击"下一步"按钮。

（7）AdventureWorks 数据库文件在文件夹<drive>: \Program Files\Microsoft SQL Server\90\Tools\Samples\AdventureWorks OLTP 中创建。AdventureWorksDW 文件在<drive>:\Program Files\Microsoft SQL Server\90\Tools\Samples\AdventureWorks Data Warehouse 文件夹中创建。必须先附加数据库，然后才能使用它。

（8）选择要安装示例数据库和示例的 SQL Server 实例，完成向导中的步骤。若要完成示例的安装，在安装完成后，请执行下列步骤之一：

- 单击"开始"⇨"所有程序"⇨Microsoft SQL Server 2005⇨"文档和教程"⇨"示例"⇨"Microsoft SQL Server 2005 示例"。

● 使用 Windows 资源管理器，定位到 <drive>:\Program Files\Microsoft SQL Server\90\ Tools\Samples\，然后双击 SqlServerSamples.msi 启动安装程序。

安装完成后，即可付诸 SQL Server 2005 中的实例应用。

3.1.2　SQL Server 2005 的数据库对象

在 SQL Server 2005 的数据库管理中，数据库对象是数据库的重要组成部分，也是数据库编程的主要对象。主要包括：表、视图、索引、关系图、主键、外键、规则、默认值、存储过程、触发器和同义词等对象。

1．表

表（table）是包含 SQL Server 2005 数据库中的所有数据的对象。每个表代表一类对其用户有意义的对象。例如，在"学生"表中包含学号、姓名、性别、出生日期、班级编号、学分、区域和校名等数据列。

2．视图

视图和表一样，是从一个或多个表（物理表）中导出的虚拟表（简称"虚表"）。视图是用户查看数据库表中数据的一种方式，不是真实存在的物理表，而是一张虚拟表，视图是由查询数据库表产生的。视图可以用来控制用户对数据的访问，并能简化数据的显示，即，通过视图只显示那些需要的数据信息。

3．索引

索引（index）是根据指定的数据库表列建立起来的顺序。它提供了快速访问数据的途径并且可监督表的数据，使其索引所指向的列中的数据不重复，具体详见后文所述。

4．关系图

关系图是以图形化方式来描述表之间的关系，如图 3-1 所示。该图描述了学生学习过程中：学生与成绩、成绩与课程、学生与班级各表间的关系。其中，"学生"表分别与"成绩"、"课程"、"班级"三个表构成了主表与从表间的关系。"学号"在"学生"表中是主键，而在"成绩"表中是外键，是引用学生表中的学号列的，依次类推。

图 3-1　学生学习过程中表间的关系图

5．主键

主键（primary key）是表中一列或多列的组合，它可以唯一地标识表中的一行记录。

主键在表中具有唯一性。通过它可以实施数据的实体完整性。每个表中最多只能有一个主键。表本身并不要求一定要有主键，但应该养成给表定义主键的良好习惯。

6．外键

外键（foreign key）定义了表之间的关系。当一个表中的一个列或多个列的组合与其他表中的主键相同时，就可以将这些列或列的组合定义为外键，通过它可以实施参照完整性。它可以在另一个表（主表）中唯一地标识一行记录，在另一个表中作为外键。

7．规则

规则（rule）是管理数据库对象一套准则，是对数据库表中数据信息的限制，它限定的是表的列。规则将其结合到表的列或用户自定义数据类型上，添加完之后它会检查新添加的数据或者对表所作的修改是否满足所设值的条件，它是实现约束的重要手段。

8．默认值

默认值（default）是指，在表中创建列或插入数据时，对没有指定其具体值的列或列数据项赋予预设好的值。默认值可绑定到一列或者多列上，也可绑定到用户自定义数据类型上，如设置"学生"表中"区域"列的默认值是"西南"，当不输入具体值时这列中将自动添加"西南"。

9．存储过程

存储过程（stored procedure）是为完成特定的功能而汇集在一起的一组 SQL 程序语句，即是 SQL 语句和可选控制流语句的预编译集合，经编译后存储在数据库中的 SQL 程序，相当于其他语言中的可执行程序。具体见后文所述。

10．触发器

触发器（trigger）是一种特殊的存储过程，它与表紧密相连，基于表而建立，可视作表的一部分。用户创建触发器后，就能控制与触发器关联的表。当表中的数据发生插入、删除或修改时，触发器将自动运行。触发器是一个用户定义的 SQL 事务命令的集合。

11．同义词

SQL Server 2005 引入了"同义词"的概念，它是架构范围内的对象的另一名称。通过使用同义词，客户端应用程序可以使用由一部分组成的名称来引用基对象，而不必使用由两部分、三部分或四部分组成的名称。对这些数据库对象的操作与管理，既可以利用 management studio 来进行管理，也可以利用 Transact-SQL 语句进行操作。

3.2　SQL Server 2005 服务器管理

SQL Server 2005 系统安装完成后，可使用图形管理工具来连接管理服务器及管理 SQL Server 2005 系统服务等。

3.2.1　SQL Server 服务的启停管理

SQL Server 服务的启停管理包括启动、停止、暂停和重新启动。有多种方法可以完成此操作。

1．使用 SQL Server 配置管理器

使用用 SQL Server 配置管理器启动、停止、暂停和重新启动 SQL Server 服务的骤如下：

（1）选择"开始"⇨"程序"⇨Microsoft SQL Server 2005⇨"配置工具"⇨SQL Server Configuration Manager，打开 SQL Server 配置管理器，如图 2-30 和 2-31 所示。在右边的窗格里可以看到本地所有的 SQL Server 服务，包括不同实例的服务。

（2）若要启动、停止、暂停或重新启动 SQL Server 服务，可右击服务名称，在弹出的快捷菜单里选择"启动"、"停止"、"暂停"或"重新启动"命令即可。

2. 使用 SQL Server Management Studio

在 SQL Server Management Studio 里也可完成 SQL Server 服务的启停管理操作，具体步骤如下：

（1）启动 SQL Server Management Studio，连接到 SQL Server 服务器上。

（2）在右侧右击服务器名，在弹出的快捷菜单里选择"启动"、"停止"、"暂停"或"重新启动"命令即可，如图 3-2 所示。

3. 使用管理工具下的服务

可在管理工具下"服务"对话框中进行启动、停止、暂停和重新启动服务的操作。

单击"开始" ⇨ "程序" ⇨ "管理工具" ⇨ "服务"命令，弹出如图 3-3 所示的"服务"窗口，在其中右击 SQL Server（MSSQLSERVER），在弹出的快捷菜单里选择"启动"、"停止"、"暂停"或"重新启动"命令即可。

图 3-2　SQL Server 管理平台

图 3-3　"服务"窗口

4. 使用命令提示符

单击"开始" ⇨ "运行"命令，在弹出的"运行"对话框里输入命令 net start mssqlserver，可以启动 SQL Serve 服务。输入命令 net stop mssqlserver、net pause mssqlserver 或 net continue mssqlserver，则可以停止、暂停和恢复 SQL Server 服务。

3.2.2　创建服务器组

服务器组是指把比较相似的 SQL Server 服务器实例组织在一起的一种方式，可以便于对不同类型和用途的 SQL Server 服务器进行管理。

在 SQL Server management studio 中创建服务器组的步骤如下：

（1）在"已注册的服务器"窗口中，右击某一服务器类型，在弹出的快捷菜单中选择"新建" ⇨ "服务器组"命令，弹出如图 3-4 所示的"新建服务器组"对话框。

（2）在"组名"文本框中输入新建服务器组的名称，在"组说明"文本框中输入服务器组的描述信息。

（3）在"选择新建服务器组的位置"下方区域中选择一个服务器组，可以是顶级服务器组，也可以是某一个服务器组的子服务器组（选择某一个服务器组）。

（4）单击"保存"按钮完成对应的服务器组的创建。

注意：（1）若要改变一个服务器所属的组，可在
服务器或服务器组上右击，在快捷菜单中选择"移到"
命令，在弹出的对话框中为服务器或服务器组指定新的
位置。（2）若要删除某一个服务器组，只需右击服务器
组，在快捷菜单中选择"删除"命令即可。

图 3-4 "新建服务器组"对话框

3.2.3 服务器连接管理

在安装 SQL Server management studio 之后首次启动
时，将自动注册 SQL Server 的本地实例，也可以使用 SQL
Server management studio 完成注册连接服务器（选择网络上所需的服务器实例）、连接到注册服务
器（注册基础上的对象资源管理器关联）、断开与已注册服务器的连接（断开**对象资源管理器**与服
务器的连接）等多种操作。

1．注册服务器

注册服务器即注册连接服务器，通过在 SQL Server management studio 的已注册的服务器组件
中注册服务器，完成选择连接网上所需的服务器实例。可以在连接前注册服务器，也可以在通过
对象资源管理器进行连接时注册服务器。注册服务器的过程方法如下：

在 SQL Server management studio 中连接到服务器后，即可在 SQL Server management studio 的
工具栏中单击"已注册的服务器"图标，在窗体左侧出现"已注册的服务器"窗口，右击"数据
库引擎"，在弹出的快捷菜单中选择"新建"⇨"服务器注册"命令，如图 3-5 所示，然后在弹出
的对话框中输入相应信息，如图 3-6 所示。

图 3-5 选择"服务器注册"

图 3-6 "新建服务器注册"对话框

在注册服务器时必须指定下列选项：

（1）服务器的类型。在 Microsoft SQL Server 2005 中，可以注册下列类型的服务器：数据库引
擎、analysis services、reporting services、integration services 和 SQL server mobile。要注册相应类型
的服务器，在"已注册的服务器"窗口中右击某一类型，在快捷菜单中选择"新建"命令。

（2）在"服务器名称"下拉列表框中，输入要注册的服务器实例名称（若多个服务器实例则可选择其中所需的）。

（3）登录到服务器时使用的身份验证的类型。应尽可能使用 Windows 身份验证，如果选择了 SQL Server 身份验证，为了在使用时获得最高的安全性，应该尽可能选择提示输入登录名和密码。

（4）指定用户名和密码（如果需要）。当使用 SQL Server 验证机制时，SQL Server 系统管理员必须定义 SQL Server 登录账户和密码，当用户要连接到 SQL Server 实例时，必须提供 SQL Server 登录账户和密码。

（5）已注册的服务器名称。默认值是服务器名称，但可以在"已注册的服务器名称"文本框中用其他的名称替换它。

（6）已注册的服务器的描述信息。在"已注册的服务器说明"文本框中，输入服务器组的描述信息（可选）。

用户还可以为正在注册的服务器选择连接属性。如图 3-7 所示，在"连接属性"选项卡中，可以指定下列连接选项：

- 服务器默认情况下连接到的数据库。
- 连接到服务器时所使用的网络协议。
- 要使用的默认网络数据包大小。
- 连接超时设置、执行超时设置与加密连接信息。

在 SQL Server 管理平台中注册了服务器之后，尚可取消该服务器的注册。方法为：在 SQL Server management studio 中右击服务器名，在弹出的快捷菜单中选择"删除"命令。

2．连接注册服务器

连接注册服务器是在注册基础上的与对象资源管理器关联。在已注册的服务器中，选择并右击某一个服务器，在弹出的快捷菜单中选择"连接"⇨"对象资源管理器"命令，如图 3-8 所示，即可完成连接注册服务器过程。

图 3-7　"连接属性"选项卡

图 3-8　选择所连接的注册服务器

3．断开注册服务器

断开注册服务器系指断开与已注册服务器的连接。用户可以随时断开对象资源管理器与已注册服务器的连接。在对象资源管理器中右击服务器，在快捷菜单中选择"断开连接"命令，或者在对象资源管理器工具栏上单击"断开连接"图标，即可完成断开与已注册服务器的连接过程。

3.2.4　服务启动模式配置

SQL Server 2005 里有很多种服务，有些服务默认是自动启动的，如 SQL Server；而有些服务默认却是停止的，如服务器代理（SQL Server agent：服务器代理可帮助管理员完成很多事先预设好的作业，在规定时间内自动完成，若 SQL Server agent 没有启动，则其下所有作业都不会自动完成）等，它们均可设置为自动、手动与已禁用模式。现列举两例。

1. 设置 SQL Server 实例启动模式

将 SQL Server（MSSQLSERVER）设为自动启动的方法有两种：一种是在"SQL Server 配置管理器"里设置，另一种是在"服务"里设置。

（1）在 SQL Server 配置管理器里设置。

① 启动"SQL Server 配置管理器"，单击"SQL Server 2005 服务"，在右侧右击 SQL Server Agent，如图 3-9 所示，在弹出的快捷菜单中选择"属性"命令。

② 在"SQL Server（MSSQLSERVER）属性"对话框中，切换至"服务"选项卡，单击"启动模式"的右侧下拉列表框（如图 3-10 所示）选择"自动"即可进行自动启动。图 3-9 中左下侧显示的是对正在运行的服务的停止过程。

图 3-9　选择"属性"

图 3-10　SQL Server 启动模式

（2）在管理工具的服务命令中设置。

① 选择"开始"⇨"程序"⇨"管理工具"⇨"服务"，在弹出的"服务"对话框中右击 SQL Server（MSSQLSERVER），在弹出的快捷菜单里选择"属性"命令。

② 在"SQL Server（MSSQLSERVER）的属性（本地计算机）"对话框的"常规"选项卡中，单击"启动类型"的下拉列表框里选择"自动"即可。

2. 设置 SQL Server Agent 启动模式

对 SQL Server agent 的启动模式设置也有两种方法：在此，仅枚举在"SQL Server 配置管理器"里设置方法，另一种是在"服务"里设置同上，就省略了。

（1）启动"SQL Server 配置管理器"，单击"SQL Server 2005 服务"，在右侧右击 SQL Server agent，

在弹出的快捷菜单里选择"属性"命令。

（2）在"SQL Server Agent（MSSQLSERVER）属性"对话框中，切换到"服务"选项卡，在"启动模式"的下拉列表框里选择"自动"选项即可，如图 3–11 所示。

图 3–11　SQL Server 代理启动模式

3.3　SQL Server 2005 配置管理

SQL Server 2005 系统能有效使用，离不开合理的系列配置：网络协议的选择设置、SQL Server 2005 网络配置、SQL native client 配置及远程外围应用配置管理等。SQL Server 2005 为用户更改和配置 SQL Server 2005 服务器的网络连接与远程外围应用配置管理提供了相应的配置工具，即 SQL Server configuration management 和"外围应用配置器"。随后将依据这两大配置工具对 SQL Server 2005 数据库的网络连接进行整合管理和扼要介绍。

3.3.1　网络协议与连接方式选择

SQL Server 2005 安装程序提供了智能安装服务。在安装默认功能的基础之上，还实现了自动配置功能，以便用户在成功地安装了 SQL Server 2005 数据库后，可以方便地直接登录和使用 SQL Server 2005，其中包括 SQL Server 服务器的网络连接配置。尽管如此，有些 SQL Server 2005 的用户仍然可因地制宜，按需选择网络协议、更改或配置 SQL Server 2005 服务器的网络连接。

1. SQL Server 网络协议基础

SQL Server 2005 服务器为网络数据库应用连接提供了多种网格协议（或谓网络库）。其中包括 TCP/IP 协议、命令管道（named pipes，NP）、共享内存（shared memory，SM）和 VIA 等。与 SQL Server 2000 中所提供的客户端网络工具（client network utility）和服务器网络工具（server network utility）相比，SQL Server 2005 将上述两项功能全部纳入到 SQL Server configuration manager 图形化管理工具中，以便于数据库管理员对 SQL Server 2005 数据的各个方面（服务、网络配置等属性）进行管理。

（1）基本网络协议。

SQL Server 2005 数据库服务器提供了下列 4 种基本网络协议：

① shared memory（共享内存）协议。shared memory 是可供使用的最简单协议，没有可配置项。当客户端与 SQL Server 数据服务器位于同一台计算机上时，使用这种网络协议实现二者间的

通信是较为安全的方法，但对于大多数数据库活动而言是无明显的实用意义。如果怀疑其他协议配置有误，请使用 shared memory 协议进行故障排除。

② named pipes（命名管道）协议。命名管道是为局域网而开发的协议，其核心思想是在客户端与服务器间建立连接时，无需考虑各自使用的网络协议细节，而直接使用 network provider 重定向器实现二者间的连接。因而启用了 SQL Server 2005 数据库服务器上的 name pipes 功能，那么客户端将可以使用多种不同的网络协议，当在与服务器建立连接时，只需按照命名规则提供相应的路径名或管理名即可以直接访问 SQL Server 数据库服务器。采用这种协议具有很大的灵活性，也正因如此，默认情况下，只有本地命名管道被启用。

③ TCP/IP 协议。TCP/IP 是 Internet 上广泛使用的通用协议，它解决了互连网中软硬件的异构通信。它包括路由网络流量的标准，并能够提供高级安全功能。它是目前在商业中最常用的协议。TCP/IP 协议是客户端用于访问服务器的标准。即通过这种协议，客户端可以用访问某一 IP 地址的方式访问一台 SQL Server 数据库服务器，显然，此时 SQL Server 数据库服务器与所在计算机的 IP 地址相绑定。由于 TCP/IP 协议本身所具有的安全风险，默认情况下该协议处于"禁用"状态。

④ VIA：虚拟接口适配器协议即 virtual interface adapter 的简称，主要用于高速网络。

注意：倘若用户安装的是 SQL Server Express，则只有 TCP、NP 和 SM 可以被使用。此外，如果希望可以通过远程连接的方式访问一台 SQL Server 2005 数据库，则需要开启该数据中的 TCP/IP 或 NP 协议。

（2）启用协议。

网络协议必须在客户端和服务器上都启用才能正常工作。因而，启用协议系指在客户端和服务器上都启用工作的协议。服务器可以同时监听所有已启用的协议的请求。客户端计算机可以选取一个协议，或按照 SQL Server 配置管理器中列出的顺序尝试这些协议。

（3）Named Pipes 与 TCP/IP 套接字。

在快速局域网（LAN）环境中，传输控制协议或 Internet 协议（TCP/IP）套接字客户端和 named pipes 客户端在性能方面不相上下。但是，网络速度越慢，如在广域网（WAN）或拨号网络上，TCP/IP 套接字客户端与 named pipes 客户端的性能差异越明显。这是因为进程间通信（IPC）的机制在对等项间的通信方式不同。对于 named pipes，通常网络通信交互性更强。对于 TCP/IP 套接字，数据传输的效率更高，开销也更少。数据传输还可以利用 TCP/IP 套接字性能增强机制的优点，如窗口化和延迟确认等，这在慢速网络中可能非常有益。对于应用程序的不同类型，这类性能差异可能非常大。

2. SQL Server Configuration Manager 配置分类

SQL Server Configuration Manager 为数据库用户提供了 3 类配置，分述如下：

（1）SQL Server 2005 服务。主要用于配置 SQL Server 2005 提供的各项服务，如数据库服务（SQL Server）、数据库分析服务（SQL Server analysis services）和数据库报表服务（SQL Server reporting services）等。该项服务在上文中已经有所阐述，主要侧重与数据库服务（SQL Server）。

（2）SQL Server 2005 网络配置。主要用于配置 SQL Server 2005 数据库服务器使用的网络协议。

（3）SQL Native Client 配置。主要用于完成 SQL Server 2005 数据库客户端的配置工作。

此处主要侧重于后两项，其余就不作展开了。

3.3.2 SQL Server 2005 网络配置管理

SQL Server 2005 网络配置即 SQL Server 2005 网络服务器配置。网络配置任务包括选择启动协议、修改协议使用的端口或管道、配置加密、在网络上显示或隐藏数据库引擎以及注册服务器主体名称等。通常默认情况下无须更改服务器网络配置即可使用。SQL Server 2005 网络配置管理可使用 SQL Server 配置管理器来进行设置，具体方法如下：

1. 网络协议启用与禁用

（1）单击"开始"⇨"程序"⇨Microsoft SQL Server 2005⇨SQL Server Configuration Manager 命令，如图 2-30 所示，启动 SQL Server 配置管理器。

（2）在 SQL Server 配置管理器对话框中展开并单击"SQL Server 2005 网络配置"结点下的"MSSQLSERVER 的协议"，在右侧窗格中双击某网络协议，如"TCP/IP"，如图 3-12 所示，在弹出的对话框中可以修改协议属性，如启用与禁用，以使 SQL Server 侦听特定的网络协议、端口或管道，进而完成 SQL Server 2005 的网络配置管理。

图 3-12　SQL Server 配置管理器
TCP/I P 协议状态

2. TCP/IP 协议配置管理

在 SQL Server Configuration Manager 中配置网络库协议的工作非常简单，只需双击相应的协议选项即可对其进行配置。其中，使用最为广泛的 TCP/IP 协议配置工作要相对复杂一些。

（1）双击该协议对话框中的 TCP/IP 选项，打开"TCP/IP 属性"对话框。该对话框为 TCP/IP 的属性设置提供了两类配置选项，即与协议有关的配置选项和与 IP 地址相关的配置选项。

（2）单击对话框中的"协议"标签，弹出如图 3-13 所示的对话框。其中包括以下几项参数：

- "保持活动状态"选项用于指定 TCP 检查空闲连接是否仍保持原样的步骤。
- "全部侦听"选项用于指定 SQL Server 是否侦听所有与计算机网卡相绑定的 IP 地址。如果设置为"否"，则使用每个 IP 地址各自的属性对话框对各个 IP 地址进行配置。如果设置为"是"，则 TCP/IP 属性框的设置将应用于所有的 IP 地址。默认情况下该值被设置为"是"。
- "无延迟"选项用于设置连接是否允许延迟。

（3）单击对话框中的"IP 地址"标签，弹出如图 3-14 所示的对话框。其中：

图 3-13　"协议"选项卡

图 3-14　"IP 地址"选项卡

- "IP 地址"选项用于查看或更改此连接使用的 IP 地址。列出计算机使用的 IP 地址以及本地 IP 地址 127.0.0.1。
- "TCP 动态端口"选项用于在建立 TCP 连接时使用动态端口。若想要启用动态端口，应将该选项设置为 0。
- 若决定启用指定的端口作为建立 TCP 连接的侦听端口，可以在"TCP 端口"选项中设置该端口的值。默认情况下，SQL Server 数据库服务器使用 TCP 侦听端口号为 1433。
- "活动"选项用于指示所选的 IP 地址是否处于活动状态。

　　注意：SQL Server 配置管理器会自动根据当前的实际情况显示连接 SQL Server 时可用的 IP 地址。若发生以下情况：添加或删除网卡、动态分配的 IP 地址过期、重新配置网络结构或计算机的物理位置发生改变，则可用的 IP 地址也会随之改变。若要更改 IP 地址，可以编辑"IP 地址"文本框，然后重新启动 SQL Server。

3.3.3　SQL 客户端网协议配置

　　SQL 客户端网协议配置即 SQL Native Client 配置管理。SQL Native Client 配置中配置的设置将在运行客户端程序的计算机上使用。在运行 SQL Server 的计算机上配置这些设置时，它们只影响那些运行在服务器上的客户端程序。

　　客户机安装了客户端网络库（SQL Native Client）以后，客户端即可准备与数据库引擎 实例连接。通常，SQL Server 2005 客户端不需要任何特殊配置便可以与数据库引擎实例连接。客户端应用程序必须提供计算机名和实例名。

1．客户端协议的启用与禁用

　　（1）单击"开始"⇒"程序"⇒Microsoft SQL Server 2005⇒SQL Server Configuration Manager，启动 SQL Server 配置管理器。

　　（2）在弹出的 SQL Server 配置管理器对话框中（如图 3-15 所示）展开并右击"SQL Native Client 配置"结点下"客户端协议"，在弹出的快捷菜单中单击"属性"命令（或在右侧详细信息窗格中右击某个协议），在弹出的对话框中可以查看和启用或禁用客户端协议。

　　（3）单击某个协议（如 TCP/IP 协议），再单击"启用>"或"禁用<"按钮，可以将所选协议移到"启用的协议"列表或"禁用的协议"列表中，如图 3-16 所示。

图 3-15　SQL Native Client 配置

图 3-16　客户端协议属性设置

（4）单击"确定"按钮，完成客户端协议的启用与禁用。

注意：（1）协议的使用顺序与其列出的顺序相同，首先尝试使用第 1 个列出的协议进行连接，然后使用第 2 个列出的协议，依此类推。通过单击↑按钮或↓按钮，可以在"启用的协议"列表中向上或向下移动协议。（2）从该计算机上的客户端连接到 SQL Server 时，将始终首先尝试使用"共享内存"协议（如果已启用）。

2. 创建别名

别名是可用于进行连接的备用名称。别名封装了连接字符串所必需的元素，并使用用户所选择的名称显示这些元素。创建别名所涉及的信息如下：

- 别名：用于引用此连接的其他名称。
- 协议：连接所用的协议。
- 服务器：与别名所关联的 SQL Server 实例的名称。
- 管道名称/端口号/VIA。
- 参数：连接字符串的有关信息，如管道名称和端口号等。此框的名称随所选协议的不同而变化。

创建别名过程如下：

（1）单击"开始" ⇨ "程序" ⇨Microsoft SQL Server 2005⇨SQL Server Configuration Manager 命令，启动 SQL Serve 配置管理器。

（2）弹出如图 3-17 所示的 SQL Server 配置管理器，展开并右击"SQL Native Client 配置"结点下"别名"，在弹出的快捷菜单中选择"新建别名"命令。

（3）弹出如图 3-18 所示的"别名 - 新建"对话框中，在其中可以指定别名连接字符串的元素。

- 在"别名"选项中输入指定的别名名称。
- 在"服务器"选项中，输入可以使用 PING 工具连接到的服务器名称或 IP 地址。对于命名实例，请追加实例名称。
- 在"协议"选项中选择用于该别名的协议，如 TCP/IP 等。

图 3-17　SQL Native Client 配置

图 3-18　客户端协议属性设置

- 在"端口号"框中输入端口号，默认端口号为 1433，该端口号也是服务器上默认数据库引擎实例的端口号，此处设为 1435。

（4）单击"确定"按钮，完成客户端别名的创建。

3．配置客户端远程服务器

SQL Server 2005 提供的远程服务器功能使得客户端可以通过网络访问指定的 SQL Server 服务器，以便在没有建立单独的连接的情况下在其他 SQL Server 实例上执行存储过程。

客户端访问服务器过程原理为：客户端通过网络访问指定的 SQL Server 服务器，客户端所连接的服务器接受客户端的请求，并代表客户端将该请求发送到远程服务器。远程服务器处理请求，并将所有结果返回到原始的服务器。服务器再将那些结果传递给客户端。

注意：remote access 控制远程服务器的登录。为能进行远程访问，须在本地和远程计算机上将 remote access 配置选项设置为 1（默认值）。可通过使用 Transact-SQL sp_configure 存储过程或 SQL Server Management Studio 设置此配置选项。

通常，配置客户端（远程）服务器包括启用远程连接和连接远程服务器两个过程。SQL Server 2005 本地计算机和远程计算机的默认配置将自动支持远程服务器连接。但当变更系统设置或用户需要个性化或应用性设置时，则不可或缺。

（1）使用 SQL Server 管理平台启用远程连接。

SQL Server Management Studio 启用远程连接功能的具体方法如下：

方法 1：启动 SQL Server Management Studio，右击对象资源管理器中数据库服务器，从弹出的快捷菜单中选择"属性"命令，选择"选择页"列表中的"连接"选项，在右侧选中"允许远程连接到此服务器"复选框，即可启用该数据库服务器的远程连接功能，如图 3-19 所示。

图 3-19 "连接"选项设置

方法 2：通过 SQL Server 2005 提供的系统存储过程来启动远程连接功能。通过单击工具栏上 新建查询(N) 按钮新建一个"查询编辑器"窗口，在其窗口中输入下面的 Transact-SQL 语句：

```
EXEC sp_configure 'remote access', 1
```

RECONFIGURE
GO

然后，单击"执行"按钮执行上述 Transact-SQL 语句，显示结果如图 3-20 所示。

图 3-20   存储过程语句启动远程连接功能示意图

注意：若欲禁用远程服务器配置，以防止用户访问本地服务器，可采取相反的设置，在此不再赘述。

（2）连接远程服务器。

在上述配置基础上可使用 SQL Server Management Studio 连接远程服务器。步骤如下：

① 单击"开始"⇨"程序"⇨Microsoft SQL Server 2005⇨SQL Server Management Studio 命令，启动 SQL Server Management Studio 窗口，在其"连接到服务器"对话框中的"服务器名称"文本框中输入相应连接的远程服务器的 IP 地址，以及该 SQL Server 服务器用于侦听的端口号（默认值为 1433）。

② 分别在"登录名"和"密码"文本框中输入需要登录的数据库服务器的登录账号及对应的密码，如图 3-21 所示。单击"连接"按钮即可登录指定的远程数据库服务器。

倘若成功登录远程数据库服务器，如图 3-22 所示，即可像浏览本地数据库服务器一样，通过 SQL Server Management Studio 来访问远程数据库服务器。

图 3-21   "连接到服务器"对话框

图 3-22   登录指定的远程数据库服务器

3.3.4   SQL Server 外围应用配置

安装 SQL Server 2005 以后，使用 SQL Server 外围应用配置器，可以启用、禁用、开始或停止 SQL

Server 2005 安装的一些功能、服务和远程连接。可以在本地和远程服务器中使用 SQL Server 外围应用配置器。外围应用减少操作将涉及停止或禁用未使用的组件以增加系统的安全性。对新的 Microsoft SQL Server 2005 安装，一些功能、服务和连接将被禁用或停止，以减少 SQL Server 外围应用。

　　SQL Server 外围应用配置器使用 window management instrumentation（WMI）查看和更改服务器设置。WMI 提供了一种统一的方式，用于与管理配置 SQL Server 的注册表操作的 API 调用进行连接。

　　可通过"开始"菜单使用 SQL Server 外围应用配置器：

　　（1）单击"开始"⇨"程序"⇨Microsoft SQL Server 2005⇨"SQL Server 外围应用配置器"命令，启动 SQL Server 配置管理器。

　　（2）弹出"SQL Server 外围应用配置器"对话框（如图 3-23 所示），在该起始页中，可指定要配置的服务器。单击"配置外围应用 Localhost"旁边的链接。默认值为 localhost，即为本地计算机。用户可以选择外围应用配置要管理的计算机。若选择的是一个命名服务器，则将会看到该服务器名称。

　　（3）在如图 3-23 所示的"选择计算机"对话框中，可选择下列操作，然后单击"确定"按钮。

- 若要在本地计算机中配置 SQL Server 2005，请单击"本地计算机"单选按钮。
- 若要在另一台计算机中配置 SQL Server 2005，请单击"远程计算机"单选按钮，然后在文本框中输入计算机名称。
- 若要配置故障转移群集请单击"远程计算机"单选按钮，然后在文本框中输入虚拟服务器名称。

选择好要配置的计算机后，可启动以下两个工具：

- 使用"服务和连接的外围应用配置器"来启用或禁用 Windows 服务和远程连接。有关默认服务和连接设置，请参阅外围应用配置器的使用。

图 3-23　"SQL Server 2005 外围应用配置器"窗口

　　单击"服务和连接的外围应用配置器"选项，可以用来启用或禁用 Windows 服务和远程连接。比如，用户需要使用 SQL Server 浏览器功能时，可展开"SQL Server Browser"结点，选择"服务"项，在启动类型中选择"自动"或"手动"，然后单击"启动"按钮，如图 3-24 所示。

- 使用"功能的外围应用配置器"来启用或禁用数据库引擎、Analysis Services 和 Reporting Services 的功能。

在图 3-23 所示的对话框中,单击"功能的外围应用配置器"选项来启用或禁用多个数据库引擎、Analysis Services 和 Reporting Services 的功能,如图 3-25 所示。

图 3-24 服务和连接的外围应用配置器

图 3-25 功能的外围应用配置器

(4)单击"确定"按钮即可完成 SQL Server 外围应用配置。

SQL Server 为配置 SQL Server 功能、连接和服务提供了几个工具:

- SQL Server 外围应用配置器是一组对话框,使用这些对话框可以启用或禁用一些功能,如存储过程、Windows 服务、Web 服务和远程客户端连接。
- Sac 命令行实用工具是 SQL Server 外围应用配置器工具的命令行等效工具。可以使用此工具从服务器导出设置,然后将其应用于其他服务器。
- 可以使用 SQL Server 配置管理器对服务和协议进行配置。
- sp_configure 是一个存储过程,可用于更改 SQL Server 配置设置。

3.4 配置 SQL Server 服务器属性

本节将介绍一些用于维护 SQL Server 2005 数据库性能参数设置的 SQL Server 服务器属性,该属性设置主要有两种方法:(1)通过 SQL Server Management Studio 进行设置,(2)使用 SQL Server 2005 提供的系统存储过程 sp_configure 来完成。在此侧重前者。

3.4.1 服务器常规属性

可使用 SQL Server Management Studio 来查看和设置 SQL Server 服务器属性,利用其提供的选项,进行管理服务器属性设置。具体操作步骤如下:

(1)打开 SQL Server Management Studio 窗口,在其"对象资源管理器"中右击需要配置的数据库服务器,从弹出的快捷菜单中选择"属性"命令,打开"服务器属性"对话框。该对话框中提供了与该数据库服务器相关的 8 项配置参数,以供查看和设置。

(2)在"服务器属性"对话框中的"选择页"选项栏中选择"常规"选项,其右侧显示了与 SQL Server 数据库服务器相关的常规属性,如图 3-26 所示。

"常规"选项可以查看所选服务器的属性，例如服务器名称、服务器操作系统和处理器数等。

- 名称：显示服务器实例的名称。
- 产品：显示当前运行的 SQL Server 的版本。
- 操作系统：显示当前运行的 Microsoft Windows 操作系统。
- 平台：说明运行 SQL Server 的操作系统和硬件。
- 版本：显示当前运行的 SQL Server 版本的版本号。
- 语言：显示正在运行的 SQL Server 实例支持的语言。
- 内存：列出服务器上安装的内存量。
- 处理器：显示安装的 CPU 数。
- 根目录：显示 SQL Server 实例所在位置的路径，通常为 C:\Program Files\Microsoft SQL Server\。
- 服务器排序规则：显示服务器支持的排序规则。排序规则指定用于 Unicode 数据和非 Unicode 数据的特定代码页和排序顺序。

图 3-26　服务器"常规"属性

3.4.2　服务器内存属性

选择"服务器属性"对话框中的"选择页"列表中的"内存"选项，在其右侧显示了与 SQL Server 数据库服务器相关的内存属性内容，如：动态内存配置、最小服务器内存、最大服务器内存、锁定工作集、使用 AWE 内存、创建索引占用的内存、每次查询占用的最小内存、配置值与运行值等，如图 3-27 所示。在该选项页中，数据库管理员可以设置以下参数：

- 使用 AWE 分配内存：AWE 是"地址窗口扩展插件"（即 address window extend）的简写，使用 AWE 机制时，SQL Server 2005 最多访问 64GB 的物理内存。
- 最小服务器内存：该参数用于指定启动 SQL Server 数据库服务器时至少可以被分配的最小内存量。请根据 SQL Server 实例的大小和活动设置此值。始终将该选项设置为合理的值，以确保操作系统不会从 SQL Server 请求过多的内存，以免影响 SQL Server 的性能。

- 最大服务器内存：指定启动或运行 SQL Server 数据库服务器时可以分配的内存最大量。如
  果知道有多个应用程序与 SQL Server 同时运行，并且要保证这些应用程序有足够的内存运行，则可以将此配置选项设置为指定值。当 SQL Server 数据库服务器需要与某些应用程序同时运行于同一台计算机上时，可以设置该选项的值，以保证应用程序所需的内存不会由 SQL Server 来分配。

- 创建索引占用的内存：用于指定在索引创建排序过程中要使用的内存量（KB）。默认值为零，表示启用动态分配，在大多数情况下，无需进一步调整即可正常工作；不过，用户可以根据需要输入 704 ~ 2 147 483 647 之间的值。

图 3-27　服务器内存属性选项相关设置

- 每次查询占用的最小内存：用于为执行查询操作指定需要分配的内存量（KB）。用户可以设置从 512 ~ 2 147 483 647 之间的值。默认值为 1024。
- 配置值：用于显示上述参数的当前配置值。如果根据需要更改了上述参数的当前值，可选中"运行值"单选按钮，以查看所做的修改是否已经生效。如果尚未生效，可尝试重新启动 SQL Server 实例。
- 运行值：查看"内存"选项页中各选项的当前运行值。这些值为只读值。

3.4.3　服务器处理器属性

选择"服务器属性"对话框中的"选择页"列表中的"处理器"选项，在其右侧的选项页中显示了与 SQL Server 数据库服务器相关的处理器属性内容，如启用处理器、启用处理器关联、I/O 关联、自动设置所有处理器的处理器关联掩码、自动设置所有处理器的 I/O 关联掩码、最大工作线程数、提升 SQL Server 的优先级、配置值与运行值等，如图 3-28 所示。管理员可根据实情配置 SQL Server 可使用的 CPU（如果 SQL Server 2005 数据所在的计算机上安装了多个 CPU）；设置"最大工作线程数"；是否提升 SQL Server 的优先级等功能。其中各参数的具体含义如下：

- "自动设置所有处理器的处理器关联掩码"：SQL
  Server 2005 通过关联掩码选项来提供处理器关联。affinity mask 称为 CPU affinity mask，用于动态控制 CPU 关联。通过将各处理器分配给指定线程，可以消除处理器的重新加载需求

图 3-28　服务器处理器属性对话框中
的相关设置

并减少处理器之间的线程迁移。

- "自动设置所有处理器的 I/O 关联掩码"：除 affinity mask 之外，SQL Server 2005 还提供了 "I/O 关联掩码"选项来实现处理器关联。affinity I/O mask 选项将 SQL Server 磁盘 I/O 与指定的 CPU 子集绑定。在高端 SQL Server 联机事务处理（OLTP）环境中，此扩展可以提高 SQL Server 线程执行 I/O 的性能。
- "最大工作线程数"：如果为 0，则允许 SQL Server 动态设置工作线程数。对于大多数系统而言，此为最佳设置。当然，数据库管理员也可根据系统设置指定的值以提高性能。
- "提升 SQL Server 的优先级"：指定 SQL Server 是否能够以比计算机上其他进程更高的优先级运行。

3.4.4　服务器安全属性

选择"服务器属性"对话框中的"选择页"列表中的"安全"选项，在其右侧的选项页中显示了与 SQL Server 数据库服务器相关的安全属性内容，如：服务器身份验证（Windows 安全验证与 SQL Server 和 Windows 身份验证模式）、登录审核、服务器代理账户、选项等，如图 3-29 所示。详细内容用户可参阅 SQL Server 2005 联机丛书有关部分，获取相关的帮助。

3.4.5　服务器连接属性

选择"服务器属性"对话框中的"选择页"列表中的"连接"选项。该选择页中提供了与用户连接有关的许多设置。在此，可以设置最大并发连接数、"使用查询调控器防止查询长时间运行"、"默认连接选项"、"是否允许远程连接到此服务器"和"需要将分布式事务用于服务器到服务器的通信"等，如图 3-29 所示。

其中主要的参数如下：

- "最大并发连接数（0=无限制）"：如果将该选项设置为非零值，即可限制与 Microsoft SQL Server 建立连接的数目。
- "使用查询调控器防止查询长时间运行"：为该选项设置相应的值，可以有效地避免以长时间查询操作而造成的 SQL Server 没有响应现象。
- "默认连接选项"：该选项可以规定与

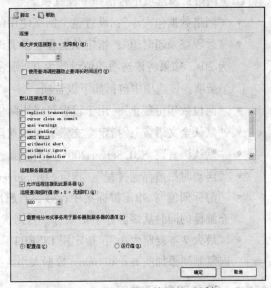

图 3-29　服务器连接属性对话框

SQL Server 2005 建立连接后所具有的相关特性。例如，选项 xact abort 表示，如果 Transact-SQL 语句引发运行时错误，则回滚事务。

- "允许远程连接到此服务器"：若希望通过远程连接的方式连接 SQL Server 2005 数据库服务器，则需要选中该复选框。此外，管理员还可根据需要设置远程查询的超时值，以避免出现长时间等待的情况发生。

3.4.6 服务器高级属性

选择"服务器属性"对话框中的"选择页"列表中的"高级"选项，可在其中查看或修改高级服务器的设置，如图 3-30 所示。其中的主要参数含义如下：

（1）并行：该选项中包括如下设置项。

- "并行的开销阈值"：指定阈值，当高于该阈值时，系统将创建并运行查询并行计划。

- "查询等待值"：指定在超时之前查询等待资源的秒数。该选项为 -1 时，则按估计查询开销的25 倍计算超时值。

- "锁"：设置可用锁的最大数目，以限制 SQL Server 为锁分配的内存量。默认设置为 0，即允许 SQL Server 根据不断变化的系统要求动态地分配和释放锁。

图 3-30 查看或修改高级服务器的设置

- "最大并行度"：限制执行并行计划时所使用的处理器数（最多为 64 个）。如果默认值为 0，则使用所有可用的处理器。

（2）网络：该选项中包括如下设置项。

- "网络数据包大小"：设置整个网络使用的数据包字节数。默认为 4096 个字节。

- "远程登录超时值"：指定从远程登录尝试失败返回之前 SQL Server 等待的秒数。默认值为 20s。如果将该选项的值设置为 0，则表示允许无限期等待。

（3）杂项：该选项中包括如下设置项。

- "两位数年份截止"：用于设置可以用两位数表示的最大年份。

- "默认全文语言"：指定全文索引列的默认语言。

- "默认语言"：SQL Server 2005 数据库服务器使用的语言。

- "启动时扫描存储过程"：指定 SQL Server 将在启动时扫描，并自动执行存储过程。

- "游标阈值"：指定游标集中行数，若超出将异步生成游标键集，从而使用户能在继续填充游标的同时从该游标中提取行。否则，同步生成游标，查询将等待到返回所有行。

- "最大文本复制大小"：指定用 INSERT、UPDATE、WRITETEXT 或 UPDATETEXT 语句可向复制列添加的 text 和 image 数据大小（字节）。

3.4.7 服务器数据库属性

选择"服务器属性"对话框中的"选择页"列表中的"数据库"选项，在其右侧的选项页中显示了与 SQL Server 数据库服务器相关的数据库属性内容，如：默认索引填充因子、无限期等待、尝试的分钟数、默认备份媒体保持期（天）、恢复间隔（分钟）、日志、配置值与运行值等，如图 3-31 所示。详细内容可参阅 SQL Server 2005 联机丛书有关部分，获取相关的帮助。

3.4.8　服务器权限属性

选择"服务器属性"对话框中的"选择页"列表中的"权限"选项，在其右侧的选项页中显示了与 SQL Server 数据库服务器相关的权限性内容，如图 3-32 所示。详细内容用户可参阅 SQL Server 2005 联机丛书有关部分，获取相关的帮助。

图 3-31　服务器数据库属性对话框

图 3-32　服务器权限属性对话框

3.4.9　使用 sp_configure 服务器属性设置

SQL Server 2005 系统还向用户提供了使用系统存储过程（基于 Transact-SQL 语言方式）：sp_configure 来设置数据库服务器的相关属性。方法是在 SQL Server Management Studio 图形化工具的"查询编辑器"窗口中输入 sp_configure，然后单击"执行"按钮，该存储过程将列出部分可以进行设置的数据库服务器参数和它们的当前值，如图 3-33 所示。详细内容用户可参阅 SQL Server 2005 联机丛书有关部分，获取相关的帮助。

图 3-33　使用 sp_configure 服务器属性设置示意图

3.5 使用日志阅览服务器运行状况

SQL Server 2005 提供了类似于 Windows 事件查看器功能的 SQL Server 日志工具，用于记录 SQL Server 数据库服务器中的事件。通常，SQL Server 2005 会将某些系统事件和用户自定义事件同时记录到 SQL Server 日志和 Windows 应用程序日志（由 Windows 事件查看器阅览）。使用 SQL Server Management Studio 的日志文件查看器则可将 SQL Server、SQL Server 代理和 Windows 日志集成到一个列表中，从而使读者可以轻松了解相关的服务器事件和 SQL Server 事件。启用 SQL Server 日志功能的方法如下：

（1）在对象资源管理器中，展开"管理"，展开"SQL Server 日志"结点，该结点下保存着当前可以查看的 SQL Server 日志记录。通常情况下，SQL Server 2005 会自动保留 6 个日志的备份。

（2）若想查看指定的日志文档，可双击该日志文档，即可打开"日志文件查看器"对话框。该对话框中包含了 SQL Server、SQL 代理、Windows NT 以及数据库邮件选项中出现的事件，如图 2-34 所示。图中可见日志文件中的日志记录非常多，此时也可以根据需要设置相应的筛选条件对日志记录进行筛选。

（3）若要进行筛选可单击"查看筛选设置"按钮，打开"筛选设置"对话框。用户可以根据需要设置相应的筛选条件。例如，若想查看所有与"信息管理"数据库相关的事件记录，可以在"消息包含文本"文本框中输入"信息管理"，然后选中"应用筛选器"复选框，如图 2-35 所示。

（4）单击"确定"按钮，即可从当前日志文档中找到所有与信息管理相关的日志记录。此外，使用日志文件查看器对话框还可以加载外部日志，或将当前的日志查询结果导出。

图 3-34 "日志文件查看器"对话框

图 3-35 "筛选设置"对话框

3.6 结构化查询语言 SQL

SQL（structure query language）语言是一个通用的、功能极强的关系数据库语言，用于查询（query）、操纵（manupulation）、定义（definition）和控制（control）关系型数据库中的数据，它受到了关系型数据库管理系统集成商的广泛支持，是目前使用最为广泛的一种关系型数据库查询语言。

3.6.1　SQL 语言及发展

SQL 于 1974 年由 Boyce 公司和 Chamberlin 公司提出，于 1975 年至 1979 年间在 IBM 公司 San Jose 研究实验室研制，产生了关系数据库管理系统（原形系统 System R 实现了这种语言）。由于它功能丰富、语言简洁、使用方式灵活，倍受用户和计算机业内人士的的青睐，被众多计算机公司和软件公司采用，经过多年的发展 SQL 语言已成为关系数据库的标准语言。1986 年美国国家标准局（ANSI）数据库委员会批准 SQL 语言作为关系数据库语言的美国标准，嗣后，即被国际标准化组织（ISO）纳取。

当前最新的标准是 1992 年发布的 SQL-92。SQL 既可以作为独立语言供终端用户使用，也可以作为宿主语言嵌入某些高级程序设计语言中使用。

3.6.2　SQL 语言的组成

SQL 作为关系数据库语言主要由以下几部分组成（具体内涵如第 1 章所述）：
- 数据定义语言（data definition language，DDL）。
- 数据操纵语言（data manipulation language，DML）。
- 数据控制语言（data control language，DCL）。
- 其他语言要素（additional language elements）。

SQL 主要语句见表 3-1。

表 3-1　主要的 SQL 语句

类　型	语　句	功　能	语　句	功　能
1. 数据操作	SELECT	从数据库表中检索数据行和列	INSERT	向数据库表添加新数据行
	DELETE	从数据库表中删除数据行	UPDATE	更新数据库表中的数据
2. 数据定义	CREATE TABLE	创建一个数据库表	DROP TABLE	从数据库中删除表
	ALTER TABLE	修改数据库表结构	CREATE VIEW	创建一个视图
	DROP VIEW	从数据库中删除视图	CREATE INDEX	为数据库表创建一个索引
	DROP INDEX	从数据库中删除索引	CREATE PROCEDURE	创建一个存储过程
	DROP PROCEDURE	从数据库中删除存储过程	CREATE TRIGGER	创建一个触发器
	DROP TRIGGER	从数据库中删除触发器	—	—
	CREATE SCHEMA	向数据库添加一个新模式	DROP SCHEMA	从数据库中删除一个模式
	CREATE DOMAIN	创建一个数据值域	ALTER DOMAIN	改变域定义
	DROP DOMAIN	从数据库中删除一个域	—	—

续表

类　型	语　句	功　能	语　句	功　能
3. 数据控制	GRANT	授予用户访问权限	DENY	拒绝用户访问
	REVOKE	解除用户访问权限	—	—
4. 事务控制	COMMIT	结束当前事务	ROLLBACK	中止当前事务
	SET TRANSACTION	定义当前事务数据访问特征	—	—
5. 程序化 SQL	DECLARE	为查询设定游标	EXPLAN	为查询描述数据访问计划
	OPEN	检索查询结果打开一个游标	FETCH	检索一行查询结果
	CLOSE	关闭游标	PREPARE	为动态执行准备 SQL 语句
	EXECUTE	动态地执行 SQL 语句	DESCRIBE	描述准备好的查询

3.6.3　Transact-SQL 语言的特点

　　Transact-SQL 语言是微软公司对 SQL 语言的扩展，是一种交互式语言，它对标准的 SQL 语句完全兼容。Transact-SQL 与 SQL 语句类似（与表 3-3 相融通），不过做了许多扩充，功能更加完善。Transact-SQL 语言具有如下特点：

　　（1）一体化的功能，集数据定义语言、数据操纵语言、数据控制语言于附加语言元素为一体。

　　（2）二种使用方式，其一为交互式使用方式，可供非数据库专业人员或用户使用；其二是嵌入高级语言的使用方式，为数据库专业人员所使用。

　　（3）非过程化语言与类人的思维习惯，使得语句的操作过程有系统自动完成，且整个过程易于理解和掌握。

本 章 小 结

　　master 主数据库用于记录 SQL Server 2005 中所有的系统级信息，是最重要的数据库。model 模型数据库是建立新数据库的模板，用于在 SQL Server 实例上创建所有数据库的模板。tempdb 临时数据库系统数据库是一个全局资源，可供连接到 SQL Server 实例的所有用户使用，用于存放所有的临时工作表格和将临时存储过程等。msdb 调度数据库是 SQL Server 2005 代理服务使用的数据库，为警报和作业任务调度和相关操作等提供的存储空间，也可为 Service Broker 和数据库邮件等使用。资源 resource 数据库是只读数据库，它包含了 SQL Server 2005 中的所有系统对象，在逻辑上，它们出现在每个数据库的 sys 架构中。

　　在 SQL Server 2005 的数据库管理中，数据库对象是数据库的重要组成部分，也是数据库编程的主要对象。主要包括：表视图、视图、索引、关系图、主键、外键、规则、默认值、存储过程、触发器与同义词等对象。SQL Server 服务的启停管理包括启动、停止、暂停和重新启动 SQL Server 服务。注册服务器即注册连接服务器，通过在 SQL Server Management Studio 的已注册的服务器组件中注册服务器，完成选择连接网上所需的服务器实例。

　　SQL Server 2005 系统要进行有效使用离不开合理的系列配置：网络协议的选择设置、SQL Server 2005 网络配置、SQL Native Client 配置及远程外围应用配置管理等。SQL Server 2005 服务器为网络数据库应用连接提供了 TCP/IP 协议、命令管道（named pipes，NP）、共享内存（shared memory，SM）、VIA 等多种网格协议。SQL Server 2005 系统还向用户提供了使用系统存储过程 sp_configure 来设置数据库服务器的相关属性。SQL 语言是一个通用的功能极强的关系数据库语言，用于查询、操纵、定义和控制关系型数据库中的数据。

思考与练习

一、选择题

1. SQL Server 2005 在安装中所创建的系统数据库不包括＿＿＿＿＿＿。

　　A．master　　　　　　B．model　　　　　　C．msdb　　　　　　D.XXGL

2. 在 SQL Server 2005 数据库中，下列不属于数据库对象是＿＿＿＿＿＿。

　　A．视图　　　　　　　B．表格　　　　　　　C．规则　　　　　　D．存储过程

3. 索引（Index）是根据指定的数据库表列建立起来的＿＿＿＿＿＿。

　　A．规则　　　　　　　B．排列　　　　　　　C．协议　　　　　　D．顺序

4. 配置管理器用于管理与 SQL Server 相关联服务、配置 SQL Server 使用＿＿＿＿＿等。

　　A．网络协议　　　　　B．网络操作系统　　　C．操作协议　　　　D．开发协议

5. 主键是表中一列或多列的组合，每个表中只能有＿＿＿＿＿＿被指定为主键。

　　A．一列　　　　　　　B．一组　　　　　　　C．一行　　　　　　D．最多二列

二、简述与实验

1. 试述 SQL Server 2005 所包括的系统库及其效用，并通过实验体验系统所包括的示例库。

2. 试问在 SQL Server 2005 的系统中主要包括哪些对象？扼要叙述其作用。

3. 试完成多种方法启动服务器的实验。

4. 试问用注册服务器向导可以完成哪些工作？

5. 简述 SQL Server 2005 所包含的网络库协议和简述客户端协议的启用与禁用过程。

6. SQL Server Configuration Manager 为数据库用户提供了哪些配置，试通过实验体现之。

7. 简述 SQL Server 2005 属性设置包括的选项卡及主要内容。

8. 试问 SQL 关系数据库语言主要由包括哪些组成部分？简述 Transact-SQL 语言的特点。

第 4 章　数据库管理

数据库是存储数据的仓库，即 SQL Server 中存放数据和数据对象（如表格、索引、存储过程等），对数据库的管理是数据库管理系统中十分关键的环节。本章将介绍管理和操作数据库的基本知识，包括如何规划、创建、修改、查看、压缩和删除数据库。

4.1　数据库的存储结构

在 SQL Server 2005 中，可以把数据库分为系统数据库、用户数据库和数据库快照 3 种类型。本章主要关注用户数据库。数据库的存储结构分为逻辑存储结构和物理存储结构两种。

数据库的逻辑存储结构指的是数据库是由哪些性质的信息所组成。实际上，SQL Server 2005 的数据库是由诸如表、视图、索引等各种不同的数据库对象所组成。

数据库的物理存储结构是讨论数据库文件是如何在磁盘上存储的。数据库在磁盘上是以文件为单位存储的，由数据文件和事务日志文件组成，一个数据库至少应该包含一个数据文件和一个事务日志文件。

4.1.1　数据库规划

创建数据库之前必须对数据库进行规划，以适应客户的需求，一个合理的数据库可以提高客户的工作效率，节省数据库的存储空间，减少数据输入错误的机会，提高数据库的运行性能等。规划数据库需要了解客户的需要，收集信息，确定对象，并建立对象模型，确定对象之间的关系。数据库的规划工作大致可以分为两个阶段：

第一阶段：收集完整、必要的数据项，并转换成数据表的字段形式。

第二阶段：将收集的字段作适当的分类后，归入不同的数据表中，并建立数据表之间的关联。表与表之间关系的逻辑要注意规范化，这可以在排序、查询和创建索引时提高数据操作的性能。

4.1.2　数据库文件和文件组

在 SQL Server 中数据库文件由一组操作系统文件组成，数据库中所有的数据、对象（如表、索引和视图等）和数据库事务日志都存储在这些操作系统文件中，根据这些文件的作用不同，可以分为三类：

- 主数据文件（primary data file）：用于存储数据库的系统表以及所有对象的启动信息，是所有数据库文件的起点。主数据文件也是用来存储数据的文件，所有的数据库有且仅有一个主数据文件，其保存时的扩展名为 mdf。
- 辅数据文件（secondary data file）：用于存储主数据文件中未存储的数据和数据库对象。辅数据文件是可选的，若想要将数据库文件延伸到多个硬盘上，就必须使用辅数据文件。一个数据库可有一个或多个辅数据文件，其存储时的扩展名为 ndf。
- 事务日志文件（transaction log file）：存储数据库的事务日志信息，用来进行数据库恢复和记录数据库的操作情况，只要对数据库执行的 INSERT、ALTER、DELETE 和 UPDATE 等 SQL 命令操作都会记录在该文件内。每个数据库至少有一个事务日志文件，也可能会有多个，其存储时的扩展名为 ldf。

采用主、辅数据文件来存储数据的好处是，数据库的大小可以无限制的扩充而不受操作系统文件大小的限制。另外，这样可以将这些文件保存在不同的磁盘上，这样就可以同时对硬盘做访问，提高了数据处理的效率。SQL Server 中数据文件的最大值为 32GB；事务日志文件最大值为 4 GB，最小为 512KB。

文件组就是将构成数据库的数个数据文件集合起来成为一个群体，可以分为：主要文件组、用户定义文件组和默认文件组。可以控制各个文件的存放位置，每个文件建立在不同的硬盘驱动器上，用户可将数据库中经常被使用且工作负荷较重的表创建在一个组中，其他的表则放在另外的组内，这样就可以分担存储压力、提高执行性能。每个文件组都有一个组名。当用户在数据库上创建数据库对象时，可以特别指定要将某些对象保存在某一特定的组上。

SQL Server 2005 可以由数个文件组组成，主体提供了 3 种文件组类型。

（1）主文件组（primary file group）：包含主数据文件和所有没有被包含在其他文件组里的文件，同时该数据库所属的所有的系统表也是创建在主文件组上。

（2）自定义文件组（user define file group）：包含所有在使用 CREATE DATABASE 或 ALTER DATABASE 时用 FileGroup 关键字进行约束的文件。

（3）默认文件组（default file group）：容纳所有在创建时没有指定文件组的表、索引，以及 text、ntext 和 image 数据类型的数据。

建立文件和文件组时应该遵守以下规则：

（1）文件或文件组不能被多个数据库使用，每个文件也只能成为一个文件组的成员。

（2）日志文件是独立的，不能放在任何文件组中。即日志文件和数据文件总是分开的。

（3）一旦一个文件作为数据库的一部分被创建，就不能被移动到另外一个文件组中。如果用户希望移动文件，必须删除然后再重新创建文件。

（4）SQL Server 中的数据文件和事务日志文件无法存放在压缩文件系统（compressed file system）中或共享的网络目录中。

4.1.3　数据库文件的空间分配

SQL Server 日志文件由一系列日志记录组成；而数据文件则划分为不同的页面和区域。

（1）页是 SQL Server 存储数据的基本单位。根据页面所存储的不同信息，可以将它分为以下六类。

- 数据页面：存储数据行中除 text、ntext 和 image 列数据以外的数据。
- 文本/图像页面：存储数据行中 text、ntext 和 image 列数据。
- 索引页面：存储索引项。
- 全局分配映射页面：存储数据文件的区域分配信息。
- 自由空间页面：存储数据文件中可用的空白页面的信息。
- 索引分配映射页面：存储表或索引所使用的区域信息。

每个页的大小为 8KB，即 8192 个字节，前 96 个字节为页头，用来存储页面类型信息、页面中自由存储空间和占用该页面的对象标识等系统信息。每页可以包含至少表中的一行，单一行不能超过页的长度。每页只能存储一个表中的数据，因为也属于一个特定的表。在需要空间时，为了避免因为分配许多单个的页而大大增加系统开销，空间又被分成很多单元，这些单元称作区域。

（2）区域是 SQL Server 每次申请空间时可分配的最小单元，是 8 个连续的页，即 64 KB。为节省数据库的空间，库中的每个对象都不分配一个完整的区域，而是用两种不同的区域：

- 混合型。一个混合型区域中的页可以组成 8 个不同的对象。
- 统一型。一个统一型区域中所有的页必须属于同一个对象。

当第一次建立一个对象时，SQL Server 在一个混合型区域为它分配空间。如果这个对象增加到包含 8 个页或更多时，SQL Server 便会将现有数据库转移到一个统一型区域中。

4.2 创建数据库

创建数据库的过程实际就是确定数据库的名称，大小以及用于存储数据的文件和文件组。不是任何用户都可以创建数据库的，只有 SQL Server 2005 系统管理员（即 SA 或者已经添加的 sysadmin 和 dbcreator 角色）才有创建数据库的权限。创建数据库的用户就自动成为该数据库的所有者。在 SQL Sever 2005 中，一个数据服务器实例理论上可以创建 32767 个数据库，数据库的名称必须遵循标识符命名规则。

SQL Server 2005 中创建数据库有两种方法：

- 使用 SQL Server Management Studio 工具创建数据库。
- 使用 Transact-SQL 语言创建数据库。

4.2.1 使用 SQL Server 管理平台创建数据库

创建数据库是确定数据库名称、文件名称、数据文件大小、数据库的字符集、是否自动增长以及如何自动增长等信息的过程。

使用 SQL Server Management Studio 是创建数据库较容易的一种方法，甚至使用默认的选项建立数据库时，只要提供一个数据库名称就可以了。下面将用 SQL Server Management Studio 工具创建一个名为 TestDB 的数据库。创建数据库的具体步骤：

（1）启动 SQL Server Management Studio 工具，此时屏幕上会显示"连接到服务器"对话框，使用默认设置，单击"连接"按钮。如选择要进行连接的服务器名称为 YANGYANG2008，设置身份验证为 Windows 身份验证，如图 4-1 所示。

（2）在启动好的 SQL Server Management Studio 窗口中选择对象资源管理器，这里右击"数据库"选项，在弹出的快捷菜单中选择"新建数据库"选项，如图 4-2 所示。

图 4-1　"连接到服务器"对话框　　　　　　图 4-2　单击"新建数据库"菜单

（3）弹出"新建数据库"对话框，选择"常规"选项卡，如图 4-3 所示。在右侧的"数据库名称（N）"文本框中输入新数据库的名称"信息管理"。SQL Server 会自动创建主数据文件（primary data file）与事务日志文件（transaction log file），数据库的数据文件和日志文件按照服务器属性中指定的默认数据库文件位置来放置，数据文件的默认大小是 3MB，日志文件的默认大小是 1MB。该默数据库的数据文件和日志文件都自动增长。

可在数据库文件的文本框中修改数据文件的默认属性。其中，第一行输入主数据文件（mdf），其余各行用于输入辅数据文件（ndf）。也可使用"添加"按钮来添加文件，添加的文件一般都属于 Primary 组，也可新建组名称。

① 在"逻辑名称"属性下方输入主（从）数据文件的名称，在"路径"属性下方输入主（从）数据文件的路径，在"初始大小 MB"项下方输入主（从）文件的初始大小，以 MB 为单位。

②"自动增长"属性中 Pimary 组的数据文件，增量为 1MB，不限制自动增长，而日志文件增量为 10%，增长的最大限制为 2097152MB。

（4）单击"确定"按钮，完成数据库的创建。用户创建的数据库将出现在对象资源管理器的数据库列表中，如图 4-4 所示。

图 4-3　"新建数据库"窗口　　　　　　图 4-4　创建的数据库出现在列表中

说明：如果要理解数据库的运行特征，就需要了解数据库的选项，设置数据库选项是定义数据库状态或特征的方式，例如可以设置数据库的自动收缩为 true，可以优化数据在运行以后能自行自动收缩，防止长期使用数据库无节制的自动变大。每一个数据库都有许多选项，使用 Microsoft SQL Server Management Studio 工具只能设置其中大多数的选项。在 Microsoft SOL Server 2005 系统中，共有大约 40 个数据库选项，这些选项可以分为 14 个类型。可以使用 Transact-SQL 语言 ALTER DATABASE 语句中的 SET 子句来设置这些数据库选项。

4.2.2　使用 Transact-SQL 语言创建数据库

对于熟练的用户来说，使用 Transact-SQL 语言创建数据库是一种习惯的方法，而且这样创建的数据库便于复制。创建数据库使用 CREATE DATABASE 语句。

CREATE DATABASE 的基本语法如下：

```
CREATE DATABASE database_name                   --设置数据库名称
[ON [ PRIMARY ]                                 --设置库的数据文件与主文件组
[ <filespec> [,...n] ]                          --定义文件
[, <filegroupspec> [,...n] ] ] [ LOG ON { <filespec> [,...n]} ]
                                                --设置文件组与设置日志文件
[ COLLATE  collation_name ][ FOR LOAD | FOR ATTACH ] --设置排序规则名与载入新库
[ WITH <external_access_option> ] ]             --设置外部访问
```

其中<filespec>的语法如下：

```
<filespec> ::=
( NAME = logical_file_name,
FILENAME='os_file_name'[, SIZE = size][, MAXSIZE = { max_size | UNLIMITED } ]
[, FILEGROWTH = growth_increment] ) [,...n ] )
<filegroupspec> ::= FILEGROUP filegroup_name <filespec> [,...n]
                                                --组语法格式
<external_access_option>::={DB CHAINING {ON|OFF}|TRUSTWORTHY {ON|OFF}}
                                                --外部访问选项
```

参数含义说明：

- database_name：新数据库的名称，数据库的名称必须在服务器内唯一，并且符合标识符的规则。数据库名称不能超过 128 个字符，由于系统会在其后添加 5 个字符的逻辑后缀因此实际能指定的字符数为 123 个。
- ON：指定存放数据库的数据文件信息，并将在其后分别定义<filespec>项用来定义主文件组的数据文件，且其后可跟以逗号分隔的、用以定义用户文件组及其文件的<filegroup>。
- PRIMARY：指明主文件组中的文件。主文件组的第一个<filespec>条目被认为是主数据文件。如果没有 PRIMARY 项，则在 CREATE DATABASE 命令中列出的第一个文件将被默认为主文件。
- LOG ON：指定生成日志文件的地址和文件长度。
- COLLATE：指定数据库的默认排序规则。collation_name 可以是 Windows 排序规则的名称，也可以是 SQL 排序规则的名称。默认规则为 SQL Server 设置的。
- FOR LOAD：此选项是为了与 SQL Server 7.0 前版本兼容而设定的，表示计划将备份直接载入新数据库。RESTORE 命令可以更好地实现此项功能。
- FOR ATTACH：表示在一组已经存在的操作系统文件中建立一个新的数据库。
- NAME：为由<filespec>定义的文件组指定逻辑名称，这是数据库在 SQL Server 中的标识符，

必须唯一。当使用 FOR ATTACH 选项时就不需要使用 NAME 选项了。

- FILENAME：指定<filespec>定义的文件在操作系统中存储的路径和文件名称。
- SIZE：指定<filespec>定义的文件初始容量大小。若未提及则默认其与 model 为库中的主文件大小一致。若次要数据文件和日志文件未提及则默认为 1MB，单位为 KB、MB、GB 和 TB。
- MAXSIZE：指定<filespec>中定义的文件的最大容量，如果没有指定 MAXSIZE，则文件可以不断增长直到充满硬盘。
- UNLIMITED：指明<filespec>中定义的文件的增长无容量限制。
- FILEGROWTH：指定<filespec>中定义的文件每次增加的容量大小，可用 KB、MB 或%来设置增加的量或百分比。默认后缀为 MB，最小为 1MB。若为指定 FILEGROWTH，则默认值为 10%。
- <external_access_option>：控制外部与数据库之间的双向访问。
- DB_CHAINING{ON|OFF}：当指定为 ON 时，数据库可以为跨数据库所有权链的源或目标。反之不然。若 cross db ownership chaining 服务器选项为 0（OFF），SQL Server 将可识别此设置，为 1（ON），则所有用户数据库都可参与跨数据库所有权链。可以使用 sp_configure 设置此选项。master、model 和 tempdb 不能设置此选项。
- TRUSTWORTHY{ON|OFF}：当指定 ON 时，使用模拟上下文的数据库模块，可以访问数据库以外的资源，默认值为 OFF。

使用 Transact-SQL 语言创建数据库注意以下几个问题：

（1）SIZE MAXSIZE 和 FILEGROWTH 参数中不能指定小数。

（2）如果在 CREATE DATABASE 语句中没有指定附加参数，数据库将默认器设置与 model 数据库相同大小。

【例 4-1】使用 Transact-SQL 语言创建一个数据库，包括三个数据文件分别属于不同的文件组和三个事务日志文件。

使用 Transact-SQL 语言创建数据库的步骤：

（1）在"视图"菜单中找到"工具栏"，单击勾选"标准"，单击"新建查询"按钮，自动生成一个标题为"主机名.数据库名称.SQLQuary.sql"的输入框中，直接输入 SQL 语句。或者在数据库上右击，在弹出的菜单中选择"新建查询"命令。

（2）输入完成后，单击工具栏中的"!执行（X）"按钮，即可完成数据库的创建。

```
CREATE DATABASE Test_DB
ON PRIMARY
( NAME = ' Test_DB _data1',FILENAME ='C:\Program Files\Microsoft SQL Server\MSSQL.1\
MSSQL\DATA\Test_DB _data1.mdf',SIZE = 3,MAXSIZE = unlimited, FILEGROWTH = 10% ),
FILEGROUP data2
(NAME = ' Test_DB_data2 ',FILENAME = ' C:\Program Files\Microsoft SQL Server\ MSSQL.1\
MSSQL\DATA\Test_DB_data2.mdf',SIZE = 3,MAXSIZE = 100,FILEGROWTH = 1 ),
FILEGROUP data3
( NAME = ' Test_DB_data3 ',FILENAME =' C:\Program Files\Microsoft SQL Server\MSSQL.1\
MSSQL\DATA\Test_DB_data3.mdf',SIZE = 3,MAXSIZE = 50,FILEGROWTH = 500KB )
LOG ON
(NAME = ' Test_DB_log1',FILENAME = ' C:\Program Files\Microsoft SQL Server\MSSQL.1\
MSSQL\DATA\Test_DB_log1.ldf',SIZE = 1MB,MAXSIZE = 25MB,FILEGROWTH = 10% ),
(NAME = ' Test_DB_log2',
FILENAME = ' C:\Program Files\Microsoft SQL Server\ MSSQL.1\MSSQL\DATA\Test_
DB_log2.ldf',
```

```
SIZE = 1MB,MAXSIZE = 10MB,FILEGROWTH = 10% ),
(NAME = ' Test_DB_log3',
FILENAME = ' C:\Program Files\Microsoft SQL Server\ MSSQL.1\MSSQL\DATA\Test_
DB_log3.ld f',
SIZE = 1MB,MAXSIZE = 5MB,FILEGROWTH = 512KB )
```

4.3　修改数据库

创建数据库后，在使用中常会对原来的设置进行修改。修改包括：扩充或缩小数据文件和事务日志文件空间；添加或删除数据文件和事务日志文件；创建文件组；更改默认文件组；更改数据库设置；添加新的数据库或删除不用的数据库；更改数据库名；更改数据库所有者。可以使用 SQL Server Management Studio 工具修改数据库和使用 Transact-SQL 语言修改数据库两种方法对数据库进行修改。

4.3.1　使用 SQL Server 管理平台修改数据库

1. 修改数据名称

数据库创建之后，一般情况下不要更改数据库的名称，因为许多应用程序都可能使用了该数据库的名称。数据库名称更改之后，需要修改相应的应用程序。如果确实需要更改数据库名称，可以在"对象资源管理器"窗口中右击要修改的数据库，从弹出的快捷菜单中选择"重命名"命令，输入数据的数据库名称。这种更改只是更改了数据库的逻辑名称，对于该数据库的数据文件和日志文件没有任何影响。

2. 修改数据属性

若要在 SQL Server 管理平台工具中修改数据库的属性或文件设置，只要打开数据库的属性对话框即可。先在"对象资源管理器"窗口中右击要修改的数据库，从弹出的快捷菜单中选择"属性"命令，将打开"数据库属性"对话框，如图 4-5 所示。

图 4-5　"常规"选项卡

- "常规"选项卡。"常规"选项卡纯粹是观赏用的,在此选项卡用户可以查看数据库的名称、一般信息、数据库备份信息以及使用的排序规则名称等。
- "文件"选项卡。在"数据库文件"选项卡内可修改、新增数据库的数据库文件逻辑名称、初始大小 MB 和自动增长。该对话框里的数据库文件的各个属性同创建数据库时介绍的相同,用户可以对其中某些文件的某些属性进行修改。其中的"删除"按钮可以删除选中的数据文件,但是主数据文件无法删除。还可以更改数据库的所有者,如图 4-6 所示。

图 4-6　"文件"选项卡

- "文件组"选项卡。在文件组选项卡内可指定默认文件组,以及修改和添加文件组。"名称"选项:可以在该项下方输入新文件组的名称;"只读"选项:选中此项,文件组中的文件不能被修改(主文件组不能设为只读);"默认值"选项:选中此项将文件组设为默认文件组(默认文件组不能设为只读);"删除"选项:此按钮可以删除文件组,但必须先将文件组中的数据文件全部删除,如图 4-7 所示。

图 4-7　"文件组"选项卡

- "选项"选项卡。可对一些常用数据库选项进行设置，如图 4-8 所示。

图 4-8 "选项"选项卡

- "权限"选项卡。用来设置用户、角色、数据库角色、应用程序角色对数据库的使用权限，如图 4-9 所示。

图 4-9 "权限"选项卡

- "扩展属性"选项卡。使用扩展属性，可向数据库对象添加自定义属性。使用此页可查看或修改所选对象的扩展属性。该页对所有类型数据库对象都是相同的，如图 4-10 所示。
- "镜像"选项卡。根据默认设置，数据库镜像当前已被禁用。
- "事务日志传送"选项卡。使用此页可以配置和修改数据库的日志传送属性。

图 4-10 "扩展属性"选项卡

4.3.2 使用 Transact-SQL 语言修改数据库

Transact-SQL 语言中修改数据库的语句为 ALTER DATABASE 语句, 其完整的语法格式如下:

```
ALTER  DATABASE  databasename
{ ADD FILE < filespec > [,...n ] [ TO FILEGROUP  filegroup_name ]
   | ADD LOG FILE < filespec > [ , ...n ] | REMOVE FILE logical_file_name
   | ADD FILEGROUP filegroup_name  | REMOVE FILEGROUP filegroup_name
   | MODIFY FILE < filespec >          | MODIFY NAME =new_name
   | MODIFY FILEGROUP filegroup_name {filegroup_property }    }
```

这段语法可用来对数据库的文件和文件组进行增、删或其中的某一参数。参数说明如下:

- databsename: 表示要修改的数据库的名称。

- ADD FILE < filespec > [, ...n] [TO FILEGROUP filegroup_name]: 表示向指定的文件组里添加新的文件。

- ADD FILE LOG: 向数据库添加事务日志文件。

- REMOVE FILE: 从数据库及其系统表中删除指定的文件的定义, 并且删除其物理文件, 文件只有为空时才能被删除。

- ADD FILEGROUP: 向数据库添加文件组。

- REMOVE FILEGROUP: 从数据库中删除指定文件组的定义, 并且删除其包括的所有数据库文件。文件组只有为空时才能被删除。

- MODIFY FILE: 修改指定文件的文件名、容量大小、最大容量以及文件增容方式等属性, 但一次只能修改文件的一个属性。文件名由<filespec>中的 NAME 参数指定; 如果文件大小已经确定了, 那么新定义的 size 必须比当前的文件容量大; FILENAME 只能指定在 tempdb database 中存在的文件, 并且新的文件名只有在 SQL Server 重新启动后才发生作用。

- MODIFY FILEGROUP: 修改文件组及其属性。文件组属性的可取值为。

  ➤ READONLY (只读)。主文件组不能指定为只读。只有对数据库有独占访问权限的用户才可以将一个文件组标志为只读。

> ➢ READWRITE（可读写）。只有对数据库有独占访问权限的用户才可以将一个文件组标志为读写。
>
> ➢ DEFAULT（默认）。一个数据库只能由一个默认文件组。

【例 4-2】在例 4-1 所创建的数据库里增加一个包含两个文件的文件组和两个日志文件，增加后再删除一个数据文件。

程序代码如下：

```
ALTER DATABASE Test_DB  ADD FILEGROUP data4
GO
ALTER DATABASE Test_DB  ADD FILE
( NAME='\Test_DB _Data4 ', FILENAME='C:\Program Files\Microsoft SQL Server\MSSQL.1\
MSSQL\Data\Test_DB_Data4.ndf', SIZE=4MB, MAXSIZE=100MB, FILEGROWTH=5MB),
( NAME=' Test_DB _Data5 ', FILENAME='C:\Program Files\Microsoft SQL Server\MSSQL.1\
MSSQL\Data\Test_DB_Data5.ndf', SIZE=5MB, MAXSIZE=25MB, FILEGROWTH=2MB)
TO  FILEGROUP data4
GO
ALTER DATABASE Test_DB  ADD LOG FILE
( NAME='Test_DB_Log4 ', FILENAME=' C:\Program Files\Microsoft SQL Server\MSSQL.1\
MSSQL\Data\Test_DB_Log4.ldf', SIZE=5MB, MAXSIZE=100MB, FILEGROWTH=4MB),
( NAME=' Test_DB _Log5 ', FILENAME=' C:\Program Files\Microsoft SQL Server\MSSQL.1\
MSSQL\Data\Test_DB_Log5.ldf', SIZE=6MB, MAXSIZE=50MB, FILEGROWTH=4MB)
GO
ALTER DATABASE Test_DB  REMOVE FILE Test_DB_Data4
GO
```

使用 Transact-SQL 语言还可以更改数据库的名称，在重命名数据库之前应该确保没有用户使用该数据库，而且数据库应该设置为"单用户"模式。重命名需要使用 Sp_renamedb 存储过程，其语法结构如下：

```
sp_renamedb [@old_name=] 'old_name', [@new_name=] 'new_name'
```

【例 4-3】将"电子商务"数据库名称更改为"信息管理"。

程序代码如下：

```
Sp_renamedb '电子商务', ' 信息管理'
```

运行结果为：数据库更名为"信息管理"了。

注意：更改前应将要更名的数据库的访问选项设为"单用户"并将其关闭。更名称后，在 SQL Server Management Studio 工具中看到的还是原来的名称。只有在单击工具栏中的"刷新"按钮或者重新启动后才能看到更改后的名称。

使用 ALTER DATABASE 语句也可以更改数据库名称，语法如下：

ALTER DATABASE *databasename* MODIFY NAME = *new_databasename*

4.4　查看数据库信息

使用数据库、修改数据库、排除数据库故障，经常需要了解数据库的信息，此时可以用 SQL Server Management Studio 工具或 Transact-SQL 命令来实现。

4.4.1　使用 SQL Server 管理平台查看数据库信息

在 SQL Server Management Studio 中，利用 4.3 节介绍的"数据库属性"对话框查看数据库的基本信息（常规）、文件信息、文件组信息、选项信息、权限信息以及有关字符排序规则、镜像和事务日志等信息，如图 4-11 所示。

图 4-11　"数据库属性"对话框

4.4.2　使用 Transact-SQL 语言查看数据库的信息

在 SOL Server 2005 系统中，可使用一些目录视图、函数或存储过程查看有关数据库的基本信息。sys.databases 数据库和文件目录视图可查看有关数据库的基本信息，sys.database_files 可查看有关数据库文件的信息，sys.filegroups 可查看有关数据库文件组的信息，sys.master_files 可查看数据库文件基本信息和状态信息。

（1）查看数据库定义信息。

SQL Sever 2005 每创建一个数据库，系统将在 master 数据库的 sys.databases 系统表中添加一条记录。查看数据库定义信息起始就是检索 sys.databases 系统表，使用存储过程 sp_helpdb 可以实现这一功能。

Sp_helpdb 的语法结构如下：

```
Sp_helpdb [ [@dbname=] 'name']
```

参数含义说明：[[@dbname=] 'name']指需要查看的数据库的名称。如果没有指明数据库名，将会列出所有 master 数据库的 sys.databases 系统表中所有数据库的信息。如果指定了数据库名，还将返回该数据库文件和文件组的信息。

【例 4-4】显示 master 数据库下 sys.databases 系统表中所有数据库信息。

程序代码如下：

```
EXEC Sp_helpdb
```

运行结果如图 4-12 所示。

图 4-12　系统表中所有数据库的信息

【例 4-5】显示数据库 Test_Db 的信息，运行结果如图 4-13 所示。

程序代码如下：

```
EXEC Sp_helpdb Test_Db
```

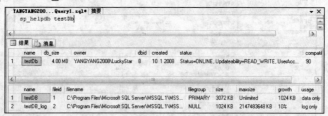

图 4-13　查看数据库 Test_Db 的信息

（2）查看数据库数据空间。

管理员经常需要查看服务器的数据库空间使用、增长情况，这些信息的查询可以通过存储过程 sp_spaceused 来实现。sp_spaceused 的语法结构如下：

```
sp_spaceused [[@objname=]'name'][,[@updateusage=]'updateusage']
```

参数含义说明：

- [@objname=]'name'：数据库中的表名，显示系统分配给表的空间机器使用情况（包括保留的和分配的空间），不指定 objname 参数，系统默认统计当前数据库的数据空间信息。
- [@updateusage=]'updateusage'：说明是否在统计数据库使用空间情况前执行 DBCC UPDATEUSAGE 语句，其默认值为 FALSE。若将其值设为 TRUE，系统将对数据库执行 DBCC UPDATEUSAGE 语句，这将花费更多的时间，但是所得到的空间使用信息也将更准确。

（3）查看数据库日志空间。

sp_spaceused 只能查询数据库文件空间，而不能查询日志文件空间使用情况。管理员经常需要检索数据库日志文件，以决定是否备份事务日志，或扩大日志文件。查看数据库日志文件可以使用 DBCC SQLPERF 语句。

DBCC SQLPERF 语句的语法结构如下：

```
DBCC  SQLPERF(LOGSPACE)
```

【例 4-6】查看数据库 Test_Db 日志空间信息。运行结果如图 4-14 所示。

程序代码如下：

```
use Test_Db
DBCC SQLPERF(LOGSPACE)
```

（4）查看数据库的文件信息。

可以使用系统存储过程 Sp_helpfile 来显示当前数据库中的文件信息。其语法结构如下：

图 4-14　查看数据库的事务日志信息

```
sp_helpfile [[@filename =] 'name']
```

参数含义说明：

[@filename =]'name'：查看的文件的名称。若不指定，则显示当前库中所有文件信息。

【例 4-7】查看数据库 Test_Db 中的 TestDB_data2 的信息，运行结果如图 4-15 所示。

程序代码如下：

```
Use Test_Db
sp_helpfile TestDB_data2
```

（5）查看数据库的文件组信息。

可以使用存储过程 Sp_helpfilegroup 来显示当前数据库中文件组信息。其语法结构如下：

```
Sp_helpfilegroup [[@filegroupname=]'name']
```

图 4-15　查看数据库文件的信息

参数含义说明：[@filegroupname=]'name'：查看的文件组的名称。如果不指定，则会显示当前数据库中所有的文件组信息。

【例 4-8】显示数据库 Test_Db 中所有文件组的信息。运行结果如图 4-16 所示。

程序代码如下：

```
use Test_Db
Sp_helpfilegroup
```

【例 4-9】显示数据库 Test_Db 中的 data3 文件组的信息。运行结果如图 4-17 所示。

程序代码如下：

```
use Test_Db
Sp_helpfilegroup data3
```

图 4-16　显示 Test_Db 库中所有文件组信息

图 4-17　显示文件组 data3 的信息

4.5　压缩数据库

数据库在使用一段时间后，时常会出现因数据删除而造成数据库中空闲空间太多的情况，SQL Server 允许压缩数据库中的每个文件，可以删除未使用的页。当数据库中没有数据时，用户可以直接修改文件的属性改变其占用空间，但当数据库中有数据时，这样做会破坏数据。数据库压缩并不能把一个数据库压缩到比它初建时还要小，即使数据库中的数据都删除了也不行。压缩活动在后台进行，并且不影响数据库内的用户活动。数据库可以设置为按给定的时间间隔自动压缩，也可以进行手工压缩。手工压缩数据库有以下两种方式。

4.5.1　使用 SQL Server 管理平台压缩数据库

如果数据库的设计尺寸过大了，或者删除了数据库中的大量数据，这时数据库会白白浪费大量的磁盘资源。根据用户的实际需要，可以压缩数据库的大小。使用 SQL Server Management Studio 工具既可以压缩整个数据库的大小，也可以压缩指定的数据文件的大小。

（1）从指定的 SQL Server 实例中，右击 testDB 数据库，从弹出的快捷菜单中选择"任务" ⇨ "收缩"命令，如图 4-18 所示，则弹出"收缩数据库"对话框。可以通过该对话框完成收缩 testDb

数据库指定文件和收缩方式的操作。

（2）单击"确定"按钮，SQL Server 开始压缩数据库文件。

图 4-18　"收缩数据库"窗口

4.5.2　使用 Transact-SQL 语言压缩数据库

可以使用 DBCC SHRINKDATABASE 和 DBCC SHRINKFILE 命令来压缩数据库。其中，DBCC SHRINKDATABASE 命令对数据库进行压缩，DBCC SHRINKFILE 命令对数据库中指定的文件进行压缩。

（1）使用 DBCC SHRINKDATABASE 命令压缩数据库，其语法结构如下：

```
DBCC SHRINKDATABASE
(database_name
  [ , target_percent ] [ , { NOTRUNCATE | TRUNCATEONLY } ] )
```

参数含义说明：

- database_name：要进行压缩的数据库的名称。
- target_percent：是数据库压缩后，数据库文件中所剩余可用空间的百分比。如果指定的参数超过数据库目前可用空间的百分比，则无法压缩数据库。
- NOTRUNCATE：数据库压缩后所释放的空间保留在库文件中，不返回给操作系统。
- TRUNCATEONLY：数据库压缩后所释放的文件空间返回给操作系统，并将文件压缩到上一次所分配的大小。如果选用本选项，target_percent 所指定的参数变为无效。

DBCC SHRINKDATABASE 命令是一种比自动收缩数据库更加灵活的收缩数据库方式，它可以对整个数据库进行收缩，但是使用 DBCC SHRINKDATABASE 命令不能将数据库的大小收缩至低于其初始创建时的大小。

【例 4-10】将数据库 Test_Db 的可用空间压缩到数据库大小的 20%。

程序代码如下：

```
DBCC SHRINKDATABASE (Test_Db,20,NOTRUNCATE)
```

运行结果：

```
--------------------------------
```

DBCC 执行完毕。如果 DBCC 输出了错误信息，请与系统管理员联系。

（2）使用 DBCC SHRINKFILE 压缩当前数据库中的文件，其语法结构如下：

```
DBCC SHRINKFILE
({file_name | file_id }
{ [, target_size ] |
[, { EMPTYFILE | NOTRUNCATE | TRUNCATEONLY }]})
```

参数含义说明：

- File_name 和 file_id：分别表示要压缩的数据库文件的名称和鉴别号（identification number，即 ID）。文件的 ID 号可以通过 FILE_ID()函数或如本章前面所介绍的 sp_helpdb 系统存储过程来得到。
- target_size：压缩之后的实际大小，以 MB 为单位且为整数值，如果不输入则会尽量减少数据文件空间。
- EMPTYFILE：表示此数据文件将不再使用，此文件内的所有数据将会被移至同一文件组中的其他文件中，执行完此项命令就可以将该文件删除，因为 SQL Server 2000 不允许删除存有数据的数据库文件。
- NOTRUNCATE 与 TRUNCATEONLY：代表含义与数据库压缩所用的参数意义相同。

注意：只有 db_owner 内的成员或者具有 sysadmin fixed database 角色的用户才有权执行 DBCC SHRIKFILE 命令，而且权限不能转移。而且需要注意的是，压缩数据库文件只能是压缩未使用的空间，不能压缩数据正在使用的空间。

【例 4-11】压缩数据库 Test_Db 中的数据库文件 TestDB_data3 的大小至 3MB。

程序代码如下：

```
Use Test_Db
DBCC SHRINKFILE (TestDB_data3,3)
```

4.6　删除数据库

当数据库不再被使用或者因为数据库有损坏而无法正常运行时，用户可按需从数据库系统中删除数据库。删除数据库的操作很简单，但是删除数据库一定要慎重，因为删除数据库后，与数据库有关联的文件及存储在系统数据库中的关于该数据库的所有信息都会从服务器上的磁盘中被永久删除。除此以外，删除数据库还应该注意以下几点：

（1）数据库所有者 DBO 和数据库管理员 DBA 有权操作，此权限不能授予其他用户。

（2）当数据库处于数据库正在被使用、数据库正被恢复、数据库中的部分表格是发布的表格状态时不能被删除。

（3）删除数据之后，如果某些登录的默认数据库是被删除的数据库，那么此登陆的默认数据库将会被改为 master 数据库。

（4）为了确保整个系统的安全，在删除数据库后，请立即备份 master 数据库。

（5）系统数据库（msdb、master、model 和 tempdb）是不能被删除的。

4.6.1　使用 SQL Server 管理平台删除数据库

（1）连接到 SQL Server 数据库引擎，在"对象资源管理器"中展开选定的数据库结点，右击要删除的数据库，从弹出的快捷菜单中选择"删除"命令，如图 4-19 所示。

（2）弹出"删除对象"对话框，可以选择是否同时删除数据库备份以及历史纪录。单击"是"

按钮即可删除数据库，如图 4-20 所示。

图 4-19   使用 SQL Server Management Studio 删除数据库   图 4-20   删除数据库的确认对话框

4.6.2   使用 Transact-SQL 语言删除数据库

Transact-SQL 中用于删除数据库的语句为 DROP DATABASE 语句。DROP DATABASE 命令可以从 SQL Server 中一次删除一个或几个数据库。其语法结构如下：

```
DROP DATABASE database_name1,database_name2...
```

其中的 database_name 表示删除的数据库的名称。可以一次删除多个数据库。

【例 4-12】先创建一个数据库 TestDrop，然后再将它删除（运行的过程如图 4-21、图 4-22 所示）。程序代码如下：

```
CREATE  DATABASE  TestDrop
ON PRIMARY
(NAME = TestDrop_data1,FILENAME ='D:\Prog_XP\SQL05\MSSQL.1\MSSQL\Data\
TestDrop.mdf',SIZE = 3, MAXSIZE = unlimited, FILEGROWTH = 10% )
LOG ON
( NAME = 'TestDrop_log1',FILENAME =' D:\Prog_XP\SQL05\MSSQL.1\MSSQL\Data\
TestDrop_log1.ldf',SIZE = 1MB, MAXSIZE = 25MB, FILEGROWTH = 10% ),
( NAME = 'TestDrop_log2',FILENAME =' D:\Prog_XP\SQL05\MSSQL.1\MSSQL\Data\
TestDrop_log2.ldf',SIZE = 1MB, MAXSIZE = 10MB, FILEGROWTH = 10% )
    GO
    DROP  DATABASE  TestDrop
```

图 4-21   使用 Transact-SQL 创建 TestDrop   图 4-22   使用 Transact-SQL 删除 TestDrop
            数据库示意图   数据库示意图

4.7   管理数据库快照

数据库快照是源数据库的只读、静态视图。多个快照可以位于一个源数据库中，并且可以作为数据库始终驻留在同一服务器实例上。数据库快照是在数据页级上进行的。当创建了某个源数据库的数据库快照时，数据库快照使用一种稀疏文件维护源数据页。

倘若源数据库中的数据页上的数据没有更改，那么对数据库快照的读操作实际上就是读源数据库中的这些未更改的数据页上的数据。如果源数据库中的某些数据页上的数据被更改了，那么更改前的源数据页就被复制到了数据库快照的稀疏文件中了，对这些数据的读操作实际上就是读取稀疏文件中的复制过来的数据页。如果源数据库中的数据更改频繁，那么数据库快照中的稀疏文件大小就会增长过快。为了避免数据库快照中的稀疏文件过大，可以通过创建新的数据库快照来解决这种问题。

数据库快照虽然是源数据库的影像，但是与源数据库相比，快照存在以下限制：

- 必须与源数据库在相同的服务器实例上创建数据库快照。
- 数据库快照捕捉开始创建快照的时刻点，不包括所有未提交的事务。
- 数据库快照是只读的，不能在数据库快照中执行修改操作。
- 不能修改数据库快照的文件，不能附加或分离数据库快照。
- 不能对数据库快照执行备份或还原操作。
- 不能创建基于 model、master 和 tempdb 等系统数据库的快照。
- 数据库快照不支持全文索引，因此源数据库中的全文目录不能传输过来。
- 数据库快照继承快照创建时源数据库的安全约束。但是由于快照是只读的，源数库中对权限的修改不能反映到快照中。
- 数据库快照始终反映创建该快照时的文件组状态。

在 Microsoft SQL Server 2005 系统中，可以使用 CREATE DATABASE 语句创建数据库快照。创建数据库快照的基本语法形式如下：

```
CREATE DATABASE databasesnapshotname      on
(name=sourcedatabaselogicalfilename,filename='osfilename')
as snapshot of sourcedatabasename
```

在上述语法中，databaseshapshot name 参数是数据库快照名称，该名称应该符合数据库名称的标识符规范，并且在数据库中是唯一的。数据库快照对应的逻辑文件名称是源数据库的数据文件的逻辑名称，由 name 关键字指定。数据库快照的稀疏文件的物理名由 filename 关键字来指定。as snapshot of 子句用于指定该数据库快照对应源数据库名称。

【例 4-13】在如图 4-23 所示的示例中，创建了一个名称为 AdventureWorkssnapshot 的数据库快照（源库为 AdventureWorks），可使用该快照执行有关数据库的只读操作。

程序代码如下：

```
create database AdventureWorkssnapshot  on
  ( name=AdventureWorks_Data, filename='C:\Program Files\Microsoft SQL
  Server\ MSSQL.1\MSSQL\Data\AdventureWorkssnapshot.snp' )
  as snapshot of AdventureWorks
  go
```

图 4-23　使用 Transact-SQL 创建数据库快照

如果数据库快照不再需要了，可以使用 DROP DATABASE 语句就像删除数据库一样删除数据库快照。删除数据库快照将删除该快照的稀疏文件，但是对源数据库没有影响。删除数据库快照的语法形式如下：

```
DROP DATABASE databasesnapshotname
```

本 章 小 结

SQL Server 2005 提供了主文件组、自定义文件组和默认文件组 3 种文件组类型，也提供了主数据文件、辅数据文件和事务日志文件 3 种文件类型。

SQL Server 2005 中创建、修改、查看、数据库、压缩与删除数据库等均有使用 SQL Server Management Studio 工具和使用 Transact-SQL 语言完成两种方法。数据库的存储结构分为逻辑存储结构和物理存储结构两种。数据库快照是源数据库的只读、静态视图。多个快照可以位于一个源数据库中，并且可以作为数据库始终驻留在同一服务器实例上。

在 SOL Server 2005 系统中，可使用 sys.databases 数据库和文件目录视图可查看有关数据库的基本信息，sys.database_files 可查看有关数据库文件的信息，sys.filegroups 可查看有关数据库文件组的信息，sys.master_files 可查看数据库文件基本信息和状态信息。

思考与练习

一、选择题

1. 关于 SQL Server 2005 文件组的叙述正确的是＿＿＿＿。
　　A. 一个数据库文件不能存在于两个或两个以上的文件组里
　　B. 日志文件可任属于某个文件组
　　C. 文件组可以包含不同数据库的数据文件
　　D. 一个文件组只能放在同一个存储设备中

2. 关于 SQL Server 2005 实例描述正确的是＿＿＿＿。
　　A. 每个实例只能有一个数据库　　　　　　　B. 实例和数据库是同一个概念
　　C. 每个实例可以有多个数据库　　　　　　　D. 实例启动时都会启动固定个数的进程

3．关于 SQL Server 2005 缩小数据库的操作叙述正确的是＿＿＿＿＿。
　A．数据文件和日志文件都可以缩小　　　　B．SQL Server 不可进行压缩数据库
　C．数据库可以缩得比初始创建的数据库小　　D．日志文件的收缩不受任何的限制

4．关于 SQL Server 2005 数据库快照描述正确的是＿＿＿＿＿。
　A．每个数据库只能创建一个数据库快照　　B．数据库快照是只读的
　C．能够在数据库快照中执行修改操作　　　D．可以附加或分离数据库快照

5．Transact–SQL 中用于删除数据库的关键字为＿＿＿＿＿ DATABASE。
　A．ALTER　　　　　　B．KILL　　　　　　C．DELETE　　　　　D．DROP

6．在 SQL Server 2005 中，可把数据库分为系统数据库、用户数据库与＿＿＿＿＿ 3 类。
　A．数据库映射　　　B．数据库备份　　　C．数据库快照　　　D．数据库复制

7．在 SQL Server 2005 中，系统数据库是 master、msdb、＿＿＿＿＿。
　A．model 和 Tempdb　　　　　　　　B．Resource 和 pubs
　C．AdventureWorks 和 pubs　　　　　D．Northwind 和 model

8．在 SQL Server 2005 中，文件分为：主数据文件、＿＿＿＿＿和事务日志文件。
　A．复制数据文件　　B．备用数据文件　　C．辅数据文件　　　D．辅佐数据文件

9．在 SQL Server 2005 中，文件组分为：主要文件组、用户定义文件组和＿＿＿＿＿。
　A．备用文件组　　　B．默认文件组　　　C．辅助文件组　　　D．复制文件组

10．数据库快照受到的限制为：不能＿＿＿＿＿数据库快照的文件。
　A．修改　　　　　　B．删除　　　　　　C．插入　　　　　　D．复制

11．可使用＿＿＿＿＿数据库和文件目录视图可查看有关数据库的基本信息。
　A．sys.database_files　　B．sys.filegroups　　C．sys.master_files　　D．sys.databases

12．可使用＿＿＿＿＿查看有关数据库文件的信息。
　A．sys.database_files　　B．sys.filegroups　　C．sys.master_files　　D．sys.databases

13．可使用＿＿＿＿＿查看有关数据库文件组的信息。
　A．sys.database_files　　B．sys.master_files　　C．sys.filegroups　　D．sys.databases

14．可使用＿＿＿＿＿查看数据库文件基本信息和状态信息。
　A．sys.database_files　　B．sys.master_files　　C．sys.filegroups　　D．sys.databases

二、思考实验题

1．使用 CREATE DATABASE 创建一个 student 数据库，所有参数均取默认值。

2．创建一个 Student1 数据库，该数据库的主文件逻辑名称为 Student1_data，物理文件名为 Student1.mdf，初始大小为 10MB，最大尺寸为无限大，增长速度为 10%；数据库的日志文件逻辑名称为 Student1_log，物理文件名为 Student1.ldf，初始大小为 1MB，最大尺寸为 5MB，增长速度为 1MB。

3．试完成实验：创建一个指定多个数据文件和日志文件的数据库。该数据库名称为 students，有 1 个 10MB 和 1 个 20MB 的数据文件和 2 个 10MB 的事务日志文件。数据文件逻辑名称为 student1 和 student2，物理文件名为 student1.mdf 和 student2.ndf。主文件是 student1，由 primary 指定，两个数据文件的最大尺寸分别为无限大和 100MB，增长速度分别为 10% 和 1MB。事务日志文

件的逻辑名为 studentlog1 和 studentlog2，物理文件名为 studentlog1.ldf studentlog2.ldf，最大尺寸为 50MB，文件增长速度为 1MB。

4. 试完成实验：利用 SQL Server Management Studio 工具向数据库 Student1 中添加一个文件组，其包括两个数据文件：它们的逻辑名称为 Student1_data1、Student1_data2，物理文件名为 Student1_1.ndf、Student1_2.ndf。初始大小都为 5MB，最大尺寸为 50MB，增长速度为 2MB。并将其设置为默认文件组。

5. 试完成实验：利用 Transact-SQL 语言对数据库 students 进行修改。将事务日志文件的大小增加到 15MB，将数据文件 student1 和 student2 分别增加到 15MB 和 30MB。同时增加两个文件组 data1 和 data2，分别包含一个数据文件，逻辑文件名为 student3 和 student4，物理文件名为 student3.ndf 和 student4.ndf，它们初始大小都为 20MB，最大尺寸无限制，增长速度为 15%；增加一个 10MB 事务日志文件，最大尺寸无限制，增长速度为 10%。

6. 试完成实验：使用 SQL Server Management Studio 工具查看数据库 Student1 的基本信息；使用 Transact-SQL 语言查看 students 中所有文件组和文件的信息。

7. 试完成实验：使用 SQL Server Management Studio 工具删除数据库 student；使用 Transact-SQL 语言同时删除数据库 Student1 和 students。

8. 试完成实验：利用 Transact-SQL 语言完成对数据库 students 进行修改数据库快照的建立。

第 **5** 章 数据转换及数据库加载备份管理

SQL Server 2005 为支持企事业决策中浩瀚数据的处理，提供了数据转换服务、数据库分离与附加、数据库备份和恢复组件及其复制技术等。本章将主要介绍数据转换服务、数据库的分离与附加、数据库的备份和恢复技术与方法等。

5.1 数 据 转 换

在一个颇具规模的信息处理系统中，经常会涉及源于不同地点、以不同格式存储并隶属于不同数据库管理系统软件开发的数据信息，这极大地妨碍了数据的集中处理，影响着系统的正常运行，据此，在 SQL Server 2005 中为了支持企事业决策中浩瀚的数据处理，提供了数据转换服务（data transformation services，DTS）。

5.1.1 数据转换服务

数据转换服务主要包括 DTS、DTS 连接的数据源、DTS 数据传输方法。

1. DTS

数据转换服务（DTS）是一组图形工具组件，包含多个处理工具，并提供了接口来实现在不同地点、基于不同数据库管理系统的不同数据源间数据的导入导出或传输。这意味着通过 DTS 组件不仅可以在 SQL Server 数据源间进行数据的转储，而且可将 Sybase、Oracle、Informix、DB2、Visual FoxPro、Access 等数据库中的数据传输到 SQL Server 2005，反之亦然。其中，DTS 包将数据导入、导出或传输归结成可存储的对象，DTS 任务是 SQL Server 提供的具体数据传输服务。利用 DTS 可以完成以下任务：

（1）数据的导入与导出。数据的导入与导出是指在不同应用之间按普通格式读取数据，从而实现数据出入的交换过程。如将文本文件或 OLE DB 数据源（如 Access 2005 数据库）导入到 SQL Server 数据库中，也可以把数据从 SQL Server 导出到任何 OLE DB 数据源或 ODBC 数据源中。DTS 还允许将数据从文本文件高速装载到 SQL Server 表。

（2）转换数据格式。转换数据格式涉及数据传输。数据传输是指在数据未到达目标数据源前而对数据采取的系列操作。SQL Server 2005 允许用户将数据在实现数据传输前进行数据格式转换。例如，DTS 允许从源数据源的一列或多列计算出新的列值，然后将其存储在目标数据库中。

（3）传输数据库对象。基于 DTS 用户除了可传输数据之外，还能传输索引、视图、登录、存储过程、触发器、规则、默认值、约束、用户定义数据类型及生成脚本以复制数据库对象。例如，用户可以将一个 SQL Server 2005 数据库中的表以及建立在表上的所有存储过程、触发器和约束等全部传输到另外一个数据库中去。

（4）用户或包间的消息收发。DTS 包含一个发送邮件任务，可在包步骤成功或失败时发送电子邮件。DTS 中执行包（Execute Package）允许一个包将另一个包作为一个包步骤来运行，DTS 还包含一个消息队列任务，使用户得以利用消息队列发送和接收包间消息。

2．DTS 连接的数据源

SQL Server 2005 中 DTS 支持如下数据源的连接与转换：

- SQL Server 2005 及其兼容版本的数据库。
- Oracle 系列数据库。
- ODBC Date 数据源。
- Microsoft Access 数据库。
- Microsoft Visual FoxPro 数据库。
- DBase 或 Paradox 数据库。
- Microsoft Excel 电子表格。
- IBM DB2 等。

3．DTS 数据传输方法

SQL Server 2005 中可完成的数据传输方法包括：SQL Server 管理平台、bcp 命令、BULK INSERT 和 INSERT... SELECT * FROM OPENROWSET(BULK...)语句几种形式。

（1）bcp。bcp（bcp.exe）是大容量数据传输的命令行工具，提供了一些开关，可指定数据文件的数据类型和其他信息，可执行下列任务：

- 将大容量数据从 SQL Server 表导出到数据文件中。
- 将大容量数据从数据文件导入到 SQL Server 表中。
- 生成格式化文件与从查询导出大容量数据。
- 可将数据从其他 DBMS 导入到 SQL Server 表中。

（2）BULK INSERT 语句。BULK INSERT 将数据从数据文件加载到表中，此功能类似于 bcp 命令的 in 选项，但是数据文件是由 SQL Server 进程读取的，可处理用户模拟。

（3）INSERT... OPENROWSET 函数。该函数通过 OLE DB 访问接口连接到远程数据源并从该数据源访问远程数据。SQL Server 2005 在 OPENROWSET 函数中引入了大容量行集提供程序，可以方便地读取数据文件。INSERT 语句可以按以下格式调用 SELECT 语句：INSERT ... SELECT * FROM OPENROWSET(BULK...)。

（4）SQL Server 管理平台。SQL Server 管理平台 SQL Server Management Studio 可图形化地完成数据传输，是本教材关注的重点。

SQL Server 2005 中可完成大容量数据传输的命令行工具如下：

- BULK INSERT（**Transact-SQL**）。
- INSERT ... SELECT * FROM OPENROWSET(BULK...)，可导出。

- Bcp 命令与 Microsoft SQL Server 2005 Integration Services (SSIS)，可导出；
- XML 大容量加载等。

5.1.2　导入数据

在此，将通过一个将 Microsoft Access 数据库(信息管理_sql05book.mdb)导入到 SQL Serve 2005 系统下信息管理数据库中的实例，来描述整个数据导入过程，具体 SQL Serve 2005 导入数据的过程叙述如下：

（1）启动 SQL Server Management Studio，连接到 SQL Server 数据库引擎，在对象资源管理器中展开选定的数据库结点，右击具体的数据库，然后从弹出的快捷菜单中选择"任务"⇨"导入数据"命令（如图 5-1 所示），弹出如图 5-2 所示的"SQL Server 导入和导出向导"对话框。

图 5-1　选择"导入数据"命令

图 5-2　"SQL Serve 导入和导出向导"对话框

（2）单击"下一步"按钮，进入如图 5-3 所示的"选择数据源"对话框，选择要从中导入的数据源数据库类型。在"数据源"列表中选择 Microsoft Access，在"文件名"中浏览输入数据库所在的文件标识，并输入用户名和密码（可以不输入），单击"下一步"按钮，弹出如图 5-4 所示的"选择目的"对话框。

图 5-3　"选择数据源"对话框

图 5-4　"选择目标"对话框

（3）在"选择目的"数据对话框中，在"目标"下拉列表中选择"SQL Native Client"，在"服务器名称"下拉列表中选择具体的服务器并在下方设置身份验证方法。若身份验证为"使用 SQL Server 身份验证",则要输入用户名和密码。在数据库列表中选择具体的数据库,倘若无反应,可单击"刷新"按钮即可选择。这里选择"信息管理",然后单击"下一步"按钮,弹出如图 5-5 所示的"指定表复制或查询"对话框。

（4）在该对话框中指定表复制还是从数据源在复制查询结果,然后单击"下一步"按钮,弹出如图 5-6 所示的"选择源表和源视图"对话框,选择一个或多个所列要复制的源表或源视图。这里选择"学生""课程""成绩"和"班级"四个数据表,然后单击"下一步"按钮,弹出如图 5-7 所示的"保存并执行包"对话框。

图 5-5 "指定表复制或查询"对话框   图 5-6 "选择源表和源视图"对话框

（5）在"保存并执行包"对话框中指示是否保存 SSIS 包或立即执行。即可选择时间为"立即执行"复选框,或可按需选择另一复选框（保存 SSIS 包）,若选择"保存 SSIS 包",则会弹出"包保护级别"对话框,可按提示执行并单击"完成"按钮。然后单击"下一步"按钮,弹出如图 5-8 所示的"完成该向导"对话框。

图 5-7 "保存并执行包"对话框   图 5-8 "完成该向导"对话框

（6）在该对话框中验证向导选择的选项,然后单击"完成"按钮,弹出如图 5-9 所示的"执行成功"对话框。在其中,可以看到系统将会运行导入过程成功的信息（若出错,则有出错提示信息）,系统通过"操作""状态"和"消息"三列来提示具体信息。单击"关闭"按钮即可结束整个 DTS 导入数据过程。

5.1.3　导出数据

在此将通过一个将 SQL Serve 2005 系统中"信息管理"数据库导出至 Microsoft Access 数据库（YUSQL2005.mdb）的实例，来描述整个数据导入过程。具体方法如下：

（1）启动 SQL Server Management Studio，连接到 SQL Server 数据库引擎，在"对象资源管理器"中展开选定的数据库结点，右击具体的数据库，从弹出的快捷菜单中选择"任务" ⇨ "导出数据"命令则弹出如图 5-2 所示的"欢迎使用 SQL Serve 导入和导出向导"对话框。

图 5-9　"执行成功"对话框

（2）单击"下一步"按钮，弹出如图 5-10 所示的"选择数据源"对话框，选择要从中导入的数据源数据库类型。在"数据源"下拉列表中选择要导入的数据源为"SQL Native Client"数据库，在"服务器名称"列表中选择具体的服务器并在下方设置身份验证方法。若身份验证为"使用 SQL Server 身份验证"，则要输入用户名和密码。在"数据库"列表中选择具体的数据库，若无反应，可单击"刷新"按钮即可选择。这里选择"信息管理"，单击"下一步"按钮，弹出如图 5-11 所示的"选择目的"数据对话框。

图 5-10　"选择数据源"对话框

图 5-11　选择目的数据及高级设置对话框

（3）在"选择目的"数据对话框中，指定将数据复制到何处。在"目标"下拉列表中选择"Microsoft Access"数据库，在"文件名"中浏览输入数据库所在的文件标识，并输入用户名和密码（可以不输入），可单击"高级"按钮来指定数据库并进行连接测试，单击"下一步"按钮，弹出如图 5-12 所示的"指定表复制或查询"对话框。

（4）在该对话框中指定表复制还是从数据源复制查询结果，单击"下一步"按钮，弹出的如图 5-13 所示的"选择源表和源视图"对话框，选择一个或多个所列要复制的源表或源视图。这里选择了"学生""课程""成绩"和"班级"四个数据表及相关视图，单击"预览"按钮可浏览详细信息，单击"下一步"按钮，进入如图 5-14 所示的"保存 SSIS 包"对话框。

（5）在"保存 SSIS 包"对话框中指示是否保存 SSIS 包或立即执行。可选择时间为"立即执行"复选框，或按需选择另一复选框（保存 SSIS 包），当保存 SSIS 包选择，则会弹出"包保护级别"对话框，可按提示执行并单击"完成"按钮。然后单击"下一步"按钮，弹出如图 5-15 所示的"完成该向导"对话框。

图 5-12 "指定表复制或查询"对话框

图 5-13 "选择源表和源视图"对话框

图 5-14 "保存 SSIS 包"对话框

图 5-15 "完成该向导"对话框

（6）在该对话框中验证向导选择的选项，单击"完成"按钮，弹出如图 5-16 所示的"执行成功"对话框。在此过程中，可以看到系统将会运行导出过程成功的信息（若出错，则有出错提示信息），系统通过"操作""状态"和"消息"三列来提示具体信息。单击"报告"即可查看详细报告信息，如图 5-17 所示。单击"关闭"按钮即可结束整个 DTS 导出数据过程。

图 5-16 "执行成功"对话框

图 5-17 "查看报告"窗口

5.2　数据库分离与附加

现代数据库应用开发系统中，经常会将应用项目工作于不同的专用服务器上，SQL Server 2005 系统则可当此重任，能从系统中分离数据库的数据和事务日志文件，然后将它们重新附加到同一或其他 SQL Server 实例。若将数据库更改到同一计算机的不同 SQL Server 实例，或将数据库移动到其他不同服务器，则需要使用分离和附加数据库功能，它在开发中广泛使用，具有便捷、可靠的特点。

5.2.1　分离数据库

分离数据库是指将数据库从 SQL Server 2005 实例中删除，但保持组成该数据库及其中的对象、数据文件和事务日志文件完好无损。而后通过附加将这些将数据库文件添加到任何 SQL Server 2005 实例上，提供数据库支持。影响数据库分离的因素如下：

- 已复制并发布的数据库。否则须运行 SP_Replicationdboption 禁用发布后才行。
- 数据库中存在数据库快照或数据库处于可疑状态。

分离数据库"YU"数据库实例的过程如下：

（1）启动 SQL Server 管理平台，连接到 SQL Server 数据库引擎。在"对象资源管理器"中，展开"数据库"结点，并右击要分离的用户数据库的名称。

（2）从弹出的快捷菜单中选择"任务" ➪ "分离"命令（如图 5-18 所示），弹出如图 5-19 所示的"分离数据库"对话框。

图 5-18　选择"任务" ➪ "分离"命令

图 5-19　"分离数据库"窗口

（3）在对话框的右侧选中要分离的数据库，如"电子商务"，系统显示数据库名称列中将显示选中的数据库名，并验证是否为要分离的数据库。

注意：默认情况下，若要更新现有的优化统计信息，请选中"更新统计信息"复选框。通常，分离操作保留所有与数据库关联的全文目录。若要删除全文目录，可取消选中"保留全文目录"复选框。"状态"列将显示当前数据库"就绪状态"。

（4）分离数据库准备就绪后单击"确定"即可完成分离数据库。

5.2.2　附加数据库

用户可以附加被复制的或分离的 SQL Server 2005 数据库，数据库包含的全文数据文件将随数据库一起附加，所有数据文件（mdf 和 ndf 文件）必须完整可用。如果存在的任何数据文件的路径不同于首次创建数据库或上次附加数据库时的路径，则必须指定文件的当前路径。附加数据库时，会将数据库重置为它分离或复制时的状态。若所附加的主数据文件为只读，附加数据库则也是只读的。分离再重新附加只读数据库后，会丢失差异基准信息。这会导致 master 数据库与只读数据库不同步。

附加"YU"数据库实例的过程如下：

（1）启动 SQL ServerManagement Studio，连接到 SQL Server 数据库引擎，在对象资源管理器中右击"数据库"结点。

（2）在弹出的快捷菜单中选择"附加"命令，打开如图 5-20 所示的"附加数据库"窗口。

图 5-20   "附加数据库"窗口

（3）若要指定要附加的数据库，可单击"添加"按钮，然后在"定位数据库文件"对话框中选择该数据库所在的磁盘驱动器，展开目录树以查找和选择该数据库的.mdf 文件（本例假设该数据库已分离）。若要指定以不同名称附加数据库，可在"附加数据库"对话框的"附加为"列中输入名称。

（4）附加数据库准备就绪后，可单击"确定"按钮，即可完成附加数据库。

5.3　数据库备份与恢复

SQL Server 2005 系统提供了内置的安全性和数据保护机制，可通过数据库备份和恢复来防止非法登录者或非授权用户对 SQL Server 数据库或数据造成破坏，并可以应对合法用户的数据操作不当或存储媒体受损及系统运行的服务出现崩溃性出错等现象。

5.3.1　备份和恢复概述

1. 备份基础

备份和恢复组件是 SQL Server 的重要组成部分，为存储在 SQL Server 数据库中的关键数据提供重要的保护手段。通过适当设置，可以从多种故障中恢复所备份的数据。引起系统故障与数据损失的因素主要包括：

- 存储介质故障。倘若保存有数据库文件的存储介质（如磁盘驱动器）出现彻底崩溃，而用户又未曾进行过数据库备份，则有可能导致数据的丢失。
- 服务器崩溃故障。再好的系统硬件、再稳定的软件也存在着漏洞与不足之处，倘若数据库服务器彻底瘫痪，将面临彻底重建系统的窘境。如果事先进行了完善的备份，则可迅速地完成系统的恢复性重建工作，防患于未然。
- 用户错误操作。倘若用户有意或无意地在数据库上进行大量非法操作（诸如误删数据库及表等数据），则数据库系统将面临难以使用和管理的境地。
- 硬件故障与自然灾害等。计算机硬件作为电子器件中的一员，它的加权平均故障时间约在 4 500 小时左右，因而，期间敛散的故障将是随时的；地震、水灾、火灾、电磁场性的自然灾害层出不穷，定期进行数据库备份无疑是最佳规避风险的举措。

备份是对 SQL Server 数据库或事务日志进行复制，数据库备份记录了在进行备份这一操作时，数据库中所有数据的状态，如果数据库因意外而受损，这些备份文件将在数据库恢复时被用来恢复数据。但在备份过程中切勿执行以下操作：

- 创建或删除数据库文件。
- 创建索引与执行非日志操作。
- 自动或手工缩小数据库或数据库文件大小。

倘若系统准备进行备份与以上各种操作正在进行中，则备份处理将被终止；倘若正在备份过程中，打算执行以上任何操作，则操作将失败，而备份继续进行。

2. 备份类型

在 SQL Server 2005 中有 3 种方法备份数据库中的数据，它们彼此间的联合使用可获取较好的备份和效用，这些方法为完整数据库备份、差异数据库备份和事务日志备份。

（1）完整数据库备份。完整数据库备份是指对数据库的完整备份，包括所有的数据以及数据库对象。该备份方法首先将事务日志写到磁盘上，然后创建相同的数据库和数据库对象并复制数据。由于是对数据库的完整备份，因而这种备份类型不仅速度较慢，而且将占用大量磁盘空间。在对数据库进行完整备份时，所有未完成的事务或者发生在备份过程中的事务都将被忽略，所以尽量在一定条件下才使用这种备份类型。

通常，在进行完整数据库备份时常将其安排在晚间或系统闲暇之时，因为此时整个数据库系统几乎不能进行其他事务操作。

（2）差异数据库备份。差异数据库备份只记录自上次数据库备份后发生更改的数据，即是指将最近一次数据库备份以来发生的数据变化进行备份，因而差异备份实际上是一种增量数据库备份，差异数据库备份由于备份的数据量较小所以备份和恢复所用的时间较短。使用差异数据库备份将数据库还原到差异数据库备份完成时的那一点。若要恢复到精确的故障点，必须使用事务日志备份。在下列情况下可考虑使用差异数据库备份：

- 自上次数据库备份后数据库中只有相对较少的数据发生了更改。如果多次修改相同的数据，则差异数据库备份尤其有效。
- 使用的是简单恢复模型，希望进行更频繁的备份，但非进行频繁的完整数据库备份。
- 使用的是完整恢复模型或大容量日志记录恢复模型，希望需要最少的时间在还原数据库时还原事务日志备份。

（3）事务日志备份。该备份是自上次备份事务日志后对数据库执行的所有事务的一系列记录。可以使用事务日志备份将数据库恢复到特定的即时点或恢复到故障点。通常，事务日志备份比完整数据库备份使用的资源少。因此可以比数据库备份更经常地创建事务日志备份。经常备份将减少丢失数据的危险。以下情况下通常选择事务日志备份：

- 不允许在最近一次数据库备份之后发生数据丢失或损坏现象。
- 存储备份文件的磁盘空间很小或者留给进行备份操作的时间有限。
- 准备把数据库恢复到发生失败的前一点，数据库变化较为频繁。

由于事务日志备份仅对数据库事务日志进行备份，所以其需要的磁盘空间和备份时间都比完整数据库备份少得多。正是基于此优点人们在备份时常采用这样的策略：即每天进行一次数据库备份而以一个或几个小时的频率备份事务日志，这样利用事务日志备份就可以将数据库恢复到任意一个创建事务日志备份的时刻。

注意：事务日志备份容量有时比数据库备份大。例如，数据库的事务速率很高，从而导致事务日志迅速增大。在这种情况下，应更经常地创建事务日志备份。事务日志备份只能与完整恢复模型和大容量日志记录恢复模型一起使用。

3. 恢复模型

恢复就是把遭受破坏、丢失数据或出现错误的数据库，恢复到原来的正常状态。该状态的效果是由备份决定的，但是为了维护数据库的一致性，在备份中未完成的事务并不进行恢复。在 SQL Server 2005 中数据库恢复有 3 种恢复模型以供选择，进而确定如何备份数据以及能承受何种程度的数据丢失。

（1）简单恢复模型。该模型允许将数据库恢复到最新的备份，即恢复到上次备份的即时点，但无法将数据库还原到故障点或特定的即时点。若要还原到这些点，则应选择完整恢复或大容量日志记录恢复。简单恢复的备份策略包括完整数据库备份和差异备份。

（2）完整恢复模型。完整恢复允许将数据库恢复到故障点状态，可使用数据库备份和事务日志备份提供对媒体故障的完整防范。若一个或多个数据文件损坏，则媒体恢复可还原所有已提交事务，正在进行的事务将回滚。为保证恢复程度，包括大容量操作（SELECT INTO、CREATE INDEX 和大容量装载数据等）在内的所有操作都将完整地记入日志。

完整恢复的备份策略包括完整数据库备份、差异备份和事务日志备份。

（3）大容量日志记录恢复模型。该模型允许大容量日志记录操作，提供对媒体故障的防范，并对某些大规模或大容量复制操作提供最佳性能和最少的日志使用空间。

这些大容量复制操作的数据丢失程度要比完整恢复模型严重。虽然在完整恢复模型下记录大容量复制操作的完整日志，但在大容量日志记录恢复模型下，只记录这些操作的最小日志，而且无法逐个控制这些操作。在该模型中，数据文件损坏可能导致必须手工重做工作。大容量日志记录恢复的备份策略包括完整数据库备份、差异备份和日志备份。根据执行的操作，可以有多类适合的模型。表 5-1 陈述了 3 种恢复模型的比较。

第 5 章　数据转换及数据库加载备份管理

105

表 5-1　3 种恢复模型的比较

参　数	特　点	恢复态势	工作损失状况
简单恢复模型	允许高性能大容量复制操作，可收回日志空间	可恢复到任何备份的尾端，随后需重做更改	必须重做自最新的数据库或差异备份后所发生的更改
完整恢复模型	数据文件损失不导致工作损失，可恢复到任意即时点	可恢复到任意即时点	正常情况下无损失。若日志损坏则需重做自最新的日志备份后所发生的更改
大容量日志记录恢复模型	允许高性能大容量复制操作，大容量操作使用最小的日志空间	可恢复到任何备份的尾端，随后需重做更改	若日志损坏或自最新的日志备份后发生操作则需重做自上次备份后所做的更改，否则将丢失工作数据

5.3.2　备份设备

备份设备是用来存储数据库事务日志或文件和文件组备份的存储介质（可以是硬盘、磁带或管道等），在进行备份数据库前先介绍一下备份设备及其创建。

1．物理设备与逻辑设备

SQL Server 2005 使用物理设备名称或逻辑设备名称来标识备份设备。

- 物理备份设备是操作系统用来标识备份设备名称与引用管理备份设备的，如 C:\Backups\Accounting\bf.bak。
- 逻辑备份设备是用简单、形象的名称来有效地标识物理备份设备的别名或公用名。

逻辑设备名称永久地存储在 SQL Server 内的系统表中。使用逻辑备份设备的优点是引用它比引用物理设备名称简单。例如，逻辑设备名称可以是 bf_Backup，而物理设备名称则是 C:\Backups\Accounting\bf.bak，显得相对累赘。

2．创建与管理备份设备

使用 SQL Server 管理平台和 Transact-SQL 语言可以方便地管理数据库备份与恢复操作。在进行数据库备份前应首先创建备份设备。

（1）使用 SQL Server 管理平台创建备份设备。

在 SQL Server 中使用 SQL Server 管理平台创建备份设备步骤如下：

① 启动 SQL Server Management Studio，连接到 SQL Server 数据库引擎，在对象资源管理器中，展开"服务器名称"结点，并右击"备份设备"选项，从弹出的快捷菜单中选择"新建备份设备"命令。

② 弹出如图 5-21 所示的"备份设备"对话框中，在"设备名称"文本为框中输入设备名称，若要确定目标位置，单击文件浏览器窗口，选择文件及完整路径。

图 5-21　"备份设备"窗口

③ 最后，单击"确定"按钮，完成备份设备的创建。

注意：在创建备份设备后，也可通过 SQL Server 管理平台查看或删除该备份设备。只要在 SQL Server 管理平台中选择并右击"服务器名称"结点下具体的备份设备，弹出的快捷菜单中选择"属性"或"删除"命令，即可实施查看或删除指定备份设备。也可以使用存储过程语句

sp_helpdevice 查看备份设备上的信息。

（2）使用 Transact-SQL 创建备份设备。

在 SQL Server 2005 中，可以使用系统存储过程 sp_addumpdevice 实现创建数据库备份设备，其语法格式为：

```
sp_addumpdevice [@devtype =] 'device_type'
    ,[@logicalname =] 'logical_name' , [@physicalname =] 'physical_name'
```

部分参数含义说明如下：

- [@devtype =] 'device_type'：表示设备类型，其值可以为：disk（磁盘）、pipe（命名管道）和 tape（磁带设备）。

- [@logicalname =] 'logical_name'：表示设备的逻辑名称，该逻辑名称用于 BACKUP 和 RESTORE 语句中。

- [@physicalname =] 'physical_name'：表示备份设备的物理名称，使用不同的备份介质其名称格式不同。物理名称必须遵照操作系统文件名称的规则或者网络设备的通用命名规则，并且必须包括完整的路径。

注意：系统存储过程 sp_addumpdevice 不允许在事务中执行。

【例 5-1】创建一个名为"xxgl"的磁盘备份设备。

程序代码如下：

```
use master
EXEC  sp_addumpdevice  'disk' , 'xxgl' , 'c:\xxgl.bak'
```

【例 5-2】创建远程磁盘备份设备。

程序代码如下：

```
EXEC   sp_addumpdevice 'disk', 'networkdevice' , '\\servername\sharename\
path\filename. bak'
```

在 SQL Server 2005 中，可以使用系统存储过程 sp_dropdevice 来删除备份设备。

sp_dropdevice 语法格式为：

```
sp_dropdevice [@logicalname =] 'device' , [ [@delfile =] 'delfile']
```

其中参数说明如下：

- @logicalname：表示备份设备逻辑名。

- @delfile：表示相对应的物理备份设备文件。

【例 5-3】删除名为"xxgl"的磁盘备份设备。

程序代码如下：

```
EXEC sp_dropdevice 'xxgl'
Go
```

【例 5-4】查看所有备份设备信息，结果如图 5-22 所示。

程序代码如下：

```
EXEC sp_helpdevice
```

图 5-22　查看备份设备信息

5.3.3　备份数据库

1. 使用 SQL Server 管理平台备份数据库

使用 SQL Server 管理平台备份信息管理数据库的步骤如下：

（1）启动 SQL Server 管理平台，连接到 SQL Server 数据库引擎，在对象资源管理器中展开选定的数据库结点，右击具体的数据库，然后从弹出的快捷菜单中选择"任务" ⇨ "备份"命令。

（2）在弹出如图 5-23 所示的"备份数据库"对话框中，在"数据库"列表框中，选择"信息管理"数据库，验证恢复模式是否吻合（若非可在退出，再右击数据库，从弹出的快捷菜单中选择"属性"命令，在"选项"卡的恢复模式中选择"完整"、"大容量日志"、"简单"中的一项，此处选"完整"，如图 5-24 所示）。

图 5-23　备份数据库"常规"选项对话框

图 5-24　设置恢复模式

（3）然后在"备份类型"列表框中，选择"完整"、"差异"和"事务日志"，则可分别完成完整数据库备份或差异数据库备份和事务日志备份。创建完整数据库备份后还可创建差异数据库备份。在"备份组件"中单击"数据库"单选按钮。可以接受"名称"文本框中的默认备份集名称，也可为备份集输入其他名称。在"说明"文本框中，输入备份集的说明。

（4）指定备份集过期时间。若要使备份集在特定天数后过期，可单击"之后"（默认项），若要使备份集在特定日期过期，可单击"在"单选按钮，并在之后的文本框中输入备份集具体过期日期。

（5）设置备份目标的类型。若要删除默认备份目标并添加自选目标文件或备份设备，可先选中要删除的备份目标然后单击"删除"按钮后再单击"添加"进行添加，从弹出的"选择设备目标"对话框中选择具体的文件或备份设备，如图 5-25 所示；若要查看备份目标的内容，请选择该备份目标并单击"内容"按钮；若要查看或选择高级选项，请单击对话框中左侧"选项"页框，如图 5-26 所示，且完成如下操作过程：

- 在"覆盖媒体"选项下，选择"备份到现有媒体集"，可设置"追加到现有备份集"或"覆盖所有现有备份集"，完成初始化新设

图 5-25　"选择备份目标"对话框

备或覆盖现有设备。

- 或在"覆盖媒体"选项下，选择"检查媒体集名称和备份集过期时间"复选框，并在"新建媒体集名称"文本框中输入名称（可选）及其后的相关说明。

（6）在"可靠性"中可根据需要勾选"完成后验证设备"或"写入媒体前检查校验和"复选框等，以核对实际数据库与备份副本，并保持备份后的一致性。

（7）在完成上面操作后，单击"确定"按钮，完成备份数据库过程。

现在，已经完成了整个信息管理数据库的备份过程，倘若要验证是否真正完成数据库的备份，则展开"服务器名称"结点，并右击"备份设备"选项，从弹出的快捷菜单中选择"属性"命令，弹出如图 5-27 对话框，选择"媒体内容"页面，可以查看到"信息管理"数据库完整的备份信息。

图 5-26 "备份数据库"对话框的"选项"选项卡　　图 5-27　查看数据库备份中备份设备内容

2. 使用 Transact-SQL 备份数据库

在 SQL Server 2005 中，也可以使用 Transact-SQL 下的 BACKUP 命令来进行数据库备份。

（1）数据库备份的 BACKUP 命令的语法格式为：

```
BACKUP DATABASE {database_name | @database_name_var} <file_or_filegroup>
[ ,...f ]
TO <backup_device> [,...n] [WITH
[[,]DIFFERENTIAL] [[,]DESCRIPTION={'text' | @text_variable}][[,]{INIT |
NOINIT}]
[[,]NAME={backup_set_name | @backup_set_name_var}][[,]COPY_ONLY]   ]
<file_or_filegroup> ::={FILE ={logical_file_name | @logical_file_name_var} |
FILEGROUP={logical_filegroup_name|@logical_filegroup_name_var}|READ_WRITE_
FILEGROUPS}
```

其中，部分参数含义说明如下：

- database_name：备份事务日志、部分数据库或完整的数据库时所用的源数据库。
- @database_name_var，数据库字符性局部变量名。
- < backup_device >：指定备份操作时要使用的逻辑或物理备份设备。
- <file_or_filegroup>：用来定义进行备份时的文件或文件组。

- WITH DIFFERENTIAL：指定备份应只包含上次完整备份后更改的部分。
- DESCRIPTION = { 'text' }：指定备份的自由格式文本，最长为 255 个字符。
- INIT | NOINIT：指定应覆盖所有备份集和保留媒体标头，若 NOINIT 则不指定。
- NAME = { backup_set_name | @backup_set_var }：指定备份集的名称。

（2）日志文件备份的 BACKUP 命令的语法格式为：

```
BACKUP LOG {database_name | @database_name_var}TO < backup_device >[,...n]
[ WITH
[[,]NAME={backup_set_name}][[,]DESCRIPTION={'text'}][[,]{INIT  |  NOINIT}
[[,]NO_TRUNCATE]
```

其中：WITH NO_TRUNCATE 表示完成事务日志备份后，并不清空原有日志的数据，故而可允许在数据库损坏时备份日志。

【例 5-5】创建两个备份设备 jjgl 和 jjglLog1，继而利用这两个备份设备对"经济管理"数据库及其日志进行备份。结果如图 5-28 所示。

程序代码如下：

```
EXEC sp_addumpdevice 'disk', 'jjgl', 'c:\jjgl.dat'
EXEC sp_addumpdevice 'disk', 'jjglLog1', 'c:\jjglLog1.dat'
BACKUP DATABASE 经济管理 TO jjgl
BACKUP LOG 经济管理 TO jjglLog1
```

5.3.4 恢复数据库

1. 使用 SQL Server 管理平台恢复数据库

在 SQL Server2005 中使用 SQL Server 管理平台恢复信息管理数据库步骤如下：

（1）启动 SQL Server 管理平台，连接到 SQL Server 数据库引擎，在对象资源管理器中展开并右击数据库结点，从弹出的快捷菜单中选择"还原" ⇨ "数据库"命令。

图 5-28　例 5-5 运行对话框

（2）弹出如图 5-29 所示的"还原数据库"对话框切换至"常规"页，从还原目标的"目标数据库"列表框中选择所需还原的数据库，在"目标时间点"文本框中，可保留默认值"最近状态"，也可单击浏览按钮打开"时点还原"对话框，选择具体日期和时间。

（3）指定要还原的备份集的源和位置，若选择"源数据库"单选按钮，则在列表框中输入数据库名称；若选择"源设备"单选按钮，则单击 按钮，弹出"指定备份"对话框，如图 5-30 所示，在"备份媒体"列表框中选择一种。若要为"备份位置"列表框选择或删除设备，可单击"添加"或"删除"按钮，选择备份设备，完成后单击"确定"按钮返回到"还原数据库"对话框，如图 5-29 所示。

（4）在"选择用于还原的备份集"网格中，选择用于还原的三种备份（至少一种）。

（5）若要查看或选择高级选项，请单击"选项"面页，如图 5-31 所示，在"还原"选项中按需选择设置。

（6）在"恢复状态"选项中，可指定还原操作后的数据库状态，选择"回滚未提交的事务，使数据库处于可以使用的状态。无法还原其他事务日志。(RESTORE WITH RECOVERY)"单选按钮，或可按需设置。

图 5-29 "还原数据库"-"常规"选项卡

图 5-30 "指定备份"对话框

（7）上述设置完后，单击"确定"按钮，稍等片刻，即可完成整个还原数据库过程，如图 5-32 所示。

图 5-31 "还原数据库"对话框"选项"选项卡

图 5-32 还原数据库成功对话框

2. 使用 Transact-SQL 恢复数据库

同备份数据库一样，使用 Transact-SQL 语言也可以完成数据库的恢复操作。在 SQL Server 2005 中，基于不同的恢复方式，可以引用不同的恢复语句，在此仅作通用性表述，更具体的可参阅 SQL Server 2005 联机帮助。

（1）数据库恢复的 RESTORE 命令的语法格式为：

```
RESTORE DATABASE { database_name | @database_name_var }
    < file_or_filegroup > [ …n ]
    [ FROM < backup_device > […n ] ]
    [ WITH [ [,] NORECOVERY| RECOVERY ] [ [, ] REPLACE ] ]
```

（2）日志文件恢复的 RESTORE 命令的语法格式为：

```
RESTORE  LOG { database_name | @database_name_var } [ FROM < backup_device >
[ ,…n ] ]
```

```
[ WITH  [ [,] NORECOVERY| RECOVERY ] [[,]STOPAT={date_time | @date_time_var}]
```
两种语句部分参数选项的含义说明如下：

- DATABASE：表示进行数据库备份而不是事务日志备份。

- database_name | @database_name_var：进行备份的数据库名称或变量。

- LOG：指定对该数据库应用事务日志备份。

- NORECOVERY| RECOVERY：表示还原操作是否回滚任何未提交的事务，默认为 RECOVERY（回滚）。如果需要应用另一个事务日志，则必须指定 NORECOVERY 等选项。当还原数据库备份和多个事务日志时，或在需要多个 RESTORE 语句时（如在完整数据库备份后进行差异数据库备份），在除最后的 RESTORE 语句外的所有其他语句上使用 WITH NORECOVERY 选项。

- REPLACE：表示还原操作是否将原来的数据库或数据文件、文件组删除并替换掉。

- STOPAT = date_time | @date_time_var：使用事务日志进行恢复时，指定将数据库还原到其在指定的日期和时刻的状态。

- <file_or_filegroup>：用来定义进行备份时的文件或文件组。

```
<file_or_filegroup> ::={FILE={logical_file_name | @logical_file_name_var} |
FILEGROUP = {logical_filegroup_name | @logical_filegroup_name_var} }
```

【例 5-6】创建磁盘备份设备，备份数据库和日志文件（将数据库差异备份到称为 xxgl 的逻辑备份设备上，并将日志备份到称为 xxglLog1 的逻辑备份设备上），最后还原数据库。

```
EXEC sp_addumpdevice 'disk ', 'xxgl ', 'c:\test\xxgl.dat '  /* 创建备份设备*/
BACKUP DATABASE 信息管理 TO xxgl  WITH DIFFERENTIAL   /* 备份数据库*/
RESTORE DATABASE 信息管理 from xxgl                   /* 还原数据库*/
Go
EXEC sp_addumpdevice 'disk', 'xxglLog1', 'c:\test\xxglLog1.dat'
                                             /* 创建事务日志备份设备*/.
BACKUP LOG 信息管理 TO xxglLog1                        /* 备份事务日志*/
RESTORE  LOG 信息管理  FROM xxglLog1                   /* 还原日志文件 */
Go
```

本 章 小 结

数据转换服务（DTS）是一组图形工具组件，包含多个处理工具，并提供了接口来实现在不同地点、基于不同数据库管理系统的不同数据源间数据的导入导出或传输。

DTS 是 SQL Server 提供的数据传输服务：数据的导入与导出、转换数据格式、传输数据库对象、用户或包间的消息收发。DTS 支持 SQL Server 2005 数据库、Oracle 系列数据库、ODBC Date 数据源、Access 数据库、Visual FoxPro 数据库、DBase 或 Paradox 数据库、Excel 电子表格和 ASCII 定长字段（列）文本文件等的连接与转换。

备份和恢复组件是 SQL Server 的重要组成部分，为存储在 SQL Server 数据库中的关键数据提供重要的保护手段。通过适当设置，可以从多种故障中恢复所备份的数据。备份和恢复是数据库管理员维护数据库安全性和完整性的主要操作。

在 SQL Server 2005 中有 3 种方法备份数据库中的数据，它们彼此间的联合使用可获取较好的备份和效用，这些方法为完整数据库备份、差异数据库备份和事务日志备份。恢复就是把遭受破坏、丢失数据或出现错误的数据库，恢复到原来的正常状态。恢复有 3 种模型：简单恢复模型、完整恢复模型和大容量日志记录恢复模型。备份设备是用来存储数据库事务日志或文件和文件组备份的存储介质，其可以是硬盘、磁带或管道等。使用 SQL Server 管理平台、Transact-SQL 语言和向导可以很方便地管理数据库备份与恢复操作。

思考与练习

一、选择题

1. SQL Server 2005 中 DTS 所支持的数据源不包括＿＿＿＿＿＿数据库。
   A．NET DB   B．SQL Server   C．Oracle   D．IBM DB2
2. SQL Server 2005 中可完成的数据传输方法不包括＿＿＿＿＿。
   A．Bcp 命令   B．Open Move   C．BULK INSERT   D．INSERT…SELECT
3. 数据的导入是指在不同应用间按＿＿＿＿＿＿读取数据而完成数据输入的交换过程。
   A．特殊效果   B．特殊格式   C．普通文件   D．普通格式
4. 分离数据库是将数据库从 SQL Server 2005 实例中＿＿＿＿＿＿＿，但保持组成该数据库及其中的＿＿＿＿＿＿、数据文件和事务日志文件完好无损。
   A．删除、对象   B．删除、文件   C．移动、对象   D．移动、文件
5. SQL Server 中，有＿＿＿＿＿＿数据库备份和事务日志备份 3 种备份方法。
   A．一组与差异   B．通用与部分   C．完整与差异   D．相同与差异
6. 备份设备是用来存储数据库事务日志等备份的＿＿＿＿＿＿＿。
   A．存储介质   B．通用硬盘   C．存储纸带   D．外围设备
7. Sp_addumpdevice 是用来创建＿＿＿＿＿＿的存储过程语句。
   A．外部设备   B．通用设备   C．复制设备   D．备份设备

二、简述与实验

1. 简述 SQL Server 2005 中引起系统故障与数据损失的主要因素。
2. 试问在 SQL Server 2005 中有哪 3 种方法备份数据库？
3. 简述 SQL Server 2005 中的恢复模型。
4. 试完成实验：创建一个名为"财务管理"的磁盘备份设备，事后并删除该备份设备。
5. 完成实验：创建一个"会计"备份设备，继而对"会计管理"数据库及日志进行备份。
6. 完成实验：创建一个"统计"备份设备，继而对"信息管理"数据库进行备份，然后修改信息管理数据库（增、删数据库中的表），将备份的数据库还原。
7. 简述数据转换服务（DTS）概念？使用 DTS 可以完成哪些任务？
8. 为了完成数据转换服务操作，SQL Server 2005 主要提供哪些工具？
9. SQL Server 2005 下 DTS 支持哪些数据源的连接与转换？
10. 简述 DTS 导入向导的运作过程与简述 DTS 导出向导的运作过程。
11. 简述影响数据库分离的约束及附加数据库实例的过程。
12. 试完成 Access 数据库"信息管理"表导入 SQL Server "学生管理"数据库的实验过程。
13. 试完成 SQL Server "学生管理"数据库先分离后附加的实验过程。

第 6 章 表的管理与使用

表是 SQL Server 中一种重要的数据库对象，它存储数据库中的所有数据，管理好表也就管理好了数据库，而数据完整性可使数据库中的数据更加严谨。本章主要介绍数据完整性、主键约束、外键约束、唯一性约束、检查约束、默认值约束；表的创建、修改和删除，表数据的插入、修改和删除。另外还将介绍对表数据的管理和索引的创建、查看、删除等方面的知识。

6.1 数据完整性

6.1.1 数据完整性概述

数据完整性是指存放在数据库中数据的一致性和准确性，它是衡量数据库中的数据质量的重要标志，通俗地讲就是限制数据库表中可输入的数据。它是为了防止数据库中存在不符合语义规定的数据和防止因错误信息的输入/输出造成无效操作或错误信息而提出的。

例如，学生表中已存在一条学号为"203575"的学生信息，则当用户输入一位新学生的基本信息时，数据库将不允许这位新学生的学号为"203575"，道理很简单，因为任何学生的学号不应该是相同的。如果用户的数据库不能做到此项检验，显然违背数据完整性中的正确性内涵。又如，字段"成绩"用来存放学生的考试成绩，且学校规定学生的成绩的范围应该为 0~100，则数据库不应允许用户输入这个范围以外的数据。

6.1.2 数据完整性分类与实施

根据数据完整性措施所作用的数据库对象和范围不同，数据完整性可以分为 4 种类型：实体完整性（entity integrity）、域完整性（domain integrity）、参照完整性（referential integrity）、用户定义的完整性（user-defined integrity）。

1. 数据完整性分类

在 SQL Server 2005 中数据完整性分类与所涉及的约束见表 6-1。

（1）实体完整性。实体完整性也称为行完整性，是规定表中的每一行在表中表示唯一的实体，即数据库中所有的行都具有一个非空且没有重复的标识字段，这样就确保数据库中所代表的任何事物均不存在重复的条目。可以通过建立唯一的索引、PRIMARY KEY 约束、UNIQUE 约束以及列的 IDENTITY 属性等措施来实施实体完整性。

表 6-1　完整性分类表与所涉及的约束

方　　法	涉及的约束	功　　　能
域完整性	DEFAULT	指定列的默认值
	CHECK	指定列的约束允许值
	FOREIGN KEY	指定必须存在且关联的值
	NULL	是否为空值
实体完整性	PRIMARY KEY	每行的唯一性标识值
	UNIQUE	不允许有重复 KEY 值
参照完整性	FOREIGN KEY	指定必须存在且关联的值
	CHECK	指定列的约束允许值
用户定义完整性	DEFAULT	指定列的默认值
	CHECK	指定列的约束允许值

（2）域完整性。域完整性也称为列完整性，用于限制用户向列中输入的内容。域完整性主要包括在数据类型、列值格式、列值范围实施限制。

（3）参照完整性。参照完整性是指两个表的主键和外键的数据应对应一致（通过 FOREIGN KEY 约束和 CHECK 约束来实现）。它确保了有主键的表中对应其他表外键的行存在，即保证了表之间的数据的一致性，防止了数据丢失或无意义的数据在数据库中扩散。

在 SQL Server 2005 中参照完整性作用表现在如下几个方面：

- 禁止往外键列中插入主键列中没有的值。
- 禁止修改外键列，而不修改主键列的值。
- 禁止先从主键列所属的表中删除数据行。

（4）用户定义完整性。用户定义完整性允许用户定义不属于其他任何完整性分类的特定规则，所有其他的完整性类型都支持用户定义完整性。

不同的关系数据库系统根据其应用环境的不同，往往还需要一些特殊的约束条件。用户定义的完整性是针对某个特定约束条件的，它反映某一具体应用所涉及的数据必须满足的语义要求。例如，要求字段 B 值要大于字段 A 值，这种限制无法使用前面的 3 种完整性实现，而必须自行使用存储过程、触发器进行检验，或是客户端应用程序用程序代码进行控制。

2．数据完整性的实施

在 SQL Server 中，数据完整性可以通过下列两种形式来实施：

（1）声明式数据完整性（declarative data integrity）。该完整性是将数据所需符合的条件融入到对象定义中，系统会自动确保数据符合事先制定的条件。这是实施数据完整性的首选。

（2）程序化数据完整性（procedural data integrity）。若数据所需符合的条件以及该条件的实施均通过所编写的程序代码完成，则这种形式的数据完整性称为程序化数据完整性。如级联删除或级联更新就非常适合使用程序化数据完整性。

以下是程序化数据完整性的特点：

- 程序化数据完整性可以通过相关的程序语言及工具在客户端或服务器端实施。

• SQL Server 可以使用存储过程或触发器实施程序化数据完整性。

通常，实施数据完整性的形式和方法有：约束（constraint）、默认（default）、存储过程（stored procedure）、触发器（trigger）。在实际应用时，如何选取实施数据完整性的具体方法主要要考虑各种方法的功能和系统开销。

6.1.3　约束

1. 约束概要

约束是 SQL Server 提供的自动保持数据库完整性的一种方法，它是通过限制列中数据、行中数据和表之间数据来保持数据完整性。

（1）约束及约束机制

约束是独立于表结构的，作为数据库定义部分在 CREATE TABLE 语句中声明，可在不改变表结构的基础上，通过 ALTER TABLE 语句添加或者删除。随表的存在而存在。在 SQL Server 中主要有下列 5 种约束机制：主键约束（Primary Key Constraint）、外键约束（Foreign Key Constraint）、唯一性约束（Unique Constraint）、检查约束（Check Constraint）、默认值约束（Default Constraint）

（2）约束的语法格式

在 SQL Server 2005 中，既可以使用 SQL Server 管理平台创建约束，也可以使用 Transact-SQL 语句创建约束。而后者既可以使用 CREATE TABLE 语句在创建表时定义约束，也可以使用 ALTER TABLE 语句在修改表时设计约束。约束定义或设计的语法格式如下：

```
[ CONSTRAINT constraint_name ] {   [ NULL | NOT NULL ]
   {PRIMARY KEY | UNIQUE}[ CLUSTERED | NONCLUSTERED ] (column [ASC | DESC][,...n])
      [WITH FILLFACTOR=fillfactor [WITH (<index_option>[, ...n])]
       [ON{partition_scheme_name ( partition_column_name ... ) | filegroup
| "default" }]
   | FOREIGN KEY   (column [ ,...n]) REFERENCES referenced_table_name
[( ref_column [ ,...n ])]
      [ON DELETE {NO ACTION | CASCADE | SET NULL | SET DEFAULT}]
       [ON UPDATE {NO ACTION | CASCADE | SET NULL | SET DEFAULT}]
        [NOT FOR REPLICATION]
   | DEFAULT constant_expression FOR column [ WITH VALUES ] |
   CHECK [NOT FOR REPLICATION] ( logical_expression )              }
```

部分参数含义说明如下：

• NULL | NOT NULL：指定列可否设置"空"值。

• CONSTRAINT constraint_name：定义约束开始的标识关键字及约束的名称。

• PRIMARY KEY：通过唯一索引对指定列强制实体完整性约束。每表只能创建一个。

• UNIQUE：通过唯一索引对指定一列或多列强制实体完整性约束。每表可有多个。

• CLUSTERED | NONCLUSTERED：指定为 PRIMARY KEY 或约束创建聚集或非聚集索引。前者 PRIMARY 默认为 CLUSTERED，UNIQUE 默认则相反。

• ASC | DESC：指定列的排序升、降序。默认值为 ASC。

• WITH FILLFACTOR = fillfactor：指定存储索引数据时应对每个索引页填充的程度。

• ON：若指定 filegroup，则将在命名文件组内创建索引；若指定"default"或者根本没有指定 ON，将对创建了表的同一个文件组创建索引。

- FOREIGN KEY REFERENCES：为存在于引用表列中数据提供引用完整性约束。
- referenced_table_name：FOREIGN KEY 约束所引用的表。
- ref_column：新 FOREIGN KEY 约束引用列（置于括号中）。
- ON DELETE：若指定更改表中行具有引用关系，而被引用行已从父表中删除，则将对该行采取的操作。默认值为 NO ACTION（错误时回滚对父表行的删除操作）。
- ON UPDATE：若发生更改表中行有引用关系且引用行在父表中被更新，则这些行将发生的操作。默认值为 NO ACTION。
- NOT FOR REPLICATION：可为 FOREIGN KEY 和 CHECK 约束指定该参数。若含此子句，则当复制代理执行插入、更新或删除操作时，将不会强制执行此约束。
- DEFAULT constant_expression：指定列的默认值，可为文字值、NULL 或系统函数。
- WITH VALUES：只在 ADD 列子句中指定了 DEFAULT 的情况下才使用。
- CHECK：通过限制可输入列中的可能值，强制实现域完整性约束。
- logical_expression：用于 CHECK 约束的逻辑表达式，返回 TRUE 或 FALSE。

注意该约束定义语法格式包括了上述 5 种约束，请熟练掌握，后面就不一一再度描述了。

2．主键约束

主键约束指定表的一列或几列的组合的值在表中具有唯一性且能唯一地标识一行记录。通过它可以实施数据的实体完整性。每个表中只能有一列被指定为主键，不允许为 NULL。表设计者最好养成给表定义主键的良好习惯。在规范化的表中，每行中的所有数据值都完全依赖于主键。当创建或更改表时，可通过定义 PRIMARY KEY 约束来创建主键约束。通常，可使用 SQL Server 管理平台创建主键约束，也可使用 Transact-SQL 语句创建主键约束。

1）使用 SQL Server 管理平台创建主键约束

在此，以创建学生表中学号主键约束为例，叙述使用 SQL Server 管理平台创建过程。

（1）启动 SQL Server 管理平台，在对象资源管理器中选择要新建表的数据库。右击"表"，在弹出的快捷菜单里选择"新建表"命令，则显示表设计器窗口，如图 6-1 所示。

图 6-1　学生表结构创建及学号主键设置

（2）在打开的表设计器中设计好：学号、姓名、性别、出生日期、班级编号、区域和校名列；若该表已经建立，则可以采用修改的方式打开的表设计器（关键在于打开表设计器）。

（3）右击"学号"行，从弹出的快捷菜单中选择"设置主键"命令或直接使用工具栏"设置主键"按钮 来设置主键约束，可自动完成名为"PK_学生（即 PK_后跟表名）"设置。

（4）查看所设置的主键约束。右击"学号"行，从弹出的快捷菜单中选择"索引/键"命令，则出现如图 6-2 所示的"索引/键"对话框，可对该主键进行浏览和设计等操作，单击"关闭"按钮，则结束主键的浏览与设计操作。

图 6-2 "索引/键"对话框

2）使用 Transact-SQL 语句创建主键约束

【例 6-1】分别创建以"学号"为主键的"学生"表和以"班级编号"为主键的"班级"表，结果如图 6-3 所示。

程序代码如下：

```
CREATE TABLE 学生 (
    学号 char(6) NOT NULL ,        姓名 char(8) NOT NULL ,
    性别 char(2) NOT NULL ,        出生日期 smalldatetime NOT NULL ,
    班级编号 char(10) NOT NULL ,    学分 numeric(8, 1) NOT NULL ,
    区域 char (4) NOT NULL ,       校名 char (24) NOT NULL
    CONSTRAINT PK_student_id PRIMARY KEY (学号)
     ) ON [PRIMARY]
    Go
CREATE TABLE 班级(
    班级编号 char(10) NOT NULL,      班级名称 char(10) NOT NULL,
    院系 varchar(30) NOT NULL, 辅导员 varchar(8) NOT NULL, 学生数 Numeric(8)
    CONSTRAINT PK_class_id PRIMARY KEY (班级编号)      ) ON [PRIMARY]
Go
```

3. 外键约束

外键约束定义了表之间的关系，如图 6-4 所示。当一个表中的一个列或多个列的组合和其他表中的主键定义相同时，就可以将这些列或列的组合定义为外键，通过它可以实施参照完整性。这样，当在定义主键约束的表中更新列值时，其他表中有与之相联的外键约束的列也将被相应地做相同的更新。外键约束的作用还体现在限制插入到表中被约束列的值必须在被参照表中已经存在。实施外键约束时，要求被参照表中定义了主键约束或者唯一性约束。

图 6-3 创建"学号"主键的"学生"表

图 6-4 主-外键约束关系示意图

【例6-2】创建一个"课程"表，然后创建一个"成绩"表与前面创建的"学生"表和"课程"表建立关联，结果如图6-5所示。

程序代码如下：

```
CREATE TABLE 课程(
  课程号 char(12) NOT NULL,课程名 char(12) NOT NULL,学时 char(10) NOT NULL,
  学分 char(10) NOT NULL,CONSTRAINT PK_course_id  PRIMARY KEY(课程号)
  )ON [PRIMARY]
CREATE TABLE 成绩(
  学号 char(6) NOT NULL, 课程号 char(12) NOT NULL,课程名 char(12) NOT NULL,
  成绩  int NOT NULL,补考成绩 int NOT NULL
CONSTRAINT PK_grade_id  PRIMARY KEY  (学号),
CONSTRAINT FK_course_id  FOREIGN KEY  (课程号)REFERENCES 课程(课程号)
)ON [PRIMARY]
```

【例6-3】为"学生"表增加一个与"班级"表关联的"班级编号"外键约束。

程序代码如下：

```
ALTER TABLE 学生 ADD
     CONSTRAINT FK_class_id FOREIGN KEY (班级编号) REFERENCES 班级(班级编号)
```

图6-5 例5-2实例示意图

注意：外键提供了单列和多列参照完整性，外键句中的列数量和数据类型须和REFERANCES子句中的类数量和数据类型匹配。一个表最多可参照253个不同的表；外键约束不能用于临时表和不同的数据库间；用户至少具有外键约束参照表的SELECT或REFERANCES权限。

4．唯一性约束

唯一性约束指定一个或多个列的组合的值具有唯一性，以防止在列中输入重复的值，可以通过它实施数据实体完整性。每个唯一性约束要建立一个唯一一索引。

由于主键值是具有唯一性的，因此主键列不能再实施唯一性约束。与主键约束不同的是一个表可以定义多个唯一性约束，但是只能定义一个主键约束；另外唯一性约束指定的列可以设置为（NULL），但是不允许有一行以上的值同时为空，而主键约束不能用于允许空值的列。

【例6-4】创建一个唯一性约束。

程序代码如下：

```
ALTER TABLE 课程 ADD
CONSTRAINT u_course_name UNOQUE NONCLUSTERED (课程名)
```

在上面的示例中，在"课程"表中的"课程名"列上创建一个唯一性约束。这样就不能在表中插入课程名与已经存在的课程名相同的的数据了。

5. 检查约束

检查约束限制输入到一列或多列中的可能值，只有符合特定条件和格式的数据才能存到字段中，从而保证 SQL Server 数据库中数据的域完整性。在检查约束中可以包含搜索条件和逻辑表达式，但不能包含子查询。定义检查约束的语法如下：

【例 6-5】为"成绩"表增加一个检查约束，"成绩"字段取值范围是 1~100。

程序代码如下：

```
ALTER TABLE 成绩  ADD
    CONSTRAINT ch_grade CHECK (成绩>=0 AND 成绩<=100)
```

除了使用 Transact-SQL 语言创建检查约束，还可使用 SQL Server 管理平台创建 CHECK 约束，如图 6-6 所示。

6. 默认值约束

使用默认值约束后，用户在插入新的数据行时，若没为某列指定数据，系统将默认值赋给该列，默认值约束所提供的默认值可以是常量、函数、空值(NULL)等。系统推荐使用默认值约束，而不使用定义默认值的方式来指定列的默认值。

在使用默认值约束时，还应该注意以下一些问题：

图 6-6　创建 CHECK 约束

* 每一列中只能定义一个默认值约束，默认值约束只能用于 INSERT 语句。
* 默认值约束表达式不能用于数据类型为 timestamp 的列和 IDENTITY 属性的列上。
* 对于用户自定义数据类型列，如果已经将默认数据库对象与该数据类型相关联时，对此列也不能使用默认值约束。
* 约束表达式不能参照表中的其他列或者其他表、视图或存储过程。
* 若不允许空值且没有指定默认值约束，就必须明确指定列值。否则返回错误信息。

【例 6-6】对学生表中的"性别"字段增加默认值约束。

程序代码如下：

```
ALTER TABLE 学生 ADD CONSTRAINT sex DEFAULT '女'  FOR  性别
```

该示例中对"学生"表中的"性别"字段增加了一个默认值约束，当没有为性别提供一个字段时，那么系统将自动采取默认值："女"。

6.2　创　建　表

SQL Server 2005 数据库中的所有数据都存放在数据表中，数据表按行与列的格式组织。行表示一条记录，列表示记录中的一个字段。实际上，创建表的过程就是创建表列集合的过程，在创建列时，要为列指定列名、数据类型等属性。

SQL Server 中的数据表分为永久表和临时表两种。永久表在创建后，除非用户删除，否则将一直存储在数据库文件中；而临时表则会在用户退出或者进行系统修复的时候被自动删除。

创建表的过程就是定义表中列的各种属性（即表字段的数据类型，数据类型内容具体可参阅附录 B）的过程，创建表的方法一般有两种：使用 SQL Server Management Studio（SQL Server 管理平台）创建表和使用 Transact–SQL 语言创建表。

6.2.1　按需规划设计数据表

在此，将在第 4 章已建的"信息管理"数据库中规划、设计与创建四个名为"学生"、"课程"、"成绩"和"班级"的数据表。

（1）"学生"表：存储学生基本信息表。

（2）"课程"表：存储课程数据信息表。

（3）"成绩"表：存储成绩情况信息表。

（4）"班级"表：存储班级概貌信息表。

各表的结构分别见表 6–1、表 6–2、表 6–3 和表 6–4。

表 6-2　"学生"表信息结构

列　　名	数据类型与长度	空　　否	说　　明
学号	varchar(6)	Not Null	学生学籍编号
姓名	varchar(8)	Not Null	学生姓名
性别	Char(2)	Not Null	学生性别
出生日期	Smalldatetime	Not Null	学生出生日期
班级编号	varchar(10)	Not Null	学生所在班级编号
学分	Numeric(9,1)	Null	学生所获得的学分
区域	varchar(4)	Null	学校所在区域
校名	varchar(30)	Not Null	学生所在校名

表 6-3　"课程"表信息结构

列　　名	数据类型与长度	空　　否	说　　明
序号	int	Not Nul	记录编号，IDENTITY 应用
课程号	varchar(8)	Not Null	课程的编号
课程名	varchar(30)	Not Null	课程的名称
学时	Numeric(8)	Not Null	课程的学时数
学分	Numeric(9,1)	Not Null	课程的学分数

表 6-4　"成绩"表信息结构

列　　名	数据类型与长度	空　　否	说　　明
学号	varchar(6)	Not Null	学生学籍编号
课程号	varchar(8)	Not Null	课程的编号
课程名	varchar(30)	Not Null	课程的名称
成绩	Numeric(8,1)	Not Null	该课程获得的成绩
补考成绩	Numeric(8,1)	Null	该课程获得的补考成绩

表 6-5　"班级"表信息结构

列　　名	数据类型与长度	空　　否	说　　明
班级编号	varchar(10)	Not Null	班级的编号
班级名称	varchar(30)	Not Null	班级的名称
院系	varchar(30)	Not Null	所属学院或系
辅导员	varchar(8)	Not Null	辅导员姓名
学生数	Numeric(8)	Not Null	班级包含的学生个数

6.2.2　使用 SQL Server 管理平台创建表

在了解数据表的基本结构后，就可以创建数据表了。使用 SQL Server 管理平台创建表的具体步骤如下：

（1）启动 SQL Server 管理平台，在"对象资源管理器"中选择要新建表的数据库。右击"表"，在快捷菜单里选择"新建表"命令项，出现表设计器窗口，如图 6-1 所示。

图 6-1　使用 SQL Server 管理平台创建表过程示意图

（2）在表设计器中输入各个字段的名称、数据类型、长度、精度和是否为空，结果为如图 6-2～图 6-5 所示。在表设计器窗口中选择列后，下方的"列属性"窗口中将显示各项属性。下面对主要的属性进行介绍：

- 允许空：决定该列在输入时是否允为空，打勾表示允许，反之不然，主键不可为空。
- 标识类别：展开此项可显示"名称"和"数据库"属性。
- 名称：显示列的名称。
- 杂项类别：展开此项可显示剩余的属性。
- 数据库：显示所选列的数据源的名称，仅适用于 OLE DB。
- 可为空值：显示列是否允许空值。
- 数据类型：显示所选列的数据类型。
- 标识增量：显示标识列各后续行的"标识"将增加的增量。
- 标识种子：显示分配给表中标识列的第一行的种子值。

图 6-2　用 SQL Server 管理平台创建学生表结构　　　图 6-3　用 SQL Server 管理平台创建课程表结构

- 是标识：显示所选列是否为表的标识列。
- 长度：显示基于字符的数据类型所允许的字符数。
- 精度：显示数值数据类型所允许的最大位数。对于非数值数据类型，此属性显示 0。
- 小数位数：显示数值数据类型的小数点右侧可显示的最大位数。此值必须小于或等于精度。
  对于非数值数据类型，此属性显示 0。

（3）使用工具栏"设置主键"按钮 ▮ 来设置主键约束，单击工具栏中的"保存"图标，即出现如图 6-6 所示的"选择名称"对话框。

（4）输入新表名后，单击"确定"按钮，即会分别将表保存到信息管理数据库中，如图 6-5 左下侧所示。

（5）表建立后，可以根据需要对相应的列属性进行设置，可创建各种约束与索引。

图 6-4　用 SQL Server 管理平台创建成绩表结构

图 6-5　用 SQL Server 管理平台创建班级表结构

图 6-6　输入新建表名的对话框

6.2.3　使用 Transact-SQL 语言创建表

Transact-SQL 语言中使用 CREATE TABLE 语句创建表，其简要语法格式如下：

```
CREATE TABLE [database_name.[schema_name ].|schema_name.] table_name  --表名
     ( { <column_definition> | <computed_column_definition> }         --列定义
       [ <table_constraint> ] [ ,...n ] )                             --表约束
[ON {partition_scheme_name(partition_column_name)|filegroup|"default"}]
                                                      --存表数据区或文件组
[ { TEXTIMAGE_ON { filegroup | "default" } } ] [ ; ]
<column_definition> ::=column_name [ type_schema_name . ] type_name
[ ( precision [ , scale ])]
     [ COLLATE collation_name ][ NULL | NOT NULL ][ [ CONSTRAINT constraint_name ]
DEFAULT  constant_expression  ]|[  IDENTITY  [(seed ,increment)][NOT  FOR
REPLICATION]]
[ ROWGUIDCOL ] [ <column_constraint> [ ...n ] ]
```

参数说明如下：

- database_name：指定新建表所置于的数据库名，若该名不指定就会置于当前数据库中。
- schema_name：新表所属架构的名称，可选项。
- table_name：新建表名称，必填项。须遵循标识符规则，表名长度不超过 128 个字符，临时表则长度不超过 116 个字符。
- column_name：表中列的名称，列名必须遵循标识符规则，并在表中唯一
- computed_column_expression：计算列表达式，不能作 DEFAULT/FOREIGN KEY。
- ON { <partition_scheme>| filegroup | DEFAULT }：指定存储新建表的数据库文件组名称。若使用 DEFAULT 或省略了 ON 子句，则新建表会存储在数据库的默认文件组中。若指定了 <partition_scheme>则该表将成为所指定文件组集合中的已分区表。
- [type_schema_name.]type_name；指定列的数据类型以及该列所属的架构。数据类型可以是 SQL Server 2005 数据类型、别名类型、CLR 用户定义类型等。
- precision：指定数据类型精度。依赖的任何其他列发生更新时同步更新。
- scale：是指定数据类型的小数位数。
- partition_scheme_name：分区架构名，定义将已分区表的分区映射到的文件组。
- partition_column_name：指定对已分区表进行分区所依据的列。该列必须在数据类型、长度和精度方面与 partition_scheme_name 所使用的分区函数中指定的列相匹配。
- TEXTIMAGE_ON：指定 TEXT、NTEXT 和 IMAGE 列的数据存储的数据库文件组。
- CONSTRAINT：可选关键字，表示 PRIMARY KEY、NOT NULL、UNIQUE、FOREIGN KEY 或 CHECK 等的约束定义。constraint_name 为约束的名称，必须唯一。
- NULL | NOT NULL：说明列值是否允许为空值 NULL。

- IDENTITY：指定列为一个表中只能有一个的标识列，当用户向数据表中插入新数据行时，系统将为该列赋予递增的值。IDENTITY 列通常与 PRIMARY KEY 一起使用，该列值不能由用户更新，不能为空值，也不能绑定默认值和 DEFAULT 约束。
- Seed：指定 IDENTITY 列的初始值。默认值为 1。
- Increment：指定 IDENTITY 列的列值增量，默认值为 1。
- NOT FOR REPLICATION：指定列的 IDENTITY 属性，在把从其他表中复制的数据插入到表中时不发生作用。
- ROWGUIDCOL：指示新列是行 GUID 列，并不强制列中所存储值的唯一性。

【例 6-1】使用 Transact-SQL 语言创建"学生"表、"课程"表和"成绩"表，同时定义表的约束。

程序代码如下：

```
CREATE TABLE 学生(学号 char(6) NOT NULL, 姓名 char(8)  NOT  NULL ,性别 char(2)
NOT NULL ,
出生日期 smalldatetime NOT NULL , 班级编号 char(10) NOT NULL ,学分 numeric(8, 1)
NOT NULL , 区域 char (4)  NOT NULL , 校名 char (24)  NOT NULL ,CONSTRAINT
PK_student_id  PRIMARY KEY (学号)
    ) ON [PRIMARY]
CREATE TABLE 课程(序号 int NOT NULL IDENTITY(1,1),课程号 char(8)  NOT NULL, 课
程名 char(30) NOT NULL,学时  char(10)  NOT  NULL  DEFAULT 0, 学分  char(10)  NOT
NULL,
CONSTRAINT PK_course_id  PRIMARY KEY(课程号)  )   ON [PRIMARY]
CREATE  TABLE 成绩( 学号 char(6)  NOT NULL, 课程号 char(8)  NOT NULL,课程名
char(30)  NOT NULL, 成绩 int  NOT NULL, 补考成绩 int  NOT NULL
    CONSTRAINT FK_student_id FOREIGN KEY  (学号)  REFERENCES 学生(学号)
                ON DELETE CASECADE,
    CONSTRAINT FK_course_id  FOREIGN KEY  (课程号)REFERENCES 课程(课程号)
                ON UPDATE CASECADE      ) ON [PRIMARY]
```

6.3 修 改 表

在建立一个表后，在使用过程中经常会发现原来创建的表可能存在结构、约束等方面的问题。在这种情况下，如果用一个新表替换原来的表，将造成表中数据的丢失。SQL Server 允许对表的结构进行修改，例如添加、修改、删除列以及添加、删除各种约束。

注意：应该尽可能在表里没有数据时修改表。如果增加列到含有数据的表里，就必须保证增加的列允许空值。如果修改已经含有数据的列的数据类型，就必须保证数据类型兼容。如果数据类型不相符，将会导致修改失败。

修改表结构可使用两种方法：使用 SQL Server 管理平台和使用 Transact-SQL 语言修改表。

6.3.1 使用 SQL Server 管理平台修改表

启动 SQL Server 管理平台，在"对象资源管理器"中展开其中的树形目录，右击要修改的表，从快捷菜单中选择管理修改表的相关功能：修改表列的数据类型；添加、删除列；重命名表；设置表的主关键字与约束等。具体操作如下：

（1）若要修改数据表名，可右击数据表，在弹出的快捷菜单中选择"重命名"命令。

（2）若在弹出的快捷菜单中选择"修改"命令，则出现表设计器窗口，如图 6-7 所示，可对表中的字段进行插入、删除等操作：

- 若想在某一字段前插入一字段，则右击此字段，在弹出的快捷菜单里选择"插入列"命令，并输入要插入的字段名与类型。
- 若要删除某个字段，则右击此字段，在弹出的快捷菜单里选择"删除列"命令即可。
- 若要修改字段数据类型，在表设计器窗口中，直接在"数据类型"处修改。同样，可通过右击该字段，在弹出的快捷菜单里选择"设置主键"、"索引/键"、"关系"、"CHECK 约束"等命令完成修改数据表，如图 6-8 所示。

图 6-7 修改表结构

图 6-8 表设计器结构设计快捷菜单

（3）若要修改数据表的属性，可右击此数据表，在弹出的快捷菜单中选择"属性"命令。然后在表设计器窗口中，选择"属性"命令，再在打开的对话框中进行常规、权限、扩大属性等的修改，如图 6-9 和图 6-10 所示。

图 6-9 表"常规"属性

图 6-10 表"权限"属性

6.3.2 使用 Transact-SQL 语言修改表

Transact-SQL 语言中修改表结构的语句是 ALTER TABLE 语句，其语法格式如下：

```
ALTER TABLE [ database_name.[schema_name].|schema_name.]table_name
{ ALTER COLUMN column_name                      --要修改的字段名
{[ type_schema_name. ] type_name [({precision[,scale]|max|xml_schema_
collection})]    --修改后的数据类型
 [NULL|NOT NULL] [COLLATE collation_name]        --设置空否与排序规则
| {ADD | DROP}{ROWGUIDCOL| PERSISTED} }    --添加或删除 ROWGUIDCOL 属性
| [ WITH { CHECK | NOCHECK } ] ADD { <column_definition>|<table_constraint>}
[ ,...n ]
| DROP{[ CONSTRAINT ] constraint_name[ WITH ( <drop_clustered_constraint_option>
[ ,...n ] ) --删除约束
]|COLUMN column_name} [ ,...n ] --删除字段
|[ WITH { CHECK | NOCHECK} ] {CHECK | NOCHECK} CONSTRAINT { ALL | constraint_name
[ ,...n ] }
| { ENABLE | DISABLE } TRIGGER { ALL | trigger_name [ ,...n ] }
drop_clustered_constraint_option>::=            -设置聚集约束选项
{MAXDOP = max_degree_of_parallelism | ONLINE = {ON | OFF }
|MOVE TO { partition_scheme_name( column_name )| filegroup | "default"}}
```

参数含义说明如下：

- database_name：表所在数据库的名称。

- schema_name：表所属架构的名称。

- table_name：要更改的表的名称。若表不在当前数据库或架构中，则必须指明。

- ALTER COLUMN：要更改命名列。

- column_name：要更改、添加或删除的列的名称。

- precision：新数据类型的精度。

- scale：新数据类型的小数位数。

- xml_schema_collection：仅应用于 XML 数据类型，以便将 XML 架构与类型相关联。

- NULL | NOT NULL：指明列是否允许 NULL 值。

- WITH CHECK | WITH NOCHECK：指定表中数据是否新添加的，或者重新启用的 FOREIGN KEY 或 CHECK 约束进行验证，新加的默认为 WITH CHECK。

- ADD：添加一个或多个列、计算列或表约束的定义。

- DROP{[CONSTRAINT] constraint_name|COLUMN column_name：指定从表中删除 constraint_name 或 column_name。可列出多个列或约束。若兼容级小于等于 65，则不允许 DROP COLUMN。若存在 XML 索引，则不能删 PRIMARY KEY 约束。

- { CHECK | NOCHECK} CONSTRAINT：启用或禁用某约束。

- {ENABLE | DISABLE} TRIGGER：启用或禁用触发器。当触发器禁用后，在表上执行 INSERT、UPDATE 或者 DELETE 语句时将不起作用，但是它对表的定义依然存在。ALL 选项启用或禁用所有的触发器。trigger_name 为指定触发器名称。

【例 6-2】修改前面创建的学生表，向表中增加一个"院系"列，然后再删除该列。并将"区域"列（原数据类型为 char(4)）修改为允许空值，修改"学分"列的数据类型为 int。

程序代码如下：

```
ALTER TABLE 学生  ADD 院系 char(10)  NULL
```

```
ALTER TABLE 学生  DROP  COLUMN 院系
ALTER TABLE 学生  ALTER COLUMN 区域 char(4) NULL
```
ALTER TABLE 学生 ALTER COLUMN 学分 int

【例 6-3】在学生表中修改字段"院系",使其类型为 nvarchar (10),不能为空,并设排序规则
为 Chinese_PRC_CI_AS。

```
ALTER TABLE 学生
ALTER  COLUMN  院系 nvarchar(10) COLLATE Chinese_PRC_CI_AS  NOT NULL
```

6.4 删 除 表

当数据库中的某些表失去作用时,可以删除表,以释放数据库空间,节省资源。删除表的同
时,也就从数据库中永久的删除了表的结构定义、数据、全文索引、约束和索引。

如果要删除通过 FOREIGN KEY 和 UNIQUE 或者 PRIMARY KEY 约束相关的表时,必须首先
删除具有 FOREIGN KEY 约束的表。删除表一般使用两种方法:

* 使用 SQL Server 管理平台删除表。
* 使用 Transact-SQL 语言删除表。

6.4.1 使用 SQL Server 管理平台删除表

使用 SQL Server 管理平台删除表过程如下:

(1)启动 SQL Server 管理平台,连接到本地数据
库实例。

(2)在对象资源管理器中,展开树形目录,右击
要删除的表,从弹出的快捷菜单中选择"删除"命令,
如图 6-11 所示。

(3)弹出"删除对象"对话框,其中显示了要删
除的数据表,单击"确定"按钮。

注意:若出现"删除失败"的消息,则表示目前
不能删除该数据表,原因可能是该数据表正在被使用,
或与其他表存在约束关系。此时,可在"删除对象"

图 6-11 使用管理平台删除表

对话框中单击"显示依赖关系"按钮,在弹出的"依赖关系"对话框中,可看到该表的依赖关系。
若存在依赖关系,例如外键依赖等,则删除依赖于该数据表的关系即可。

6.4.2 使用 Transact-SQL 语言删除表

Transact-SQL 语言中删除表的语句为 DROP TABLE 语句,DROP TABLE 命令可以删除一个表
和表中的数据及与表有关的所有索引、触发器、约束等对象。其语法如下:

```
DROP  TABLE  [database_name.[schema_name].
|schema_name.]table_name [,...n][;]
```
部分参数含义说明如下。

* database_name:待删表所在数据库名。
* schema_name:待删表所属架构的名称。

• table_name：被删除表的名称。被删表若非当前数据库，则需指明所属数据库名。

说明：DROP TABLE 语句不能删除系统表。不能删除被 FOREIGN KEY 约束引用的表（须先删除引用 FOREIGN KEY 约束等）。

【例6-4】试删除"信息管理"数据库中的"学生"表。

程序代码如下：

```
DROP TABLE 信息管理.dbo.学生
```

6.5　表属性与更名

1. 查看表属性

（1）使用 SQL Server 管理平台查看表属性。

在 SQL Server 管理平台中，右击要查看属性的表，从快捷菜单中选择"属性"命令，如图6-11所示，在打开的"表属性"对话框中可进行常规、权限、扩大属性等的浏览，如图6-9、图6-10所示。

（2）还可使用 Transact-SQL 语言中的 sp_help 查看表的定义信息。它返回的内容包括表的结构定义、所有者、创建时间、各种属性、约束和索引等信息。其语法格式如下：

```
sp_help [@objname=]name              --参数含义说明：name: 要查看表的名称。
```

【例6-5】查看"学生"表的信息，运行结果如图6-12所示。

程序代码如下：

```
sp_help 学生
go
```

图6-12　查看"学生"表的属性

2. 更改表的名称

可以使用 Transact-SQL 语言中的 sp_rename 存储过程修改表名，其语法格式如下：

```
sp_rename[@objname=]'object_name',[@newname=]'new_name'[,[@objtype
=]'object_type']
```

参数含义说明如下：

- [@objtype =]'object_type'：指定要改名的对象的类型，其值可为 COLUMN、DATABASE、INDEX、USERDATATYPE、OBJECT。
- 值 OBJECT 指代了系统表 sysobjects 中的所有对象，如表、视图、存储过程、触发器、规则、约束等。OBJECT 值为默认值。

【例 6-6】将学生表的名称改为"xuesheng"。

程序代码如下：

```
Sp_rename '学生', 'xuesheng'
```

还可在 SQL Server 管理平台中修改表的名称：右击要修改的表，从弹出的快捷菜单中选择"重命名"命令。

6.6　数据管理

创建表的目的在于储存数据，以备应用。最需要做的是在表中进行数据管理。表数据管理主要包括表数据的插入、修改和删除。通常，表或视图数据管理可使用 SQL Server 管理平台和 Transact-SQL 语言两种方法来完成。表数据管理主要包括插入、修改和删除。

使用 SQL Server 管理平台管理表数据的方法是：启动 SQL Server 管理平台，在"对象资源管理器"中逐层展开其中的树形目录，在"信息管理"数据库下右击要数据管理的具体表（如学生、课程、成绩和班级），从弹出的快捷菜单中选择"打开表（O）"命令，而后即可进行表数据的添加、更新与删除，操作比较直观、便捷。后文将具体介绍使用 Transact-SQL 语言进行数据管理并对前者略作介绍。

6.6.1　数据插入

Transact-SQL 语言中主要使用 INSERT 语句向表或视图中插入新的数据行。用于查询的 SELECT 语句也可用于向表中插入数据。

1．基本语法格式

表数据的插入的语法格式如下：

```
[ WITH <common_table_expression> [...n]]  INSERT  [TOP(expression) [PERCENT]]
[INTO]
{[server_name.database_name.schema_name.|database_name.[schema_name].|sche
ma_name.]table_or_view_name
| rowset_function_limited [ WITH ( <Table_Hint_Limited> [ ...n ] ) ]}
{[ ( column_list ) ][ <OUTPUT Clause> ]
 { VALUES ( { DEFAULT | NULL | expression } [ ,...n ] )
 | derived_table | execute_statement  } } | DEFAULT VALUES [; ]
```

参数含义说明如下：

- WITH <common_table_expression>：指定在 INSERT 语句作用域内定义的临时命名结果集（也称为公用表表达式）。结果集源自 SELECT 语句。
- TOP（expression）[PERCENT]：指定插入随机行的数目或百分比。
- INTO：一个可选的关键字。可以将它用在 INSERT 和目标表之间。
- table_or_view：要接收数据的表或视图的名称。

- column_list：新插入的列名，说明 INSERT 语句只能为指定列插入数据。
- VALUES：为新插入行中 column_list 所指定列提供数据（常量、表达式等）。
- DEFAULT：强制数据库引擎加载为列定义的默认值，DEFAULT 对标识列无效。
- expression：一个常量、变量或表达式，不包含 SELECT 或 EXECUTE 语句。
- derived_table：任何有效的 SELECT 语句，它返回将加载到表中的数据行。
- OUTPUT 子句：将插入行作为插入操作的一部分返回。
- DEFAULT VALUES：说明向表中所有列插入其默认值。
- execute_statement：任何有效的 EXECUTE 语句。

2. 基本格式插入实例

【例 6-7】使用 INSERT 语句向学生表中插入两条记录。

程序代码如下：

```
INSERT INTO 学生(学号,姓名,性别,出生日期,班级编号,学分,区域,校名)
    VALUES('040202','关键','男',1982-1-17,'040021110',45,'东北','复旦大学')
INSERT INTO 学生(学号,姓名,性别,出生日期,班级编号,学分,区域,校名)
    VALUES('040203','姚蓝','男',1981-1-17,'040021110',42,'西南','上海交通大学')
```

指令执行、运行结果及打开表数据验证过程如图 6-13 所示。

另外，还可以使用 SQL Server 管理平台进行数据的插入。展开 SQL Server 管理平台，右击需要插入数据的表，从弹出的快捷菜单中选择"打开表"命令，即出现如图 6-13 所示的输入数据的表格。输入一条记录，单击第 2 行，继续输入记录。重复操作，直到输入全部记录。

3. 省略 INSERT 子句列表

从表数据的插入的语法格式中可以看出，INSERT INTO 子句后可以不带列名，但若不带指定列的列表，输入值的顺序必须与表或视图中的列顺序一致、数据类型、精度和小数位数必须与列的列表中对应列一致，或可隐式转换为列表中对应列。

【例 6-8】使用省略 INSERT 子句列表方法插入两条数据，结果右侧如图 6-14 所示。

图 6-13　例 6-7 使用 Transact-SQL 插入数据及验证　图 6-14　省略列表插入数据

程序代码如下：

```
INSERT INTO 学生
```

```
    VALUES ('080201','何  青','男',1985-2-27,'08021110',58,'西南', '上海交通大学')
INSERT INTO 学生
    VALUES ('090203', '姚幕亮','男',1988-5-18, '09021110',55,'西南','上海应用技术学院')
```

4. 使用 INSERT...SELECT 语句

INSERT...SELECT 语句利用 SELECT 子句的结果集与 INSERT 语句结合使用，可以将结果集数据插入到指定的表中，该方法可以将一条或多条数据插入表中，也可用于将一个或多个其他的表或视图的值添加到表中。

【例 6-9】试先建立学生备用表，然后使用 INSERT...SELECT 语句方法插入数据，结果右侧如图 6-15 所示。

设计语句过程如下：

（1）先新建学生备用数据表。

```
CREATE TABLE 学生备用
    ( 学号 char(6) NOT NULL, 姓名 char(8) NOT NULL ,性别 char(2) NOT NULL ,
        出生日期 smalldatetime NOT NULL , 班级编号 char(10) NOT NULL ,
        学分 numeric(8, 1) NOT NULL , 区域 char (4) NOT NULL , 校名 char (24)
            NOT NULL ,CONSTRAINT PK_student_id
        PRIMARY KEY (学号) ) ON [PRIMARY]
```

（2）在建立学生备用表的基础上利用 INSERT...SELECT 语句插入数据。

```
INSERT INTO 学生备用 (学号, 姓名,性别,出生日期,班级编号,学分, 区域, 校名)
    SELECT 学号, 姓名,性别,出生日期,班级编号,学分, 区域, 校名
        FROM 学生 WHERE 区域='西南'
```

（3）分析：分段执行上述语句后，由图 6-15 可见在建立学生备用表结构后，利用 SELECT...FROM...WHERE 语句添加数据信息就显得相当便捷，而且正确性也高。

图 6-15 使用 INSERT...SELECT 语句插入数据

注意：该方法在应用时，未输入的列系统会作为空值 NULL 输入，某些带约束的列在执行时会产生差错，导致 INSERT 失败。例如：

INSERT INTO 学生备用(学号，姓名,性别,学分, 区域, 校名)
SELECT 学号,姓名,性别,学分,区域,校名 FROM 学生 WHERE 区域='东北'

该段语句逻辑上正确，但运行时提示如下：

不能将值 NULL 插入列'出生日期', 表'信息管理.dbo.学生备用'; 列不允许有空值。INSERT 失败。语句已终止。

5. 使用 SELECT INTO 语句

使用 SELECT INTO 语句 INSERT...SELECT 语句利用 SELECT 子句的结果集与 INSERT 语句结合使用，可以将结果集数据插入到指定的新表中，还可以把导入数据纳入到新表中，该方法可以将一条或多条数据插入表中，也可用于将一个或多个其他的表或视图的值添加到表中。

【例 6-10】使用 SELECT...INTO 语句完成新建 "课程成绩" 表的同时插入数据，结果右侧如图 6-16 所示。

程序代码如下：

```
SELECT  成绩.学号,课程.课程号, 课程.课程名,课程.学时, 课程.学分, 成绩.成绩
        into 课程成绩
    FROM 课程 INNER JOIN 成绩 ON 课程.课程号= 成绩.课程号 and 成绩.成绩>=80
        WHERE 课程.课程名 LIKE '%学'
```

图 6-16 使用 SELECT...INTO 语句新建表并插入数据

6.6.2 数据更新

Transact-SQL 语言中的 UPDATE 语句用于更新修改表中的数据，该语句可以一次修改表中一行或多行数据，其语法格式如下：

```
[ WITH <common_table_expression> [...n]] UPDATE [TOP ( expression ) [ PERCENT]]
{[server_name.database_name.schema_name.|database_name.[schema_name].|sche
ma_name.]table_or_view_name
} SET { column_name = { expression | DEFAULT | NULL }
|{udt_column_name.{{property_name = expression | field_name = expression }
 | method_name ( argument [ ,...n ] )  }}  | column_name { .WRITE ( expression ,
@Offset , @Length ) }
 | @variable = expression  | @variable = column = expression [ ,...n ]}
[ ,...n ]  [ <OUTPUT Clause> ]
 [ FROM{ <table_source> } [ ,...n ] ][WHERE { <search_condition> } ][OPTION
( <query_hint> [ ,...n ])][;]
```

部分参数含义说明如下:

- table_or_view:待修改表或视图名称,格式和含义与 INSERT 语句中的该参数相同。
- SET:指定要更新的列或变量名称的列表。
- column_name:包含要更改的数据的列,须已存在于 table_or_view_name 中。
- expression:返回单个值的变量、文字值、表达式或嵌套 select 语句(加括号)。
- DEFAULT:指定用为列定义的默认值替换列中的现有值。
- FROM:该子句引出另一个表,它为 UPDATE 语句的数据修改操作提供条件。
- WHERE:指定需要进行修改的行。省略该子句则对表或视图中的所有行进行修改。
- search_conditions:说明 UPDATE 语句的修改条件,即表或视图需要修改条件。

【例 6-11】使用 UPDATE 语句将"学生"表中的所有学生的"区域"改为"东南"。

程序代码如下:

```
UPDATE 学生
    SET 区域='东南'
```

【例 6-12】试将"学生"表中"班级编号"为"04021110"的学生的学分统一加上 5。

程序代码如下:

```
UPDATE 学生  SET 学分=学分+5
    WHERE 班级编号='04021110'
```

同样,也可使用 SQL Server 管理平台修改表中的数据,方法与插入数据时一样,先将要进行修改的表打开,然后对指定的数据进行修改。使用 SQL Server 管理平台只能一条一条地修改记录,可以直观地看到原有数据和修改后的数据。但是如果修改量很大时,采用这种方式非常耗费时间。因此,在针对大量数据进行修改时,一般还是使用 Transact-SQL 语言。

6.6.3　数据删除

Transact-SQL 语言中的 DELETE 和 TRUNCATE TABLE 语句均可以删除表中的数据。

(1) DELETE 的语法格式如下:

```
[ WITH <common_table_expression> [...n]] DELETE [TOP(expression) [PERCENT]]
[ FROM ]
{{[server_name.database_name.schema_name.|database_name.[schema_name].|schema_name.]table_or_view_name
}}  [<OUTPUT Clause>] [FROM <table_source> [,...n]][WHERE {<search_condition>}]
```

语句含义说明如下:

DELETE 语句的结构与 UPDATE 语句有些类似,其中也包含 FROM 和 WHERE 子句。WHERE 子句为数据删除操作指定条件。不使用 WHERE 子句时,DELETE 语句将把表或视图中的所有数据删除。FROM 子句是 Transact-SQL 在 ANSI 基础上对 DELETE 语句的扩展,它指定要连续的表名,提供与相关子查询相似的功能。

部分参数含义与 INSERT 和 UPDATE 语句相近。

(2) TRUNCATE TABLE 语句的语法格式如下:

```
TRUNCATE TABLE [{database_name.[schema_name]. | schema_name.}]table_name [;]
```

其中,table_name 表示要删除数据的表的名称。

TRUNCATE TABLE 语句说明如下:

- TRUNCATE TABLE 语句可删除指定表中的所有数据行,表结构及其所有索引继续保留,为该表所定义的约束、规则、默认值和触发器等仍然有效。

- 与 DELETE 语句相比，TRUNCATE TABLE 语句删除速度更快。因为 DELETE 语句在每删除一行时都要把删除操作记录到日志中，而 TRUNCATE TABLE 语句则是通过释放表数据页面的方法来删除表中数据，它只在释放页面后做一次事务日志。
- 使用 TRUNCATE TABLE 语句删除数据后，这些行是不可恢复的，而 DELETE 操作则可回滚，能够恢复原来数据。
- TRUNCATE TABLE 语句不作操作日志，它不能激活触发器，所以 TRUNCATE TABLE 语句不能删除一个被其他表通过 FOREIGN KEY 约束所参照的表。

下面举例说明 DELETE 语句和 TRUNCATE TABLE 语句的使用方法。

【例 6-13】使用 DELETE 语句删除课程表中学时小于 4 的课程。

程序代码如下：

```
DELETE FROM 课程
    WHERE 学时<4
```

【例 6-14】使用 TRUNCATE TABLE 语句删除成绩表中的剩余数据。

程序代码如下：

```
TRUNCATE TABLE 成绩
```

同样，也可以使用 SQL Server 管理平台删除数据。打开要删除数据的表，右击要删除的数据，在弹出的快捷菜单中选择"删除"即可将数据永久删除。

6.7 索 引

用户对数据库最频繁的操作是进行数据查询，如果对一个未建立索引的表执行查询操作，SQL Server 2005 将逐行扫描表中的数据行，并从中挑选出符合条件的数据行。当一个表中有很多行时，可以想像用这种方式执行一次查询操作所费的时间是多么漫长，这就造成了服务器的资源浪费。为了提高检索能力，数据库引入了索引机制。

6.7.1 索引的特点和用途

索引是一个单独的、物理的数据库结构，它能够对表中的一个或者多个字段建立一种排序关系，以加快在表中查询数据的速度。对于较小的表来说，有没有索引对查找的速度影响不大，但对于一个很大的表来说，建立索引就显得十分必要了。对表的某个字段建立索引后，在这个字段上查找数据的速度会大大加快。建立索引不会改变表中记录的物理顺序。

索引是依赖于表建立的，它提供了数据库中编排表数据的内部方法。一个表的存储是由两部分组成的，一部分用来存放表的数据页面，另一部分存放索引页面。索引就存放在索引页面上。通常，索引页面相对于数据页面来说小得多。当进行数据检索时，系统先搜索索引页面，从中找到所需数据的指针，再直接通过指针从数据页面中读取数据。从某种程度上，可把数据库视作一本书，把索引看作书的目录，通过目录查找书中的信息，显然便捷得多。

6.7.2 索引分类

SQL Server 2005 中，就其微观原理而言可包括多种可用的索引类型，见表 6-5。

通常，在创建索引之前，SQL Server 2005 应该考虑如下约束机制：

（1）表中索引约束，每个表只能创建一个聚集索引，249 个非聚集索引。

（2）权限限制，只有表的拥有者才能在表上创建索引权限。

表 6-5　SQL Server 2005 索引类型

索引类型	特　征　说　明
聚集索引	聚集索引根据数据行的键值在表或视图中排序和存储这些数据行，每个表只能有一个聚集索引，聚集索引按 B 树索引结构实现快速检索。只有当表索引定义中包含聚集索引列时，表中的数据行才按排序顺序存储。对表创建、删除或重建现有聚集索引时，要求数据库具有额外的可用工作区来存放。索引定义中包含聚集索引列
非聚集索引	非聚集索引具有独立于数据行的结构，既可以使用聚集索引来为表或视图定义非聚集索引，也可以根据堆来定义非聚集索引。非聚集索引中的每个索引行都包含非聚集键值和行定位符。此定位符指向聚集索引或堆中包含该键值的数据行。索引中的行按索引键值的顺序存储，但是不保证数据行按任何特定顺序存储，除非对表创建聚集索引
唯一索引	唯一索引确保索引键不包含重复的值，因而表或视图中的每行在某种程度上是唯一的。索引也可以不是唯一的，即多行可以共享同一键值。每当修改了表数据后，都会自动维护表或视图的索引。如果存在唯一索引，数据库引擎会在每次插入操作添加数据时检查重复值。聚集索引和非聚集索引都可以是唯一索引
索引视图	视图是一个虚拟的数据表，本身不存储数据，但如果为视图创建索引，则视图的索引将具体化视图，并将结果集永久存储在唯一的聚集索引中，而且其存储方法与带聚集索引的表的存储方法相同。创建聚集索引后，可以为视图添加非聚集索引
包含性列索引	是一种非聚集索引，在创建索引时，将其他非索引字段包含在该索引中，一并起到索引的作用。可见，包含性列索引扩展后不仅包含键列，还包含非键列
全文索引	一种特殊类型的基于标记的功能性索引，由 SQL Server 全文引擎 (MSFTESQL) 服务创建和维护，用于帮助在字符串数据中搜索复杂的词
XML	是在 XML 字段上建立的索引，XML 数据类型列中 XML 二进制大型对象 (BLOB) 的已拆分持久表示形式

（3）索引量化的限制，索引最大键列数为 16，索引键最大为 900B，需考虑兼顾。

此外，在创建聚集索引时还要考虑到数据库剩余空间的问题，创建聚集索引时所需的可用空间是数据库表中数据量的 120%。若空间不足会降低性能，导致索引操作失败。

在创建唯一性索引时，应该保证创建索引的列不包括重复的数据，并且没有两个或更多的空值。因为创建索引时会将两个空值视为重复数据，须将其删除，否则索引将创建失败。

6.7.3　创建索引

SQL Server 中可以使用 SQL Server 管理平台创建索引，也可以使用 Transact-SQL 语言创建索引。下面我们分别介绍这两种方法。

1. 使用 SQL Server 管理平台创建索引

使用 SQL Server 管理平台创建索引是一种人机交互的方式，也是一种比较灵活的索引创建方式。在大多数情况下，都可以采用这种方法建立索引。SQL Server 2005 创建索引是在表设计器中完成的。使用 SQL Server 管理平台创建索引步骤如下：

（1）打开 SQL Server 管理平台，展开库与表结点，并找到要创建表的数据库。

（2）右击要创建索引的表，从快捷菜单中选择"修改"命令（若建表时创建索引，则右击表，在弹出的快捷菜单中选择"新建表"命令），打开表设计器，如图 6-17 所示。

（3）在表设计器中右击要创建索引的字段行，在弹出的快捷菜单中选择"索引/键"或"设置主键"命令（后者直接完成，在此以前者为例），在弹出如图 6-15 所示的对话框。

（4）在"索引/键"对话框中单击"添加"按钮，输入新索引名称并进行相关的设置，此处分别在对话框中建立了如图 6-18、如图 6-19 所示的学号与班级编学号索引。

（5）单击"关闭"按钮，完成索引的创建。

图 6-17　新建表并打开表设计器

依据此法，在图 6-14 所示的表设计器中，用户可以相继建立关系、全文索引、XML 索引、CHECK 约束等。

图 6-18　利用"学号"创建索引

图 6-19　利用"班级编号"创建索引

2. Transact-SQL 语言创建索引

使用 Transact-SQL 语言创建索引也是一种常用方法。在 Transact-SQL 语言中一般有两种方法创建索引：① 在调用 CREATE TABLE 语句创建表或执行 ALTER TABLE 语句修改表时，建立 PRIMARY KEY 或唯一性约束时，使 SQL Server 自动为这些约束创建索引；② 使用 CREATE INDEX 语句对一个已存在的表建立索引，它既可以创建索引。

在此，仅介绍使用 CREATE INDEX 语句创建索引，其代码如下：

```
Create Relational Index CREATE [ UNIQUE ] [ CLUSTERED | NONCLUSTERED ] INDEX
index_name
ON {[[database_name.[schema_name].|schema_name.]table_or_view_name }
    ( column [ ASC | DESC ] [ ,...n ] ) [INCLUDE ( column_name [ ,...n ])]
[WITH ( <relational_index_option> [ ,...n ] ) ]
[ON{partition_scheme_name ( column_name) | filegroup_name | default} ] [ ; ]
  <relational_index_option> ::={ PAD_INDEX = { ON | OFF }  | FILLFACTOR =
fillfactor
    | SORT_IN_TEMPDB = { ON | OFF }  | IGNORE_DUP_KEY = { ON | OFF }
    | STATISTICS_NORECOMPUTE = { ON | OFF }  | DROP_EXISTING = { ON | OFF }
    | ONLINE = { ON | OFF }  | ALLOW_ROW_LOCKS = { ON | OFF }
    | ALLOW_PAGE_LOCKS = { ON | OFF }  | MAXDOP = max_degree_of_parallelism}
```

部分参数说明如下：

- UNIQUE：为表或视图创建唯一索引，不允许两行具有相同的索引键值。视图的聚集索引必须唯一。
- CLUSTERED：创建索引时，键值的逻辑顺序决定表中对应行的物理顺序。如果没有指定 CLUSTERED（缺省），则创建非聚集索引。
- NONCLUSTERED：创建一个指定表的逻辑排序的索引。
- index_name：索引名称，在表或视图中必须唯一，但在相同或不同库中可以重复。
- table_or_view_name：要为其建立索引的表或视图名称。
- index_name：索引名称。索引名称在表或视图中必须唯一，但在数据库中不必唯一
- Column：索引所基于列（最多 16 个）。指定多列名可为指定列组合值创建组合索引。在 table_or_view_name 后括号中按排序优先级列出组合索引中要包括的列。
- ASC | DESC：指定特定的索引列的排序方式。默认值是升序 ASC。
- INCLUDE (column [,... n]：指定要添加到非聚集索引的叶级别的非键列。
- ON partition_scheme_name (column_name)：指定映射到的文件组的分区方案。
- ON filegroup_name：为指定文件组创建指定索引。如果未指定位置且表或视图尚未分区，则索引将与基础表或视图使用相同的文件组。
- ON default：为默认文件组创建指定索引。
- <relational_index_option>::=：指定创建索引时要使用的选项。
- FILLFACTOR=fillfactor：指定在创建索引的过程中，各索引页叶级的填充程度。
- IGNORE_DUP_KEY：指定对唯一聚集索引或唯一非聚集索引执行多行插入操作时出现重复键值的错误响应。默认值为 OFF。
- SORT_IN_TEMPDB 项：指定是否在 tempdb 中存储临时排序结果。默认值为 OFF。
- DROP_EXISTING：指定应删除并重新生成原存聚集索引、非聚集索引或 XML 索引。默认值为 OFF。
- STATISTICS_NORECOMPUTE：指定分布统计不自动更新。需要手动执行不带 NORECOMPUTE 子句的 UPDATE STATISTICS 命令。
- SORT_IN_TEMPDB：指定用于创建索引的分类排序结果将被存储到 Tempdb 中。

使用 Transact-SQL 语言创建索引的参数很多，但一般情况下只需使用其中一小部分就可以了。

【例 6-15】在学生表的"学号"字段上创建一个名称为"学号_INDEX"的非簇索引，使用降序排序，填满率为 60%。

程序代码如下：

```
Use 信息管理
CREATE INDEX 学生_INDEX  ON 学生（学号 DESC）  WITH FILLFACTOR=60
```

6.7.4　查看索引

SQL Server 中可以使用 SQL Server 管理平台查询索引，也可以使用 Transact-SQL 语言查看索引。

1. 使用 SQL Server 管理平台查询索引

（1）在 SQL Server 管理平台的对象资源管理器中展开数据库和表结点，选择要查看的包含索

引所属的数据库表。

（2）选择表对象下索引项，就会出现这个表中所有的索引的名称，如图 6-20 所示。

2．使用 Transact-SQL 语言查询索引

Transact-SQL 语言中的 Sp_helpindex 存储过程可以返回表的所有索引的信息。其语法如下：

```
sp_helpindex [@objname =] 'name'
```

其中，[@objname =]'name'：指定当前数据库中的表的名称。

【例 6-16】查看学生表与成绩表的索引信息，运行结果如图 6-21 所示。

程序代码如下：

```
EXEC sp_helpindex 学生
EXEC sp_helpindex 成绩
```

图 6-20　用"对象资源管理器"查看索引

图 6-21　使用 Sp_helpindex 存储过程查看索引

6.7.5　修改索引

在 SQL Server 2005 的具体应用中，经常会对已存在的索引进行修改，以资应用完善。通常有两种方法：使用 SQL Server 管理平台的提供可视化操作与使用 Transact-SQL 语言。

由于使用 SQL Server 管理平台修改索引几乎和使用 SQL Server 管理平台查询索引相差无几，那就留给同学们和读者在实验环节中尝试一下并写出详细的操作过程。

1．修改索引的内容

在此，就侧重于使用 Transact-SQL 语言修改索引。修改索引，需要用到 ALTER INDEX 语句来完成，SQL Server 2005 下其基本语法格式如下：

```
ALTER INDEX {index_name | ALL}
   ON<{[database_name.[schema_name].|schema_name.]table_or_view_name>
    {REBUILD [[WITH (<rebuild_index_option> [,...n])]
 | [PARTITION = partition_number [ WITH ( <single_partition_rebuild_index_option>
[ ,...n ]) ] ] ]
| DISABLE  | REORGANIZE [ PARTITION = partition_number ]
[ WITH ( LOB_COMPACTION = { ON | OFF } )] | SET (<set_index_option> [,...n])   }
[ ; ]
```

部分参数含义如下：

- index_name：索引的名称。索引名称在表或视图中必须唯一，但在数据库中不必唯一。索引名称必须符合标识符的规则。
- ALL：指定与表或视图相关联的所有索引，而不考虑是什么索引类型。如果有一个或多个索引脱机或不允许对一个或多个索引类型执行只读文件组操作或指定操作，则指定 ALL 导致语句失败。详细情况请参考 SQL 帮助文件。
- REBUILD：指定使用相同的列、索引类型、唯一性属性和排序顺序重新生成索引。
- DISABLE：将索引标记为已禁用，从而不能由 Database Engine 使用。
- REORGANIZE：指定将重新组织的索引叶级。
- PARTITION：指定只重新生成或重新组织索引的一个分区。如果 index_name 不是已分区索引，则不能指定 PARTITION。
- WITH：指定压缩所有包含大型对象（LOB）数据的页。LOB 数据类型包括 image、text、ntext、varchar(max)、nvarchar(max)、varbinary(max) 和 xml。压缩此数据可以改善磁盘空间的使用情况。默认值为 ON。
- ON：压缩所有包含大型对象数据的页。
- OFF：不压缩包含大型对象数据的页。
- SET：指定不重新生成或重新组织索引的索引选项。不能为已禁用的索引指定 SET。

【例 6-17】修改"学生"表中的"PK_学号"索引，使其重新生成单个索引。

程序代码如下：
```
ALTER INDEX PK_学号 ON 学生 REBUILD
```

2．修改索引的名称

可以使用 SQL Server 管理平台来修改索引的名称，右击表下要更名的索引，从快捷菜单中选择"重命名"，然后输入新的名称即可，如图 6-22 所示。

Transact-SQL 语言中的 sp_rename 存储过程也可以修改索引的名称，其语法格式如下：
```
Sp_rename oldname , newname
```
参数含义说明如下：

- oldname：需要更改的索引的原来的名称。
- newname：更改后的索引的名称。

【例 6-18】将"学生"表中的名称为"学生_index"的索引更名为"学生_index_01"。

程序代码如下：
```
Sp_rename '学生_Index','学生_Index_01'
```

图 6-22　使用对象资源管理器查看索引

6.7.6　删除索引

1．使用 SQL Server 管理平台删除索引

在 SQL Server 管理平台下对象资源管理器所展开的结点中，右击表下要修改的索引，从快捷菜单中选择"删除"，如图 6-23 所示，然后在弹出的对话框中点击"确定"即可。

2. 使用 Transact-SQL 语言删除索引

Transact-SQL 语言删除索引的语句是 DROP INDEX 命令。它可以删除一个或多个当前数据库中的索引，其语法如下：

```
DROP INDEX 'tablename.indexname' [,...n]
```

DROP INDEX 命令不能删除由 CREATE TABLE 或 ALTER TABLE 命令创建的 PRIMARY KEY 或 UNIQUE 约束索引，也不能删除系统表中的索引。

注意：删除索引后将无法撤消操作，且不保存对数据库关系图所做的所有其他更改。若要撤消该操作，请不要保存更改，即关闭当前的数据库关系图和所有其他打开的数据库关系图以及表设计器窗口。

图 6-23　使用 Sp_helpindex 查看索引对话框

【例 6-19】删除学生表中名称为"学生_index_01"的索引。

程序代码如下：

```
DROP INDEX  学生.学生_index_01
```

本 章 小 结

数据完整性工具的应用是 SQL Server 的一大特点，它通过在数据库端使用特定的规定来管理输入与输出系统的信息。而不是由应用程序本身来控制信息的类型，这使得数据独立与应用程序成为开放的数据库系统。数据完整性是指存放在数据库中数据的一致性和准确性，它是衡量数据库中的数据质量的重要标志，通俗地讲就是限制数据库表中可输入的数据。SQL Server 2005 中主要包括：主键、外键、唯一性、检查、默认值 5 种约束。

本章介绍了 SQL Server 数据库中的表管理和索引管理两部分内容。在表管理部分，读者应该能够熟练地使用 SQL Server 管理平台和 Transact-SQL 语言来创建表、修改表、删除表；了解修改表的一些属性和名称的方法；重点掌握使用 Transact-SQL 语言进行表数据的插入、修改和删除。在索引管理部分读者首先应该理解索引的概念和用途，然后理解几种不同的索引的区别，能够分别使用 SQL Server 管理平台和 Transact-SQL 语言创建索引、查看和删除索引。

思 考 与 练 习

一、选择题

1. 在 SQL Server 2005 中，建立表用的命令关键字是＿＿＿＿。

　　A. CREATE SCHEMA　B. CREATE TABLE　　C. CREATE VIEW　　　D. CREATE INDEX

2. SQL 语言中，删除表中数据的命令关键字是＿＿＿＿。

　　A. DELETE　　　　　B. DROP　　　　　　C. CLEAR　　　　　　D. REMOVE

3. ＿＿＿＿标识列是当数据表中插入新数据行时，系统将为该列自动赋予递增的值。

　　A. CONSTRAINT　　　B. IDENTITY　　　　C. ROWGUIDCOL　　　D. REMOVE

4. 使用_____语句关键字可向表或视图中插入新的数据行。

    A．UPDATE   B．SELECT   C．INSERT L   D．ADDDATA

5. 索引是依赖于_____建立的，它提供了_____数据库中编排表数据的内部方法。

    A．表、视图   B．数据库、视图   C．表、存储过程   D．表、数据库

6. Sp_helpindex 存储过程可以返回表的所有_____的信息。

    A．索引   B．主键   C．外键   D．排序

7. 使用 T-SQL 语举句删除索引的命令关键字是_____ INDEX。

    A．DROP   B．DELETE   C．CLEAR   D．KILL

8. _____存储过程语句可完成数据表名称的更改。

    A．Alter   B．Rename   C．REM   D．Sp_rename

9. 数据完整性是指存放在数据库中数据的一致性和_____。

    A．完整性   B．可靠性   C．准确性   D．安全性

10. 外键约束定义了表之间的_____。

    A．否定   B．约束   C．关系   D．连接

二、思考与实验

1. 试完成实验：使用 SQL Server 管理平台创建名称为"成绩"和"课程"的表，表的字段和属性见表 6-2 和表 6-3。

2. 试完成实验：使用 T-SQL 语句创建名称为"学生"和"班级"的表，要求见表 6-1 和表 6-4。

3. 试完成实验：使用 Transact-SQL 语言创建一名称为"员工表"的表，表的字段和属性见表 6-6。其中"Empid（员工号）"为主关键字，"Gongling（工龄）"为计算列，它是"当前的日期"减去"Startdate（雇佣日期）"

表 6-6　员工表的字段和属性

列　　名	数据类型与长度	能否为空	说　　明
Empid	Int	Not Null	员工编号
Name	Varchar(10)	Not Null	员工姓名
Sex	Char(2)	Not Null	员工性别
Department	Varchar(20)	Null	员工出生日期
Job	Varchar(20)	Null	员工所做的工作名称
Startdate	Date	Not Null	员工的雇佣日期
Gongling	Int	Not Null	员工的工龄
Tel	Varchar(11)	Null	员工电话号码

4. 试完成实验：使用 SQL Server 管理平台向"课程"表中插入 5 条数据，数据见表 6-7。

表 6-7　课程表中的数据

课程号	课程名	学　　时	学　　分
030110	面向对象数据库技术	32	2.5
030111	计算机网络	32	2.5

续表

课程号	课程名	学　时	学　分
030112	数据仓库	24	2.0
030113	近世代数	16	2.5
030114	计算机高新技术	16	3.0

5. 试完成实验：使用 Transact-SQL 语言向"成绩"表中插入 5 条数据，数据见表 6-8。

表6-8　成绩表中的数据

学　号	课程号	课程名	成　绩	补考成绩
050310	030111	计算机网络	45	65
050311	030111	计算机网络	80	
050312	030111	计算机网络	84	
050313	030111	计算机网络	56	75
0503114	030111	计算机网络	91	

6. 简述索引的作用，索引有哪几种类型以及它们之间的区别。

7. 试完成实验：在成绩表上创建一名为"课程号学号_Ind"的索引，选取学号和课程号两个字段，"课程号"在前，再创建一名称为"成绩_Ind"的索引，以"成绩"字段作为索引的关键字。

8. 使用存储过程 sp_helpindex 查看"成绩表"的索引信息。并将习题 7 中创建的两个索引名称分别改为"成绩_Index01"和"成绩_Index02"。

9. 何谓数据完整性？简述数据完整性的分类与实施数据完整性的方法。

10. 试问 SQL Server 中主要包括哪些种约束机制，使用默认值约束时应注意的问题。

11. 完成实验：创建"产品"数据库表：产品（产品号 char(6)，产品名称 char(20)，供应商号 char(6)，价格 decimal(10,2)，库存量 int）；主键为"产品号"，外键为"供应商号"，供应商号的约束为[100001，200001]，库存量的默认值为 0，每个字段都非空。

12. 创建"供应商"数据库表：供应商（供应商号 char(6)，供应商名称 char(28)，城市 varchar(50)，电话 char(8)）。主键为"供应商号"，该字段非空，其余可为空，城市字段建立唯一性约束。电话的约束为（64580000，93880818），并且在"供应商号"上建立与上题的联系并完成实验。

13. 简述实体完整性、域完整性、参照完整性与用户定义的完整性的内涵和涉及的约束。

第二篇 管理技术

第 7 章 Transact-SQL 语言基础

Transact-SQL 语言是使用 SQL Server 的主要形式。本章主要介绍 Transact-SQL 程序设计基础、事务机制和 Transact-SQL 语法规则，以及 SQL Server 2005 的变量和程序流控制语句等。

7.1 程序设计基础

Transact-SQL 语言提供了丰富的编程结构，学习 Transact-SQL 语言进行程序设计是学习 SQL Server 2005 的主要分支之一。不论普通的客户机/服务器应用程序，还是支撑电子商务网站运行的 Web 应用程序，都需向服务器发送 Transact-SQL 语句才能实现与 SQL Server 2005 的通信。SQL Server 2005 中的编程语言就是 Transact-SQL 语言，这是一个非过程化的高级语言，可以使用 Transact-SQL 语句编写服务器端的程序。一般而言，一个程序是由以下要素组成：

- 注释。
- 批处理。
- 程序中使用的变量。
- 改变批中语句的执行顺序的流控制语言。
- 错误和消息的处理。

7.1.1 注释语句

注释（注解）是程序代码中非执行的内容，不参与程序的编译。使用注释可对代码进行说明，可提高程序代码的可读性，使程序代码日后更易于维护，注释也可用于描述复杂计算或解释编程方法。

SQL Server 2005 支持两种形式的注释语句：

（1）"--"（双连字符），表示单行注释，从双连字符开始到行尾均为注释。这些注释字符可与要执行的代码处在同一行，也可另起一行。对于多行注释，必须在每个注释行的开始使用双连字符。

（2）/* ... */（正斜杠+星号对），用于多行（块）注释。这些注释字符可与要执行的代码处在同一行，也可另起一行，甚至插在可执行代码内。从开始注释对（/*）到结束注释对（*/）之间的全部内容均视为注释部分。

【例 7-1】 两种注释使用实例。

程序代码如下：

```
USE 电子商务                          --选择数据库
GO                                    --批处理结束
  -- First line of a multiple-line comment.
  -- Second line of a multiple-line comment.
SELECT * FROM 班级
GO
  /* First line of a multiple-line comment.
  Second line of a multipl-line comment. */
SELECT  * FROM 学生
GO
  -- Using a comment in a Transact-SQL statement  during diagnosis.
SELECT EmployeeID, /* FirstName, */ LastName
FROM Employees
  -- Using a comment after the code on a line.
USE Northwind
GO
UPDATE Products
SET UnitPrice = UnitPrice *0.9        -- Try to build market share.
GO
```

注意：多行/* */注释不能跨越批处理。整个注释必须包含在一个批处理内。例如，GO 命令标志批处理的结果。当实用工具在一行的前两个字节中读到字符 GO 时，则把从上一个 GO 命令开始的所有代码作为一个批处理发送到服务器。如果 GO 出现在/*和*/分隔符之间的一行行首，则在每个批处理中都发送不匹配的注释分隔符，从而导致语法错误。

【例 7-2】 注释跨越批处理的语法错误。

程序代码如下：

```
USE Northwind
SELECT  *  FROM Employees
  /* The
  GO     in this comment causes it to be broken in half */
SELECT * FROM  Products
  GO
```

7.1.2 批处理

批处理是从客户机传递到服务器上的一组完整的数据和 SQL 指令。在一个批处理中，可以包含一条 SQL 指令，也可以包含多条 SQL 指令。批处理的所有语句被作为一个整体，而被成组的分析、编译和执行。可以想象，如果在一个批处理中存在着一个语法错误，那么所有的语句都无法通过编译。有几种指定批处理的方法：

- 应用程序作为一个执行单元发出的所有 SQL 语句构成批处理，并生成单个执行计划。
- 存储过程或触发器内的所有语句构成一个批处理。每个存储过程或触发器都编译为一个执行计划。
- 由 EXECUTE 语句执行的字符串是一个批处理，并编译为一个执行计划。
- 由 Sp_executesql 系统存储过程执行的字符串是一个批处理，并编译为一个执行计划。

所有的批处理命令都使用 GO 作为结束的标志。当编译器读到 GO 时，它就会把 GO 前面所有的语句当做一个批处理，而打包成一个数据包发送给服务器。GO 本身并不是 Transact-SQL 的语句组成部分，它只是一个用于表示批处理结束的前端指令。

批处理在使用中需注意如下规则：

- CREATE DEFAULT、CREATE PROCEDURE、CREATE RULE、CREATE TRIGGER 和 CREATE VIEW 语句不能在批处理中与其他语句组合使用。批处理须以 CREATE 语句开始。所有跟在其后的其他语句将被解释为第一个 CREATE 语句定义的一部分。
- 不能在同一个批处理中更改表，然后引用新列。
- 如果 EXECUTE 语句是批处理中的第一句，则不需要 EXECUTE 关键字。如果 EXECUTE 语句不是批处理中的第一条语句，则需要 EXECUTE 关键字。

【例 7-3】创建一个视图的批处理。

程序代码如下：

```
USE pubs
GO                      -- Signals the end of the batch
CREATE VIEW auth_titles
AS
SELECT *
FROM authors
GO                      -- Signals the end of the batch
SELECT *
FROM auth_titles
GO                      -- Signals the end of the batch
```

一般说来，只执行一部分的批处理操作会产生一些无用的垃圾数据。为了避免这种情况的发生，常常需要使用事务来保证所有 SQL 指令要么全部执行成功，要么全部执行不成功。

【例 7-4】将几个批处理组合成一个事务。

程序代码如下：

```
BEGIN TRANSACTION
USE pubs
GO
CREATE TABLE mycompanies
( id_num int IDENTITY(100, 5),
  company_name nvarchar(100)      )
GO
INSERT mycompanies (company_name)  VALUES ('New Moon Books')
INSERT mycompanies (company_name)  VALUES ('Binnet & Hardley')
INSERT mycompanies (company_name)  VALUES ('Algodata Infosystems')
INSERT mycompanies (company_name)  VALUES ('Five Lakes Publishing')
INSERT mycompanies (company_name)  VALUES ('Ramona Publishers')
INSERT mycompanies (company_name)  VALUES ('GGG&G')
INSERT mycompanies (company_name)  VALUES ('Scootney Books')
INSERT mycompanies (company_name)  VALUES ('Lucerne Publishing')
SELECT *  FROM mycompanies
 ORDER BY company_name ASC
 COMMIT
GO
```

BEGIN TRANSACTION 和 COMMIT 语句分隔事务边界。BEGIN TRANSACTION、USE、CREATE TABLE、SELECT 和 COMMIT 语句都包含在它们各自的单语句批处理中。所有的 INSERT 语句包含在一个批处理中。

7.1.3 GOTO 语句

GOTO 语句用来改变程序执行的流程，使程序跳到标有标识符的指定的程序行再继续。其可使 Transact-SQL 批处理执行跳转到标签处，不执行 GOTO 语句和标签之间的语句。GOTO 语句和标签可在过程、批处理或语句块中的任何位置使用。GOTO 语句可嵌套使用。

语法格式：

```
GOTO label
```

标签（label）是 GOTO 的目标，它标识了跳转的位置。

注意：尽量少使用 GOTO 语句。过多使用 GOTO 语句可能会使 Transact-SQL 批处理的逻辑难于理解。使用 GOTO 实现的逻辑几乎完全可以使用其他控制流语句实现。GOTO 最好用于跳出深层嵌套的控制流语句。

【例 7-5】 用 GOTO 代替 WHILE 循环的示例，这里未定义 tnames_cursor 游标。

程序代码如下：

```
USE pubs
GO
DECLARE @tablename sysname
SET @tablename = N'authors'
table_loop:
    IF(@@FETCH_STATUS <> -2)
    BEGIN
      SELECT @tablename = RTRIM(UPPER(@tablename))
      EXEC ("SELECT """ + @tablename + """ = COUNT(*) FROM " + @tablename )
      PRINT " "
    END
    FETCH NEXT FROM tnames_cursor INTO @tablename
IF(@@FETCH_STATUS <> -1)  GOTO table_loop
GO
```

7.1.4 RETURN 语句

RETURN 语句用于在任何时候从过程、批处理或语句块中结束当前程序、无条件退出，而不执行位于 RETURN 之后的语句，返回到上一个调用它的程序，在括号内可指定一个返回值。

语法格式：

```
RETURN [ integer_expression ]
```

参数 integer_expression 返回整型值，存储过程可给调用过程或应用程序返回整型值。

注意：除非特别指明，所有系统存储过程返回 0 值表示成功，返回非零值则表示失败，具体信息见表 7-1。

表 7-1 RETURN 命令返回的内定值

返回值	含　义	返回值	含　义	返回值	含　义
0	程序执行成功	−1	找不到对象	−2	数据类型错误
−3	死锁	−4	违反权限原则	−5	语法错误
−6	用户造成的一般错误	−7	资源错误，如磁盘空间不足	−8	非致命的内部错误
−9	已达到系统的极限	−10，−11	致命的内部不一致性错误	−12	表或指针破坏
−13	数据库破坏	−14	硬件错误		

当用于存储过程时，RETURN 不能返回空值。如果过程试图返回空值（ 如使用 RETURN @status 且 @status 是 NULL ），将生成警告信息并返回 0 值。

在执行当前过程的批处理或过程内，可以在后续 Transact-SQL 语句中包含返回状态值，但格式输入必须为：

```
EXECUTE @return_status = procedure_name
```

【例 7-6】从过程返回。

其一：显示如果在执行 findjobs 时没有给出用户名作为参数，RETURN 则将一条消息发送到用户的屏幕上然后从过程中退出。如果给出用户名，将从适当的系统表中检索由该用户在当前数据库内创建的所有对象名。

```
CREATE PROCEDURE findjobs @nm sysname = NULL
AS
IF @nm IS NULL
  BEGIN         PRINT 'You must give a username'      RETURN      END
ELSE
  BEGIN
     SELECT o.name, o.id, o.uid  FROM sysobjects o INNER JOIN master..syslogins
l ON o.uid = l.sid
     WHERE l.name = @nm
```

其二（某过程中的 RETURN 语句）：

```
DECLARE @x int ,@y int
SELECT @x=3,@y=5
PRINT @x;print @y;print @y+@x
IF @x>@y
RETURN
ELSE
PRINT 'my god!!'
```

7.1.5　PRINT 命令

将用户定义的字符串作为一个消息返回客户端或应用程序，该语句接受任何字符串表达式。

PRINT 语法格式：

```
PRINT 'any ASCII text' | @local_variable | @@FUNCTION | string_expression
```

PRINT 命令向客户端返回一个用户自定义的信息，即显示一个字符串、局部变量或全局变量，如果变量值不是字符串的必须先用数据类型转换函数 CONVERT 将其转换为字符串，其中 string_expression 是可返回一个字符串的表达式。

【例 7-7】有条件地返回消息。

程序代码如下：

```
Use 电子商务
   IF EXISTS  (SELECT 课程名 FROM 课程  WHERE 课程名= '计算机')
   PRINT '您所选的课程为计算机'
   Go
```

【例 7-8】声明变量，有条件地返回消息。

程序代码如下：

```
DECLARE  @m char (10), @n char (10)
   SELECT  @m = 'SQL' , @m = 'Server'
   PRINT '微软公司'
   PRINT @m + @n
```

运行结果如下：

```
微软公司
SQL Server
```

7.2 Transact-SQL 语法规则

SQL Server 使用的 Transact-SQL 语言语法的一部分是关键字，可用于分析和理解 Transact-SQL 语句和批处理。SQL Server 2005 使用关键字（又称保留字）来定义、操作或访问数据库。

7.2.1 关键字

在 Transact-SQL 语句或脚本中所有常量、变量、运算符、函数和列名等的标识符切勿使用字。尽管 Transact-SQL 不限制将关键关键字用做变量和存储过程参数的名称，关键字可用做数据库或数据库对象（如表、列和视图等）的标识符或名称（使用带引号的标识符或分隔标识符），但仍然建议尽可能规避之。SQL Server 2005 关键字见表 7-2。

表 7-2　SQL Server 2005 关键字

ADD	ALL	ALTER	AND	ANY	AS
AUTHORIZATION	ASC	BACKUP	BEGIN	BETWEEN	BREAK
BROWSE	BULK	BY	CASCADE	CASE	CHECK
CHECKPOINT	CLOSE	CLUSTERED	COALESCE	COLLATE	COLUMN
COMMIT	COMPUTE	CONSTRAINT	CONTAINS	CONTINUE	CONVERT
CONTAINSTABLE	CREATE	CROSS	CURRENT	CURSOR	CURRENT_TIMESTAMP
CURRENT_DATE	CURRENT_USER	DATABASE	DBCC	DECLARE	CURRENT_TIME
DEALLOCATE	DEFAULT	DELETE	DENY	DESC	DISTRIBUTED
DISK	DISTINCT	DOUBLE	DROP	DUMMY	DUMP
ELSE	END	ERRLVL	ESCAPE	EXCEPT	EXEC
EXECUTE	EXISTS	EXIT	FETCH	FILE	FREETEXTTABLE
FILLFACTOR	FOR	FOREIGN	FREETEXT	FROM	FULL
FUNCTION	GOTO	GRANT	GROUP	HAVING	IDENTITY_INSERT
HOLDLOCK	IDENTITY	IDENTITYCOL	IF	IN	INDEX
INNER	INSERT	INTERSECT	INTO	IS	JOIN
KEY	KILL	LEFT	LIKE	LINENO	NONCLUSTERED
LOAD	NATIONAL	NOCHECK	NOT	NULL	OPENDATASOURCE
NULLIF	OF	OFF	OFFSETS	ON	OPEN
OPENQUERY	OPENROWSET	OPENXML	OPTION	OR	ORDER
OUTER	OVER	PERCENT	PLAN	PRECISION	PRIMARY
PRINT	PROCEDURE	PROC	PUBLIC	RECONFIGURE	RAISERROR
READ	READTEXT	RESTORE	RESTRICT	REFERENCES	REPLICATION
RETURN	REVOKE	RIGHT	ROLLBACK	ROWCOUNT	ROWGUIDCOL
RULE	SAVE	SCHEMA	SELECT	SESSION_USER	SHUTDOWN
SET	SETUSER	SOME	STATISTICS	SYSTEM_USER	TABLE

续表

TEXTSIZE	THEN	TO	TOP	TRANSACTION	TRAN
TRIGGER	TRUNCATE	TSEQUAL	UNION	UPDATETEXT	UNIQUE
UPDATE	USE	USER	VALUES	VARYING	VIEW
WAITFOR	WHEN	WHERE	WHILE	WITH	WRITETEXT

7.2.2　Transact-SQL 语法规则

Transact-SQL 语句中，包含了关键字、标识符及各种参数等，它采用不同的书写格式来区分这些内容，Transact-SQL 语法格式具体约定见表 7-3。

表 7-3　Transact-SQL 语法格式说明

规　范	功　　　　能
大写字母	表示 Transact-SQL 保留的关键字
小写字母	表示对象标识符、表达式等
斜体字母	表示用户提供的参数
竖线：|	表示参数之间为逻辑"或"的关系，只能从中选择一个
方括号：[]	所列项为可选语法项目，可按需选择使用，方括号不必键入
大括号：{}	必选单元参数，含多个用"|"分隔的选项，可从中选择一项，大括号不键入
尖括号：<>	必须输入内容，尖括号不键入
省略号：…	表示重复前面的语法单元
[,…n]	表示前面的项可重复 n 次。每一项由逗号分隔
[…n]	表示前面的项可重复 n 次。每一项由空格分隔
<标签> ::=	语法块的名称，用于对可在语句中的多个位置使用的过长语法或语法单元部分进行分组和标记，由括在尖括号内的标签表示：<标签>

7.3　常量与变量

常量与变量是 Transact-SQL 中不可或缺的，是 Transact-SQL 的基础，两者在使用时必须先定义。

7.3.1　常量

常量是指在程序运行过程中始终固定不变的量，而变量则是在程序运行过程中其值可以变化的数据，是表示一个特定数据值的符号。常量的格式取决于它所表示的值的数据类型。在 SQL Server 2005 的 Transact-SQL 语言中，常量类型见表 7-4。

表 7-4　SQL Server 2005 中的常量类型

常量类型	常量表示说明	范　例
字符串	包括在单引号或双引号中，由字母数（a~z、A~Z）、数字字符（0~9）以及特殊字符（如感叹号!、@和数字号#）等组成	'Management','China', 'O','Brien'

续表

常量类型	常 量 表 示 说 明	范 例
Unicode	Unicode 字符串格式与普通相似，但它前面有一个 N 标识符	'N 大学城'
二进制	具有前辍 0x 并且是十六进制数字字符串，且不使用引号括起	0xAE,0x2Ef, 0xD010E
bit	使用 0 或 1 表示，且不括在引号中。若值大于 1 则转换为 1	0,1
datetime	使用特定格式的字符日期值来表示，并被单引号括起来	'04/15/99' , '14:30:24'
integer	由不以引号括起来且不含小数点的整数数字表示	125478,25
decimal	由不以引号括起来并且包含小数点的数字来表示	189.12,258.8
money	以前缀为可选小数点或货币符号的数字来表示且不用引号括起	$8523.4, $5420
float 和 real	float 和 real 常量使用科学记数法来表示	2.55E5,0.5E−2
uniqueidentifier	用来表示 GUID 字符串。可使用字符或二进制字符串格式指定	0xf19,'17FD'

Transact-SQL 语言中常量使用示例如下：

（1）SELECT 学号，姓名 FROM 学生 WHERE 学分>=245

（2）SELECT sl=179.21;set je=$255.28;select price=218.88;set rq='20080808:20:08:08'

（3）UPDATE Sales.SalesPerson SET Bonus=6000;CommissionPct=0.10;SalesQuota=NULL

（4）DECLARE @datevar DATETIME;SET @datevar='12/31/1998';SELECT @datevar AS DateVar

7.3.2 局部变量

变量是 SQL Server 2005 中由系统或用户定义并可对其赋值的实体，可分为两种：一种是全局变量（global variable），另外一种是局部变量（local variable）。全局变量由系统定义和维护，局部变量由用户定义和赋值。变量的类型与常量一样，注意变量名的约束。

局部变量是用户可自定义的变量，它的作用范围仅在程序内部（作用域局限在一定范围的Transact-SQL 对象）。一般来说局部变量在一个批处理（也可以是存储过程或触发器）中被声明或定义，然后这个批处理内的 SQL 语句就可以设置这个变量的值，或者是引用这个变量已经被赋予的值。当这个批处理结束后，这个局部变量的生命周期也就随之消亡。在程序中通常用来储存从表中查询到的数据或当做程序执行过程中暂存的变量。

1．声明局部变量

使用局部变量名称前必须以单"@"开头，而且必须先用 DECLARE 命令声明，而后才可使用。具体语法格式如下：

```
DECLARE  {{ @变量名 [AS]  变量类型 }  | { @cursor_variable_name CURSOR }
 | { @table_variable_name  TABLE ( { < column_definition > | < table_constraint
> }[ ,... ] )}}}[ ,...n]
```

其中，部分参数说明如下：

- 变量类型：可以是 SQL Server 2005 支持的除 text、ntext 或者 image 类型外所有的系统数据类型和用户自定义数据类型。

- @cursor_variable_name：游标变量名称，其须以@开头规则标识符。

- @table_variable_name：table 类型的变量的名称，其须以@开头规则标识符。

- < table_constraint >：表约束定义。CURSOR 指定变量是局部游标变量。
- < column_definition >：表中的列的定义。

注意：若无特殊用途建议在应用时尽量使用系统提供的数据类型。以可减少维护应用程序的工作量。另外变量名的形式必须符合 SQL Server 标识符的命名方式。

【例 7-9】声明局部变量 gh、rq 和 xb。

程序代码如下：

```
DECLARE  @gh char(4), @rq datetime, @xb bit
```

2．局部变量的赋值

在 Transact-SQL 中局部变量的赋值不同于一般程序语言的形式：变量=变量值，而必须使用 SELECT 或 SET 命令来给局部变量赋值，其语法如下：

```
SELECT  @局部变量=变量值
SET  @局部变量=变量值
```

【例 7-10】声明局部变量 gh、xm 并赋值，并引伸各种赋值形式。

程序代码如下：

```
DECLARE  @gh char(4), @xm char(8)
    SELECT @gh = '0014'
    SET  @xm='上官云珠'
    Go
```

变量也可以通过选择列表中当前所引用的值赋值。如果在选择列表中引用变量，则它应当被赋以标量值或者 SELECT 语句应仅返回一行。例如：

```
USE Northwind
DECLARE @EmpIDVariable INT
SELECT @EmpIDVariable = MAX(EmployeeID)  FROM  Employees
GO
```

又如：使用查询给变量赋值。

```
USE Northwind
GO
DECLARE  @rows int
SET @rows = (SELECT COUNT(*)  FROM Customers)
```

如果 SELECT 语句返回多行而且变量引用一个非标量表达式，则变量被设置为结果集最后一行中表达式的返回值。如：在此批处理中将@EmpIDVariable 设置为返回的最后一行的 EmployeeID 值，此值为 1。

```
USE Northwind
GO
DECLARE @EmpIDVariable INT
SELECT @EmpIDVariable = EmployeeID  FROM Employees ORDER BY EmployeeID DESC
SELECT @EmpIDVariable
GO
```

【例 7-11】查询编号为 10010001 的员工姓名和工资，分别赋予变量 name 和 wage。

程序代码如下：

```
use 信息管理
declare @name char 30, @wage money
select @name = e_name, @wage = e_wage  from employee  where emp_id = '10010001'
select @name as e_name @wage as e_wage
```

运行结果如下：

```
e_name    e_wage
------------------------
张三      8000.00
```

注意：数据库语言和编程语言有一些关键字，为避免冲突和产生错误在命名表列变量以及其他对象时，应避免使用关键字。

7.3.3   全局变量

全局变量是 SQL Server 系统内部使用的由 SQL Server 系统提供并赋值的变量，是用来记录 SQL Server 服务器活动状态的一组数据，通常存储一些 SQL Server 的配置设定值和效能及统计等，用户可在程序中用全局变量来测试系统的设定值或 Transact-SQL 命令执行后的状态值。其作用范围并不局限于某一程序，而是任何程序均可随时调用的。

用户不能建立全局变量，也不能使用 SET 语句去修改全局变量的值。全局变量的名称由双@字符开头。大多数全局变量的值是报告本次 SQL Server 启动后发生的系统活动。通常应该将全局变量的值赋值给在同一个批中的局部变量，以便保存和处理。

SQL Server 提供的全局变量分为两类：

- 与每次同 SQL Server 连接和处理相关的全局变量。如：@@ROWCOUNT，表示返回受上一语句影响的行数。
- 与内部管理所要求的关于系统内部信息有关的全局变量。如：@@VERSION 表示返回 SQL Server 当前安装的日期、版本和处理器类型。

除了刚才讲的@@ROWCOUNT 和@@VERSION 外，SQL Server 提供的全局变量达 30 多个。在此仅对常用的进行介绍，其余可参阅联机丛书等相关书籍。

（1）@@SERVERNAME：返回运行 SQL Server 2005 本地服务器的名称。如：

```
SELECT  @@SERVERNAME  as 本地服务器
```

返回结果是：

```
本地服务器
------------------------
YU2005
```

（2）@@REMSERVER：返回登录记录中记载的远程 SQL Server 服务器的名称。如：

```
SELECT  @@ REMSERVER  as 远程服务器
```

返回结果是：

```
远程服务器
------------------------
DH2005
```

（3）@@CONNECTIONS：返回自上次启动 SQL Server 以来连接或试图连接的次数，它可让管理人员方便地了解今天所有试图连接本服务器的次数。如下面程序显示了迄今（包括时间）为止，试图登录的次数。

```
SELECT GETDATE()  AS  'Today's Date and Time',
       @@CONNECTIONS AS  'Login Attempts'
       go
```

返回结果是：

```
Today's Date and Time         Login Attempts
------------------------------------------------
2004-05-09 14:28:46.940            18
```

（4）@@CURSOR_ROWS：返回最后连接上并打开的游标中当前存在的合格行的数量。为提高性能，SQL Server 可以异步填充静态游标等。通过调用它以确定当它被调用时，取出符合游标的行的数目。如：

```
SELECT @@CURSOR_ROWS as Y_CURSOR
DECLARE authors_cursor  CURSOR FOR
SELECT au_lname FROM authors
OPEN authors_cursor
FETCH NEXT FROM authors_cursor
SELECT @@CURSOR_ROWS  Y_CURSOR
CLOSE authors_cursor
DEALLOCATE authors_cursor
```

返回结果是：

```
Y_CURSOR
---------------------
     0
(1 row(s) affected)
au_lname
---------------------
White
(1 row(s) affected)
Y_CURSOR
---------------------
    -1
(1 row(s) affected)
```

（5）@@ERROR：返回最后执行的 Transact-SQL 语句的错误代码。

注意：当 SQL Server 完成 Transact-SQL 语句的执行时，如果语句执行成功，则@@ERROR 设置为 0。若出现一个错误，则返回一条错误信息。@@ERROR 返回此错误信息代码，直到另一条 Transact-SQL 语句被执行。用户可以在 sysmessages 系统表中查看与@@ERROR 错误代码相关的文本信息。

由于@@ERROR 在每一条语句执行后被清除并且重置，应在语句验证后立即检查它，或将其保存到一个局部变量中以备事后查看。如：

```
USE pubs
GO
UPDATE authors SET au_id = '172 32 1176'
WHERE au_id = "172-32-1176"
IF @@ERROR = 547
   print "A check constraint violation occurred"
```

（6）@@ROWCOUNT：返回受上一语句影响的行数，任何不返回行的语句将这一变量设置为 0。如：

```
UPDATE authors SET au_lname = 'Jones'
WHERE au_id = '999-888-7777'
IF @@ROWCOUNT = 0
   print 'Warning: No rows were updated'
```

（7）@@VERSION：返回 SQL Server 当前安装的日期、版本和处理器类型。

如：下面的示例返回当前安装的日期、版本和处理器类型。

```
SELECT @@VERSION  安装信息
```

返回结果是：

```
   安装信息
```

```
----------------------------------------------------
Microsoft SQL Server  2005 - 8.00.194 (Intel X86)
Aug  6 2005 00:57:48
Copyright (c) 1988-2005 Microsoft Corporation
Personal Edition on Windows 4.10 (Build 2222: A )
```
（所影响的行数为行）

（8）其余全局变量：其余全局变量说明见表7-5。

表 7-5　部分全局变量说明

运　算　符	可 操 作 的 数 据 类 型
@@CPU_BUSY	返回自 SQL Server 最近一次启动以来 CPU 的工作时间，其单位为 ms
@@DATEFIRST	返回使用 SET DATEFIRST 而指定的每周的第一天是星期几
@@DBTS	返回当前数据库的时间戳值必须保证数据库中时间戳的值是唯一的
@@FETCH_STATUS	返回上一次 FETCH 语句的状态值
@@IDENTITY	返回最后插入行的标识列的列值
@@IDLE	返回自最近一次启动以来 CPU 处于空闲状态的时间长短，单位为 ms
@@IO_BUSY	返回自最后一次启动以来 CPU 执行输入/输出操作所花费的时间（ms）
@@LANGID	返回当前所使用的语言 ID 值
@@LANGUAGE	返回当前使用的语言名称
@@LOCK_TIMEOUT	返回当前会话等待锁的时间长短，其单位为 ms
@@MAX_CONNECTIONS	返回允许连接到 SQL Server 的最大连接数目
@@MAX_PRECISION	返回 decimal 和 numeric 数据类型的精确度
@@NESTLEVEL	返回当前执行的存储过程的嵌套级数，初始值为 0
@@OPTIONS	返回当前 SET 选项的信息
@@PACK_RECEIVED	返回 SQL Server 通过网络读取的输入包的数目
@@PACK_SENT	返回 SQL Server 写给网络的输出包的数目
@@PACKET_ERRORS	返回网络包的错误数目
@@PROCID	返回当前存储过程的 ID 值
@@SERVICENAME	返回正运行于哪种服务状态之下，如 MS SQL Server、MSDTC 和 SQL Server Agent
@@SPID	返回当前用户处理的服务器处理 ID 值
@@TEXTSIZE	返回 SET 语句定义的 TEXTSIZE 选项值，text、image 数据类型最大长度单位为字节
@@TIMETICKS	返回每一时钟的微秒数
@@TOTAL_ERRORS	返回磁盘读写错误数目
@@TOTAL_READ	返回磁盘读操作的数目
@@TOTAL_WRITE	返回磁盘写操作的数目
@@TRANCOUNT	返回当前连接中处于激活状态的事务数目

7.4　运算符与表达式

运算符是一种符号，用来指定要在一个或多个表达式中执行的操作，执行列、常量或变量的数学运算和比较操作。SQL Server 2005 中的运算符包括：算术运算符、位运算符、比较运算符、逻辑运算符、赋值运算符和字符串连接符等。

7.4.1 算术运算符

算术运算符用于执行数字型表达式的算术运算，SQL Server 2005 支持的算术运算及其可操作的数据类型见表 7–6。加（+）和减（–）运算符也可用于对 datetime 及 smalldatetime 值执行算术运算。

表7-6 算术运算符

运算符	含　义	可操作的数据类型
+（加）	加法或正号	bit,tinyint,smallint,int,bigint,real,float,decimal,numeric, datetime,smalldatetime
–（减）	减法或负号	同上
*（乘）	乘法	同上，但不包括 datetime,smalldatetime
/（除）	除法	同*（乘法运算符）
%（模）	返回余数	tinyint,smallint,int,bigint。如：22 % 5 = 2

7.4.2 位运算符

位运算符可以对整型或二进制字符数据进行按位与（＆）、按位或（|）、按位异或（＾）与求反（～）运算。位运算符的具体含义见表 7–7。

表7-7 位运算符类型与含义

运算符	含　义	运算符	含　义
＆（AND）	按位与运算（两个操作数）	＾（XOR）	按位异或运算（两个操作数）
|（OR）	按位或运算（两个操作数）	～（NOT）	按位求反运算（单目运算）

位运算符的操作数可以是整型或二进制字符串数据类型分类中的任何数据类型（但 image 数据类型除外），其中，按位与（＆）、按位或（|）、按位异或（＾）运算需要两个操作数，这两个操作数不能同时是二进制字符串数据类型中的某种数据类型。这两个操作数可以配对的数据类型见表 7–8。求反（～）运算是个单目运算，它只能对 int、smallint、tinyint 或 bit 类型的数据进行求反运算。

表7-8 可以配对的位运算数据类型

运算符左边操作数	运算符右边操作数	运算符左边操作数	运算符右边操作数
binary	int、smallint 或 tinyint	smallint	int、smallint、tinyint、binary 或 varbinary
bit	int、smallint、tinyint 或 bit	tinyint	int、smallint、tinyint、binary 或 varbinary
int	int、smallint、tinyint、binary 或 varbinary	varbinary	int、smallint 或 tinyint

7.4.3 比较运算符

比较运算符用来比较两个表达式的大小。它们能够比较除 text、ntext 和 image 数据类型之外的其他数据类型表达式。SQL Server 2005 支持的比较运算符包括：

（1）＞：大于。

（2）＝：等于。

（3）＜：小于。

（4）＞＝：大于或等于。

（5）＜＝：小于或等于。

（6）＜＞（！＝）：不等于。

（7）！＞：不大于。

（8）！＜：不小于。

其中，！＝、！＞和！＜为 SQL Server 2005 在 ANSI 标准基础上新增加的比较运算符。比较表达式的返回值为布尔数据类型，即及 True、False 或 Unknown。如果比较表达式的条件成立，则返回 True，否则返回 False。和其他 SQL Server 数据类型不同，不能将布尔数据类型指定为表列或变量的数据类型，也不能在结果集中返回布尔数据类型。

当 SET ANSI_NULLS 为 ON 时，带有一个或两个 Null 表达式的运算符返回 Unknown。而当 SET ANSI_NULLS 为 OFF 时，如果两个表达式都为 Null，那么等号运算符返回 True。如若 SET ANSI_NULLS 是 OFF，那么 Null = Null 就返回 True。

【例 7-12】设计一个用比较表达式作为过滤条件，列出 Northwind 数据库 Products 表中所有 ProductID 等于 10 的产品记录。其中，在 WHERE 子句中使用带有布尔数据类型的表达式，可以筛选出符合搜索条件的行。

程序代码如下：

```
USE Northwind
DECLARE @MyProduct int
SET @MyProduct = 10
IF (@MyProduct <> 0)
    SELECT * FROM Products WHERE ProductID = @MyProduct
GO
```

7.4.4 逻辑运算符

逻辑运算符用来测试逻辑条件进行测试，以获得其真实情况。它与比较运算符一样，根据测试结果返回布尔值：True、False 或 Unknown。逻辑运算符有：AND、OR、NOT、BETWEEN 和 LIKE 等，运算符及运算含义见表 7-9。

表 7-9 逻辑符及运算含义

运算符	含义
AND	若两个布尔表达式都为 TRUE，则为 TRUE
OR	若两个布尔表达式中的一个为 TRUE，则为 TRUE
NOT	对任何其他布尔运算符的值取反
ALL	若一系列的比较都为 TRUE，则为 TRUE
ANY	若一系列的比较中任何一个为 TRUE，则为 TRUE
BETWEEN	若操作数在某个范围之内，则为 TRUE

续表

运算符	含　　　义
EXISTS	若子查询包含一些行，则为 TRUE
IN	若操作数等于表达式列表中的一个，则为 TRUE
LIKE	若操作数与一种模式相匹配，则为 TRUE
SOME	若在一系列比较中，有些为 TRUE，则为 TRUE

（1）AND：对两个布尔表达式的值进行逻辑与运算。当两个布尔表达式的值都为 True 时，返回 True；如果其中有一个为 False，则返回 False；如果其中有一个 True，另一个为 Unknown，或两个都为 Unknown 时，返回 Unknown。其真值表见表 7–10。

（2）OR：对两个布尔表达式进行逻辑或运算。当两个布尔表达式的值都为 False 时，返回 False；如果其中一个为 True，则返回 True；如果其中一个为 False，一个为 Unknown，或两个都为 Unknown，返回 Unknown。其真值表见表 7–11。

表 7-10　AND 运算的真值表

And	True	False	Unknown
True	True	False	Unknown
False	False	False	False
Unknown	Unknown	False	Unknown

表 7-11　OR 运算的真值表

Or	True	False	Unknown
True	True	True	True
False	True	False	Unknown
Unknown	True	Unknown	Unknown

（3）NOT：对布尔表达式的值进行取反运算，即当布尔表达式的值为 True 时返回 False，其值为 False 时返回 True，但当布尔表达式的值为 Unknown 时返回 Unknown。

（4）[NOT] BETWEEN：范围运算符，用来测试某一表达式的值是否在指定的范围内。其语法格式为：

```
test_expression [ NOT ]  BETWEEN begin_expression AND end_expression
```

其中参数说明如下：

- test_expression：测试的表达式。test_expression 与 begin_expression 和 end_expression 具有相同的数据类型。
- begin_expression：指出测试数据的范围。test_expression 大于或等于 begin_expression 的值，BETWEEN 表达式返回 True，NOT BETWEEN 返回 False；而当 test_expression 小于 begin_expression 或大于 end_expression 的值，BETWEEN 表达式返回 False，NOT BETWEEN 返回 True。

（5）[NOT] LIKE：称作模式匹配运算符，常用于模糊条件查询，它判断测试表达式的值是否与指定的模式相匹配，测试表达式的值是否与指定的模式相匹配，可用于 char、varchar、text、nchar、nvarchar、ntext、datetime 和 smalldatetime 等数据类型。模式通配符的语法格式为：

```
match_expression [ NOT ] LIKE pattern [ ESCAPE escape_character ]
```

其中参数说明如下：

- match_expression：为有效的字符串数据类型表达式。
- escape_character：说明匹配模式中的转义字符，它只能是单个字符。
- pattern：则是要 SQL Server 查找的匹配模式。在 SQL Server 2005 中可使用的通配字符有以下几种。

> 百分号（%）：可匹配任意类型和长度的字符。
> 下画线（_）：可匹配任意单个字符，它常用来限制表达式的字符长度。
> 方括号[ ]：指定一个字符、字符串或范围，要求所匹配对象为它们中的任意一个。
> [^]：其取值与[ ]相同，但它要求所匹配对象为指定字符以外的任意一个字符。

在使用模式匹配搜索时，需要搜索的字符中可能有与 SQL Server 通配符相同的字符。在这种情况下，可使用 ESCAPE 子句指定转义字符。转义字符告诉 SQL Server，其后的字符作为常规搜索字符，而不是作为通配符使用。

（6）[NOT] IN：称作列表运算符，它们测试表达式的值是否在列表项之内。其语法格式为：

```
test_expression [ NOT ]  IN （subquery | expression [,…n]）
```

其中：

- test_expression：被测试的表达式。
- subquery：子查询语句，它返回某列的结果集合。
- expression：SQL Server 的表达式，提供列表集合数据。

列表运算符 IN 所指定的搜索条件也可用等于比较运算符（=）和 OR 逻辑运算符来表达，而 NOT IN 所指定的搜索条件则可用不等于运算符和 AND 逻辑运算符表达。当有多个列表项时，使用列表运算符会使语句变得更加简洁，而用比较运算符和逻辑运算符组合则会使语句显得冗长。

（7）ALL、SOME 和 ANY：分别用于判断一个表达式的值与一个子查询结果集合中的所有、部分或任一个值间的关系是否满足指定的比较条件。

7.4.5 字符串连接符

字符串连接符（+）用于实现字符串之间的连接操作（如将'abc' + 'def'存储为'abcdef'）。+也被称为字符串连接运算符，字符串之间的其他操作都是通过字符串函数（如 SUBSTRING）来实现的。SQL Server 中，字符串连接符可操作的数据类型有 char、varchar、text、nchar、nvarchar 和 ntext 等。

7.4.6 赋值运算符

SQL Server 2005 中的赋值运算符为等号（=），附加 SELECT 或 SET 命令来进行赋值，它将表达式的值赋给一个变量，或为某列指定列标题。如在所示的例中创建了@MyCounter 变量。然后，赋值运算符将@MyCounter 设置成一个由表达式返回的值。

```
DECLARE @MyCounter INT
SET @MyCounter =22 % 5
```

也可以使用赋值运算符在列标题和为列定义值的表达式之间建立关系。下面的示例显示名为 FirstColumnHeading 和 SecondColumnHeading 的两个列标题。在 FirstColumnHeading 列标题中所有行都显示字符串"计算机网络"。在 SecondColumnHeading 列标题中列出来自 Products 表中的每个产品 ID。

```
USE Northwind
SELECT FirstColumnHeading = '计算机网络', SecondColumnHeading = ProductID
    FROM Products
GO
```

7.4.7　运算符的优先级

SQL Server 中运算符具有不同的优先级，同一表达式中包含有不同运算符时，运算符的优先级决定了表达式的计算和比较操作顺序。SQL Server 中各种运算符的优先级顺序为：

（1）括号：()。

（2）正、负或取反运算符：+、-、~。

（3）乘、除、求模运算符：*、/、%。

（4）加、减、字符连接运算符：+、-、+。

（5）比较运算符：=、>、<、>=、<=、<>、!=、!>、!<。

（6）位运算符：^、&、|。

（7）逻辑非运算符：NOT。

（8）逻辑与运算符：AND。

（9）ALL、ANY、BETWEEN、IN、LIKE、OR 和 SOME 等运算符。

（10）赋值运算符：=。

上面列表中，排在最上面的优先级最高。在较低等级的运算符之前先对较高等级的运算符进行求值。当一个复杂的表达式有多个运算符时，运算符优先性决定执行运算的先后次序。执行的顺序会影响所得到的值。

当一个表达式中的两个运算符有相同的运算符优先等级时，基于它们在表达式中的位置来对其从左到右进行求值。例如，下面的示例中，在 SET 语句使用的表达式中，在加号运算符之前先对减号运算符进行求值。

```
DECLARE @MyNumber int
SET @MyNumber = 4 - 2 + 27    -- Evaluates to 2 + 27 which yields an expression
result of 29.
SELECT @MyNumber
```

在表达式中可以使用括号替代所定义的运算符的优先性。首先对括号中的内容进行求值，从而产生一个值，然后括号外的运算符才可以使用这个值。

【例 7-13】利用 SET 语句和优先权进行赋值（分别讨论表达式的多种形式）。

程序代码如下：

```
DECLARE @MyNumber int
SET @MyNumber = 2 * 4 + 5    -- Evaluates to 8 + 5 which yields an expression
result of 13.
SELECT @MyNumber
```

在下面 SET 语句示例中，括号使得首先执行加法。表达式结果是 18。

```
DECLARE @MyNumber int
SET @MyNumber = 2 * (4 + 5)    -- Evaluates to 2 * 9 which yields an expression
result of 18.
SELECT @MyNumber
```

如果表达式有嵌套的括号，那么首先对嵌套最深的表达式求值。下例中包含嵌套的括号，表达式结果是 12。

```
DECLARE @MyNumber int
SET @MyNumber = 2 * (4 + (5 - 3) )
-- Evaluates to 2 * (4 + 2) which further evaluates to 2 * 6, and yields an
expression result of 12.
SELECT @MyNumber
```

7.4.8 表达式

在 SQL Server 2005 中，表达式与运算符都是构成语句的基础，通过它们可以形成相关的 Transact-SQL 语句，演绎出不同复杂程度的各类应用与管理程序。

表达式是由操作数和运算符按一定的语法形式组成的符号序列，表达式由常量、变量、运算符、函数、列名、子查询和 CASE 等组成。表达式包括简单表达式与复杂表达式两种类型。表达式可用运算符将两个或更多的简单表达式连接起来组成复杂表达式。每个表达式经过运算之后都会产生一个确定类型的值。

一个常量或一个变量名字是最简单的表达式，其值即该常量或变量的值；表达式的值还可以用做其他运算的操作数，形成更复杂的表达式。表达式还可以是计算，例如：

```
(price * 1.5) 或 (price + len(sales_tax));
SELECT 学号, SUBSTRING('This is a long string', 11, 11) , 学分*2.8  FROM 学生;
```

7.5 程序流控制语句

流控制语句用于控制 Transact-SQL 语句、语句块或存储过程的执行流程，它与常见的程序设计语言类似。SQL Server 2005 中提供的流控制语句及功能见表 7-12。

表 7-12　SQL Server 2005 中流控制语句及功能

语　句	功　　　能
BEGIN...END	定义语句块
IF...ELSE	条件选择语句，条件成立执行 IF 后语句（第一个分支），否则执行 ELSE 后面的语句
CASE 表达式	分支处理语句，表达式可根据条件返回不同值
WHILE	循环语句，重复执行命令行或程序块
WAITFOR	设置语句执行的延迟时间
BREAK	循环跳出语句
CONTINUE	重新启动循环语句。跳过 CONTINUE 后的语句，回到 WHILE 循环的第一行命令
GOTO	无条件转移语句
RETURN	无条件退出（返回）语句

7.5.1 IF...ELSE

在 SQL Server 2005 中，为了控制程序的执行方向，引进了 IF...ELSE 条件判断结构。

IF...ELSE 语法格式：

```
IF    { <条件表达式> }
      { <SQL 语句或语句块 1>}
[ELSE
      { <SQL 语句或语句块 2>} ]
```

其中，<条件表达式>可以是各种表达式的组合，但表达式的值必须是逻辑值"真"或"假"。IF...ELSE 用来判断当条件表达式成立时执行某段程序（SQL 语句或语句块 1），条件不成立时执行另一段程序（SQL 语句或语句块 2）或不执行（当无 ELSE 选项时）。

　　ELSE 与其中的条件表达式子句是可选的，最简单的 IF 语句可没有 ELSE 子句部分，如果不使用程序块，IF 或 ELSE 内只能执行一条命令，IF...ELSE 可以进行嵌套使用（在 Transact-SQL 中最多可嵌套 32 级）。

　　IF...ELSE 结构可以用在批处理和存储过程中（经常使用这种结构测试是否存在着某个参数）及特殊查询中。

　　【例 7-14】IF...ELSE 结构实例：判断数值大小，打印运算结果。

　　程序代码如下：

```
declare @q int, @r int, @s int
select @q = 4, @r =5, @s=6
if @q > @r
  print 'q > r '          -- 打印字符串"q > r"
else if @r > @s
    print 'r > s'
   else print 's > r'
```

　　运行结果如下：

```
--------------------
s > r
```

　　【例 7-15】IF 语句块嵌套使用示例。

　　程序代码如下：

```
USE pubs
IF(SELECT AVG(price) FROM titles WHERE type = 'mod_cook') < $15
  BEGIN
    PRINT 'The following titles are excellent mod_cook books:'
    PRINT ' '
    SELECT SUBSTRING(title, 1, 35) AS Title
    FROM titles
    WHERE type = 'mod_cook'
  END
ELSE
  IF(SELECT AVG(price) FROM titles WHERE type = 'mod_cook') > $15
  BEGIN
    PRINT 'The following titles are expensive mod_cook books:'
    PRINT ' '
    SELECT SUBSTRING(title, 1, 35) AS Title
    FROM titles
    WHERE type = 'mod_cook'
  END
```

　　运行结果如下：

```
--------------------------------------------------
The following titles are excellent mod_cook books:
（所影响的行数为 2 行）
```

　　该例中，如果表中书的平均价格低于$15，那么就显示文本：The following titles are excellent mod_cookbooks:；如果书的平均价格高于$15，则显示书价昂贵的信息：The following titles are expensive mod_cook books:；而当平均价格等于$15 时，无提示信息。

　　【例 7-16】用条件语句统计联校区域为西南片的学生平均学分。运行结果如图 7-1 所示。

　　程序代码如下：

```
USE 信息管理
  IF (SELECT AVG(学分) FROM 学生 WHERE 区域='西南')>250
    BEGIN
```

```
          PRINT '他们是优秀学生!!'
          SELECT  姓名+校名,AVG(学分)  as 平均分 FROM 学生  WHERE 区域='西南'
          group by  姓名+校名
          order by AVG(学分)
       END
```

7.5.2　BEGIN…END

BEGIN…END 用来定义一个语句块（类似于其他高级语言中的复合句），位于 BEGIN 和 END 之间的 Transact-SQL 语句都属于这个语句块，可视为一个单元来执行。BEGIN…END 经常在条件语句（如 IF…ELSE）中使用，在 BEGIN…END 中可嵌套使用另外的 BEGIN END 来定义另一程序块。

图 7-1　例 7-16 运行结果

BEGIN…END 语法格式：

```
BEGIN
   <SQL 语句或语句块>
END
```

【例 7-17】用 BEGIN…END 定义一段一起执行的 Transact-SQL 语句。

IF 条件仅使 ROLLBACK TRANSACTION 执行并不返回打印信息（You can't delete a title with sales）。

程序代码如下：

```
USE pubs
GO
CREATE TRIGGER deltitle
ON titles
FOR delete
AS
IF (SELECT COUNT(*) FROM deleted,sales WHERE sales.title_id=deleted.title_id)>0
  BEGIN
    ROLLBACK TRANSACTION
    PRINT 'You can't delete a title with sales.'
  END
```

7.5.3　CASE 结构

CASE 结构提供了较 IF…ELSE 结构更多的条件选择，且判断功能更方便、更清晰明了。CASE 结构用于多条件分支选择，可完成计算多个条件并为每个条件返回单个值。SQL Server 2005 的 CASE 多分支结构包括都支持可选 ELSE 参数的两种格式：

- 简单 CASE 表达式。该表达式将某表达式与一组简单表达式进行比较以确定结果。
- 搜索 CASE 表达式。搜索计算一组布尔表达式以确定结果。

1．简单 CASE 表达式

简单 CASE 表达式将一个测试表达式与一组简单表达式进行比较，如果某个简单表达式的值相等，则返回相应表达式的值。简单 CASE 表达式格式如下：

```
CASE <表达式>
   WHEN  <表达式1> THEN <表达式1>
```

```
    [[WHEN <表达式2> THEN <表达式2>][…]]
    [ELSE  <表达式>]
END
```

简单 CASE 表达式的执行过程是：计算 CASE 后表达式的值，然后按指定顺序与每个 WHEN 子句中的值比较，如果两者相等则返回 THEN 后的表达式，跳出 CASE 语句体，否则返回 ELSE 后的表达式。ELSE 子句是可选项，若 CASE 语句后无 ELSE 子句，且所有比较失败时，CASE 语句体将返回 NULL 值。

执行 CASE 子句时只运行第一个匹配的子句，CASE 语句可以嵌套到 SQL 命令中。

【例 7-18】用 CASE 结构的 SELECT 语句更改图书分类显示。运行结果如图 7-2 所示。

程序代码如下：

```
USE pubs
SELECT  Category =
    CASE type
        WHEN 'popular_comp' THEN '通用计算'
        WHEN 'mod_cook' THEN '现代烹饪'
        WHEN 'business' THEN '商务'
        WHEN 'psychology' THEN '心理学'
        WHEN 'trad_cook' THEN '传统烹饪'
        ELSE '尚未分类'
    END,
  CAST(title AS varchar(25)) AS 'Shortened
Title',
  price AS Price
FROM titles  WHERE price IS NOT NULL
ORDER BY type, price
COMPUTE AVG(price) BY type
GO
```

图 7-2 简单 CASE 表达式的执行示意图

【例 7-19】调整员工工资，工作岗位为 1 的上调 8%工作岗位为 2 的上调 7%，工作岗位为 3 的上调 6%其他上调 5%。

程序代码如下：

```
USE 信息管理
UPDATE 工资
SET e_wage =
CASE
    when 工作岗位=' 1'  then e_wage*1.08
    when 工作岗位=' 2'  then e_wage*1.07
    when 工作岗位=' 3'  then e_wage*1.06
    else e_wage*1.05
END
```

2. 搜索 CASE 表达式

搜索 CASE 表达式的格式为：

```
CASE
    WHEN  <布尔表达式1> THEN <运算式1>
    [[WHEN <布尔表达式2> THEN <表达式2>][…]]
    [ELSE <运算式>]
END
```

搜索 CASE 表达式与简单 CASE 表达式相比而言具有两个特征：（1）CASE 关键字后未跟任何表达式，（2）各个 WHEN 关键字后都是布尔表达式。布尔表达式可以是逻辑运算符，也可以使用比较运算符，而 THEN 后的表达式与简单 CASE 表达式相同。

搜索 CASE 表达式的执行过程为：按指定顺序首先测试第一个 WHEN 子句后的布尔表达式，如果为真（True）返回 THEN 后的表达式，否则测试下一个 WHEN 子句后的布尔表达式。如果所有布尔表达式的值为假，则返回 ELSE 后的表达式。若 CASE 语句后未带 ELSE 子句，CASE 语句体将返回 NULL 值。

【例 7-20】从信息管理数据库的学生表与成绩表中将成绩划分为 5 个等级（详见程序），并输出结果。运行结果如图 7-3 所示。

程序代码如下：

```
use 信息管理
select a.学号,姓名,校名,学分,b.课程名,b.成绩, 成绩等级=
case
    when 成绩<60 then '不及格'
    when 成绩>=60  and 成绩<70  then ' 及格'
    when 成绩>=70 and 成绩<80  then '中'
    when 成绩>=80 and 成绩<90  then '良'
    when 成绩>=90  then '优'
end
from 学生 as a, 成绩 as b
where a.学号=b. 学号
go
```

图 7-3　例 7-20 运行结果

7.5.4　WHILE 循环结构

WHILE 语句通过布尔表达式设置重复执行 SQL 语句或语句块的循环条件。WHILE 命令在设定的条件成立时会重复执行 SQL 语句或程序块。可以使用 BREAK 和 CONTINUE 关键字在循环内部控制 WHILE 循环中语句的执行。WHILE 语句也可嵌套。

WHILE 循环语法格式：

```
WHILE  <布尔表达式>
    BEGIN
        <SQL 语句或程序块>
        [BREAK]
        [CONTINUE]
        [SQL 语句或程序块]
    END
```

WHILE 循环的执行过程为：当指定的条件为真，就可在循环体内重复执行语句，只有在循环条件为假（False：不成立）时退出循环体，执行其后的语句。CONTINUE 命令可以让程序跳过 CONTINUE 命令之后的语句，回到 WHILE 循环的第一行命令。BREAK 命令则让程序完全跳出循环，结束 WHILE 命令的执行。

【例 7-21】使用循环计算所给局部变量的变化值。

程序代码如下：

```
declare @r int, @s int, @t int
select @r = 2, @s=3
while @r < 5
  begin
```

```
print @r                        --打印变量x 的值
while @s < 5
  begin
  select @t = 100*@r + @s
  print @t                      --打印变量t 的值
  select @s = @s + 1
  end
select @r = @r + 2
select @s = 1
end
```

运行结果如下：
```
----------------------
2
203
204
4
401
402
403
404
```

【例 7-22】在下例语句中，若没有查询到书价超过$30 的情况下，通过 WHILE 反复执行 BEGIN…END 语句块中的内容：先将所有书价提高 50%，并在存在的最高书价超过$50 的情况下跳出循环，并打印一条消息。

程序代码如下：
```
USE pubs
GO
WHILE (SELECT AVG(price) FROM titles) < $30
  BEGIN
  UPDATE titles
    SET price = price * 2
  SELECT MAX(price) FROM titles
  IF (SELECT MAX(price) FROM titles) > $50
    BREAK
  ELSE
    CONTINUE
  END
PRINT '该教材太贵了，难以承受！！'
```

7.5.5　WAITFOR 语句

WAITFOR 语句指定延迟一段时间（时间间隔或一个时刻）来执行（触发）一个 Transact-SQL 语句、语句块、存储过程或事务。

WAITFOR 语句的语法格式如下：
```
WAITFOR {DELAY <'时间'> | TIME <'时间'>
| ERROREXIT | PROCESSEXIT | MIRROREXIT}
```

WAITFOR 语句用来暂时停止程序执行，直到所设定的等待时间已到或已过才继续往下执行，其中，时间必须为 DATETIME 类型的数据。如 11:15:27，但不能包括日期。

各关键字含义如下：

● DELAY：用来设定等待的时间段，最多可达 24 小时。

● TIME：用来设定等待结束的时间结点。

- ERROREXIT：直到处理非正常中断。
- PROCESSEXIT：直到处理正常或非正常中断。
- MIRROREXIT：直到镜像设备失败。

【例 7-23】等待 18 小时 18 分 18 秒后才执行 SELECT 语句。

程序代码如下：

```
use 信息管理
waitfor delay '18:18:18'
    select * from 学生
```

【例 7-24】等到 11 点 28 分后才执行 SELECT 语句。

程序代码如下：

```
waitfor time '11:28:00'
    select * from 课程
```

【例 7-25】使用 WAITFOR TIME 语句，设定晚上 10:18 执行存储过程 EXEC_PROCD。

程序代码如下：

```
WAITFOR TIME '22:20'
  EXECUTE EXEC_PROCD
```

7.5.6 TRY...CATCH 语句

TRY...CATCH 语句是 SQL Server 2005 新引入的，用于实现类似于 C#和 C++语言中的异常处理的错误处理。Transact-SQL 语句组可以包含在 TRY 块中。如果 TRY 块内部发生错误，则会将控制传递给 CATCH 块中包含的另一个语句组。

TRY...CATCH 语句语法格式如下：

```
BEGIN TRY
  { sql_statement | statement_block }
END TRY
BEGIN CATCH
  { sql_statement | statement_block }
END CATCH
[ ; ]
```

说明：

- sql_statement：为任何 Transact-SQL 语句。
- statement_block：为 Transact-SQL 语句块。
- TRY 块后必须紧跟相关联的 CATCH 块。在 END TRY 和 BEGIN CATCH 语句之间放置任何其他语句都将生成语法错误。
- TRY...CATCH 构造不能跨越多个批处理。TRY...CATCH 构造不能跨越多个 Transact-SQL 语句块。

在 CATCH 块的作用域内，可使用以下系统函数来获取导致的错误消息。

- ERROR_NUMBER()：返回错误号。
- ERROR_SEVERITY()：返回严重性。
- ERROR_STATE()：返回错误状态号。
- ERROR_PROCEDURE()：返回出现错误的存储过程或触发器的名称。
- ERROR_LINE()：返回导致错误的例程中的行号。

● ERROR_MESSAGE()：返回错误消息的完整文本。

【例 7-26】显示 SELECT 语句将生成被零除错误与程序跳转执行情况。

程序代码如下：

```
USE AdventureWorks;
BEGIN TRY
  SELECT 1/0;                   -- Generate a divide-by-zero error.
END TRY
  BEGIN CATCH
    SELECT
      ERROR_NUMBER() AS ErrorNumber,
      ERROR_SEVERITY() AS ErrorSeverity,
      ERROR_PROCEDURE() AS ErrorProcedure,
    END CATCH;
GO
```

7.5.7　EXECUTE 语句

SQL Server 2005 中，EXECUTE 语句用于执行 Transact-SQL 中的命令字符串、字符串或执行系统存储过程、用户定义存储过程、标量值用户定义函数或扩展存储过程等。

EXECUTE 语句语法格式如下：

```
[{EXEC|EXECUTE}]{{ module_name [;number ] |@module_name_var }[,…n ] }[;]
```

说明：module_name：是要调用的存储过程、标量值用户定义函数的名称。

【例 7-27】创建一个带 SELECT 的存储过程，并运行该存储过程，结果如图 7-4 所示。

图 7-4　例 7-27 运行结果

程序代码如下：

```
use 信息管理
Create Proc SexProg
@para00  char(2)= '女%'
    as select 学号,姓名,性别  from 学生  where 性别=@para00
EXECUTE  SexProg
```

7.6　事　　务

事务是一种机制，它体现为一个不可分割的工作逻辑单元，类似于操作系统中的原语。在数据库系统上执行并发操作时，事务是作为最小的控制单元来使用的。

7.6.1 事务基础

1. 事务内涵

事务（Transaction）是 SQL Server 中并发控制的基本单位（一个不可分割的工作单位），它是一个操作序列，包含了一组数据库操作命令，所有的命令被作为一个整体进行，一起向系统提交运行或撤销操作，请求要么都执行要么都不执行这些操作。如库存统计：从一个仓库中取出并销售出相关货物，则使库存减少、销售增加，这两个操作同步执行，故而视其为一个事务。事务是数据库维护数据一致性的单位，在每个事务结束时，都能保持数据一致性。

2. 事务属性

事务具有以下 4 个属性。

（1）原子性：事务必须是最小的原子工作单元；对于其数据修改，要么全都执行，要么全都不执行。

（2）一致性：事务在完成时，必须使所有的数据都保持一致状态。在相关数据库中，所有规则都必须应用于事务的修改，以保持所有数据的完整性。事务结束时，所有的内部数据结构（如 B 树索引或双向链表）都必须是正确的。

（3）隔离性：由并发事务所作的修改必须与任何其他并发事务所作的修改隔离。事务查看数据时数据所处的状态，要么是另一并发事务修改它之前的状态，要么是另一事务修改它之后的状态，事务不会查看中间状态的数据，即可串行性，因为它能够重新装载起始数据，并且重播一系列事务，以使数据结束时的状态与原始事务执行的状态相同。

（4）持久性：事务完成之后，它对于系统的影响是永久性的，对库的修改将一直保持。

7.6.2 事务模式

SQL Server 的事务模式可以分为显式事务、隐式事务与自动提交事务 3 种模式，具体表述如下：

1. 显式事务

每个显式事务均可由用户来定义其开始与结束，以 BEGIN TRANSACTION 语句开始，以 COMMIT 或 ROLLBACK 语句结束。SQL Server 的显式事务语句可包括以下几项。

- BEGIN TRANSACTION：标识显式事务的起始点。
- COMMIT TRANSACTION 或 COMMIT WORK：标识事务的结束，事务占用的资源将被释放。若没有遇到错误，可使用该语句成功地结束事务。该事务中的所有数据修改在数据库中都将永久有效。
- ROLLBACK TRANSACTION 或 ROLLBACK WORK：标识事务执行过程中有错，用此来清除遇到错误的事务。该事务修改的所有数据都返回到事务开始时的状态，事务占用的资源将被释放。

显式事务语法如下：
```
BEGIN TRAN[SACTION] [transaction_name | @tran_name_variable]
COMMIT [ TRAN[SACTION] [transaction_name | @tran_name_variable] ]
```

注意：其中，BEGIN TRANSACTION 可缩写为 BEGIN TRAN，COMMIT TRANSACTION 可以缩写为 COMMIT TRAN 或 COMMIT。transaction_name 为指定事务的名称（可省略，只有前 32 个字符会被系统识别），@tran_name_variable 用变量来指定事务的名称。

【例 7-28】 删除表信息。

程序代码如下：

```
declare @tran_name varchar(32)
select @tran_name = 'Transaction_delete'
begin transaction @tran_name
    use 信息管理
    go
    delete from 学生  where 学号= '040218'
    go
    delete from 成绩  where 学号= '040218'
    go
commit transaction Transaction_delete
go
```

2．隐式事务

隐式事务指当前事务在提交或回滚后，自动启动新事务，即 SQL Server 将在提交或回滚当前事务后无需描述事务的开始（即不需使用 BEGIN TRANSACTION 语句来标识显式事务的开始），只需提交或回滚每个事务（只要用 COMMIT TRANSACTION 或 COMMIT WORK 与 ROLLBACK TRANSACTION 或 ROLLBACK WORK 来标识事务的结束与提交或回滚）。隐式事务模式生成连续的事务链。

通过 Set Implicit_Trasaction on / off 可将隐式事务模式打开或关闭。在连接将隐式事务模式设置为打开后，当 SQL Server 首次执行表 7-13 中的语句时，会自动启动一个事务。

表 7-13　SQL Server 中自动启动事务的语句

所有的 CREATE	所有的 DROP	OPEN	ALTER TABLE
UPDATE	INSERT	DELETE	REVOKE
SELECT	FETCH	GRANT	TRUNCATE TABLE

【例 7-29】 插入表信息。

程序代码如下：

```
Set Implicit_Trasaction on
USE 信息管理
go
SELECT * from 学生  where 学号='040258'
COMMIT TRANSACTION
Set Implicit_Trasaction off
```

3．自动提交事务

自动提交模式是 SQL Server 的默认事务管理模式。每条单独的语句都是一个事务，Transact-SQL 语句在完成时，都被提交或回滚。如果一个语句成功地完成，则提交该语句；如果遇到错误，则回滚该语句。只要自动提交模式没有被显式或隐性事务替代，SQL Server 连接就以该默认模式进行操作。

4．事务回滚

事务回滚是指，当事务中的某一语句执行失败时将恢复到事务执行前或某个指定位置（某个保存点）。事务回滚使用 ROLLBACK TRANSACTION 可返回事务开始时所处的状态，并释放由事务占用的资源。ROLLBACK TRANSACTION 命令语法如下：

```
ROLLBACK [TRAN[SACTION] [transaction_name | @tran_name_variable
                        | savepoint_name | @savepoint_variable] ]
```

其中，savepoint_name 和@savepoint_variable 参数用于指定回滚到某一指定位置，如果要让事务回滚到指定位置则需要在事务中设定保存点。保存点名称由 SAVE TRANSACTION {savepoint_name | @savepoint_variable}语句设定。保存点是指定其所在位置之前的事务语句，不能回滚的语句，即此语句前面的操作被视为有效。

【例 7-30】 删除表信息。

程序代码如下：

```
begin transaction my_transaction_delete
    use 信息管理
    go
    delete from 学生 where 学号= '040218'
      save transaction after_delete
    delete from 成绩  where 学号= '040298'
    if @@error!=0 or @@rowcount=0 then
    begin
      rollback tran after_delete /* 回滚到保存点 after_delete
      如果使用 rollback my_transaction_delete 则会回滚到事务开始前*/
      commit tran
      print  '更新员工信息表时产生错误'
      return
    end
commit transaction my_transaction_delete
    go
```

若不指定回滚的事务名称或保存点，则 ROLLBACK TRANSACTION 命令会将事务回滚到事务执行前，若事务是嵌套的则会回滚到最靠近的 BEGIN TRANSACTION 命令前。

本 章 小 结

SQL Server 2005 中运用 Transact-SQL 语言可进行一系列的程序设计，其中涉及到用于说明的注释语句、由一组 Transact-SQL 语句组成的批处理、用来改变程序执行流程的 GOTO 语句、返回语句（RETURN）、PRINT 命令、事务机制、Transact-SQL 语法规则等。SQL Server 2005 的变量和程序流控制语句（IF...ELSE 条件判断结构、BEGIN...END 语句块、CASE 结构、WHILE 循环结构与 WAITFOR 延迟等待语句）可用于数据类型设置、变量与函数的设置运用及控制 Transact-SQL 语句、语句块或存储过程的执行流程。

在 SQL Server 2005 中，每个列、局部变量、表达式和参数都有一个相关的数据类型，数据类型是指以数据的表现方式和存储结构来划分的数据种类（具体见附录）。在 SQL Server 中数据有两种表示特征：类型和长度。本章讲述了运算符和两种变量（局部变量和全局变量）。运算符是一种符号，用来指定要在一个或多个表达式中执行的操作，执行列、常量或变量的数学运算和比较操作。运算符包括算术运算符、位运算符、比较运算符、逻辑运算符、赋值运算符和字符串运算符等。

思考与练习

一、选择题

1. 使用局部变量名称前必须以_____开头。

    A. @　　　　　　　　B. @@　　　　　　　C. local　　　　　　D. ##

2. 局部变量必须先用_____命令声明。

    A. INT　　　　　　　B. DECLARE　　　　　C. PUBLIC　　　　　D. ANNOUCE

3. SQL Server 2005 中支持的注释语句为_____。

    A. /* ... */　　　　　B. /! ...!/　　　　　　C. /# ... #/　　　　　D. = =

4. SQL 语言中，下列不是逻辑运算符号的为_____。

    A. AND　　　　　　　B. NOT　　　　　　　C. OR　　　　　　　D. NOR

5. IF...ELSE 语句具有_____功能。

    A. 智能判断　　　　　B. 产生别的　　　　　C. 循环测试　　　　　D. 多分支赋值

6. SQL 语言中，BEGIN...END 用来定义一个_____。

    A. 过程块　　　　　　B. 方法块　　　　　　C. 语句块　　　　　　D. 对象块

二、思考与实验

1. 简述一个程序应该由哪些要素组成？什么是批处理？简述其作用。

2. 什么是事务？简述其效用及其属性和模式。什么是数据类型？简述其分类。

3. 试问日期的输入格式可分为哪几类？简述其具体内容。

4. 试述变量的分类及局部变量的定义和赋值。简述运算符的内涵与分类。

5. @Z 是使用 DECLARE 语句声明的变量，试问其是全局变量还是局部变量，能对该变量赋值的语句为下列哪一个？

    A. @Z=789　　　　　B. SET @Z=456　　　C. LET @Z=123　　D. SELECT @Z=100

6. 简述全局变量@@ERROR、@@SERVERNAME、@@VERSION、@@ROWCOUNT、@@REMSERVER 和@@CONNECTIONS 的含义。

7. 试计算下列函数的值：SUBSTRING("计算机世界",5,4)、LEN("计算机")、ASC("S")、SIGN(–56)、LOWER(MYGOD)、STR(478.4,5)、upper('sun')、char(66)、ascii('g')、right('SQL Server',5)、left(right('SQL Server',6),4)。

8. 试述 SQL Server 2005 中提供的主要流控制语句及功能。

9. 简述下列程序的运行结果，并完成实验验证。

```
declare  @x int,  @y int,  @z int
select  @x = 2,  @y =3,  @z=5
    if  @x > @y
      print 'x > y '
    else  if @y > @z
      print 'y > z'
    else print 'z > y'
```

10. 简述 CASE 结构分类及执行过程。

11. 简述下列程序的运行结果，并完成实验验证。

```
declare @r int, @s int, @t int
    select @r = 3, @s=4
    while @r < 6
    begin
    print @r                          --打印变量 x 的值
    while @s < 5
        begin    select @t = 100*@r + @s
        print @t                      --打印变量 t 的值
        select @s = @s + 1
        end
    select @r = @r + 2
    select @s = 1
    end
```

12. 简述 WAITFOR 语句的内涵与作用，并举例和完成实验验证。

第 8 章 数据查询操作

本章主要介绍了对数据库内容进行操作时经常要用到的几个 SQL 语句：查询、插入、删除和修改。首先给出了 SQL Server 2005 中用于数据查询的 SELECT 语句的语法格式，然后介绍了如何在查询设计器和查询编辑器中设计、编辑和执行 SELECT 语句，进而对 SELECT 语法中各主要子句进行分析。最后介绍了用于数据更新的 INSERT、UPDATE 和 DELETE 语句。

8.1 SELECT 语句基础

在数据库应用中，数据查询是通过 SELECT 语句来完成的，SELECT 语法提供了强大的查询操作能力，可以查询一个或多个表；对查询列进行筛选和计算；对查询行进行分组、分组过滤和排序；甚至可以在一个 SELECT 语句中嵌套另一个 SELECT 语句。当然，每一项功能都要由相应的参数来完成，因此 SELECT 完整的语法比较复杂。

对于数据库开发人员来说，随时可以通过联机手册查阅此 SELECT 语法，同时可以借助于查询编辑器辅助生成、编辑和执行 SELECT 语句。一开始，只要能够借助于查询编辑器辅助生成 SELECT 语句，能够看懂它，并能够在本书或其他资料的帮助下按照需要进行修改就可以了。下面先给出完整的 SELECT 语法用做参考，然后分析主要子句，再通过一些相对独立的实例来逐条解析 SELECT 语法。

8.1.1 SELECT 语句的语法格式

SELECT 语句从数据库中检索行，并允许从一个或多个表中选择一个或多个行或列。

其比较完整的语法结构如下：

```
[WITH expression_name [ ( column_name [ ,...n ] ) ]  AS (CTE_query_definition)
[ ,...n ] ]
 {SELECT [ALL | DISTINCT][TOP expression [PERCENT][WITH TIES]] < select_list >
[INTO new_table]
[ FROM {<table_source>}[,...n]][WHERE <search_condition>][GROUP BY [ALL]
group_by_expression [,...n]
[ WITH {CUBE|ROLLUP}]][HAVING < search_condition>]
[ORDER BY {order_by_expression | column_position [ASC|DESC]}[ ,...n ]]
[COMPUTE {{AVG|COUNT|MAX|MIN|SUM}(expression)}[,...n][BY expression[,...n]] ]
  [ <FOR Clause>][OPTION ( <query_hint> [ ,...n ] ) ]
```

各子句及部分参数简介见表 8-1。

表 8-1　SELECT 语句子句及部分参数简介

子句及部分参数	功　　能
SELECT 子句	指定由查询返回的列。select_list 描述结果集以逗号分隔的列，每个选择列通常是源表或视图列的引用，也可为表达式、常量或函数，*表示返回源表所有列
INTO 子句	指定使用结果集来创建新表。new_table 新表名称，结果将被输出到该表中
FROM 子句	指定一个或多个源表，如果是多个表可以指定连接条件，是两维数据的集合
WHERE 子句	指定行过滤条件，以限制返回符合 search_condition 条件行的输出
GROUP BY 子句	指定分组条件。根据 group_by_list 列中的值将结果集分成组。如"学生"表在"区域"列中有五个值。"GROUP BY 区域"子句将结果集分成五组对应区域值。若采用 HAVING 子句则可对分组结果进行分组过滤
HAVING 子句	指定分组过滤条件，即从 SELECT 语句的中间结果集对行进行再度筛选，该子句与 GROUP BY 子句连用，若不使用 GROUP BY 子句，其结果与 WHERE 同
ORDER BY 子句	指定结果集排序，ASC（默认）和 DESC 用于指定行是按升序还是按降序排序
COMPUTE 子句	生成合计作为附加的汇总列出现在结果集最后。当带 BY 时在结果集内生成分类汇总。当查询内 COMPUTE BY 和 COMPUTE 共用，则明细分类合计共现
UNION 运算符	将两个或更多查询的结果组合为单个结果集（包含联合查询中的所有查询的全部行），所有查询中的列数和列的顺序必须相同，数据类型必须兼容
WITH expression_name...	指定临时命名的结果集（公用表表达式：CTE)，该表达式源自简单查询，且在 SELECT、INSERT、UPDATE 或 DELETE 语句的执行范围内定义。公用表表达式可以包括对自身的引用。这种表达式称为递归公用表表达式
FOR 语句	指定数据的返回形式：BROWSE 或 XML，两者是是无关的选项
OPTION 子句	指定应在整个查询中使用所指定的查询提示

显然，**SELECT** 语句的完整语法较复杂，但其主要子句语法可归纳如下：

```
SELECT select_list [ INTO new_table ]
[FROM table_source ][ WHERE search_condition]
    [GROUP BY group_by_list][HAVING search_condition]
        [ORDER BY order_expression [ASC|DESC]]
```

8.1.2　SELECT 语句的执行方式

可以借助于 SQL Server 2005 自带的查询编辑器辅助生成和执行 SELECT 语句，具体过程陈述如下：

（1）单击"开始" ⇨ "程序" ⇨ "Microsoft SQL Server 2005" ⇨ "SQL Server Management Studio"，打开 SQL Server 管理平台，将管理平台左侧的"对象资源管理器"展开到"数据库" ⇨ "信息管理" ⇨ "表"，如图 8-1 所示。其中，"信息管理"是教材实例数据库，"班级"、"成绩"、"课程"和"学生"四个表是教材实例表。

（2）选中右侧窗口中的"班级"表，执行如图 8-2 所示菜单，将显示查询编辑器窗口。

（3）通过查询编辑器窗口（如图 8-3 所示）可以新建查询、连接数据库、执行 SQL 语句，结果将以网格或文本格式显示。若单击图 8-3 查询编辑器窗口中的"执行"按钮，窗体中以网格形式显示表"班级"中的数据。

图 8-1　管理平台窗口

图 8-2　打开查询编辑器图

（4）在查询编辑器窗口中，除了菜单栏和工具栏，主要包括三部分：左侧为对象资源管理器、右上部为 SQL 窗格、右下部为结果窗格。单击图中"在编辑器中设计查询"按钮，或在右窗格单击鼠标右键，从弹出的快捷菜单中选择"在编辑器中设计查询修改"命令，将显示如图 8-4 所示查询设计器窗口。

查询设计器由三个窗格组成：从上到下依次为关系图窗格、网格窗格以及 SQL 窗格。

- "关系图窗格"显示正在查询的表和其他表结构化对象（如视图）。每个矩形代表一个表或表结构化对象，并显示可用的数据列以及表示每列如何用于查询的图标。在矩形之间连线表示连接。
- "网格窗格"包含一个类似电子表格的网格，用户可以在其中指定选项，比如要显示哪些数据列、要选择什么行、如何对各行进行分组等。

图 8-3　查询编辑器窗口

- "SQL 窗格"显示用于查询或视图的 SQL 语句。可以对设计器所创建的 SQL 语句进行编辑，也可以输入 SQL 语句。对于不能用关系图窗格和网格窗格创建的 SQL 语句（如联合查询），可以在这里输入 SQL 语句。

注意：当运行时会出现运行结果窗口。

（5）通过查询设计器可以用图形化方式设计查询，可以通过鼠标右键添加和删除表，进而在查询设计器中设计查询：如在关系图窗格中选择可用的数据列，在网格窗格中则会显示出对应的字段列，而在 SQL 窗格中也会显示查询或视图的 SQL 语句，如图 8-4 所示。

图 8-4　查询设计器及其查询设计对话框

由上述可见，可以在任意窗格内进行操作以创建查询，如果在关系图窗格中选择某列，该列将被输入到网格窗格中，同时 SQL 窗格中 SQL 语句会有相应的变化。关系图窗格、网格窗格和 SQL 窗格是同步的运行：当在某一窗格中进行更改时，其他窗格会自动作出相应的更改。

至此，我们对查询设计器有了初步认识。借助于查询设计器可以直观地生成 SELECT 语句。

设计完查询后，单击图 8-4 在查询设计器中设计查询窗口中的"确定"按钮，可以将 SELECT 语句结果插入到 SQL Server 2005 的查询编辑器主窗口中，并可在其中执行显示。同学们作为练习不妨尝试一下。

8.1.3　简单查询

虽然 SELECT 语句的完整语法比较复杂，但是大多数 SELECT 语句都描述结果集的四个主要属性：
- 结果集中的列的数量和属性。对于每个结果集列来说，必须定义下列属性。
  ➢列的数据类型、列的大小以及数值列的精度和小数位数。
  ➢返回到列中的数据值的源。
- 结果集从中检索数据的表，以及这些表之间的所有逻辑关系。
- 为了符合 SELECT 语句的要求，源表中的行所必须符合达到的条件，否则将忽略。
- 结果集行的排列顺序。

【例 8-1】试用查询编辑器辅助生成 SELECT 语句，要求设计一个查找学分超过 300 的学生的学号、姓名以及学分，并按学分升序排列，产生的 SQL 语句如下，结果如图 8-5 所示。

程序代码如下：

```
SELECT 学号，姓名，学分
    FROM 学生  WHERE (学分 > 300)  ORDER BY 学分 ASC
```

说明：在 SELECT 关键字之后所列出的列名（学号、姓名和学分）形成选择列表。它指定结果集有三列，并且每一列都具有学生表中相关列的名称、数据类型和大小。因为 FROM 子句仅指定了一个表，所以 SELECT 语句中的所有列名都引用该表中的列。FROM 子句仅列出学生这一个表，该表作为数据源被用来检索数据。WHERE 子句指定在学生表中，只有学分列中的值超过 300 学分，该值所在的行才符合这个 SELECT 语句的要求。ORDER BY 子句指定结果集将基于学分列中的值按照升序进行排序。

图 8-5 用查询编辑器设计查询示意图

8.2 使用 FROM 子句

在每一条要从表或视图中检索数据的 SELCET 语句中，都需要使用 FROM 子句。用 FROM 子句可以：

- 列出选择列表和 WHERE 子句中所引用的列所在的表和视图。可用 AS 子句为表和视图的名称指定别名。
- 连接类型。这些类型由 ON 子句中指定的连接条件限定。

FROM 子句的简单语法格式如下：

```
FROM {<table_source>}[ ,...n ]
```

说明：<table_source>指定 SELECT 语句的表和连接表。FROM 子句是用逗号分隔的表名、视图名和 JOIN 子句的列表。FROM 子句可以指定一个或多个表或视图。

【例 8-2】 SELECT 语句中 FROM 的单表或视图应用。

程序代码如下：

```
SELECT  *  FROM 学生
```

【例 8-3】两个表或视图之间的连接应用，结果如图 8-6 所示。

程序代码如下：

```
SELECT  学生.姓名,成绩.课程名,成绩.
成绩
FROM  学生 INNER JOIN  成绩 ON 学
生.学号=成绩.学号
```

注意：可用 AS 子句为表和视图的名称指定别名，也可以为列指定别名。

```
SELECT  学生信息.姓名,成绩.课程名,
成绩.成绩 AS 当前成绩
FROM  学生 AS 学生信息 INNER JOIN
          成绩 ON 学生信息.
```

图 8-6 例 8-3 查询设计运行结果示意图

学号 = 成绩.学号

用光标在两表的学号字段间拖动，可形成表间关系，如图 8-6 所示。

8.3 SELECT 子句

最简单的访问数据库的 SELECT 语法为：

```
SELECT select_list FROM table_list
```

典型 SELECT 子句语法格式如下：

```
SELECT [ ALL | DISTINCT ][ TOP  expression [ PERCENT ] [ WITH TIES ] ]
    {* | {table_name | view_name | table_alias}.* |{ column_name |[ ]expression
|$IDENTITY
    | $ROWGUID} |udt_column_name[{.|::} {{property_name | field_name }
    | method_name(argument [,...n] ) } ] ][[AS] column_alias]|column_alias =
expression }[ ,...n ]
```

部分参数含义说明如下：

- ALL：指定在结果集中可以显示重复行。ALL 是默认设置。
- DISTINCT：指定在结果集中只能显示唯一行。为了 DISTINCT 关键字的用途，空值被认为相等。
- TOP expression /PERCENT：指定只从查询结果集中输出前 expression 行，介于 4 294 967 295 ~ 0 间的整数。PERCENT 则只从结果集中输出前百分数（0 ~ 100 间的整数）行。
- 如果查询包含 ORDER BY 子句，将输出由 ORDER BY 子句排序的前 n 行（或前百分之 n 行）。如果查询没有 ORDER BY 子句，行的顺序将任意。
- WITH TIES：指定从结果集中返回附加行，若含 ORDER BY 则只能为 TOP ...WITH TIES。
- select_list：是一个逗号分隔的表达式列表，每个表达式定义结果集中的一列。表达式通常是对 FROM 子句中指定的数据源（表或视图）的列的引用，但也可能是其他表达式，例如常量或 Transact–SQL 函数。在选择列表中使用
- *表达式：指定返回由 FROM 子句指定的数据源的所有列。
- table_name | view_name | table_alias.*：将*的作用域限制为指定的表或视图。
- column_name：是要返回的列名。
- expression：是列名、常量、函数以及由运算符连接的列名、常量和函数的任意组合，或者是子查询。
- IDENTITYCOL：返回标识列。如果 FROM 子句中的多个表内有包含 IDENTITY 属性的列，则必须用特定的表名（如 T1.IDENTITYCOL）限定 IDENTITYCOL。
- ROWGUIDCOL：返回行全局唯一标识列。如果在 FROM 子句中有多个表具有 ROWGUIDCOL 属性，则必须用特定的表名（如 T1.ROWGUIDCOL）限定 ROWGUIDCOL。
- column_alias：是查询结果集内替换列名的可选名——别名。如为名为 quantity 的列指定 "Quantity to Date"，别名重要的是用于为表达式结果指定名称。

1. 选择所有列

在 SELECT 语句中，星号（*）具有特殊的意义：

当未使用限定符指定时，星号解析为对 FROM 子句中所指定的所有表或视图中的所有列的引用。如检索学生表中的所有学生信息：

```
SELECT *  FROM 学生
```

当使用表或视图名称进行限定时，星号解析为对该表或视图中的所有列的引用。如使用星号来引用"成绩"表中的所有列（"成绩"表由学号、课程名、课程号、成绩和补考成绩 5 列组成）：

```
SELECT    学生.班级编号, 学生.姓名, 成绩.*
FROM      学生 INNER JOIN  成绩 ON 学生.学号= 成绩.学号
```

结果如下：

班级编号	姓名	学号	课程名	课程号	成绩	补考成绩
04021111	李 强	040211	数学	030101	95	0
04021110	刘华德	040212	英语	030102	85	0
04021101	许 慧	040210	思想品德	030103	83	0
04021115	王海霞	040219	计算机	030105	84	0
04021123	林 颐	040218	法律	030104	95	0
04021125	陈顺发	031101	财经应用文	030106	85	0
04021000	黎和生	031102	金融	030108	83	0

2．选择指定输出列

如果把上面查询的"SELECT 学生.班级编号, 学生.姓名, 成绩.*"改为"SELECT * "，则结果集为"学生"表的 8 列加"成绩"表的 5 列共 13 列。实际应用中，可根据需要在 SELECT 子句中指定列名来只选择需要的列，各列之间用逗号分隔，查询结果中数据的排列顺序为列名的列表顺序。如：

```
SELECT    学生.班级编号, 学生.姓名, 成绩.课程名, 成绩.成绩
FROM      学生 INNER JOIN
               成绩 ON 学生.学号= 成绩.学号
```

在选择列表中，对列的指定还可包括指定别名（例如，班级编号 AS "班级 编号"）或其他表达式，例如：成绩=成绩* 1.15 或 SUM(成绩)。

3．在查询结果集中加入常量

当字符列串联起来时，为了保证正确的格式和可读性，需要在其中包含字符串常量。如下示例将课程号和课程名列合并成一列。在合并后的新列中，字符串'-'将名称的两个部分分开。

```
SELECT 课程号 + '-' + 课程名 AS 课程信息  FROM 成绩
```

4．选择列表中的计算表达式

选择列表可包含通过对一个或多个简单表达式应用运算符而创建的表达式。这使结果集中得以包含基表中不存在、但是由存储在基表中的值计算而来的值。这些结果集列被称为导出列，叙述如下：

（1）对数字列或常量使用算术运算符或函数进行的计算和运算，如下例：

```
SELECT 学号, 课程名, ROUND((成绩 * 1.05),-1) AS 期望成绩
FROM 成绩
```

（2）数据类型转换（CAST，数据类型显式转换），如下例：

```
SELECT 学号, (课程名 + CAST(成绩 AS VARCHAR(4))) AS 课程成绩
FROM 成绩
```

（3）CASE 函数：

```
SELECT *,
    CASE 课程号
        WHEN 030101 THEN ROUND((成绩 * 1.03),-1)
        WHEN 030102 THEN ROUND((成绩 * 1.04),-1)
        WHEN 030105 THEN ROUND((成绩 * 1.05),-1)
        ELSE ROUND((成绩 * 1.01),-1)
    END
    AS 期望成绩  FROM 成绩
```

（4）子查询：

```
SELECT 学号, 姓名,
       ( SELECT AVG(成绩.成绩)
         FROM 成绩
         WHERE 成绩.学号 =学生.学号 )
AS 平均成绩    FROM 学生
```

通过在带有算术运算符、函数、转换或嵌套查询的选择列表中使用数字列或数字常量，对数据进行计算和运算。如算术运算符（+、-、/、*、%）表示进行加、减、除、乘和取模。执行加、减、除和乘的算术运算符可用于任何数字列或表达式（int、smallint、tinyint、decimal、numeric、float、real、money 或 smallmoney）中。模运算符只能用于 int 列、smallint 列、tinyint 列或表达式中。也可使用日期函数或常规加或减数学运算符对 datetime 和 smalldatetime 列进行算术运算。

5. 指定别名

在 SELECT 列表语句中，可以为所选择列指定别名。其格式为：

列表达式 AS 列别名

或

列表达式 列别名

或

列别名 = 列表达式

列别名是一个标识符，若该名称是遵循标识符规则的常规标识符，那么就不需要分隔。否则，则必须使用方括号（[]）、双引号（""）或单引号（''）对其进行分隔。

【例 8-4】试用成绩表设计一例包含指定别名的三种格式的应用，结果如图 8-7 所示。

程序代码如下：

```
SELECT 学号 学生学号, (课程名+ CAST(成绩 AS VARCHAR(4))) AS 课程成绩,二次考试成绩=
补考成绩
       FROM 成绩
```

6. 使用 DISTINCT 消除重复行

SELECT 子句中的 ALL 与 DISTINCT 选项用于指定显示所有行或指定在结果集中不显示重复行。从下面两条 SELECT 语句执行结果可以看出 DISTINCT 的作用。

"SELECT 区域, 姓名 FROM 学生"与"SELECT DISTINCT 区域 FROM 学生"是不同的，前者返回的行数是学生表的行数，不会清除重复行，后者仅显示不同的，结果如图 8-8 所示。对于 DISTINCT 关键字来说，各空值将被认为是相互重复的内容。当 SELECT 语句中包括 DISTINCT 时，不论遇到多少个空值，在结果中只返回一个 NULL。

图 8-7　例 8-4 运行结果　　　　　　　　　　图 8-8　DISTINCT 执行结果比较

7. TOP 和 PERCENT 的限制效用

SELECT 子句中的 TOP expression [PERCENT]选项用于指定只从查询结果集中输出前 expression 行。n 是介于 0 ~ 4 294 967 295 之间的整数。如果还指定了 PERCENT，则只从结果集中输出前百分之 n 行。当指定时带 PERCENT 时，n 必须是介于 0 ~ 100 之间的整数。如果查询包含 ORDER BY 子句,将输出由 ORDER BY 子句排序的前 n 行(或前百分之 n 行)。如果查询没有 ORDER BY 子句, 行的顺序将任意。

【例 8-5】比较 TOP 和带 PERCENT 运行差异，结果如图 8-9 所示。

程序代码如下：

```
SELECT TOP 10 PERCENT 学号, 姓名, 班级编号,学分 FROM 学生          --带 PERCENT 语句
SELECT TOP  10 学号, 姓名, 班级编号,学分 FROM 学生
```

如果查询包含 ORDER BY 子句和 TOP 子句, WITH TIES 将非常有用。如果设置该选项，并且截止在 ORDER BY 子句中具有相同值的一组行中间, 则查询将扩大范围直到包含所有这样的行, 语句如下, 实例比较如图 8-10 所示。

```
SELECT Top 4 WITH TIES * FROM 学生  ORDER BY 区域
```

图 8-9　比较带 PERCENT 差异的结果　　　　图 8-10　比较带 WITH TIES 差异的结果

8. 无 FROM 子句的 SELECT 语句

不带 FROM 子句的 SELECT 语句是那些不从数据库内的任何表中选择数据的 SELECT 语句, 仅从局部变量或不对列进行操作的 Transact-SQL 函数中选择数据。

【例 8-6】不带 FROM 子句的 SELECT 语句实例，假设局部变量已说明。

程序代码如下：

```
SELECT 1+2
SELECT @MyIntVariable
SELECT @@VERSION
SELECT DB_ID('Northwind')
```

8.4　WHERE 子句的使用

SELECT 语句中的 WHERE 子句是筛选选项。WHERE 子句指定一系列搜索条件, 只有那些满足搜索条件的行才用来构造结果集。我们称满足搜索条件的行符合参与行集的限定条件。

简约语法格式如下：

```
SELECT select_list [ FROM table_source ][ WHERE search_condition ]
```

例如，下列 SELECT 语句中的 WHERE 子句将限定只选择区域为华东的行：

```
SELECT * FROM 学生 WHERE (区域 = '华东')
```

WHERE 子句中的搜索条件或限定条件见表 8-2。

表 8-2　WHERE 子句使用中限定条件

条件类别	运　算　符	说　　明
比较运算符	=、>、<、>=、<=、<>	表达式间比较，包括数字、字符、日期型比较
逻辑运算符	AND、OR、NOT	对两个表达式进行与、或、非的运算
范围运算符	BETWEEN、NOT BETWEEN	搜索值是否在范围内
列表运算符	IN、NOT IN	查询值是否属于列表值之一
模糊匹配符	LIKE、NOT LIKE	字符串进行模糊匹配
空值运算符	IS NULL、IS NOT NULL	查询值是否为 NULL 等

下面将详细介绍表 8-2 中罗列的条件类别在 WHERE 子句中的使用方法与功能特征。

1．比较运算符

比较运算符部分概念与方法详见第 7 章及表 8-2。形式如=、< >、<和>等。

【例 8-7】从课程表中检索学分大于等于 48 的行。

程序代码如下：

```
SELECT * FROM 课程 WHERE 学分>=48
```

2．逻辑表达式

逻辑运算符为 AND、OR 和 NOT，具体陈述如下（部分概念与方法详见第 7 章）：

* AND 和 OR 用于连接 WHERE 子句中的搜索条件。NOT 用于反转搜索条件的结果。
* AND 连接两个条件，只有当两个条件都符合时才返回 TRUE。
* OR 也用于连接两个条件，只要有一个条件符合便返回 TRUE

【例 8-8】检索"学生"表中学分大于 388，或 03 年级（学号以 03 开头）且区域在西北（区域='西北'）求学的学生信息，结果如图 8-11 所示。

程序代码如下：

```
SELECT * FROM 学生
    WHERE (学分>388) OR (区域='西北' AND 学号 LIKE '03%')
```

3．范围运算符

范围运算符包括 BETWEEN 与 NOT BETWEEN，使用 BETWEEN 表达式进行查询的效果类似于使用了>=和<=（或 NOT BETWEEN 则相反）逻辑表达式来代替。其语法格式为：

```
WHERE expression [NOT] BETWEEN begin_expression AND end_expression
```

【例 8-9】从"学生"表中检索学分范围在 300 ~ 425 间的行，结果如图 8-12 所示。

程序代码如下：

```
SELECT * FROM 学生
    WHERE 学分 BETWEEN 300 AND 425
```

图 8-11 例 8-8 运行结果

图 8-12 例 8-9 运行结果

4. 列表运算符

列表运算符包括 IN 与 NOT IN，IN 是确定给定值是否与子查询或列表中的值相匹配。其语法格式为：

```
WHERE  expression  [NOT] IN ( subquery | expressionlist )
```

【例 8-10】从"学生课程"表中检索学分与列表中某学分匹配的行，结果如图 8-13 所示。

程序代码如下：

```
SELECT  *   FROM 学生
        WHERE 学分 IN ( 360 , 388 , 405 )
```

5. 模糊匹配符

模糊匹配符包括 LIKE 和 NOT LIKE。LIKE 关键字用于搜索与指定模式匹配的字符串、日期或时间值。LIKE 关键字使用常规表达式包含值所要匹配的模式。模式包含要搜索的字符串，字符串中可包含 4 种通配符及其的任意组合。LIKE 的 4 种通配符含义见表 8-3，在具体使用中需将通配符和字符串用单引号括起来，见表 8-4。

表 8-3 与 LIKE 一起使用的通配符

通 配 符	含 义
_（下画线）	任何单个字符
%（百分号）	包含 0 个或多字符的任意字符串
[ ]	在指定范围（例如 [a-f]或[abcdef]）内的任何单个字符
[^]	不在指定范围（例如 [^a-c]或[^abc]）内的任何单个字符

表 8-4 LIKE 通配符的运用

实 例	效 果
LIKE 'Mc%'	将搜索以字母 Mc 开头的所有字符串（如 McBadden）
LIKE '%inger'	将搜索以字母 inger 结尾的所有字符串（如 Ringer、Stringer）
LIKE '%en%'	将搜索在任何位置包含字母 en 的所有字符串（如 Bennet、Green、McBadden）
LIKE '_heryl'	将搜索以字母 heryl 结尾的所有 6 个字母的名称（如 Cheryl、Sheryl）
LIKE [CK]ars[eo]n'	将搜索下列字符串：Carsen、Karsen、Carson 和 Karson（如 Carson）
LIKE '[M-Z]inger'	将搜索以字符串 inger 结尾、以从 M ~ Z 的任何单个字母开头的所有名称（如 Ringer）
LIKE 'M[^c]%'	将搜索以字母 M 开头，并且第二个字母不是 c 的所有名称（如 MacFeather）

【例 8-11】从"课程"表中检索出课程名末尾字符为"学"的课程，结果如图 8-14 所示。

程序代码如下：

```
SELECT *  FROM 课程  WHERE 课程名 LIKE '%学'
```

6. 空值运算符

空值范围运算符包括空值 NULL 和非空 NOT NULL。空值通常表示未知、不可用或将在以后添加的数据。空值不同于零和空格，它不占任何存储空间。空值用以区分输入的是零（数值列）或空白（字符列）还是未输入数据，NULL 可用于数字列和字符列。

通常没有为一个列输入值时，该列的值就是空值。例如，某些学生选课后没有参加考试，有选课记录，但没有考试成绩，考试成绩为空值，这有别于参加考试但成绩为零分的。

若要测试查询中的数据是否为空值，可在 WHERE 子句中使用 IS NULL 或 IS NOT NULL 条件。

【例 8-12】试从"学生"表中检索姓名不为 NULL 的行，运行结果如图 8-15 所示。

程序代码如下：

```
SELECT *  FROM 学生
    WHERE 姓名 IS NOT NULL
```

图 8-13　例 8-10 运行结果　　　　图 8-14　例 8-11 运行结果　　　　图 8-15　例 8-12 运行结果

8.5　ORDER BY 排序子句

当需要对查询结果排序时，应该在 SELECT 语句中使用 ORDER BY 子句。ORDER BY 子句包括了一个或以逗号分隔的多个用于指定排序顺序的列名，排序方式可以指定，可以是升序的（ASC），也可以是降序的（DESC）。默认为升序 ASC。

注意：ORDER BY 子句必须出现在其他子句之后，ORDER BY 子句支持使用多列时查询结果将先按指定的第一列进行排序，然后再按指定的下一列进行排序。

ORDER BY 子句语法格式如下：

```
ORDER BY order_by_expression [ASC|DESC]
```

【例 8-13】按学号升序排列输出"学生"表中的学号、姓名和学分。

程序代码如下：

```
SELECT 学号, 姓名, 学分  FROM 学生  ORDER BY 学号
```

图 8-16　例 8-14 运行结果

【例 8-14】试设计语句对学生表中的输出行进行排序：首先按出区域降序排列，然后在各区域范围内按学号升序排列，运行结果如图 8-16 所示。

程序代码如下：

```
SELECT  区域，学号，姓名，学分  FROM 学生
        ORDER BY  区域 DESC , 学号
```

说明：不能对数据类型为 text 或 image 的列使用 ORDER BY。同样，在 ORDER BY 列表中也不允许使用子查询、聚合和常量表达式；不过，可以使用在 SELECT 子句中出现的聚合或表达式的别名。

【例 8-15】试对计算函数使用别名进行排序输出，运行结果如图 8-17 所示。

程序代码如下：

```
SELECT 学生.姓名，成绩.课程名，成绩.成绩 + 5  AS 理想成绩
    FROM 成绩 INNER JOIN  学生 ON 成绩.学号 = 学生.学号
    ORDER BY  理想成绩 DESC
```

图 8-17　例 8-15 运行结果

8.6　分　类　汇　总

在 SELECT 语句中，可以使用统计函数、GROUP BY 子句和 COMPUTE BY 子句对查询结果进行分类汇总。

8.6.1　常用统计函数

为了有效地进行数据集分类汇总、求平均值等统计，SQL Server 2005 提供了一系列统计函数（也称聚合函数），如 SUM 和 AVG 等，通过它们可在查询结果集中生成汇总值。统计函数（除 COUNT(*)以外）处理满足条件的所有行的单个列的全部值，并生成一个统计结果。常用统计函数见表 8-5。统计函数的使用方法几乎相同，通过 SELECT 语句来运行。

表 8-5　SQL Server 2005 的常用见统计函数

函　数　名	函　数　功　能
SUM([ALL | DISTINCT] expression)	返回一个数字列或计算列的总和
AVG([ALL | DISTINCT] expression)	对一个数字列或计算列求平均值
MIN(expression)	返回一个数字列或计算列的最小值
MAX(expression)	返回一个数字列或计算列的最大值
COUNT([ALL | DISTINCT] expression)	返回满足 select 语句中指定条件的记录值。ALL 针对组中每行记录计算并返回非空值数目，ALL 是默认值；DISTINCT 针对组中每行记录计算列或表达式中不同的值并返回唯一非空值数目
COUNT(*)	计算符合查询限制条件的总行数

如果没有限定子句，统计函数统计表中所有行，并生成一行汇总值。例如：

```
SELECT COUNT(*)  AS 学生数  FROM  学生
```

则返回"学生"表中的行数，也就是学生数，结果只有 1 行。

　　如果查询中有 WHERE 子句只统计满足条件的行；如果查询中有 GROUP BY 子句则每组行都将生成一行统计值。

　　【例 8-16】统计各区域学生数。注意 COUNT(*)与 COUNT(distinct 区域)等的区别，运行结果如图 8-18 所示。

　　程序代码如下：

（1）SELECT 区域 COUNT(*) AS 区域学生数 FROM 学生 GROUP B Y 区域

（2）SELECT 区域 COUNT(distinct 区域) AS 学生数 FROM 学生 GROUP BY 区域

图 8-18　例 8-16 运行结果

（3）SELECT 区域 COUNT(区域) AS 学生数 FROM 学生 GROUP BY 区域

　　【例 8-17】查询并返回商务书籍预付款平均值和 year-to-date 的销售额总和。

　　程序代码如下：

```
USE  pubs
SELECT AVG(advance),SUM(ytd_sales) FROM titles WHERE type='business'
```

8.6.2　GROUP BY 分组子句

　　在使用 SELECT 语句进行数据查询时，可以使用 GROUP BY 子句对某列数据的对查询结果进行值进行分类（分组），形成结果集，分组后每一组对应查询结果中的一行。

　　如果 SELECT 子句中包含统计函数，则计算每组的汇总值。指定 GROUP BY 时，选择列表中任一非统计表达式内的所有列都应包含在 GROUP BY 列表中，或者 GROUP BY 表达式必须与选择列表表达式完全匹配。当 SELECT 子句后的目标列中有统计函数，如果查询语句中有分组子句，则统计为分组统计，否则为对整个结果集统计。

　　GROUP BY 子句的语法格式为：

```
GROUP BY [ ALL ] group_by_expression [ ,...n ]
         [ WITH { CUBE | ROLLUP } ] [HAVING < search_condition>]
```

　　只有在 SELECT 语句包括 WHERE 子句时，ALL 关键字才有意义。如果使用 ALL 关键字，那么查询结果将包括由 GROUP BY 子句产生的所有组，即使某些组没有符合搜索条件的行；无 ALL 关键字，包含 GROUP BY 子句的 SELECT 语句将不显示未符合条件的组。当 GROUP BY 子句的和 WHERE 子句一起使用时。在进行任何分组之前，将消除不符合 WHERE 子句条件的行。参数说明如下：

- ALL：包含所有组和结果集，甚至包含不满足 WHERE 子句条件的组和结果集并对汇总列返回空值不能用 CUBE 或 ROLLUP 运算符指定 ALL。
- group_by_expression：是对其执行分组的表达式，不含 text、ntext 和 image 类型列。

- CUBE：指定在结果集内不仅包含由 GROUP BY 提供的正常行，还包含汇总行。
- ROLLUP：指定在结果集内不仅包含由 GROUP BY 提供的 正常行，还包含附加的汇总行。按层次结构顺序，从组内 的最低级别到最高级别汇总组。

【例 8-18】按区域、校名及平均学分分类查询满足学分大于 228 的行记录，结果如图 8-19 所示。

程序代码如下：

```
SELECT 区域,校名,AVG(学分)  as 平均学分
FROM 学生  WHERE 学分>228
   GROUP BY  区域,校名  ORDER BY 区域
```

8.6.3 HAVING 筛选子句

GROUP BY 子句后可以带上 HAVING 子句表达组选择条件， 组选择条件为带有函数的条件表达式，它决定着整个组记录的取 舍条件。

图 8-19 例 8-18 运行结果

HAVING 子句对 GROUP BY 子句设置条件的方式与 WHERE 子句和 SELECT 语句交互的方式 类似。WHERE 子句搜索条件在进行分组操作之前应用（行过滤）决定每一行的取舍；而 HAVING 搜索条件在进行分组操作之后应用（分组过滤）决定每一组的取舍。HAVING 语法与 WHERE 语法类 似，但 HAVING 可以包含统计函数。HAVING 子句可以引用选择列表中出现的任意项。

如果分组列包含一个空值，那么该行将成为结果中的一个组。 如果分组列包含多个空值，那么这些空值将放入一个组中。

【例 8-19】按区域、校名及平均学分分类查询满足学分大于 228 的行记录，并分组过滤平均学分大于 328 的记录。运行结果 如图 8-20 所示。

程序代码如下：

```
SELECT 区域,校名,AVG(学分)  as 平均学分
FROM 学生  WHERE 学分>228
GROUP BY 区域,校名 having  AVG(学分)>328  ORDER BY 区域
```

图 8-20 例 8-19 运行结果

8.6.4 使用 COMPUTE BY 汇总

COMPUTE 子句包括 COMPUTE 和带可选项（BY）的 COMPUTE BY 两种。COMPUTE BY 子句 使用户得以用同一 SELECT 语句既查看明细行，又查看分类汇总行；而 COMPUTE 子句使用户得 以用同一 SELECT 语句既查看明细行，又查看总计行。

COMPUTE 子句需要下列信息：

- 可选的 BY 关键字，该关键字可对一列计算指定的行统计。
- 行统计函数名称。例如，SUM、AVG、MIN、MAX 或 COUNT。
- 作用在要对其执行具体行统计函数的列。

可以计算整个结果集的汇总值，也可以计算子组的汇总值。

【例 8-20】统计成绩表中成绩的汇总值。试注意 COMPUTE 与 COMPUTE BY 及两者叠加使用 的区别，运行结果如图 8-21 所示。

程序代码如下：

（1）SELECT TOP 10 学号,课程名,成绩 FROM 成绩
order by 课程名 COMPUTE sum(成绩)

（2）SELECT TOP 10 学号,课程名,成绩 FROM 成绩 order by 课程名
COMPUTE sum(成绩) by 课程名

（3）SELECT TOP 10 学号,课程名,成绩 FROM 成绩 order by 课程名
COMPUTE sum(成绩) COMPUTE sum(成绩) by 课程名

图 8-21 例 8-20 运行结果

8.7 多表连接查询

通过连接可以根据各个表之间的逻辑关系从多个表中检索数据。连接表示如何使用一个表中的数据来选择另一个表中的行。

多表连接查询的条件通过以下方法定义两个表在查询中的关联方式：

（1）指定每个表中要用于连接的列。可在一表中指定外键，在另一表中指定关联键。

（2）指定比较各列的值时要使用的逻辑运算符（=、<>等）。

（3）SELECT 子句列前包括所用基表名，FROM 子句中包括所有基表，WHERE 子句应定义等同连接。

通常，多表操作时的连接方式就是在 SELECT 语句列中引用多个表的字段，其 FROM 子句中用半角逗号将不同的基本表隔开。等同连接条件可在 FROM 或 WHERE 子句中指定，建议在 FROM 子句中指定连接条件，这样有助于将连接条件与 WHERE 子句中可能指定的其他搜索条件分开。等同连接是指第一个基表中的一个或多个列值与另一基表中对应的一个或多个列值相等的连接。

多表连接查询语法格式分析如下：

前文 FROM{<table_source>}[,...n]中，

<table_source>::=table_name[[AS]table_alias]|< **joined_table** >

则连接查询语法格式为：

<joined_table >::={<table_source>
[INNER | {{LEFT | RIGHT}[OUTER]}]JOIN <table_source> ON <search_condition>

```
|<table_source>{CROSS | JOIN}<table_source>| left_table_source{CROSS | OUTER}
right_table_source}
```

join_type 指定连接类型——内连接、外连接或交叉连接。join_condition 定义连接条件。例如，在 FROM 子句中指定连接条件：

SELECT 学生.学号，学生.姓名，成绩.课程名，成绩.成绩
　　　　FROM 成绩 INNER JOIN 学生 ON 成绩.学号=学生.学号

又如，查询包含连接条件相同，但该连接条件在 WHERE 子句中指定（不推荐）：

SELECT 学生.学号，学生.姓名，成绩.课程名，成绩.成绩　FROM 成绩，学生
　　　　WHERE 成绩.学号 = 学生.学号

当单个查询引用多个表时，所有列引用都必须明确。在查询所引用的两个或多个表之间，任何重复的列名都必须用表名限定。如果某个列名在查询用到的两个或多个表中不重复，则对这一列的引用不必用表名限定。

连接的选择列表可以引用连接表中的所有列或列的任何子集。选择列表不必包含连接中的每个表的列。例如，在三表连接中，只能用一个表连接另外两个表，而选择列表不必引用此中间表中的任何列。虽然连接条件通常使用相等比较（=），但也可以像指定其他谓词一样指定其他比较或关系运算符。

大多数使用连接的查询可以用子查询（嵌套在其他查询中的查询）重写，反之亦然。但无法在 ntext、text 或 image 列上直接连接表。连接可分为内连接、外连接和交叉连接。

- 内连接运算。内连接使用 "=" 或 "<>" 之类的比较运算符来匹配两个表中的行，包括自然连接等。例如，检索 "学生" 表和 "成绩" 表中学号相同的所有行。
- 外连接。外连接可以是左向外连接、右向外连接或完整外部连接。在 FROM 子句中指定外连接时，可以由下列几组关键字中的一组指定。
  - ➤ 左向外联接（LEFT JOIN 或 LEFT OUTER JOIN）：通过左向外联接引用左表的所有行。如果左表的某行在右表中没有匹配行，则将为右表返回空值。
  - ➤ 右向外联接（RIGHT JOIN 或 RIGHT OUTER JOIN）：通过右向外联接引用右表的所有行。如果右表的某行在左表中没有匹配行，则将为左表返回空值。
  - ➤ 完整外部联接（FULL JOIN 或 FULL OUTER JOIN）：返回两个表中的所有行。当某行在另一个表中没有匹配行时，则另一个表的选择列表列包含空值。如果表之间有匹配行，则整个结果集行包含基表的数据值。
- 交叉连接。交叉连接返回左表中的所有行，左表中的每一行与右表中的所有行组合。交叉连接也称作笛卡尔积。

8.7.1 内连接

内连接是用比较运算符来比较要连接列值间差异的连接，是比较常用的一种数据连接查询方式。内连接使用比较运算符进行多个基表间数据的比较操作，并列出这些基表中与连接条件相匹配的所有的数据行。一般用 INNER JOIN 或 JOIN 关键字来指定内连接，它是连接查询默认的连接方式，又可分为等值连接和非等值连接等。

1. 等值连接

等值连接是在连接条件中用比较运算符中等值号（=）来比较连接列的值，并返回两个或多个表的连接列中具有相等值的行，且包括重复列。

【例 8-21】试用等值连接完成一个课程与成绩表的内连接查询，结果如图 8-22 所示。

程序代码如下：

```
SELECT b.学号,a.课程号, a.课程名, a.学时, a. 学分,b.
成绩
    FROM 课程 a  INNER JOIN 成绩 b  ON  a.课程号 = b.
课程号
```

图 8-22 例 8-21 运行结果

2. 非等值连接

非等值连接是在连接条件中使用比较运算符中非等值号来比较连接列的值，并返回两个或多个表连接成功结果值的行。可使用的比较运算符有：>、<、>=、<=和<>。也可以使用范围比较运算符中 BETWEEN 和 NOT BETWEEN 等。

【例 8-22】试用等非值连接完成"课程"表与"成绩"表的内连接查询，运行结果如图 8-23 所示。

程序代码如下：

```
SELECT b.学号,a.课程号, a.课程名, a.学时, a.学分, b.成绩
        FROM 课程 a  INNER JOIN 成绩 b  ON  a.课程号 = b.课程号 and b.成绩>=85
```

【例 8-23】试用等非值连接完成"课程"表与"成绩"表的内连接查询，并要求课程名末尾包括"学"字符，运行结果如图 8-24 所示。

程序代码如下：

```
SELECT  b.学号,a.课程号, a.课程名, a.学时, a.学分, b.成绩
        FROM 课程 a  INNER JOIN 成绩 b  ON  a.课程号 = b.课程号 and b.成绩>=80
                WHERE 课程名 LIKE '%学'
```

图 8-23 例 8-22 运行结果

图 8-24 例 8-23 运行结果

8.7.2 外连接

内连接仅当至少有一个同属于两表的行符合连接条件时才返回行，消除了与另一个表中的任何不匹配的行。而外连接会返回 FROM 子句中涉及的至少一个表或视图的所有行，只要这些行符合任何 WHERE 或 HAVING 搜索条件。

外连接通过左向外连接引用左表的所有行；通过右向外连接引用右表的所有行；完整外部连接则返回两个表中的所有行。

1．左向外连接

左向外连接的结果集包括 LEFT JOIN 或 LEFT OUTER JOIN 子句中指定的左表的所有行，而不仅仅是连接列所匹配的行。如果左表的某行在右表中没有匹配行，则在相关联的结果集行中右表的所有选择列表列均为空值。

【例 8-24】试用左向外连接完成"课程"表与"成绩"表的外连接查询，运行结果如图 8-25 所示。

程序代码如下：

```
SELECT 课程.课程号, 课程.课程名, 学号 , 成绩.课程名 AS 成绩课程名, 成绩
     FROM 课程 LEFT OUTER JOIN
     成绩 ON 课程.课程号 = 成绩.课程号
```

2．右向外连接

右向外连接是左向外连接的反向连接，它的结果集返回 RIGHT JOIN 或 RIGHT OUTER JOIN 子句中指定的右表的所有行，而不仅仅是连接列所匹配的行。如果右表的某行在左表中没有匹配行，则将为左表返回空值。

【例 8-25】试用右向外连接完成"课程"表与"成绩"表的外连接查询，运行结果如图 8-26 所示。

程序代码如下：

```
SELECT 课程.课程号, 课程.课程名, 学号,成绩.课程名 AS 成绩课程名, 成绩
     FROM 课程 RIGHT OUTER JOIN
     成绩 ON 课程.课程号 = 成绩.课程号
```

3．完整外部连接

若要在连接结果中保留不匹配的行，可使用完整外部连接语句 FULL JOIN 或 FULL OUTER JOIN。不管另一个表是否有匹配的值，结果接都包括两个表中的所有行。

【例 8-26】试用完整外连接完成"课程"表与"成绩"表的外连接查询，运行结果如图 8-27 所示。

程序代码如下：

```
SELECT 课程.课程名 AS 课程课程名, 学号,成绩.课程名 AS 成绩课程名, 成绩
     FROM 课程 FULL OUTER JOIN
     成绩 ON 课程.课程号 = 成绩.课程号
```

图 8-25　例 8-24 运行结果

图 8-26　例 8-25 运行结果

图 8-27　例 8-26 运行结果

8.7.3 交叉连接

交叉连接（CROSS JOIN）是在没有 WHERE 子句连接时，将生成来自这两个基表各行的所有可能组合，即产生连接所涉及表的"笛卡儿积"，以第一个表的行数乘以第二个表的行数等于笛卡儿积结果集的大小。

【例 8-27】试用交叉连接完成"课程"与"成绩"表的连接查询。

程序代码如下：

```
SELECT 课程.课程号，课程.课程名，学号,成绩.课程名 AS 成绩课程名，成绩
    FROM 课程 CROSS JOIN 成绩
```

分析：结果集包含 36 行（"课程"表有 4 行，"成绩"表有 9 行；4 乘以 9 等于 36）。

不过，如果添加一个 WHERE 子句，则交叉连接的作用将同内连接一样。

例如，下面的查询得到相同的结果集：

```
SELECT 课程.课程号，课程.课程名，学号,成绩.课程名 AS 成绩课程名，成绩
    FROM 课程 CROSS JOIN 成绩
        WHERE 课程.课程号 = 成绩.课程号
```

或：

```
SELECT 课程.课程号，课程.课程名，学号,成绩.课程名 AS 成绩课程名，成绩
    FROM 课程 INNER JOIN 成绩 ON 课程.课程号 = 成绩.课程号
```

8.7.4 自连接

表可以通过自连接与自身相连。自连接中一个表被引用两次，必须在 FROM 子句中使用别名区分两个引用。自连接相当于两个内容完全一样的表的连接。下面是自连接语句示例：

【例 8-28】试设计一个"学生"表的自连接，运行结果如图 8-28 所示。

程序代码如下：

```
SELECT a.学号，a.姓名，c.性别，c.班级编号，b.区域，b.校名
    FROM 学生 a  INNER JOIN 学生 b ON a.学号= b.学号
        INNER JOIN 学生 c  ON  b.学号=c.学号  WHERE a.校名='上海交通大学'
```

8.7.5 多表连接

上述多为两个表间的连接，虽然每个连接规范只连接两个表，但 FROM 子句可包含多个连接规范。这样一个查询可以连接若干（三个乃至三个以上）个表。

【例 8-29】试设计一个从三个表中查找学生学习信息的多表连接查询，运行结果如图 8-29 所示。

程序代码如下：

```
SELECT 学生.姓名，成绩.课程名，成绩.成绩，课程.学分
    FROM 学生 INNER JOIN
        成绩 ON 学生.学号 = 成绩.学号 INNER JOIN 课程 ON 成绩.课程号 = 课程.课程号
```

8.7.6 联合查询

倘若有多个不同的查询结果，但又希望将它们连接在一起，组成一组数据。SQL Server 2005 中提供的联合查询子句 UNION 子句可以完成上述议题。

用 UNION 关键字，可以在一个结果表中包含两个 SELECT 语句的结果。任一 SELECT 语句返回的所有行都可合并到 UNION 表达式的结果中。

联合查询，可以将两个或更多的查询结果集组合为一个单个结果集，该结果集包含任一

SELECT 语句返回的所有行。联合查询有别于上述的对两个表中列进行的连接查询，前者是组合两个表中的行记录，后者是匹配两个表中的列数据。

　　使用 UNION、INTERSECT 或 EXCEPT 运算符合并的所有查询必须在其目标列表中有相同数目与兼容类型的表达式。

　　【例 8-30】基于 UNION 子句设计一个三表（"学生"表、"课程"表和"成绩"表）联合查询实例，运行结果如图 8-30 所示。

　　程序代码如下：

```
SELECT top 6   学号,校名,学分 FROM   学生 UNION
    SELECT top 6 课程号,课程名,学时 FROM   课程 UNION
       SELECT top 6   辅导员, 班级编号, 学生数   FROM   班级
```

图 8-28　例 8-28 运行结果　　　图 8-29　例 8-29 运行结果　　　图 8-30　例 8-30 运行结果

8.8　子查询的运用

　　子查询是可以嵌套在外部 SELECT、INSERT、UPDATE 或 DELETE 语句的 WHERE 或 HAVING 子句内，或者其他子查询中的查询。任何允许使用表达式的地方都可以使用子查询。SQL Server 2005 中允许高达 32 层嵌套，使用表达式的地方都可以使用子查询。

8.8.1　子查询基础

　　子查询也称为内部查询或内部选择，而包含子查询的语句也称为外部查询或外部选择。子查询分为多行子查询与单值子查询。前者在通过 IN 或由 ANY 或 ALL 修改的比较运算符引入的列表上操作和通过 EXISTS 引入的存在测试；后者通过未修改的比较运算符引入返回单个值。包括子查询的条件语句通常采用以下格式中的一种：

- WHERE expression　[NOT] IN (subquery)

- WHERE expression comparison_operator [ANY | ALL] (subquery)

- WHERE [NOT] EXISTS (subquery)

下面通过一个作用在 SELECT 子句上的简单子查询实例作为引出。

```
SELECT 学号, 姓名,
        ( SELECT  MIN(成绩.成绩)  FROM 成绩
            WHERE 成绩.学号 = 学生.学号)  AS 最低成绩
FROM 学生
```

其中，括号内的子查询产生一列最低成绩作为输出列，而后无条件产生 3 列输出结果。子查询受以下条件的限制：

- 通过比较运算符引入的子查询的选择列表只能包括一个表达式或列名称（分别对 SELECT * 或列表进行 EXISTS 和 IN 操作除外）。
- 如果外部查询的 WHERE 子句包括某个列名，则该子句必须与子查询选择列表中的该列在连接上兼容。
- 由于必须返回单个值，所以由无修改的比较运算符（指其后未接关键字 ANY 或 ALL）引入的子查询不能包括 GROUP BY 和 HAVING 子句。
- 包括 GROUP BY 的子查询不能使用 DISTINCT 关键字。
- 不能指定 COMPUTE 和 INTO 子句。由子查询创建的视图不能更新。
- 只有同时指定了 TOP，才可以指定 ORDER BY。
- 通过 EXISTS 引入的子查询输出选择列表由星号（*）组成，而不使用单个列名。由于通过 EXISTS 引入的子查询进行了存在测试，并返回 TRUE 或 FALSE 而非数据，所以这些子查询的规则与标准选择列表的规则完全相同。

8.8.2 多行子查询

多行子查询或谓组值，是指执行查询语句获得的结果集中返回了多行（一组）数据信息的子查询，在子查询中可以使用 IN 关键字、EXISTS 关键字和比较操作符（SOME 与 ANY）等来连接表数据信息。

1. IN 子查询

IN 子查询可以用来确定指定的值是否与子查询或列表中的值相匹配。通过 IN（或 NOT IN）引入的子查询结果是一列值。子查询返回结果之后，外部查询将利用这些结果。IN 在使用时。有时与"OR"有同工之处，但前者更灵活。

【例 8-31】利用子查询完成查询所有成绩大于 84 分的学生的学号和姓名。

程序代码如下：

```
SELECT 学号,姓名  FROM 学生
        WHERE 学号 IN   (SELECT 学号 FROM 成绩
                                WHERE 成绩 > 84)
```

上述语句执行或验证时，首先执行括号内（嵌套内层）的子查询产生的列，然后，运行外层，可以按照设计要求输出运行结果。

【例 8-32】比较子查询中 IN 与 NOT IN 的差异，运行结果如图 8-31 所示。

程序代码如下：

```
SELECT *  FROM 学生
WHERE 学号 （not） IN
   (SELECT 学号  FROM 成绩
       WHERE 课程名='计算机')
```

2. EXISTS 子查询

EXISTS 表示存在量词，在子查询中用来测试行是否存在，子查询实际上不产生任何数据，它只返回 TRUE 或 FALSE 值。使用 EXISTS 关键字引入一个子查询时，它的作用仅在 WHERE 子句中测试子查询返回的行是否存在，就相当于进行一次存在测试。当子查询的的查询结果集合为非

空时，外层的 WHERE 子句返回真值，否则返回假值。

使用 EXISTS 引入的子查询语法如下：

```
WHERE [NOT] EXISTS (subquery)
```

【例 8-33】用 EXISTS 设计一个嵌套子查询语句程序，运行结果如图 8-32 所示。

程序代码如下：

```
SELECT * FROM 课程
WHERE EXISTS
    (SELECT * FROM 成绩 WHERE 课程名='管理学')
```

又如，查询查找所有成绩大于 84 分的学生的学号和姓名：

```
SELECT 学号，姓名 FROM 学生
    WHERE not EXISTS (SELECT * FROM 成绩 WHERE 学号 = 学生.学号 AND 成绩 > 84)
```

图 8-31 例 8-32 运行结果

图 8-32 例 8-33 运行结果

3．ANY & ALL 子查询

SQL Server 2005 中，ANY、SOME 和 ALL 都是支持在子查询中进行比较的关键字，又称为比较运算符，是比较标量值和单列集中的值。

可以用 ALL 或 ANY（SOME 是与 ANY 等效的）关键字修饰引入子查询的比较运算符。两者在功效上并不相同，因此使用时需要注意。

- ALL：表示所有，>ALL 表示大于每一个值，即大于条件中的最大值。如>ALL(5, 8, 13, 21)，表示大于 21。该式在应用时表示必须大于子查询所返回记录集中的所有比较值。显然，此时必须大于子查询集中最大的那个比较值，或须大于子查询返回值列表中的每个值。

- ANY：表示任何，（SOME 表示一些，功效等同），>ANY/SOME 表示至少大于一个值，即大于最小值即可。因此，>ANY（ 8, 13, 21, 34）表示只要大于 8 就行。该式表示要使某一行满足外部查询中指定的条件，引入子查询的列中的值必须至少大于子查询返回值列表中的一个值。

注意：关键字 IN 与"=ANY"是等价的，相应的 NOT IN 与"<> ALL"表示的意思相同。<>ANY 运算符则不同于 NOT IN：<>ANY 表示不等于 a，或者不等于 b，或者不等于 c；NOT IN 表示不等于 a、不等于 b 且不等于 c。<>ALL 与 NOT IN 表示的意思相同。

【例 8-34】查询"成绩"表中"课程名"为"数学"的同学的学号、姓名、区域和校名，运

行结果如图 8-33 所示。

程序代码如下：

```
SELECT 学号,姓名,区域,校名  FROM 学生
    WHERE 学号=ANY
        (SELECT  学号  FROM 成绩  WHERE 课程名='数学')
```

【例 8-35】查询"成绩表"中成绩大于所有/任何课程名末尾包含"学"的同学的成绩，并输出：学号、姓名、班级编号、课程名、成绩和校名，运行结果如图 8-34 所示。

程序代码如下：

```
SELECT a.学号,a.姓名,a.班级编号,b.课程名,b.成绩,a.校名
FROM 学生 a  INNER  JOIN 成绩 b  ON a.学号= b.学号  WHERE  b.成绩>all
    (SELECT  成绩 FROM 成绩 WHERE 课程名 LIKE '%学')
SELECT a.学号,a.姓名,a.班级编号,b.课程名,b.成绩,a.校名
FROM 学生 a  INNER  JOIN 成绩 b  ON a.学号= b.学号  WHERE  b.成绩>any
    (SELECT  成绩 FROM 成绩 WHERE 课程名 LIKE '%学')
```

图 8-33　例 8-34 运行结果　　　　图 8-34　例 8-35 all 与 any 关键字应用比较运行结果

8.8.3　单值子查询

单值子查询系指执行子查询语句获得的结果返回值是单值（即只有一个）的，然后将一列值与子查询返回的值进行比较，完成外层查询处理。当子查询的返回值只有一个时，可以使用比较运算符（=, >, <, >=, <=和!=）将父查询和子查询连接起来。

倘若子查询的返回值不止一个，而是一个集合时，则不能直接使用比较运算符，可以在比较运算符和子查询之间插入 ANY 或 ALL 等，诸如多行子查询中所述的。

【例 8-36】查询"学生"表中学号等于成绩表中课程名为"管理学"的学号，且按学号和姓名输出行记录信息。

程序代码如下：

```
SELECT 学号,姓名  FROM 学生
    WHERE 学号= (SELECT 学号 FROM 成绩
        WHERE 课程名='管理学')
```

8.8.4　子查询多层嵌套及应用

子查询能以多层嵌套的形式出现，嵌套查询是指在一个 SELECT 查询语句中再次使用另一个 SELECT 查询语句查询的作法，即在某一查询结果集的基础上实现另外一个查询。嵌套查询也被称为子查询。需要注意，子查询中不能有 ORDER BY 分组语句。对于一些复杂的数据查询处理或实际的应用开发，往往要用到查询的多层嵌套。

1. 子查询的多层嵌套

【例 8-37】多层（5 层）嵌套查询应用。若要完成查看哪些有关客户订购了 Bigfoot Breweries 的产品时，可使用嵌套查询方法与技巧来开发。程序运行结果如图 8-35 所示。

程序代码如下：

```
SELECT CompanyName FROM Customers
WHERE CustomerID IN(
SELECT CustomerID FROM Orders
WHERE OrderID IN(
    SELECT OrderID FROM [order details]
    WHERE ProductID IN(
        SELECT ProductID FROM  Products
            WHERE  EXISTS
            (   SELECT * FROM SuppliersWHERE CompanyName ='Bigfoot Breweries'
AND Suppliers.SupplierID = Products.SupplierID)))) ORDER BY CompanyName ASC
```

2. 子查询的灵活运用

大多数使用连接的查询可以用子查询（嵌套在其他查询中的查询）重写，并且大多数子查询可以重写为连接。

【例 8-38】基于不同方法完成以自我连接方式从成绩库中检索数学的学号、课程名，程序运行结果如图 8-36 所示。

程序代码如下：

```
SELECT 成绩.学号,成绩.课程名,COUNT(*) AS 名次
    FROM 成绩 INNER JOIN  成绩成绩_1 ON 成绩.成绩<=成绩_1.成绩
    WHERE (成绩.课程名= '数学')  AND (成绩_1.课程名= '数学')
    group by 成绩.学号,成绩.课程名
    ORDER BY 名次
```

图 8-35 例 8-37 多层嵌套查询应用程序运行结果

图 8-36 例 8-38 运行结果

【例 8-39】利用嵌套子查询和"学生"表与"成绩"表完成：检索课程名末尾包含"学"且区域为"东北"或"西南"及学号前 2 位包括 03 的数据记录，并选择输出学号、姓名、班级编号、课程名、成绩、区域和校名，程序运行结果如图 8-37 所示。

程序代码如下：

```
SELECT  学生.学号, 学生.姓名, 学生.班级编号, 成绩.课程名, 成绩.成绩, 学生.区域,学生.校名
```

```
      FROM    学生 INNER JOIN   成绩 ON 学生.学号=成绩.学号
    WHERE   学生.学号 LIKE '03%' and 学生.学号 IN
        (SELECT 学生.学号      FROM 学生
      WHERE   (学生.区域='东北'  or 学生.区域='西南')  and 学生.学号 IN
                (SELECT 学号 FROM 成绩  WHERE  课程名 LIKE '%学' ))
```

【例 8-40】语句如下，要求与例 8-38 类似，但使用 EXISTS 子句，程序运行结果如图 8-38 所示。请同学们课后分析例 8-38 与例 8-39 间的差异，有何启示。

```
SELECT   学生.学号, 学生.姓名, 学生.班级编号, 成绩.课程名, 成绩.成绩, 学生.区域,学生.校名
FROM   学生 INNER JOIN  成绩 ON 学生.学号=成绩.学号  WHERE  EXISTS
    (SELECT  *  from  学生
  WHERE   学生.学号 LIKE '03%'  and  学生.学号 IN
      (SELECT 学生.学号 FROM 学生
        WHERE (学生.区域='东北'  or 学生.区域='西南')  and 学生.学号 IN
    (SELECT 学号 FROM 成绩  WHERE  课程名 LIKE '%学' )))
```

图 8-37   例 8-39 运行结果

图 8-38   例 8-40 运行结果

使用嵌套查询时应注意以下问题：

- 由谓词 EXISTS 引出的子查询 SELECT 之后通常使用通配符*。
- 不能在 ORDER BY、GROUP BY 或 COMPUTE BY 之后使用子查询。
- LOB（大对象数据）类型的字段不能作为子查询的比较条件。
- 子查询中不能使用 UNION 关键字，子查询最大嵌套层数不宜超过为 16 层。

8.9 数 据 更 新

SQL Server 2005 中对数据库内容进行更新包括添加新数据行、更改现有行中的数据和删除行，相应的 SQL 语句分别是插入（INSERT）、更改（UPDATE）和删除（DELETE）。同时，SELECT…FROM…WHERE 语句下数据更新更方便了。部分内容可参阅 6.5 节"数据管理"。

8.9.1 使用 INSERT 插入行

INSERT 语句可给表添加一个或多个新行。INSERT 语句简单的形式如下：

```
INSERT [INTO] table_or_view [(column_list)] data_values
```

此语句将使 data_values 作为一行或者多行插入已命名的表或视图中。column_list 是由逗号分隔的列名列表，用来指定为其提供数据的列。如果没有指定 column_list，表或者视图中的所有列都将接收数据。如果 column_list 没有为表或视图中的所有列命名，将在列表中没有命名的任何列中插入一个 NULL 值（或者在默认情况下为这些列定义的默认值）。在列的列表中没有指定的所有

列都必须允许 null 值或者指定的默认值。

由于 SQL Server 自动为以下类型的列生成值，INSERT 语句将不为以下类型的列指定值：

- 计算列及具有 IDENTITY 属性的列，该属性为列生成值。
- 有默认值的列，该列用 NEWID 函数生成一个唯一的 GUID 值。

所提供的数据值必须与列的列表匹配。数据值的数目必须与列数相同，每个数据值的数据类型、精度和小数位数也必须与相应的列匹配。有以下几种插入行数据方法：

（1）使用 INSERT...Values 插入行。VALUES 关键字为表的某一行指定值。值被指定为逗号分隔的标量表达式列表，表达式的数据类型、精度和小数位数须与列表对应一致。若未指定列的列表，顺序须与表或视图中列顺序一致。例如，用 VALUES 子句为 bj 表插入数据。

```
INSERT INTO  bj(班级编号, 班级名称)  VALUES(00001112, '自动化')
```

（2）使用 SELECT INTO 插入行。SELECT INTO 语句可创建一个新表，并用 SELECT 的结果集填充该表。新表的结构由选择列表中表达式的特性定义。例如：

```
SELECT  *  INTO 成绩 1  FROM 成绩  WHERE (成绩 >=80)
```

（3）使用 INSERT...SELECT 插入行。INSERT 语句中的 SELECT 子查询可用于将一个或多个其他的表或视图的值添加到表中。使用 SELECT 子查询可同时插入多行。例如：

```
INSERT INTO 成绩 1(学号, 课程名, 课程号, 成绩, 补考成绩)
    SELECT 学号, 课程名, 课程号, 成绩, 补考成绩  FROM 成绩  WHERE (成绩 < 80)
```

子查询的选择列表必须与 INSERT 语句列的列表匹配。如果没有指定列的列表，选择列表必须与正向其插入的表或视图的列匹配。

8.9.2　使用 UPDATE 更新数据

UPDATE 语句可更改表或视图中单行、行组或所有行的数据值。引用某个表或视图的 UPDATE 语句每次只能更改一个基表中数据。

UPDATE 语句包括 SET、WHERE 和 FROM 三个主要子句：

（1）使用 SET 子句更改数据。SET 子句指定要更改的列和列表（用逗号分隔），格式为 column_name = expression。表达式提供的值包含多项，如常量、从其他表或视图的列中选择值或使用复杂的表达式计算出来的值。

对所有符合 WHERE 子句搜索条件的行，将使用 SET 子句中指定的值更新指定列中的值。如果没有指定 WHERE 子句，则更新所有行。如将"成绩 1"表中所有成绩都调整为 90 分：

```
UPDATE 成绩 1
SET 成绩= 90
```

也可在更新中使用计算值。如将表中的所有成绩提高 6 分：

```
UPDATE 成绩 1
    SET 成绩 = 成绩 + 6
```

（2）使用 WHERE 子句更改数据。WHERE 子句执行指定要更新的行。

例如，用 UPDATE 语句更改"成绩 1"表中所有高等数学的成绩为 95。

```
UPDATE 成绩 1 SET 成绩= 95
    WHERE 课程名=' 高等数学 '
```

（3）使用 FROM 子句更改数据。FROM 子句指定为 SET 子句中的表达式提供值的源表或源视图，以及各个源表或视图间可选的连接条件。使用 FROM 子句可将数据从一个或多个表或视图引入要更新的表中。例如：

```
UPDATE 成绩 1 SET 成绩= 成绩.成绩   FROM 成绩
```

WHERE 成绩 1.学号=成绩.学号 AND 成绩 1.课程名=成绩.课程名 AND 成绩 1.课程名='高等数学'

8.9.3 使用 DELETE 删除行

DELETE 语句可删除表或视图中的一行或多行。DELETE 语法的简化形式为：

```
DELETE table_or_view FROM table_sources WHERE search_condition
```

table_or_view 指定要从中删除行的表或视图。table_or_view 中所有符合 WHERE 搜索条件的行都将被删除。如果没有指定 WHERE 子句，将删除 table_or_view 中的所有行。

FROM 子句指定删除时用到的额外的表或视图及连接条件，WHERE 子句限定要从 table_or_view 中删除的行。该语句不从 FROM 子句指定的表中删除行，而只从 table_or_view 指定的表中删除行。例如，删除"成绩 1"表中"课程名"是"高等数学"的所有行：

```
DELETE FROM 成绩 1
        WHERE 成绩 1.课程名='高等数学'
```

DELETE 语句不带 WHERE 条件将删除表中所有行，如：

```
DELETE 成绩 1
```

DELETE 语句只从表中删除行，表结构仍会保留在数据库中，要从数据库中删除表，必须使用 DROP TABLE 语句。

本 章 小 结

SELECT 语句可以查询一个或多个表；对查询列进行筛选和计算；对查询行进行分组、分组过滤、排序；甚至可以在一个 SELECT 语句中嵌套另一个 SELECT 语句。虽然 SELECT 语句的完整语法较复杂，但只要掌握了 SELECT 主要子句的执行顺序及功能就基本掌握了 SELECT 语句。SELECT 子句指定输出列（字段）；INTO 子句将检索结果存储到新表中；FROM 子句用于指定检索数据的来源；WHERE 指定选择行（记录）的过滤条件；GROUP BY 子句对检索到的记录进行分组；HAVING 子句指定记录辅助过滤条件（需与 ORDER BY 子句一起用）；ORDER BY 子句是对检索到的记录进行排序。

INSERT 语句可给表添加一个或多个新行。UPDATE 语句可以更改表或视图中单行、行组或所有行的数据值。DELETE 语句可删除表或视图中的一行或多行。

利用 Transact-SQL 语言和企业管理器进行数据的查询与更新各有利弊。使用企业管理器比较直观。如利用企业管理器中的查询设计器，可以很直观地生成简单的 SELECT 语句，如果操作不正确，企业管理器会显示错误信息或是提供建议。而使用 Transact-SQL 更灵活一些，同时可以保留一份 Transact-SQL 操作记录。

思考与练习

一、选择题

1. SQL 语言中，条件年龄 BETWEEN 12 AND 38 表示年龄在 12 至 38 间，且_____。

    A. 包括 12 岁和 38 岁   B. 不包括 12 岁和 38 岁

    C. 包括 12 岁但不包括 38 岁   D. 包括 38 岁但不包括 12 岁

2. FROM 子句指定一个或多个_____。

    A. 源视图   B. 源表   C. 源数据库   D. 源地址

3. 外连接应用通过左向外连接引用_____的所有行。
   A. 左表　　　　　B. 右表　　　　　C. 左视图　　　　　D. 右视图
4. EXISTS 在子查询中用来测试_____。
   A. 数据是否存在　B. 列是否存在　C. 表是否存在　D. 行是否存在
5. SQL 语言中，表达式：>ANY（10, 13,25,65），表示_____。
   A. 大于 10　　　　B. 大于 65　　　C. 大于自然数　　　D. 存在大于数
6. SQL 语言中，表达式：>ALL（15,28, 33,59），表示_____。
   A. 大于 25　　　　B. 大于 59　　　C. 大于任何数　　　D. 存在条件数
7. COMPUTE BY 子句使可以产生既有明细行，又有_____。
   A. 分类汇总行　　B. 汇总行　　　C. 合计数　　　D. 计算机数
8. 在 SQL 语言的 Select 语句中,实现投影操作的子句为_____。
   A. From　　　　　B. Select　　　C. Where　　　D. Order
9. 在 SQL 语言的 Select 语句中,实现选择操作的子句为_____。
   A. From　　　　　　　　　　B. Select
   C. Where　　　　　　　　　D. Order
10. 左向外连接的结果集包括_____ JOIN 子句中指定的左表的所有行。
    A. LEFT OUTER　　　　　　B. RIGHT OUTER
    C. INNER　　　　　　　　D. LEFT

二、思考与实验

1. 简述 SELECT 主要子句的功能。没有 FROM 子句的 SELECT 语句有什么作用？
2. 在查询分析器中选择信息管理数据库中"成绩"表中所有学生的学号和高等数学成绩。
3. 举例说明如何在 SELECT 和 FROM 子句中为列和表指定别名。
4. 举例说明 WHERE 和 HAVING 子句的相同点和不同点。
5. 举例说明内联接、外联接、交叉联接和自联接的具体应用。
6. 举例说明 GROUP BY 子句的运用。举例说明 COMPUTER BY 子句的应用。
7. 试完成实验：使用多种方法实施 INSERT 语句插入行和使用 UPDATE 语句更新表数据
8. 试完成实验：举例使用 UPDATE 语句更新数据表数据。
9. 试完成实验：先用一条命令删除成绩表中所有数据，再用一条命令删除成绩表。
10. 设学生数据库包含：学生、课程、成绩和班级表，结构见表 6-1、表 6-2、表 6-3 和表 6-4。
    即：学生（学号,姓名,性别,出生日期,班级编号,学分,区域,校名）；课程（序号,课程号,课程名,学时,学分）；成绩（学号,课程号,课程名,成绩,补考成绩）；班级（班级编号,班级名称,院系,辅导员,学生数），试用 Transact-SQL 语句完成下列实验过程：
    （1）检索出校名为"复旦大学"学生的学号、姓名、校名和学分。
    （2）检索出学分在 30~41 之间的学生的学号、姓名、校名和学分。
    （3）检索出院系为"经济与管理学院"学生的学号、姓名、班级编号、班级名称和学生数。
    （4）检索出学号为"031105"学生的学号、课程号、成绩、补考成绩、院系和辅导员。

第 9 章 视图管理

本章主要介绍 SQL Server 2005 中视图（View）的创建、修改、删除和使用。要求重点掌握使用 Transact–SQL 语言创建视图以及使用视图操纵表数据，如对表数据的插入、修改和删除等。

9.1 视图的概述

视图是从一个或多个表（物理表）中导出的虚拟表（简称虚表）。和表一样，视图包括数据列和数据行，这些数据列和数据行来源于其所引用的表（称作视图的基表），用户通过视图来浏览表中感兴趣的部分或全部数据，而数据的物理存放位置仍然在视图所引用的基表中，视图中保存的只是 SELECT 查询语句，视图是用户查看数据库表中数据的一种方式。

9.1.1 视图的优点

一个视图可以派生于一个或多个基表，也可以从其他视图中派生。视图和检索查询是用相同的语句（SQL SELECT 语句）定义的，因此很相似，但在查询和视图之间也有重大的差别，它们的不同之处是：视图存储为数据库设计的一部分，而查询则不是；视图可以加密，但查询则不能。通常，查询主要用来浏览表中的数据，而对视图中的数据进行修改时，相应的基表的数据会相应发生变化，同时，若基表的数据发生变化也可自动地反映到视图中。对视图中的数据可以像表一样进行进行查询、修改和删除等操作。视图具有以下一些优点：

（1）简化数据操作。通常用户所查询的信息可能存储在不同表中，而处理这些数据时，又可能牵涉到烦琐的多表操作，程序设计人员则可将这些内容设计到一个视图中，使用户在查询和处理数据时如同处理单个的表一样简单。只要通过简单的查询视图语句即可。

（2）提供安全保护功能。基表中存放着完整的数据，而不同用户只需了解他们感兴趣的部分数据。但检索表时用户可看到表中所有数据，而使用视图则能够限制用户只能检索和修改视图所定义的部分内容，基表的其余部分是相对不能访问的，从而提高了数据的安全性。

（3）定制数据。视图能够实现让不同的用户以不同的方式看到不同或相同的数据集。因此，当有许多不同水平的用户共用同一数据库时，这显得极为重要。

（4）有利于数据交换操作。在实际工作中，常需要在 SQL Server 与其他数据库系统或软件之间交换数据，如果数据存放在多表或多个数据库中，实现时操作就比较麻烦。这时可以通过视图将需要交换的数据集中到一个虚拟表中，从而简化数据交换操作。

（5）易于合并或分割数据。有时，由于表中数据量太大，故在表的设计时常将表进行垂直分割，但表的结构的变化却对应用程序产生不良的影响。如果使用视图就可以重新保持原有的结构关系，从而使外模式保持不变，原有的应用程序仍可通过视图来读取数据。

9.1.2 视图的分类

SQL Server 2005 中视图包括：标准视图、索引视图和分区视图三种类型。

（1）标准视图。标准视图组合了一个或多个表中的数据，用户可获得使用视图的大多数好处，包括将重点放在特定数据上及简化数据操作。

（2）索引视图。索引视图是经过计算并存储的被具体化了的视图，可以为视图创建一个唯一的聚集索引索。索引视图可显著提高某些类型查询的性能。

（3）分区视图。分区视图在一台或多台服务器间水平连接一组成员表中的分区数据。这样，数据看上去如同来自于一个表。联接同一实例中成员表的视图是一个本地分区视图。

如果视图在服务器间联接表中的数据，则它是分布式分区视图。分布式分区视图用于实现数据库服务器分开管理的有机联合，它们相互协作分担系统的处理负荷。

9.2 创 建 视 图

SQL Server 2005 提供了使用 SQL Server 管理平台和 Transact–SQL 命令两种方法来创建视图。在创建或使用视图时，应该注意如下准则：

- 视图名称必须遵循标识符的规则，对每个架构都必须唯一，该名称不得与该架构包含的任何表的名称相同。SQL Server 2005 允许嵌套视图，但嵌套不得超过 32 层。
- 不能在规则、默认值的定义中引用视图或与视图相关联；
- 不能将 AFTER 触发器与视图相关联，仅 INSTEAD OF 触发器除外。
- 视图定义不能包含 COMPUTE 子句、COMPUTE BY 子句或 INTO 关键字。
- 视图定义不包含 ORDER BY 子句，除非 SELECT 语句的选择列表中有 TOP 子句。
- 不能为视图定义全文索引与创建临时视图，也不能对临时表创建视图。
- 不能删除参与到使用 SCHEMABINDING 子句创建的视图中的视图、表或函数，除非该视图已被删除或更改而不再具有架构绑定。
- 视图定义可以包含全文查询和引用全文索引表，仍然不能对视图执行全文查询。
- 下列情况下必须指定视图中每列的名称。
  - ➢ 视图中的任何列都是从算术表达式、内置函数或常量派生而来。
  - ➢ 在视图定义包含联接时，视图中有两列或多列原应具有相同名称
  - ➢ 希望为视图中的列指定一个与其源列不同的名称。

默认情况下，由于行通过视图进行添加或更新，当其不再符合定义视图的查询的条件时，它们即从视图范围中消失。在建立视图时，SQL Server 2005 为视图保存当前会话的 QUOTED_IDENTIFIER 和 ANSI_NULLS 设置选项。当下次使用视图时，SQL Server 自动恢复它们，而忽略这两个会话选项在客户端应用程序中的当前设置状态。

9.2.1 使用 SQL Server 管理平台创建视图

使用 SQL Server 管理平台创建视图的步骤如下：

（1）启动 SQL Server 管理平台，在"对象资源管理器"中展开选定的数据库结点，右击"视图"，然后从弹出的快捷菜单中选择"新建视图"命令，如图 9-1 所示。弹出的视图设计器界面布局共有 4 个区（窗格）：关系图窗格、条件窗格（列区）、SQL 语句窗格和区和运行结果窗格。在关系图窗格区中右击空白区，在弹出的快捷菜单中选择"添加表"命令。

图 9-1　视图设计器界面布局及视图创建窗口

（2）弹出如图 9-2 所示的"添加表"对话框，其中有当前数据库内的表（tables）和视图（views）等，选择新视图的基表（或视图）后单击"添加"按钮进行添加（可以重复添加"学生""成绩""课程"多个表）。

（3）当添加了两个或多个表时，如果表之间存在相关性，则表间会自动加上连接线。如果手工连接表，则直接拖动第一个表中的连接列名放到第二个表相关列上。

（4）选择输出的字段。在表格中勾选字段左侧的复选框，可以选择在视图中被引用的字段，也可以在"条件窗格"中选择将包括在视图的数据列。

（5）限制输出的记录。在"条件窗格"的"筛选"准则中可以直接输入限制条件，在定义的视图的查询语句中，该限制条件对应于 WHERE 子句。"或..."可用于复合添加条件。

（6）还可利用"添加分组依据"命令，来增加视图的分组设置，如图 9-3 所示。

（7）验证与显示视图的数据运行结果。可以右击"条件窗格"，在弹出的快捷菜单中选择"验证 SQL 句法"和"执行 SQL"命令，也可以单击工具栏中的 ! 按钮。在最下面的"运行结果窗格"中会显示按视图定义语句生成的视图结果，如图 9-3 所示。

（8）单击 💾 按钮，在弹出对话框中输入视图名，单击"保存"按钮完成视图的创建。

图 9-2 添加选择基表（或视图）对话框   图 9-3   视图设计器中添加分组依据

9.2.2 使用 Transact-SQL 语言创建视图

在 Transact-SQL 语言中，可以用 CREATE VIEW 语句来创建视图。

1. CREATE VIEW 语句语法格式

其语法格式如下：

```
CREATE VIEW [ schema_name.]view_name [ (column [ ,...n ] ) ]
    [WITH{[ ENCRYPTION ][ SCHEMABINDING ][VIEW_METADATA] }[ ,...n ]]
    AS select_statement [ ; ][ WITH CHECK OPTION ]
```

参数含义说明如下。

- schema_name：视图所属架构的名称。
- view_name：视图名称，其必须符合标识符规则。可选择是否指定视图所有者名称。
- column：视图列名，当视图列由算术表达式、函数或常量等产生的计算列时，或 SELECT 子句所返回结果集中有多列因联接具有相同的列名时，须在创建视图时指出列名，还可在 SELECT 语句中指派列名。省略该参数时则同名。n 表示多列。
- WITH ENCRYPTION：表示在存储 CREATE VIEW 语句文本时对它进行加密。
- SCHEMABINDING：将视图绑定到基础表的架构。如果指定了 SCHEMABINDING，则不能按照将影响视图定义的方式修改基表或表。
- VIEW_METADATA：若某查询中引用该视图并且要求返回浏览模式的元数据时，系统向 DB-LIB、ODBC 和 OLE DB API 返回视图元数据信息，而不是返回基表或表。
- AS：视图要执行的操作。
- select_statement：构成视图文本的主体，是定义视图的 SELECT 语句。视图不必是具体某个表的行和列的简单子集，可以用具有任意复杂性的 SELECT 子句，可以使用函数、多个由 UNION 分隔的 SELECT 语句及多个表或其他视图来创建视图。

对于视图定义中的 SELECT 子句有以下几个限制：

- ➢ 定义视图的用户需具有查询语句所参照对象（表或视图）的 SELECT 权限。
- ➢ 不能包含 COMPUTE 或 COMPUTE BY 子句。
- ➢ 包含 ORDER BY 子句，除非在 SELECT 语句的选择列表中也含 TOP 子句。
- ➢ 不能包含 INTO 关键字和不允许引用临时表或表变量。

- **WITH CHECK OPTION**：强制视图上执行的所有数据修改语句都必须符合由 select_statement 设置的准则。这样就可以保证修改后的数据通过视图仍然可以看到，而不至于被过滤掉。

2．CREATE VIEW 语句应用实例

（1）简单的 CREATE VIEW 语句。

【例 9-1】基于"学生"表建立用来显示学号、姓名、性别和校名等信息的"学生视图 09"。
程序代码如下：

```
CREATE  VIEW 学生视图 09
    AS
    SELECT 学号,姓名,性别,校名  FROM 学生
```

单击工具栏中的"新建查询"按钮，将语句在查询窗口中编辑（注意在数据库窗口中选择相应数据库），运行结果如图 9-4 所示。

【例 9-2】使用不同于基表中的列名建立"学生列名差异视图"，视图的内容同上，运行结果如图 9-5 所示。
程序代码如下：

```
CREATE  VIEW 学生列名差异视图 (name, sex, universtity)
AS  SELECT 姓名,性别,校名  FROM 学生
```

图 9-4　例 9-1 效果

图 9-5　例 9-2 效果

【例 9-3】基于"学生"和"成绩"两个表建立"学生成绩连接视图"，它显示学生姓名、课程名、成绩和校名，如图 9-6 所示。
程序代码如下：

```
CREATE VIEW  学生成绩连接视图  AS
SELECT a.姓名,b.课程名,b.成绩,a.校名  FROM 学生 a,成绩 b  WHERE a.学号=b.学号
```

【例 9-4】基于"学生成绩连接视图"建立"学生信息复合视图"，结果如图 9-7 所示。
程序代码如下：

```
CREATE VIEW 学生信息复合视图 AS
SELECT * FROM 学生成绩连接视图 WHERE 成绩<=85
```

图 9-6　例 9-3 效果

图 9-7　例 9-4 效果

（2）使用 WITH ENCRYPTION。

【例 9-5】建立名为"学生信息安全视图"的视图，并对视图定义文本进行加密存储。结果如

图 9-8 所示。

程序代码如下：

```
CREATE VIEW 学生信息安全视图
WITH  ENCRYPTION
AS   SELECT a.姓名,b.班级名称  FROM 学生 a，班级 b
     WHERE a.班级编号=b.班级编号
```

（3）使用 WITH CHECK OPTION。

【例 9-6】建立"学生条件视图"，对成绩>85 的数据作修改。

程序代码如下：

```
CREATE VIEW 学生条件视图
AS  SELECT * FROM 成绩  WHERE 成绩>85
    WITH CHECK OPTION
```

（4）在视图中使用内置函数。

【例 9-7】按照区域计算各个区域学生的平均学分。

（注：使用函数时，必须在 CREATE VIEW 语句中为派生列指定列名。）

程序代码如下：

```
CREATE VIEW 平均学分视图
AS
    SELECT 区域,AVG(学分) as 平均学分
    FROM 学生 GROUP BY 区域
```

3. 视图存储过程语句

在 SQL Server 中有 3 个关键存储过程有助于了解视图信息，它们分别为 sp_depends、sp_help 和 sp_helptext。

存储过程 sp_depends 通过查看 sysdepends 表来确定有关数据库对象相关性的信息。该系统表指出某对象所依赖的其他对象，但不报告对当前数据库以外对象的引用。除视图外，这个系统过程可以在任何数据库对象上运行。其语法格式如下：

```
sp_depends 数据库对象名称
```

【例 9-8】显示"学生信息安全视图"依赖的对象，如图 9-9 所示。

图 9-8 例 9-5 效果　　　　　　　　图 9-9 例 9-9 效果

系统过程 sp_help 用来返回有关数据库对象的详细信息，如果不针对某一特定对象，则返回数据库中所有对象信息。其语法如下：

```
sp_help 数据库对象名称
```

【例 9-9】显示"学生列名差异视图"的详细信息，如图 9-10 所示。

系统存储过程 sp_helptext 可以从 syscomments 系统表中显示规则、默认值、未加密的存储过

程、用户定义函数、触发器或视图的文本。其语法为：

```
sp_helptext 数据库对象名称
```

【例 9-10】显示"学生成绩连接视图"的文本内容，如图 9-11 所示。

注意：使用 CREATE VIEW 语句创建视图时，不能创建临时视图，也不能以临时表作基表建立视图，而 SELECT INTO 语句需要建立临时表，所以在 CREATE VIEW 语句中不能使用 INTO 关键字。

图 9-10　例 9-10 效果

图 9-11　例 9-11 效果

9.3　修改视图

视图在使用过程中，常常会涉及因查询信息的要求变化而要进行修改等操作，在 SQL Server 2005 中提供了使用 SQL Server 管理平台和 Transact-SQL 命令两种方法来修改视图。

9.3.1　使用 SQL Server 管理平台修改视图

使用 SQL Server 管理平台可以完成：打开视图、修改视图、视图更名、查看依赖关系等管理，在此以修改视图为主，附带其他管理。具体步骤如下：

（1）启动 SQL Server 管理平台，在"对象资源管理器"中展开选定的数据库及视图结点，右击具体视图，从弹出的如图 9-12 所示的快捷菜单中选择"修改"命令。

（2）打开查询设计器，如图 9-13 所示。右击关系图窗格可进行添加表与修改关系，右击条件窗格中可以进行"添加分组依据"等操作。

图 9-12　选择"修改"

图 9-13　视图修改窗口

（3）倘若要对视图更名，则可在如图 9-12 所示的菜单中选择"重命名"命令；若要打开视图，则可在如图 9-12 所示的菜单中选择"打开"命令；依次类推，在此就不赘述了。

注意：对加密的视图无法采用 SQL Server 管理平台来修改。

9.3.2　使用 Transact-SQL 语言修改视图

当视图建立之后，可以使用 ALTER VIEW 语句修改视图定义，不影响相关的存储过程或触发器，也不更改权限。ALTER VIEW 语句的语法格式为：

```
ALTER VIEW [ schema_name.] view_name [ (column [ ,...n ])]
    [WITH{[ENCRYPTION][SCHEMABINDING][VIEW_METADATA]}[ ,...n ]]
    AS select_statement [ ; ] [WITH CHECK OPTION]
```

其结构与 CREATE VIEW 语句相同，其中 view_name 为待修改的视图名称。其他详细信息请参见 9.2.2 节的内容。

如果使用 ALTER VIEW 更改当前正在使用的视图，SQL Server 将在该视图上放一个排它架构锁。当锁已授予，并且该视图没有活动用户时，SQL Server 将从过程缓存中删除该视图的所有副本。引用该视图的现有计划将继续保留在缓存中，但当唤醒调用时将重新编译。

【例 9-10】修改"学生视图 09"，增加部分字段列。

程序代码如下：

```
ALTER VIEW 学生视图 09
AS  SELECT 学号,姓名，性别，校名，出生日期，区域，学分  FROM 学生
```

9.3.3　视图的更名

在完成视图定义后，可以在不除去和重新创建视图的条件下更改视图名称。重命名视图时，请遵循以下原则：

- 要重命名的视图必须位于当前数据库中，只能重命名当前用户所拥有的视图。
- 新名称必须遵守标识符规则。
- 数据库所有者可以更改任何用户视图的名称。

重命名视图不会更改它在视图定义文本中的名称。要在定义中更改视图名称，应直接修改视图。在 SQL Server 管理平台中对视图更名方法前已扼要叙述：

还可以使用系统过程 sp_rename 来对视图更名。sp_rename 主要用于更改当前数据库中用户创建对象（如表、列或用户定义数据类型）的名称。其语法格式为：

```
sp_rename [ @objname = ] 'object_name' ,[@newname = ] 'new_name'[ , [ @objtype
= ] 'object_type' ]
```

其中参数的意义如下：

- 'object_name'：用户对象（表、视图、列、存储过程、触发器、默认值、数据库、对象或规则）或数据类型的当前名称。
- [@newname =] 'new_name'：是指定对象的新名称。
- [@objtype =] 'object_type'：是要重命名的对象的类型。

重命名视图时，sysobjects 表中有关该视图的信息将得到更新。

【例 9-11】将"学生视图 09"重命名为"学生基本信息视图"。

程序代码如下：

```
EXEC sp_rename '学生视图 09', '学生基本信息视图'
```

实际上，上例中语句还可以写成如下形式：

```
sp_rename '学生视图 09','学生基本信息视图'
```

或：

```
sp_rename  学生视图 09,学生基本信息视图
```

9.4 删 除 视 图

在创建视图后，如果不再需要该视图，或想清除视图定义及与之相关联的权限，可以删除该视图。删除视图后，表和视图所基于的数据并不受到影响。任何使用基于已删除视图的对象的查询将会失败，除非创建了同样名称的一个视图。但是，如果新视图没有引用与之相关的对象所期待的对象，使用相关对象的查询在执行时将会失败。

9.4.1 使用 SQL Server 管理平台删除视图

在 SQL Server 管理平台中删除视图同删除其他数据库对象一样，可以按照以下方法进行：

（1）启动 SQL Server Management Studio，在"对象资源管理器"中展开选定的数据库及视图结点，右击具体视图从弹出的如图 9-14 所示的快捷菜单中选择"删除"命令。

（2）弹出如图 9-15 所示的"删除对象"对话框，单击"确定"按钮即可完成删除该视图任务。其间，还可以单击"显示依赖关系"按钮，进行相关处理。

图 9-14 选择"删除"

图 9-15 视图删除确认对话框

9.4.2 使用 Transact-SQL 语言删除视图

执行 DROP VIEW 语句也可以删除一个无用的视图。DROP VIEW 语句的语法格式为：

```
DROP VIEW {view_name} [,...n]
```

其中参数 view_name 是指要删除的视图名称。

删除视图时，将从 sysobjects、syscolumns、syscomments、sysdepends 和 sysprotects 系统表中删除视图的定义及其他有关视图的信息。还将删除视图的所有权限。

已删除的表（使用 DROP TABLE 语句除去）上的任何视图必须通过使用 DROP VIEW 显式除去。

默认情况下，将 DROP VIEW 权限授予视图所有者，该权限不可转让。然而，db_owner、db_ddladmin 和 sysadmin 角色成员可通过在 DROP VIEW 内显式指定所有者删除任何对象。

【例 9-12】用 Transact-SQL 语句删除"学生基本信息视图"（删除后再度建立，后欲用之）。

程序代码如下：

```
DROP VIEW  学生基本信息视图
CREATE  VIEW 学生基本信息视图   AS
SELECT 学号,姓名,性别,出生日期,班级编号,学分,区域,校名  FROM 学生
```

9.5 使 用 视 图

视图通常用来集中、简化和自定义每个用户对数据库的不同认识。视图可用做安全机制，方法是允许用户通过视图访问数据，而不授予用户直接访问视图基础表的权限。从（或向）Microsoft SQL Server 2005 复制数据时也可使用视图来提高性能并分隔数据。

9.5.1 视图约束与可更新视图

1．视图的约束

通过视图插入、更新数据和表相比有如下限制：

（1）在一个语句中，一次不能修改一个以上的视图基表。

（2）对视图中所有列的修改必须遵守视图基表中所定义的各种数据完整性的约束条件，要符合列的空值属性、约束、IDENTITY 属性、与表所关联的规则和默认对象等条件的限制。

（3）不允许对视图中的计算列（通过算术运算或内置函数生成的列）进行修改，也不允许对视图定义中含有统计函数或 GROUP BY 子句的视图进行修改或插入操作。

在建立视图后，可以用任一查询方式检索视图数据，对视图可使用连接、GROUP BY 子句和子查询等，以及它们的任意组合。在通过视图检索数据时不能检查到新表中所增加列的内容。相反，若从基表中删除视图所参照的部分列时，将导致无法再通过视图来检索数据。

在建立视图时，系统并不检查所参照的数据库对象是否存在。在通过视图检索数据时，SQL Server 将首先检查这些对象是否存在，如果视图的某个基表（或视图）不存在或被删除，将导致语句执行错误并返回一条错误消息。当新表重新建立后，视图可恢复使用。

2．可更新视图

当向视图中插入或更新数据时，对于可更新视图所引用的表也同步执行数据的插入和更新。可更新视图满足如下条件：

（1）创建视图定义的的列必须直接引用表列中的基础数据。即 SELECT 语句中不含聚合函数（AVG、COUNT、SUM、MIN、MAX 和 GROUPING 等）。

（2）Select 语句中不含 GROUP BY、HAVING、DISTINCT 和 UNION。

（3）不能通过表达式并通过使用计算得到的列。

（4）创建视图的 Select 语句的 From 子句需包含一个基本表。

其他诸如可更新分区视图也可在更新视图时对所引用表执行数据的更新。

9.5.2 使用视图插入表数据

SQL Server 2005 中不仅可通过视图检索基表中的数据，且当视图为可更新视图时还能向基表中插入或修改数据。但是，所插入的数据也必须符合基表中各种约束和规则的要求。

【例 9-13】通过学生基本信息视图向"学生"表中插入一行数据，并且验证表中数据的同步

更改，结果如 9-16 所示。

程序代码如下：

```
INSERT INTO 学生基本信息视图
VALUES('040111','关　梅','女',1983- 8-17,'040021110',485,'西南', '上海交通
大学')
```

图 9-16　视图插入数据与验证窗口

9.5.3　使用视图修改表数据

【例 9-14】将"学生基本信息视图"中学号为 200908 的记录设置性别为女。

程序代码如下：

```
UPDATE 学生基本信息视图
    SET 性别='女'
    WHERE 学号='200908'
```

在查询设计器中执行上述语句，可看到刚通过视图插入到"学生"表中的数据行被修改了。

9.5.4　使用视图删除表数据

【例 9-15】删除刚插入的行。

程序代码如下：

```
DELETE 学生基本信息视图　WHERE 学号='040202'
```

执行上面语句，可以看到刚通过视图插入到表中的数据行被删除。

本 章 小 结

本章主要介绍了 SQL Server 中极为重要的一个概念——视图。视图是从一个或多个表（物理表）中导出的查询结果集，虽然仍与表具有相似的结构，但它是一张虚表。和表一样，视图包括数据列和数据行，这些数据列和数据行来源于其所引用的表（称作视图的基表），用户通过视图来浏览表中感兴趣的部分或全部数据，而数据的物理存放位置仍然在视图所引用的基表中，视图中保存的只是 SELECT 查询语句。

视图以视图结构显示在用户面前的数据并不是以视图的结构存储在数据库中，而是存储在视图所引用的基表当中。视图为数据库应用提供了更为灵活的检索数据、控制数据的方法。

思考与练习

一、选择题

1. 下面几项中，关于视图叙述正确的是_____。

    A. 视图是一张虚表，所有的视图中不含有数据

    B. 用户不允许使用视图修改表数据

    C. 视图只能使用所属数据库的表，不能访问其他数据库的表

    D. 视图既可以通过表得到，也可以通过其他视图得到

2. SQL 的视图是从_____中导出的。

    A. 基本表   B. 基本库   C. 基本触发器   D. 基本语言

3. 创建视图过程中_____表示对所建信息的加密。

    A. WITH sa   B. WITH guest

    C. WITH RECOMPILE   D. WITH ENCRYPTION

4. SQL Server 2005 中，视图包括：标准视图、索引视图和_____3 种类型。

    A. 基本视图   B. 联合视图   C. 分区视图   D. 恢复视图

5. SQL Server 2005 中，删除视图使用_____命令关键字。

    A. DELETE VIEW   B. DROP VIEW   C. KILL VIEW   D. DELETE DATA

6. 通常使用 SQL Server 管理平台和_____两种方法来创建视图。

    A. Transact-SQL 语句   B. 存储过程语句   C. 企业管理器   D. 视窗软件

二、思考与实验

1. 什么是视图？视图可以用来执行哪些功能？

2. 哪些方案可以使用视图？

3. 在建立视图的时候，至少要遵循哪 5 条限制？

4. SQL Server 提供了哪些方法建立视图？

5. 应该使用什么 Transact-SQL 语句来改变视图的定义或者从数据库中删除视图？

6. 如果希望查看 Northwind 数据库中 AuthorNames 视图中的所有数据，应该使用哪个 Transact-SQL 语句？

7. 应该使用哪些 Transact-SQL 语句在视图中插入、修改和删除数据？

8. 已知有一个数据库，它存储了所有学生的信息，现在请创建一个视图，要包含该数据库中全部的学生。当需求改为选择华东区域的学生时，请用 Transact-SQL 语句创建新的视图。

9. 如何利用 Transact-SQL 语句通过视图将数据装载到表？试以一个 INSERT 语句指定一个视图名为例加以说明。

10. 如果在数据库中有一个学生基本信息视图，使用 SQL Server 管理平台和 Transact-SQL 语句如何删除该视图？

11. 试在"理工类"数据库库下建立一存储过程：从"计算机"数据表中检索出所有"CPU"大于 1000 且小于等于 1900，"内存"大于 512MB 的客户记录，按"客户号"和 CPU 分类而后再按客户号升序输出：客户号、CPU、内存、HD、CDROM，"附件"的最大值与"价格"的平均值。

第10章 存储过程与触发器

在大型数据库系统中，存储过程和触发器具有很重要的作用。存储过程是 SQL 语句和控制流语句组成的集合，触发器是一种特殊的存储过程。通过存储过程与触发器，系统可以完成复杂的事务处理与和业务规则及智能控制等。本章主要介绍存储过程和触发器的概念，分类和基本操作，及 DML 触发器和 DDL 触发器使用等。

10.1 存 储 过 程

存储过程（stored procedure）是 Transact-SQL 语句的预编译集合，这些语句在一个名称下存储并作为一个单元进行处理。调用一个存储过程时，一次性地执行过程中的所有语句。存储过程在处理被调用时由系统编译并存储在数据库中，编译后的存储过程经过优化处理，执行起来速度更快。存储过程可包含程序流、逻辑以及对数据库的查询。可以接受输入参数、输出参数、返回单个或多个结果集以及返回值。

10.1.1 存储过程基础

SQL Server 2005 不仅提供了用户自定义存储过程的功能，而且还提供了许多可作为工具使用的系统存储过程，系统存储过程用于管理 SQL Server 和显示有关数据库和用户的信息。通常，以 sP_为前缀的存储过程是 SQL Server 提供的系统存储过程；以 xP_为前缀的存储过程是扩展存储过程；关联到表上的存储过程称为触发式存储过程，当用户更新数据时被激活且自动执行。存储过程是独立于表之外的数据库对象。

1. 存储过程的优点

在 SQL Server 2005 中，Transact-SQL 编程语言是应用程序和 SQL Server 数据库之间的主要编程接口。既可在本地存储 Transact-SQL 程序，在应用程序中向 SQL Server 发送命令；也可将 Transact-SQL 程序作为存储过程存储在 SQL Server 中，在应用程序中调用存储过程。存储过程具如下优点：

- 可作为安全机制使用。即使无对应权限的用户，也可授予权限执行存储过程。
- 可在单个存储过程中执行一系列 SQL 语句和引用其他存储过程。

- 允许更快执行。存储过程在创建时即在服务器上进行编译,故执行起来比单条 SQL 语句快。若某操作需要大量 Transact-SQL 代码或需重复执行,则比批代码执行得要快。
- 接受输入参数并以输出参数的形式将多个值返回至调用过程或批处理。
- 可被另一个存储过程或触发器调用,并返回一个表示成功与否信息与状态代码值。
- 允许模块化程序设计,并可独立于程序源代码而单独修改。
- 减少网络流量。一个需要数百行 Transact-SQL 代码的操作由一条执行过程代码的单独语句就可实现,而不需要在网络中发送数百行代码。

存储过程虽然既有参数又有返回值,但是它与函数不同。存储过程的返回值只是指明执行是否成功,并且它不能像函数那样被直接用在表达式中。

2. 存储过程的分类

存储过程存储在 SQL Server 2005 服务器上,是封装复用技术与方法的体现,它支持用户声明的变量、条件执行和其他强大的编程功能。存储过程分为 3 种类型:系统存储过程、扩展存储过程、用户自定义存储过程。

(1) 系统存储过程(system stored procedure):由 SQL Server 内建,存储于源数据库中,且附有前缀 sp_,用于管理 SQL Server 和显示数据库和用户信息。在 SQL Server 2005 中,可将 GRANT、DENY 和 REVOKE 权限应用于系统存储过程。当创建一个新数据库时,一些系统存储过程会在新数据库中被自动创建。系统存储过程的类型及作用见表 10-1。通过这些类型名称用户可以很方便地找到所需的系统存储过程,以资享用。如安全性存储过程类,则是将在第 12 章要大量使用的,通过"联机手册"可以获取帮助。

表 10-1　系统存储过程类型及作用

类　　　型	作　　　　　用
活动目录存储过程	用于在 Windows 的活动目录中注册 SQL Server 实例和相应 SQL Server 数据库
目录存储过程	用于实现 ODBC 数据字典功能,并隔离 ODBC 应用程序,使之不受基础系统表更改的影响
游标存储过程	用于实现游标变量功能
数据库引擎存储过程	用于 SQL Server 数据库引擎的常规维护
数据库邮件和 SQL Mail 存储过程	用于从 SQL Server 实例内执行电子邮件操作
数据库维护计划存储过程	用于设置管理数据库性能所需的核心维护任务
分布式查询存储过程	用于实现和管理分布式查询
全文搜索存储过程	用于实现和查询全文索引
日志传送存储过程	用于配置、修改和监视日志传送配置
自动化存储过程	使标准的自动化对象能够在 Transact-SQL 批次中使用
通知服务存储过程	用于管理 SQL Server 2005 系统的通知服务
复制存储过程	用于管理复制
安全性存储过程	用于管理安全性
Profiler 存储过程	SQL Server Profiler 用于监视性能和活动
SQL Server 代理存储过程	由 SQL Server 代理用于管理计划的活动和事件驱动活动

续表

类　　　型	作　　　用
Web 任务存储过程	用于创建网页
常规扩展存储过程	提供从 SQL Server 实例到外部程序的接口，以便进行维护
XML 存储过程	用于 XML 文本管理

（2）扩展存储过程（extended stored procedure）：属于可以动态加载和运行的动态链接库（DLL），扩展存储过程允许用户使用编程语言（例如 C 语言）创建外部例程，是 SQL Server 的实例。扩展存储程序通过 xp_前缀来标识。

（3）用户自定义存储过程（user define stored procedure）：由用户自行建立，可执行用户指定任务。本章所阐述的主要是 UDSP，可以分为 Transact-SQL 或 CLR 两种类型。

- Transact-SQL 存储过程是指保存的 Transact-SQL 语句集合，可接受和返回用户提供的参数。例如，存储过程中可能包含根据客户端应用程序提供的信息在一个或多个表中插入新行所需的语句。存储过程也可能从数据库向客户端应用程序返回数据。
- CLR 存储过程是指对.NET Framework 公共语言运行时 CLR 方法的引用，可接受和返回用户提供的参数。可在.NET Framework 程序中作为类的公共静态方法实现的。该内容的创建管理可查阅"联机手册"，限于篇幅本书就不作展开了.

10.1.2　创建存储过程

通常，在 SQL Server 2005 中可使用 3 种方法来创建存储过程：
- 使用创建存储过程模板创建存储过程。
- 利用 SQL Server 管理平台创建存储过程。
- 用 Transact-SQL 语句中的 CREATE PROCEDURE 命令创建存储过程。

1．使用模板创建存储过程

使用模板创建存储过程步骤如下：

（1）启动 SQL Server Management Studio，单击菜单"视图（View）"⇨"模板资源管理器（Template Explorer）"命令。

（2）弹出如图 10-1 所示的"模板资源管理器"对话框，双击"存储过程（Stored Procedure）"中的"创建存储过程（Create Stored Procedure）"选项，打开模板文本。

（3）在对话框左侧的文本框中已提供的语句基础上进行修改或创建指定存储过程的 Transact_SQL 语句，完成后进行保存。

2．用 SQL Server 管理平台创建存储过程

（1）启动 SQL Server Management Studio，在"对象资源管理器"中展开选定的数据库结点，再展开要在其中创建过程的数据库。

（2）展开"可编程性"结点，右击"存储过程"图标，从弹出的快捷菜单中选择"新建存储过程"命令，如图 10-2 所示，弹出"存储过程"对话框。

（3）在编辑对话框的文本编辑区中，对已提供的语句进行修改或创建指定存储过程的

Transact_SQL 语句，按 Tab 或 Shift+Tab 键可以缩进存储过程的文本。

图 10-1 使用模板创建存储过程窗口

图 10-2 新建存储过程使及编辑存储窗口

（4）完成编辑后，若要检查语法，单击"分析"按钮进行分析代码分析；单击"执行"按钮，即可创建该存储过程。退出时，按要求进行文件保存。

3. 用 Transact-SQL 语句创建存储过程

SQL Server 存储过程是用 Transact–SQL 语句 CREATE PROCEDURE 创建的，并可用 ALTER PROCEDURE 语句进行修改。存储过程定义包含两个主要组成部分：过程名称及其参数的说明，以及过程的主体（其中包含执行过程操作的 Transact–SQL 语句）。

用 Transact–SQL 语句 CREATE PROCEDURE 创建存储过程的语法形式如下：

```
CREATE { PROCEDURE | PROC } 存储过程名 [ ；分组号数 ]
    [ { @参数名 数据类型 }[ VARYING ] [ = 参数的默认值 ] [ OUTPUT ] ] [ ,...n ]
    [ WITH { RECOMPILE | ENCRYPTION | RECOMPILE , ENCRYPTION } ]
    [ FOR REPLICATION ]
     AS  SQL 语句 [ ...n ]
```

其中部分参数说明如下：

- 分组号数：是可选的整数，用来对同名的过程分组，以便用一条 DROP PROCEDURE 语句即可将同组的过程一起删除。
- VARYING：用于指定作为输出参数支持的结果集（由存储过程动态构造，内容可以变化），该选项仅用于游标参数。
- OUTPUT：表示该参数是个返回参数，使用该选项的参数可把信息返回给调用过程。
- WITH RECOMPILE：表示该过程在运行时将重新编译。
- WITH ENCRYPTION：表示加密选项被指定，用户无法浏览 syscommerits 系统表中存放的定义且无法将其解密，该选项防止把过程作为 SQLServer 复制的一部分发布。
- FOR REPLICATION：指定存储过程筛选，只能在复制过程中执行。
- AS：定过程执行的操作。
- SQL 语句：是存储过程中要包含的任意数目和类型的 Transact–SQL 语句。

成功创建存储过程后，存储过程名保存在系统表 sysobiects 中，程序文本保存在系统表 syscomments 中。当存储过程第 1 次被调用时，系统会做优化处理并且生成目标代码。

创建存储过程前需要考虑下列事项：

（1）不能将 CREATE PROCEDURE 语句与其他 SQL 语句组合到单个批处理中。

（2）创建存储过程的权限默认属于数据库所有者，该所有者可将此权限授予其他用户。

（3）存储过程是数据库对象，其名称必须遵守标识符规则。

（4）只能在当前数据库中创建存储过程。

创建存储过程时，需要确定存储过程的三个组成部分：

- 所有输入参数以及传给调用者的输出参数。
- 被执行的针对数据库的操作语句，包括调用其他存储过程的语句。
- 返回给调用者的状态值，以指明调用是成功还是失败

【例10-1】创建一个带 SELECT 查询语句的存储过程，运行如图 10-3 所示。

程序代码如下：

```
use 信息管理
create proc 学生_存储过程_根据性别选择
@para1 char(2)= '男%'
as  select 学号,姓名,性别 from 学生
         where 性别=@para1
return
```

图 10-3   例 10-1 存储过程创建与带参量存储过程运行过程界面

10.1.3   执行存储过程

创建好的存储过程必然要付诸应用：即执行存储过程。在 SQL Server 2005 中，既可以使用 SQL Server 管理平台执行存储过程，也可以使用 EXECUTE 执行存储过程。

1. 用 SQL Server 管理平台执行存储过程

（1）在 SQL Server 管理平台中选择服务器及"数据库"结点，展开要在其中创建过程的数据库下"可编程性"结点，再展开"存储过程"。

（2）右击要执行的存储过程名称，从弹出的快捷菜单中选择"执行存储过程"命令。

（3）弹出如图 10-4 所示的"执行过程"对话框中，单击"确定"按钮，即可完成一个执行过程。

注意：若存储过程带有参数，则要在图 10-4 "执行过程"对话框的"值"栏中输入参数。

2. 使用 EXECUTE 语句执行存储过程

SQL Server 中可用 EXECUTE 语句运行一个存储过程，也可以令存储过程自动运行。当

图 10-4   "执行过程"对话框

一个存储过程标识为自动运行，在每次启动 SQL Server 时，该存储过程便会自动运行。

因为 EXECUTE 语句同时支持 Transact-SQL 批处理内的字符串执行，所以完整的 EXECUTE 语句语法格式包括"执行存储过程"和"执行字符串"两部分。

执行存储过程语法格式如下：

```
[{ EXEC|EXECUTE }]{[@返回状态码=]{过程名[:分组号数]|@过程名变量}}
       [[@参数名=]{参数值|@参数变量}[[OUTPUT]|[DEFAULT]][, …]]
              [WITH RECOMPILE]
```

其中部分参数说明如下：

- 返回状态码：是一个可选整型变量，用于保存存储过程的返回状态。0 表示成功执行；–1 ～ –99 表示执行出错。调用时可对该状态值进行判断，以便选择判断处理流程。
- 分组号数：同创建存储过程中的 number。
- @参数名、参数值：在给定参数值时，如果没有指定参数名，则所有参数值都必须以 CREATE PROC 语句中定义的顺序给出；若使用"@参数名=参数值"格式，则参数值无需严格按定义时的顺序出现。只要有一个参数使用了"@参数名=参数值"格式，则所有的参数都必须使用这种格式。
- OUTPUT：是指定存储过程必须返回一个参数。若该参数不是定义为 OUTPUT，则存储过程不能执行。如果指定 OUTPUT 参数的目的是为了使用其返回值，那么参数传递必须使用变量，即要用"@参数名=@参数变量"这种格式。
- WITH RECOMPILE：意为强制重新编译（计划）。若无此必要，尽量少用该选项。

【例 10-2】试执行存储过程"学生_存储过程_根据性别选择"。

程序代码如下：

```
USE 信息管理
EXEC 学生_存储过程_根据性别选择 '女'
```

10.1.4 修改存储过程

在 SQL Server 2005 中，既可以使用 SQL Server 管理平台修改存储过程，也可以使用 Transact-SQL 语句修改存储过程。

1. 用 SQL Server 管理平台修改存储过程

（1）在 SQL Server 管理平台中选择服务器及"数据库"结点，展开要在其中创建过程的数据库下"可编程性"结点，再展开"存储过程"。

（2）右击要执行的存储过程名称，从弹出的快捷菜单中选择"修改存储过程"命令。

（3）打开如图 10-5 所示的"代码编辑器"对话框中显示了 Transact-SQL 代码，可进行修改该存储过程。完成编辑后，单击"分析"按钮进行分析代码分析。单击"执行"按钮，即可执行修改好的存储过程，按提示信息确定最终完成与否。

2. 用 Transact-SQL 语句修改存储过程

Transact-SQL 语句下，如果要对存储过程

图 10-5　修改存储过程

中的语句或参数进行修改，可以先把原来的过程删除，再重建新的过程；也可使用 ALTER PROCEDURE 语句一次性地完成修改操作。

修改存储过程语句的语法格式如下：

```
ALTER { PROCEDURE | PROC } 存储过程名[; 分组号数]
    [{{@参数名 数据类型}[VARYING][=参数的默认值][OUTPUT]][, ...]
    [WITH{RECOMPILE|ENCRYPTION|RECOMPILE, ENCRYPTION}]
    [FOR REPLICATION]
    AS Transact-SQL语句[...]
```

可见，修改过程与创建过程的语法基本上是一致的，两者只是语句的第一个单词不相同。

若要修改存储过程的名称，可在管理平台中或用系统提供的 sp_rename 存储过程进行重命名操作。sp_rename 命令的语法形式如下：

```
sp_rename 更改前名字，更改后名字
```

10.1.5 查看存储过程

存储过程被创建之后，可以进行查看浏览。既可以通过 SQL Server 管理平台查看用户创建的存储过程，也可以使用系统存储过程来查看用户创建的存储过程。

1. 在 SQL Server 管理平台中查看存储过程

（1）在 SQL Server 管理平台中选择服务器，然后展开"数据库" ⇨ "可编程性" ⇨ "存储过程"结点。

（2）右击要查看的存储过程名称，如图 10-6 所示，从弹出的快捷菜单中可选择"新建存储过程"、"查看依赖关系"、"修改"和"删除"存储过程等命令。

（3）在此，选择"创建存储过程脚本为" ⇨ "CREATE 到" ⇨ "新查询编辑器窗口"，则可以看到存储过程的源代码，也可以进行修改存储过程的源代码。

2. 在 SQL Server 管理平台中查看依赖关系

（1）在 SQL Server 管理平台中选择服务器，然后展开"数据库" ⇨ "可编程性" ⇨ "存储过程"结点。

（2）右击要查看的存储过程名称，如图 10-7 所示，从弹出的快捷菜单中可选择"查看依赖关系"命令，即可浏览查看存储的依赖关系。

图 10-6 在管理平台中查看存储过程

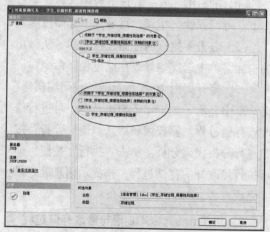

图 10-7 查看依赖关系

3. 使用系统存储过程查看创建的存储过程

使用系统存储过程可以查看相关信息，这对用于创建存储过程的 Transact-SQL 脚本文件的用户是很有用的，可获得有关存储过程的信息（如存储过程的所有者、创建时间及其参数）。可列出指定存储过程所使用的对象及使用指定存储过程的过程。此信息可用来识别那些受数据库中某个对象的更改或删除影响的过程。可供使用的系统存储过程及其语法形式如下：

（1）sp_help：报告有关数据库对象、用户定义数据类型或 SQL Server 所提供的数据类型的信息（语法格式：sp_help [[@objname =] name] ）。

（2）sp_helptext：用于显示规则、默认值、未加密的存储过程、用户定义函数、触发器或视图的文本（语法格式：sp_helptext [@objname =] name ）。

（3）sp_depends：用于显示有关数据库对象相关性的信息（语法格式：sp_depends [@objname =] 'object' ）。

（4）sp_stored_procedures：用于返回当前环境中的存储过程列表。

【例 10-3】试用系统存储过程：sp_help、sp_helptext、sp_depends、sp_stored_procedures 浏览查看查询例 10-1 所建立的"学生_存储过程_根据性别选择"用户存储过程，并比较分析结果，运行如图 10-8 所示。

图 10-8　例 10-3 运行界面

程序代码如下：

```
EXEC sp_help 学生_存储过程_根据性别选择
    EXEC sp_helptext 学生_存储过程_根据性别选择
        EXEC sp_depends 学生_存储过程_根据性别选择
            EXEC sp_stored_procedures 学生_存储过程_根据性别选择
```

10.1.6　删除存储过程

不再需要存储过程时可将其删除。如果另一个存储过程调用某个已删除的存储过程，则 SQL Server 会在执行该调用过程时显示一条错误信息。但如果定义了同名和参数相同的新存储过程来替换已删除存储过程，那么引用该过程的其他过程仍能顺利执行。

存储过程分组后，将无法删除组内的单个存储过程。删除一个存储过程会将同一组内的所有存储过程都删除。在 SQL Server 2005 中，既可以使用 SQL Server 管理平台删除存储过程，也可以使用 Transact-SQL 语句删除存储过程。

1. 在管理平台中删除存储过程

（1）在 SQL Server 管理平台中选择服务器，然后展开"数据库" ⇨ "可编程性" ⇨ "存储过程"结点。

（2）右击要执行的存储过程名称，从弹出的快捷菜单中选择"删除"命令。

（3）在弹出的"删除"对话框中，单击"确定"按钮。

2．用 Transact-SQL 语句删除存储过程

用 DROP PROCEDURE 语句删除存储过程的语法格式如下：

```
DROP PROCEDURE{存储过程名}[,…]
```

【例 10-4】删除例 10–1 创建的存储过程"学生_存储过程_根据性别选择"。

程序代码如下：

```
DROP  PROCEDURE  学生_存储过程_根据性别选择
```

10.2　触　发　器

触发器（trigger）是一种特殊的存储过程，它与表紧密相连，基于表而建立，可视作表的一部分。它不能被显式调用，用户创建触发器后，当表中的数据发生插入、删除或修改时，触发器会自动运行。触发器是一种维持数据引用完整性的极好方法。设置触发器使得多个不同的用户能够在保持数据完整性和一致性的良好环境下进行修改操作。

10.2.1　触发器概述

1．触发器及优点

触发器是一种特殊类型的存储过程，它不同于前面介绍过的存储过程。触发器主要是通过事件进行触发而被执行的，而存储过程可以通过存储过程名称而被直接调用。触发器是一个功能强大的工具，它使每个站点可以在有数据修改时自动强制执行其业务规则。触发器可以用于 SQL Server 约束、默认值和规则的完整性检查。触发器主要优点如下：

* 触发器是自动的。当对表中的数据作了任何修改（比如手工输入或者应用程序采取的操作）之后立即被激活。
* 触发器可以通过数据库中的相关表进行层叠更改。
* 触发器可以强制限制，这些限制比用 CHECK 约束所定义的更复杂。

2．触发器的限定

触发器有着广泛的用途，但就其使用而言，也有着内在约束，具体限定机制如下：

（1）触发器只在触发它的语句完成后执行，一个语句只能触动一次触发器。

（2）如果语句在表中执行违反条件约束或引起错误，触发器不会触动。

（3）触发器视为单一事务中的一部份，因此可以由原触发器复原事务，如果在事务过程中侦测到严重的错误（如用户中断联机），则会自动复原整个事务。

（4）当触发器触动时若产生任何结果，就会将结果传回其调用的应用程序。

10.2.2　触发器分类

在 SQL Server 中，按照触发事件的不同将触发器分为两大类：DML 触发器和 DDL 触发器。

触发器不同于前面介绍过的存储过程。触发器主要是通过事件进行触发而被执行的，而存储过程可以通过存储过程名而被直接调用。触发器是一个功能强大的工具，它使每个站点可以在有数据修改时自动强制执行其业务规则。

1．DML 触发器

DML 触发器是当服务器中发生数据操作语言（DML）事件时要执行的操作。DML 触发器及其DML 事件在 INSERT、UPDATE 和 DELETE 语句上操作，DML 触发器主要用在数据被修改时强制执行业务规则、扩展 SQL Server 2005 约束、默认值和规则的完整性检查等。

DML 触发器又可以分为如下三种类型：

- AFTER 触发器。在执行了 INSERT、UPDATE 或 DELETE 语句操作之后执行。
- INSTEAD OF 触发器。在 INSERT、UPDATE 或 DELETE 语句运行时替代执行。
- CLR 触发器。在执行代码（如 .NET Framework）中的方法，而非 Transact-SQL 存储过程。

2．DDL 触发器

DDL 触发器是 SQL Server 2005 的新增功能。当服务器或数据库中发生数据定义语言 DDL 事件时将调用这些触发器。

DDL 触发器在 CREATE、ALTER、DROP 和其他 DDL 语句上操作。它们用于执行管理任务，它们应用于数据库或服务器中某一类型的所有命令。

DDL 触发器的触发事件主要是 CREATE、ALTER 和 DROP，以及 GRANT、DENY 和 REVOKE 等 DDL 型语句，而非针对表或视图的 UPDATE、INSERT 或 DELETE 语句而激发，强制影响数据库的业务规则，并且触发的时间条件只有 AFTER，没有 INSTEAD OF。DDL 触发器可用于管理任务，例如审核和控制数据库操作。

3．DML 与 DDL 的相似点

DML 与 DDL 的相似之处如下所述：

（1）两者可以使用相似的 Transact-SQL 语法创建、修改和删除 DML 触发器和 DDL 触发器，它们还具有其他相似的行为，都可以嵌套运行。

（2）两者可为同一个 Transact-SQL 语句创建多个触发器，同时，触发器和激发它的语句运行在相同的事务中，并可从触发器中回滚此事务。

（3）两者均可运行在 Microsoft .NET Framework 中创建的以及在 SQL Server 中上载的程序集中打包的托管代码。

10.2.3　创建触发器

创建一个触发器，内容主要包括触发器名称，与触发器关联的表，激活触发器的语句和条件，触发器应完成的操作等。在 SQL Server 2005 中，既可以使用 SQL Server 管理平台创建触发器，也可以使用 Transact-SQL 语句创建触发器。

1．使用 SQL Server 管理平台创建触发器

（1）启动 SQL Server Management Studio，在"对象资源管理器"中展开选定的数据库结点，再展开要在其中创建触发器的具体数据库表："数据库" ⇨ "信息管理" ⇨ "表" ⇨ "成绩"。

（2）右击"触发器"图标，然后从弹出的快捷菜单中选择"新建触发器"命令。

（3）在弹出的如图 10-9 所示的"查询编辑器"对话框中显示了系统将提供的模版型规范 Transact-SQL 代码，可按需进行修改原始格式语句，进而创建 DML 触发器或 DDL 触发器（具体语句将在使用 Transact-SQL 语句创建触发器中叙述），按 Tab 或 Shift+Tab 键可以缩进存储过程的文本。

（4）完成新建触发器编辑后，单击"分析"按钮进行分析代码分析；单击"执行"按钮，即可执行修改好的创建触发器语句，即可最终完成创建触发器及显示提示信息。

2. 使用 Transact-SQL 语句创建 DML 触发器

创建触发器可以按照前文所述的分为 DML 与 DDL 两类触发器，其创建使用的语句略有差异。下面将分别叙述。

使用 CREATE TRIGGER 语句创建 DML 触发器（DML Trigger on an INSERT、UPDATE、or DELETE statement to a table or view），其语法格式如下：

```
CREATE  TRIGGER [schema_name .] 触发器名 ON {表名|视图名}
    [ WITH [ ENCRYPTION ]][ EXECUTE AS Clause ][ ,...n ] ]
    { { FOR | AFTER | INSTEAD OF}{ [ INSERT ] [ , ] [ UPDATE ] [ , ] [ DELETE ] }
    [ WITH APPEND ][ NOT FOR REPLICATION ]
AS { sql_statement [ ; ] [...n ] | EXTERNAL NAME assembly_name.class_name.
method_name }
```

3. 使用 Transact-SQL 语句创建 DDL 触发器

与 DML 触发器一样，使用 Transact-SQL 语句即使用 CREATE TRIGGER 语句创建 DDL 触发器（DDL Trigger on a CREATE、ALTER、DROP、GRANT、DENY、REVOKE or UPDATE STATISTICS statement），其语法格式如下：

```
CREATE TRIGGER trigger_name ON { ALL SERVER | DATABASE }
    [WITH [ENCRYPTION][EXECUTE AS Clause][,...n]]{FOR | AFTER}{event_type|
event_group}[,...n]
AS { sql_statement [ ; ][...n ] | EXTERNAL NAME assembly_name.class_name.
method_name[ ; ]}
```

DML 与 DDL 触发器 CREATE TRIGGER 语句格式中部分参数说明如下：

- ALL SERVER：将 DDL 触发器的作用域应用于当前服务器。
- DATABASE：将 DDL 触发器的作用域应用于当前数据库。如果指定了此参数，则只要当前数据库中出现 event_type 或 event_group，就会激发该触发器。
- WITH ENCRYPTION：加密选项，可防止触发器作为 SQL Server 复制的一部分发布。
- EXECUTE AS：指定用于执行该触发器的安全上下文。
- event_type：激发 DDL 触发器 Transact-SQL 事件名称。
- event_group：Transact-SQL 事件分组名称。
- AFTER：表示在引起触发的 SQL 语句中所有的操作成功执行后，才激活本触发器的执行；如果仅指定 FOR，则 AFTER 是默认设置，不能在视图上定义 AFTER 触发器。
- INSTEAD OF：指定 DML 触发器是代替 SQL 语句执行的，优先级高于触发语句操作。不能支持 DDL 触发器，不可用于 WITH CHECK OPTION 的可更新视图。每个更新语句 DELETE，INSERT，UPDATE）最多定义一个 INSTEAD OF 触发器。
- [DELETE][,][INSERT][,][UPDATE]：表示指定执行哪些更新语句时将激活触发器，至少要指定一个选项，若多于一个需用逗号分隔。INSTEAD OF 触发器不允许指定级联操作（包括 ON UPDATE 选项）。

- WITH APPEND：指定应该添加现有类型的其他触发器。
- NOT FOR REPLICATION：在复制进程更改触发器所涉及的表时，不执行该触发器。
- sql_statement：DML 或 DDL 触发器等的触发条件和操作语句。

【例 10-5】创建一个 DML 触发器，当操作者试图向成绩表中添加或修改数据时，该触发器向客户端显示一条消息，结果如图 10-9 所示。

程序代码如下：

```
USE 信息管理
    IF EXISTS (SELECT name FROM sysobjects
                        WHERE name = '成绩_触发器_插入更新' AND type = 'TR')
                        DROP TRIGGER 成绩_触发器_插入更新
    GO
CREATE  TRIGGER  成绩_触发器_插入更新
    ON 成绩
    FOR  INSERT, UPDATE
    AS PRINT '插入或更新了成绩库'
    GO
```

解析： 该 DML 触发器当 INSERT 和 UPDATE 操作时提示信息。其中，"插入或更新了成绩库"是触发器所发出的消息内容。PRINT 用于将用户定义的消息返回客户端。

【例 10-6】创建一个 DDL 触发器，当操作者试图创建、修改和删除数据库表时，该触发器向客户端显示一条消息，结果如图 10-10 所示。

程序代码如下：

```
CREATE  TRIGGER  safety
    ON  DATABASE
    FOR  CREATE_TABLE, DROP_TABLE, ALTER_TABLE
    AS
    PRINT '创建与修改及删除数据库表！'
```

图 10-9　新建触发器

图 10-10　修改指定触发器

10.2.4　修改触发器

在 SQL Server 2005 中，既可以使用 SQL Server 管理平台修改触发器，也可以使用 Transact-SQL

语句修改触发器。

1. 使用 SQL Server 管理平台修改触发器

（1）启动 SQL Server 管理平台，在"对象资源管理器"中展开选定的数据库结点，再展开要在其中创建触发器的具体数据库表："数据库⇨信息管理⇨表⇨成绩"。

（2）展开"触发器"结点，右击要修改的触发器图标，从弹出的快捷菜单中选择"修改"命令。

（3）在弹出的"查询编辑器"对话框中显示了原建触发器的 Transact-SQL 代码，可按需进行修改，按 Tab 或 Shift+Tab 键可以缩进存储过程的文本。

（4）完成修改触发器编辑后，单击"分析"按钮进行分析代码分析；单击"执行"按钮，即可执行修改好的创建触发器语句，即可最终完成修改触发器及显示提示信息。

2. 使用 Transact-SQL 语句修改触发器正文

修改触发器定义与创建一个触发器语句及操作相类似。第一种方法是先删除然后再重建，第二种方法是使用管理平台或 ALTER TRIGGER 语句一次性地完成修改操作。

ALTER TRIGGER 语句与 CREATE TRIGGER 语句的语法基本上是一致的，也分为 DML 与 DDL 两类触发器进行修改，但相差无几，所以这里不再重复赘述了。

【例 10-7】修改已建的 DML"成绩_触发器_插入更新"触发器，要求触发条件更改为"INSERT 和 DELETE"，提示信息追加一条"已经修改为插入或删除触发器"，结果如图 10-11 所示。

程序代码如下：

```
USE 信息管理
ALTER  TRIGGER  成绩_触发器_插入更新
       ON 成绩
       FOR  INSERT, DELETE
       AS  PRINT '插入或更新了成绩库'
            PRINT '已经修改为插入或删除触发器'
GO
```

图 10-11 利用 ALTER 语句修改触发器

3. 使用 sp_rename 命令为修触发器更名

若要修改触发器的名称，用系统提供的 sp__rename 存储过程进行重命名操作。

sp_rename 命令的语法形式如下：

sp_rename 更改前名字，更改后名字

【例 10-8】将已建的"成绩_触发器_插入更新"触发器更名为"TRIG_Ins_Del_YU"。

程序代码如下：

sp_rename 成绩_触发器_插入更新, TRIG_Ins_Del_YU

10.2.5　管理触发器

在 SQL Server 2005 中，既可以使用 SQL Server 管理平台管理触发器，也可以使用系统存储过程管理触发器。

1. 使用管理平台查看触发器信息及依赖性

（1）启动 SQL Server Management Studio，在"对象资源管理器"中展开选定的数据库结点，再展开要在其中创建触发器的具体数据库表："数据库" ⇨ "信息管理" ⇨ "表" ⇨ "成绩"。

（2）右击要查看的存储过程名称，如图 10-9 所示，从弹出的快捷菜单中选择"新建触发器"、"查看依赖关系"、"修改"或"删除"等命令。在此以修改为例，从弹出的快捷菜单中选择"修改"命令可以完成浏览、查阅与修改触发器信息等事务。

注意：也可从弹出的快捷菜单中选择"禁用"命令，使得触发器被禁止使用而仍然保留，未被删除，一旦通过启动即可恢复使用。若要查看依赖性，则从弹出的快捷菜单中选择"查看依赖性"命令。

2. 使用系统存储过程查看触发器相关信息

使用系统存储过程查看触发器相关信息主要使用下列系统存储过程语句。

（1）sp_help '触发器名称'：用于查看触发器的名称、属性、类型和创建时间。

（2）sp_helptext '触发器名称'：用于查看触发器的正文信息。

（3）sp_depends '触发器名称/表名'：用于查看触发器所引用的表或表涉及的触发器。

（4）sp_helptrigger '表名'：返回指定表中定义的当前数据库的触发器类型。

【例 10-9】试用系统存储过程 sp_help、sp_helptext、sp_depends 和 sp_helptrigger 浏览查询例 10-8 所更名的"TRIG_Ins_Del_YU"用户触发器或表信息，并比较分析结果，运行如图 10-12 所示。

程序代码如下：

```
EXEC sp_help  TRIG_Ins_Del_YU
    EXEC sp_helptext  TRIG_Ins_Del_YU
        EXEC sp_depends TRIG_Ins_Del_YU
            EXEC sp_depends 成绩
                EXEC  sp_helptrigger  成绩
```

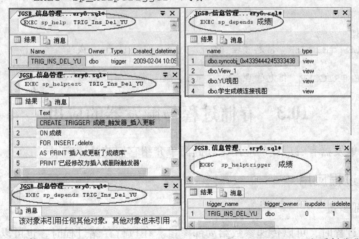

图 10-12　使用 sp_help、sp_helptext、sp_depends 和 sp_helptrigger 查看触发器信息

10.2.6　删除触发器

不再需要触发器时可将其删除。删除触发器所在的表时，SQL Server 将会自动删除与该表相关的触发器。通常，在 SQL Server 2005 中，既可以使用 SQL Server 管理平台删除触发器，也可以使用 Transact-SQL 语句删除触发器。

1. 使用 SQL Server 管理平台删除触发器

（1）启动 SQL Server Management Studio，在"对象资源管理器"中展开选定的数据库结点，再展开要在其中创建触发器的具体数据库表:"数据库"⇨"信息管理"⇨"表"⇨"成绩"。

（2）展开"触发器"结点，右击要删除的触发器图标，从弹出的快捷菜单中选择"删除"命令。在弹出的"删除"对话框中，单击"确定"按钮。

2. 使用 Transact-SQL 语句删除触发器

使用 Transact-SQL 语句删除一个触发器时，该触发器所关联的表和数据不会受到任何影响，使用 DROP TRIGGER 语句删除指定的触发器，其语法形式如下:

```
DROP  TRIGGER { schema_name.触发器名} [ ,...n ] [ ; ]
```

【例 10-10】试删除名为"成绩_触发器_插入更新"的触发器。

程序代码如下:

```
use 信息管理
    drop  trigger 成绩_触发器_插入更新
```

3. 使用 Transact-SQL 语句禁用触发器

通常，触发器被创建后会自动启用。禁用触发器则该触发器不再被使用，但不会被删除，仍然作为对象存在于当前数据库中。当执行编写触发器程序所用的任何 Transact-SQL 语句时，不会激发触发器。DISABLE TRIGGER 用来禁用触发器，可以使用 ENABLE TRIGGER 重新启用 DML 和 DDL 触发器。还可以通过使用 ALTER TABLE 来禁用或启用为表所定义的 DML 触发器。

禁用触发器 Transact-SQL 语句格式如下:

```
DISABLE  TRIGGER { [ schema . ] trigger_name [ ,...n ] | ALL }
        ON { object_name | DATABASE | ALL SERVER } [ ; ]
```

【例 10-11】试禁用名为"TRIG_Ins_Del_YU"的触发器，而后再恢复启用。

程序代码如下:

```
USE 信息管理
    DISABLE  TRIGGER  信息管理.TRIG_Ins_Del_YU on  成绩
    GO
    ENABLE TRIGGER  信息管理.TRIG_Ins_Del_YU on  成绩
```

10.3 存储过程与触发器的应用

存储过程与触发器有着广泛的应用，在此简单介绍它们的具体应用。

10.3.1 存储过程应用

1. 使用局部参量

在调用存储过程时，可以传递参数给局部参量。在执行存储过程时，也可以使用变量指定输入值，即以前缀@作为参数名称的前置字，让存储过程接收来自调用程序的数值，然后修改该值或利用该值以执行某种作业，继而再将新的值传回调用程序。其操作方法为在执行存储过程前，先为调用程序中的某变量分配一个值(或执行查询以在变量中插入值)，再将该变量传送到存储过程中。一个存储过程可指定高达 1 024 个参数。

DECLARE 关键字用于建立局部变量。在建立局部变量时，要指定局部变量名称及类型，而名称必须以@作为前置字。一但变量声明，其值会先被设为 NULL。

局部变量可在批处理或存储过程中声明。存储过程中的变量通常用来储存条件语句传回的值，或是储存存储过程 RETURN 语句传回的值。变量也常被用来当做计数器。变量范围从变量的声明处开始，声明该变量的存储过程结束后，该变量就不再有效。

【例 10-12】建立一个包含局部变量参量的存储过程，结果如图 10-13 所示。

程序代码如下：

```
USE  信息管理
    CREATE TABLE 测试局部变量表 (列1 int,列2 char(8))
    GO
CREATE PROCEDURE 插入行 @初始值 int     AS
DECLARE @循环计数 int , @循环变量 int
SET      @循环变量 = @初始值 - 1
SET      @循环计数 = 0
WHILE  ( @循环计数 < 3)
   BEGIN   INSERT INTO 测试局部变量表 VALUES(@循环变量+1,'新增一行')
      PRINT (@循环变量)
      SET @循环变量 = @循环变量 + 1
      SET @循环计数 = @循环计数 + 1   END
GO
```

说明：该存储过程使用 WHILE 循环结构插入 5 个列到表中。首先建立一个范例数据表，命名为测试局部变量表，然后建立存储过程，命名为"插入行"。程序中使用起声明的这@循环计数和@循环变量这两个局部变量，并且以逗号将两变量区隔。

现在执行起始值为 1 的存储过程，程序代码如下：

```
EXEC 插入行 1
GO
```

图 10-13 例 10-12 运行过程界面

执行后会打印 3 个@循环变量值：0、1 和 2，结果如图 10-13 所示。

下列语句从测试局部变量表中选择所有列：

```
select * from 测试局部变量表
```

在执行 SELECT 语句后，会出现如下的输出：

```
列1          列2
-----------------------
1          新增一行
2          新增一行
3          新增一行
（所影响的行数为 3 行）
```

当结束存储过程后，@循环计数和@循环变量就无法再被存取。可先尝试打印：

```
PRINT @循环变量
```

就会得到这样的错误信息：

```
服务器：消息 137，级列 15，状态 2，行 1
必须声明变量 '@循环变量'。
```

执行批处理时，此变量范围的规则也适用。一旦声明关键字 GO（表示批处理结束），批处理所声明的局部变量将不能再被使用，局部变量的范围仅限该批处理使用。以下的存储过程调用能让用户了解这个规则：

```
DECLARE  @成绩 numeric
    EXECUTE 根据学号返回高等数学成绩 '040201',  @成绩_1 = @成绩 OUTPUT
    PRINT CONVERT(varchar(6), @成绩)
    GO
    PRINT CONVERT(varchar(6), @成绩)
    GO
```

第一个 PRINT 语句打印了批处理操作中的局部变量@成绩；第二个 PRINT 语句企图在批处理操作结束后，打印此局部变量，这时就会回传如下信息：

```
85
服务器：消息 137，级别 15，状态 2，行 2
必须声明变量 '@成绩'。
```

第一个打印语句成功的执行（打印出值 85）。

【例 10-13】建立参数@性别_1。当执行存储过程时，输入性别，该存储过程就会根据性别显示学生信息。

程序代码如下：

```
USE 信息管理
CREATE PROC 根据性别显示学生信息 @性别_1 char(2)
    AS  SELECT 学号,姓名 FROM 学生 WHERE 性别=@性别_1
    RETURN
```

在建立存储过程前，要先确定是否有重复的名称存在，必须用未存在的名称命名存储过程，或是先删除已经存在的名称后再重新命名。修改后的 Transact-SQL 语句如下：

```
USE 信息管理
IF  EXISTS  (SELECT name  FROM   sysobjects
            WHERE  name = '根据性别显示学生信息' AND type = 'P')
            DROP PROCEDURE 根据性别显示学生信息
CREATE PROC 根据性别显示学生信息 @性别_1 char(2)
    AS  SELECT 学号,姓名,性别 FROM 学生 WHERE 性别=@性别_1
    RETURN
```

执行此存储过程时，必须先提供输入参数，否则会显示如下的错误信息：

```
服务器：消息 201，级别 16，状态 4，过程 student_select_b，行 0
过程 'student_select_b' 需要参数 '@para_性别'，但未提供该参数。
```

执行以下语句将返回学生表中所有女同学的信息：

```
USE 信息管理
EXEC 根据性别显示学生信息  '女'
    GO
```

也可以为参数设定默认值，它将适用于当调用存储过程时没有参数的情况。

【例 10-14】将存储过程的参数默认值设为"男"。

程序代码变更如下：

```
USE 信息管理
CREATE PROC 根据性别显示学生信息 @性别_1 char(2)='男'
    AS SELECT 学号,姓名 FROM 学生 WHERE 性别=@性别_1
    RETURN
```

如果在执行根据性别显示学生信息时没有提供参数，存储过程将使用"男"为@性别_1 的默认值。即使预设参数已经确定，仍然可以提供输入参数，此参数会覆写默认值。如果要在存储过程中传回值给调用程序，请在参数名称后使用 OUTPUT 关键字。

2．参量值的回传

（1）使用 RETURN 回传值。

如前文所述，在任何时刻使用 RETURN 关键字都可以无条件退出存储过程以回到调用程序，也可用于退出批处理。存储过程执行到 RETURN 语句即停止执行，并回到调用程序中的下一个语句，RETURN 也可传回整数值。

【例 10-15】修改根据参量值的性别来检查是否提供了输入值。

程序代码如下：

```
USE 信息管理
ALTER PROC 根据性别显示学生信息 @性别_1 char(2)=NULL    AS
IF @性别_1=NULL
        BEGIN  PRINT '请输入一个性别作为存储过程的参数'
        RETURN
        END
ELSE
        BEGIN   SELECT 学号,姓名 FROM 学生 WHERE 性别=@性别_1    END
GO
```

执行不带参数的存储过程：

```
EXEC 根据性别显示学生信息
```

输出结果如下：

请输入一个性别作为存储过程的参数

【例 10-16】使用 RETURN 语句将具体的学号值传到调用程序中。

程序代码如下：

```
CREATE PROC 根据学号检查高等数学成绩是否优秀 @学号_1 char(6)  AS
    IF (SELECT 成绩 FROM 成绩 WHERE 课程名='高等数学' AND 学号=@学号_1)<85
        RETURN 0
    ELSE
        RETURN 1
    GO
```

为了调用存储过程并能使用传回值，在调用程序中声明变量并将该变量设为存储过程的传回值：

```
DECLARE  @返回值 int
EXECUTE  @返回值 = 根据学号检查高等数学成绩是否优秀 '040201'
IF (@返回值 = 1)  PRINT '恭喜你，高等数学成绩优秀！'
GO
```

由于指定学号为"040201"，因此传回值为 1，并打印"恭喜你，高等数学成绩优秀！"。当变量用于保存传回值时，记住其变量类型必须被声明为整型，这是 RETURN 语句的要求。

（2）使用 SELECT 语句回传值。

在存储过程中可以使用 SELECT 语句传回数据，可以从 SELECT 查询语句的传回变量值中传回结果集。

【例 10-17】建立一个名为"根据学号返回学号和高数成绩"存储过程，该存储过程将会回传"输入参数到所指定的产品单价（通过 ProductID）"。

程序代码如下：

```
CREATE PROCEDURE 根据学号返回学号和高数成绩 @学号_1 char(6)
    AS  SELECT 学号,成绩 FROM 成绩 WHERE 课程名='高等数学' AND 学号=@学号_1
    GO
```

注意：要使用 SELECT 语句传回变量值，应在语句后面接着输入变量名称。

【例 10-18】在此范例中，重建"根据学号检查高等数学成绩是否优秀"存储过程，传回一变量值，并指定输出标题。

程序代码如下：

```
ALTER PROC 根据学号检查高等数学成绩是否优秀 @学号_1 char(6)  AS
DECLARE @变量_1 int
    IF (SELECT 成绩 FROM 成绩 WHERE 课程名='高等数学' AND 学号=@学号_1)<85
        SET @变量_1 = 0
    ELSE
        SET @变量_1 = 1
SELECT '优秀否' = @变量_1
PRINT '这里可以添加其他Transact-SQL语句'
GO
```

执行存储过程：

```
EXEC 根据学号检查高等数学成绩是否优秀 '040201'
```

结果如下：

```
优秀否
-----------------------
   1
```

（所影响的行数为 1 行）

这里可以添加其他 Transact-SQL 语句，用于强调使用 SELECT 传回值与使用 RETURN 传回值之间的差别。当调用 RETURN 时，存储过程跟着结束；当调用 SELECT 时，存储过程则在 SELECT 传回结果集后，继续执行。

10.3.2 触发器的应用

1. deleted 和 inserted 表

deleted 和 inserted 表是在建立触发器时，SQL Server 即为触发器建立两个暂时表（表的副本），用户可以参考这两个表，这两个表固定储存在与触发器一起的内存中，每个触发器只能访问自己的暂时表。用户可以使用这两个表比较数据修改前后状态。

两个表的结构类似于定义触发器的表。deleted 表会储存因 DELETE 及 UPDATE 语句而受影响的行副本。当行因触发器被删除或更新时，被删除或更新的行会传送到 delete 表；在触发器中即可使用 deleted 表。inserted 表会储存被 INSERT 及 UPDATE 语句影响的行副本，在插入或更新事务时，新的行会同时被加至触发器表与 inserted 表。由于执行 UPDATE 语句时，会被视为插入或删除事务，旧的行值会保留一份副本在 deleted 表中，而新的行值的副本则保留在触发器表与 inserted 表。inserted 和 deleted 表中的值只限于在触发器中使用。

2. INSERT 触发器

【例 10-19】建立一个当插入新值会显示相关信息的 DML 类 INSERT 触发器，并验证触发效果。

程序代码如下：

```
USE 信息管理
CREATE TRIGGER 成绩插入触发器
  ON 成绩
  FOR INSERT
  AS   SELECT * FROM inserted
       PRINT '可以在这里插入其他Transact-SQL语句,可以使用 inserted 表'
  Go
```

验证：当下列 INSERT 语句执行时，会激发触发器，结果如图 10-14 所示。

```
INSERT INTO 成绩 VALUES(040201,'工业会计',030107,80.0,NULL)
```

图 10-14 INSERT 触发器创建并验证触发效果运行过程界面

3. UPDATE 触发器

【例 10-20】建立一个 DML 类 UPDATE 触发器，当更新成绩表中的成绩列时，该触发器会检查成绩提高是否超过 10%。如果超过了 10%，将以 ROLLBACK 语句来复原触发器和调用触发器的语句，并设置数据验证触发效果。结果如图 10-15 所示。

程序代码如下：

```
USE 信息管理
    GO
CREATE ALTER TRIGGER 成绩更新触发器 YU
ON 成绩
FOR UPDATE
AS
    DECLARE @更改前成绩 numeric,@更改后成绩 numeric
    SELECT  @更改前成绩 = 成绩 from deleted
    PRINT   '更改前成绩 ='
    PRINT   CONVERT(varchar(6),@更改前成绩)
    SELECT  @更改后成绩 = 成绩 from inserted
    PRINT   '更改后成绩 ='
    PRINT   CONVERT(varchar(6),@更改后成绩)
    IF (@更改后成绩 > (@更改前成绩 * 1.10))
        BEGIN  PRINT '成绩更改升幅太大，更改失败'
                ROLLBACK    END
    ELSE
        PRINT '成绩更改成功'
    GO
```

执行以下两条语句,：

```
（1）UPDATE 成绩 SET  成绩=成绩*1.20 WHERE  学号='040201' AND 课程号='030107'
        GO
（2）UPDATE 成绩 SET  成绩=成绩*1.05 WHERE  学号='040201' AND 课程号='030107'
        GO
```

说明：运行后，在消息框中有提示信息，分析比较运行结果与创建触发器程序对照，充分理"成绩更新触发器 YU"触发器语句段的内涵，提升创新思维能力。

图 10-15　UPDATE 触发器创建并通过不同数据验证触发效果的运行界面

　　改进! 当建立一个 UPDATE 触发器时,可指定触发器仅在特定列更新时才执行语句。例设定只有在成绩行被更新时才检查该行,确认触发器正确触发。注意 **IF UPDATE** 的用法。

```
USE 信息管理
GO
ALTER TRIGGER 成绩更新触发器YU ON 成绩
FOR UPDATE   AS
IF UPDATE(成绩)
    BEGIN   DECLARE @更改前成绩 numeric,@更改后成绩 numeric
            SELECT  @更改前成绩 = 成绩 from deleted
            PRINT   '更改前成绩 ='
            PRINT   CONVERT(varchar(6),@更改前成绩)
            SELECT  @更改后成绩 = 成绩 from inserted
            PRINT   '更改后成绩 ='
            PRINT   CONVERT(varchar(6),@更改后成绩)
            IF(@更改后成绩 > (@更改前成绩 * 1.10))
            PRINT '成绩更改升幅太大,更改失败'
    ROLLBACK
    END
ELSE
    PRINT '成绩更改成功'
END
GO
```

　　说明:如果成绩表的更新不包括成绩行(仅更新其他行),触发器会跳过 AS 后的第一个 BEGIN 和 END 之间的语句,即跳过该触发器。要测试以上的触发器是否如预期般跳过执行 BEGIN 和 END 之间的语句,可用如下 Transact-SQL 语句,更新一个非成绩行的数据。

```
UPDATE 成绩
SET  学号='040202'
WHERE  学号='040201' AND 课程号='030107'
GO
```

　　可以看到行的更新不在"成绩"列,外部 IF 条件回传 FALSE,因此输出结果不激活触发器的打印语句。利用这种方式可以避免 SQL Server 处理不必要的语句。

4. DELETE 触发器

　　在 SQL Server 2005 中,利用 DELETE 语句可激活表的级联更新。

　　【例 10-21】 试建立一个 DML 触发器,当从班级表中删除一行或某列时,"学生"和"成绩"

表中对应的行也会被删除。可利用 deleted 表指出哪些列该从相关表中删除（当从触发器表中删除行时，在 deleted 表中会有删除数据的副本，可从该表查询所有被触发器删除的行）。

程序代码如下：

```
USE 信息管理
GO
IF EXISTS (SELECT name FROM sysobjects WHERE name = '删除班级' AND type = 'TR')
    DROP TRIGGER 删除班级
    GO
CREATE TRIGGER 删除班级
    ON 班级  FOR  DELETE
    AS
    PRINT    '使用 DELETE 触发器从学生库中删除相关行——开始'
    DELETE  学生
  FROM    学生,deleted
  WHERE   学生.班级编号 = deleted.班级编号
PRINT    '使用 DELETE 触发器从学生库中删除相关行——结束'
SELECT * FROM deleted
```

说明：使用以下的 DELETE 语句测试触发器：

```
SELECT * FROM 班级
SELECT 学号,姓名,班级编号 FROM 学生
DELETE 班级 WHERE 班级编号='00000311'
GO
```

如果前面做过备份，下列语句用于恢复班级和学生数据库：

```
DELETE 班级
INSERT INTO 班级 SELECT * FROM bj
DELETE 学生
INSERT INTO 学生 SELECT * FROM student
GO
```

注意：deleted 表的另一个用途，是将表中被删除的列储存到备份表中，以供日后的数据分析。例如，可以利用以下的语法，从"成绩"表将被删除的列存入一个名称为"成绩备份"的表中。

```
USE 信息管理
GO
CREATE TABLE 成绩备份
( 学号 char(6) NOT NULL ,课程名 char(12) NOT NULL , 课程号 char(6)  NOT NULL ,
成绩  numeric(18,1) NULL ,补考成绩 numeric(18,1) NULL )
GO
CREATE TRIGGER 成绩备份触发器  ON 成绩
FOR DELETE
   AS  INSERT INTO 成绩备份 SELECT * FROM deleted
      GO
SELECT * FROM 成绩备份
GO
```

5．触发器嵌套

嵌套触发器（nested trigger）是由其他触发器所激活的触发器，和递归触发器不同的地方在于，触发器嵌套并不自行激活，而是当修改事件产生时，才由激活的其他的触发器所激活。SQL Server 2000 和 SQL Server 7.0 相同，第一个触发器可以激活第二个触发器，第二个触发器接着激活第三个触发器，依此类推，可以高达 32 个层级的触发器。在 SQL Server 2005 中，触发器嵌套的预设状态设为启用，嵌套触发器服务器设定参数可用来控制触发器能否嵌套触发。要停止触发器嵌套，可执行以下的指令：

```
sp_configure "nested triggers", 0
```

将 nested triggers 设成 0 时，则不激活触发器嵌套；将 nested triggers 设成 1 时，则可激活触发器嵌套。

【例 10-22】建立一个基于"删除"触发的嵌套触发器，结果如图 10-16 所示。

图 10-16　触发器嵌套运行连锁反应信息提示界面

程序代码如下：

```
CREATE TRIGGER 删除班级_YU  ON 班级
   FOR  DELETE
   AS
      PRINT    '使用 DELETE 触发器从学生库中删除相关行——开始'
      DELETE 学生 FROM 学生,deleted WHERE    学生.班级编号 = deleted.班级编号
      PRINT    '使用 DELETE 触发器从学生库中删除相关行——结束'
      GO
CREATE TRIGGER 删除学生_Y U
   ON 学生
   FOR DELETE
   AS
      PRINT    '使用存储过程从成绩库中删除相关行——开始'
      DELETE  成绩
   FROM    成绩, deleted
   WHERE   成绩.学号 = deleted.学号
    PRINT   '使用存储过程从成绩库中删除相关行——结束'
    SELECT * FROM deleted
GO
```

执行以下的语句，由图 10-16 所示可见一斑。

```
DELETE 班级 WHERE 班级编号='04021001'
```

当一组触发器嵌套的任一层失败，事务会被取消，且所有数据修改将被复原至整组触发器触发前的状态。

本 章 小 结

存储过程（stored procedure）是 Transact-SQL 语句的预编译集合，这些语句在一个名称下存

储并作为一个单元进行处理。触发器（trigger）是一种特殊的存储过程，它与表紧密相连，基于表而建立，可视作表的一部分。它不能被显式调用，用户创建触发器后，当表中的数据发生插入、删除或修改时，触发器会自动运行。在 SQL Server 中，按照触发事件的不同将触发器分为两大类：DML 触发器和 DDL 触发器。

本章介绍了存储过程的基本概念，以及如何使用企业管理器与 Transact-SQL 语言在查询分析器中创建、管理、执行和修改存储过程；介绍了触发器的基本概念和使用企业管理器与 Transact-SQL 语言在查询分析器中创建、管理、执行和修改触发器，并通过一系列实例介绍了参数、变量、SELECT 在存储过程中的使用和 INSERT、UPDATE、DELETE 和嵌套触发器的应用。

思考与练习

一、选择题

1. 关于存储过程的描述正确的一项是_____。

   A. 存储过程独立于表，它不是数据库对象

   B. 存储过程只是一些 Transact-SQL 语句的集合，非 SQL Server 的对象

   C. 存储过程可以使用控制流语句和变量，大大增强了 SQL 的功能

   D. 存储过程在调用时会自动编译，因此使用方便

2. 关于触发器叙述正确的是_____。

   A. 触发器是可自动执行的，但需要一定条件下触发

   B. 触发器不属于存储过程

   C. 触发器不可以同步数据库的相关表进行级联更改

   D. SQL 不支持 DML 触发器

3. 下列_____不是 DML 触发器。

   A. AFTER   B. INSTEAD OF   C. CLR   D. UPDATE

4. 按触发事件不同将触发器分为两大类：DML 触发器和_____触发器。

   A. DDL   B. CLR   C. DDT   D. URL

5. 系统存储过程由 SQL Server_____。

   A. 创建   B. 触发   C. 管理   D. 内建

6. 使用 Transact-SQL 语句删除一个触发器时使用_____TRIGGER 命令关键字。

   A. KILL   B. DELETE   C. AFTER   D. DROP

7. 创建存储过程中_____表示对所建信息的加密。

   A. WITH sa   B. WITH guest

   C. WITH RECOMPILE   D. WITH ENCRYPTION

8. 一个存储过程可指定高达_____个参数。

   A. 1 024   B. 2 048   C. 128   D. 256

二、思考与实验

1. 何谓存储过程？简述其作用及分类。何谓触发器？简述其作用及分类。

2. 试说明 DML 触发器的分类及 DML 与 DDL 型触发器的应用场合。

3. 根据学号创建一个存储过程，用于显示学生学号和姓名。

4. 试完成实验：修改书中存储过程例题："根据学号检查高等数学成绩是否优秀"，要求根据不同学号有三种返回：用户没有选高等数学这门课、没有达到优秀和达到优秀。

5. 试完成实验：在"成绩"表上创建一个触发器"成绩插入、更新"。当用户插入、更新记录时触发。

6. 试完成实验：在"成绩"表上创建一个触发器"成绩删除"。当用户删除记录时触发。

7. 试完成实验：在"学习"表上创建一个触发器"信息管理"。当用户插入、更新或删除记录信息时触发。

8. 试完成实验：试创建一个 DDL 触发器，当操作者试图修改和删除数据库表时，该触发器向客户端显示一条消息。

9. 简述下列程序的运行结果并完成实验。

```
USE 信息管理
    IF EXISTS (SELECT name FROM   sysobjects
                WHERE  name = '根据性别显示学生信息'  AND  type = 'P')
    DROP  PROCEDURE  根据性别显示学生信息
    GO
CREATE  PROC  根据性别显示学生信息 @性别_1 char(2)
    AS  SELECT  学号,姓名 FROM 学生 WHERE 性别=@性别_1
```

10. 简述下列程序的运行结果并完成实验。

```
USE 信息管理
    IF EXISTS (SELECT name FROM sysobjects  WHERE name = 'CJ_IU' AND type = 'TR')
        DROP  TRIGGER  CJ_IU
    GO
CREATE  TRIGGER  CJ_IU
    ON  cj
    FOR  INSERT, UPDATE
    AS  PRINT  '插入或更新了 CJ 库'
    GO
```

11. 试述存储过程与触发器有什么联系与区别。

12. DDL 触发器是 SQL Server 2005 新增的触发器类型，请叙述一下它的特点。

第11章 游标

在 SQL Server 数据库中，使用游标（ursor），可以定位并管理数据库表中某一指定记录，即能提供对表结果集的部分行记录进行处理的机制。本章主要介绍了游标的概念、分类、定义和嵌套，以及游标的打开、存取、定位、修改、删除、关闭和释放等操作。

11.1 游标概述

在 SQL Server 2005 系统数据库开发过程中，执行 SELECT 语句可进行查询并返回满足 WHERE 等子句中条件的所有数据的记录，这一完整的记录集称为行结果集。由于应用程序并不能总将整个结果集作为一个单元来有效地处理，因而往往需要某种机制，以便每次处理时可从某一结果集中逐一地读取一条或一部分行记录。游标是能提供这种机制：对结果集的部分行记录进行处理，不但允许定位在结果集的特定行记录上，而且还可从结果集的当前位置检索若干条行记录，并可实施对相应的数据进行修改。

1. 游标及特点

游标是一种处理数据的方法，它可对结果集进行逐行处理。可将游标视作一种指针，用于指向并处理结果集任意位置的数据。就本质而言，游标提供了一种对从表中检索出的数据进行操作的灵活手段。游标具有如下特点：

- 允许程序对由查询语句 select 返回的记录行集合中的每一行执行相同或不同的操作。
- 提供对基于游标位置的表中记录行进行删除和更新的能力。
- 游标实际是面向集合的数据库管理系统（DBMS）和面向行的程序设计之间的桥梁，使这两种处理方式通过游标沟通起来。

游标的特点表明系统可借助于 Cursor 来进行面向单条记录的数据处理，而不是一次对整个结果集进行同一种操作。它还提供基于游标位置而对表中数据进行删除和更新的能力，可为由其他用户对显示在结果集中的数据库数据所做的更改提供不同级别的可见性支持。

2. 游标分类

SQL Server 2005 下游标从应用角度出发可以分为如下 3 类：

（1）Transact-SQL 游标。Transact-SQL 游标是由 SQL Server 服务器实现的游标，它的具体控制和管理通过脚本程序、存储过程和触发器将 Transact-SQL 语句传给服务器来完成。

（2）API 服务器游标。API（数据库应用程序接口）游标支持在 ADO、ODBC、OLE DB 以及 DB_library 中使用游标函数，主要用在服务器上，每一次客户端应用程序调用游标函数，SQL Server 系统都会将这些客户请求传送给服务器以对 API 游标进行处理。

（3）客户机游标。它是当在客户机上缓存结果集时才使用的临时性静态游标，用来在客户机上缓存结果集。客户游标常被用做 Transact-SQL 游标与 API 游标的辅助。

由于 Transact-SQL 游标和 API 游标使用于服务器端，所以被称为服务器游标，也被称为后台游标，而客户端游标被称为前台游标。本章中主要讲述服务器游标。

从范围的视野探究，游标则有全局游标和局部游标之分。前者使用 GLOBAL，而后者则使用 LOCAL。全局游标一旦被创建就可以在任何位置上访问，局部游标则只能在声明和创建的函数或存储过程中对它进行访问。

3. 游标使用步骤

应用程序对每一个游标的操作过程可分为 5 个步骤（如图 11-1 所示）：

（1）用 DECLARE 声明和定义游标的类型等。

（2）用 OPEN 语句打开和填充游标。

（3）执行 FETCH 语句可从一个游标中获取信息（从结果集中提取若干行数据）。可按需使用 UPDATE 和 DELETE 语句在游标当前位置上进行操作。

（4）用 CLOSE 语句关闭游标。

（5）用 DEALLOCATE 语句释放游标。

图 11-1　游标的操作过程示意图

11.2　声　明　游　标

通常使用 DECLARE 来声明一个游标，主要内容包括：游标名字、数据来源表和列、选取条件与属性。游标的声明有两种格式：SQL-92 标准定义和 Transact-SQL 扩展定义（对前者兼容）。前者只能说明游标的属性，而不定义类型；后者支持 Transact-SQL 扩展插件，允许用户使用在 ODBC 或 ADO 的数据库 API 游标函数中所使用的相同游标类型来定义游标。在此仅介绍前者。

1. 声明游标

Transact-SQL 扩展型定义游标语法格式如下，语法格式中参数简要说明见表 11-1。

```
DECLARE 游标名 CURSOR
[LOCAL|GLOBAL][FORWARD_ONLY|SCROLL][STATIC|KEYSET|DYNAMIC|FAST_FORWARD]
[READ_ONLY|SCROLL_LOCKS|OPTIMISTIC][TYPE_WARNING] FOR select_语句
[FOR UPDATE [OF column_name [,...n]]]
```

表 11-1　Transact-SQL 扩展语法参数说明

参　　数	参　数　说　明
游标名	给出所定义的游标名称，必须遵从标识符规则

续表

参　数	参 数 说 明
LOCAL	指定为作用域仅限在所在的存储过程、触发器或批处理中的局部游标,对应操作结束后自动释放;但可在存储过程中使用 OUTPUT 关键字而传递给该存储过程的调用者,在存储过程结束后,还可引用该游标变量
GLOBAL	指定为作用域是整个当前连接全局游标。选项表明在整个连接的任何存储过程、触发器或批处理中都可以使用该游标,该游标在连接断开时会自动隐性释放
FORWARD_ONLY	提取数据时只能从首行向前滚动到末行,FETCH NEXT 是唯一支持的提取选项
SCROLL	指定所选的提取操作(如 FIRST、LAST、PRIOR、NEXT、RELATIVE 和 ABSOLUTE)均可用,SCROLL 增加了随意读取结果集中行数据而不必重开游标的灵活性
STATIC	定义游标为静态游标,与 INSENSITIVE 选项作用相同
KEYSET	定为打开时顺序已固定的键集驱动游标。唯一标识的键集内置在 tempdb 内一个称为 keyset 的表中。对基表中的非键值所做的更改在用户滚动游标时是可视的。如果某行已删除,则对该行的提取操作将返回@@FETCH_STATUS 值-2
DYNAMIC	定义为动态游标。即基础表的变化将反映到游标中,行的数据值、顺序和成员在每次提取时都会更改。使用该选项可保证数据一致性,不支持 ABSOLUTE 选项
FAST_FORWARD	指定启用了性能优化的 FORWARD_ONLY 和 READ_ONLY 游标
READ ONLY	是不允许游标内数据被更新的只读状态。UPDATE 和 DELETE 等不能使用游标
SCROLL_LOCKS	确保通过游标完成的定位更新或删除可成功。当将行读入游标时会锁定这些行以确保其可用于以后的修改。FAST_FORWARD 与 SCROLL_LOCKS 指定时互斥
OPTIMISTIC	指明在数据被读入游标后,若游标中某行数据已发生变化,那么对游标数据进行更新或删除可能会导致失败;如果使用了 FAST_FORWARD 选项则不能使用该选项
TYPE_WARNING	指明若游标类型被修改成与用户定义的类型不同时,将发送一个警告信息给客户端
SELECT_语句	用于定义游标所要进行处理的结果集。在标准的 SELECT 语句中,在游标中不能使用 COMPUTE、COMPUTE BY、FOR BROWSE 和 INTO 语句
UPDATE	用于定义游标内可更新字段列。若指定 of 字段列[,...n]参数,则仅所列出的字段列可被更新修改,否则所有的列都将被更新修改

使用 Transact-SQL 扩展定义游标时需注意:

(1)若在指定 FORWARD_ONLY 时不指定 STATIC、KEYSET 和 DYNAMIC 关键字,则游标作为 DYNAMIC 游标进行操作。若 FORWARD_ONLY 和 SCROLL 均未指定,除非指定 STATIC、KEYSET 或 DYNAMIC 关键字,否则默认为 FORWARD_ONLY。STATIC、KEYSET 和 DYNAMIC 游标默认为 SCROLL。FAST_FORWARD 和 FORWARD_ONLY 是互斥的;如果指定其中一个,则不能指定另一个。

(2)若指定 FAST_FORWARD,则不能也指定 SCROLL、FOR_UPDATE、SCROLL_LOCKS 和 FORWARD_ONLY。FAST_FORWARD 和 FORWARD_ONLY 是互斥的。

2. 游标变量

游标变量是一种新增数据类型,用于定义一个游标变量。可先声明一个游标,如:

```
declare yu_cur scroll cursor for select * from titleauthor
```

再使用 SET 语句将一游标赋值给游标变量:

```
declare @pan cursor  set @pan = yu_cur
```

当然，可将声明游标语句放在游标赋值语句中：

```
declare @pan cursor
declare yu_cur scroll cursor for  select * from titleauthor  set @pan = yu_cur
```

11.3 打 开 游 标

游标在声明后如需要从游标中读取数据，必须打开游标。打开一个 Transact-SQL 服务器游标使用 OPEN 命令，其语法规则为：

```
OPEN { { [GLOBAL] 游标名 } | cursor_variable_name}
```

各参数说明如下：

- GLOBAL：定义游标为一全局游标。
- 游标名：已声明的游标名称，默认为局部游标。
- cursor_variable_name：为游标变量名，该名称引用一个游标。

11.4 游 标 函 数

若要充分发挥使用游标访问一个数据表中记录功能，离不开游标函数。SQL Server 服务器为编程人员提供了四个常用于处理游标的函数变量：CURSOR_STATUS、@@ERROR、@@FETCH_STATUS 和 @@CURSOR_ROWS。

（1）CURSOR_STATUS 函数。该函数用以返回一个游标的当前状态，见表 11-2。

表 11-2　CURSOR_STATUS 函数状态值内涵

游　标　值	含　　　义
1	游标当前所处的结果集中至少包含一条记录
0	游标所处的结果集为空，即没有包含任何记录
−1	该游标已被关闭
−2	未在存储过程中定义为输出参数，或执行该函数前，相关联游标已被释放的情况下
−3	游标未被声明或已声明却没有为其分配结果集，如未执行 OPEN 命令等

CURSOR_STATUS 函数的声明形式如下：

```
CURSOR_STATUS  (
{'<LOCAL>', '<cursor_name>'} | {'<GLOBAL>', '<cursor_name>'}
|{'<VARIABLE>', '<cursor_variable>'}  )
```

其中，LOCAL、GLOBAL 和 VARIABLE 用于指示游标的类型，分别表示局部游标、全局游标和游标变量。实际应用中可在主要过程中定义一个游标，然后再将该游标作为参数传递给另一个函数，从而使该函数获得访问与该游标相关的指定数据集的机会，且该存储过程也可通过CURSOR_STATUS 函数将游标的当前状态返回给主过程。

（2）@@ERROR 函数。此系全局变量，用于判断成功与否，如成功则 @@ERROR 为 0。

（3）@@CURSOR_ROWS 函数。用于返回当前游标最后一次被打开时所含记录数，也可使用该函数来设置打开一游标时要包含的记录数。动态游标为-1，见表 11-3。

表 11-3　@@CURSOR_ROWS 变量返回值说明

返 回 值	返回值说明
−m	表示从基础表向游标读入数据的处理仍在进行，（−m）表示当前在游标中的数据行数
−1	表示该游标动态反映基础表的所有变化，符合游标定义的数据行经常变动，故无法确定
0	表示无符合条件的记录或游标已被关闭
n	表示从基础表读入数据已经结束，n 即为游标中已有数据记录的行数据

（4）@@FETCH_STATUS 函数。该函数为全局型函数，可用于检查上一次执行的 FETCH 语句是否成功，返回值的含义见表 11-4。

表 11-4　FETCH_STATUS 函数的返回值

返 回 值	含 义
0	FETCH 操作成功，且游标目前指向合法的记录
−1	FETCH 操作失败，或者游标指向了记录集之外
−2	游标指向了一个并不存在的记录

11.5　提取游标数据

当游标被声明并成功打开后，就可以从游标中逐行地提取数据，以供相关处理。从游标中提取数据的语法格式如下，其中各参数的含义见表 11-5。

```
FETCH [[NEXT|PRIOR|FIRST|LAST|ABSOLUTE{n|@nvar}|RELATIVE {n|@nvar} ]
    FROM ] {{[GLOBAL]游标名}|@cursor_variable_name}  [INTO @variable_name
[,...n] ]
```

表 11-5　FETCH 函数的参数表

参 数	含 义
NEXT	移至当前行的下一行，默认项。若 FETCH NEXT 是首次则返回结果集中首记录
PRIOR	移至当前行的上一行，若 FETCH PRIOR 是首次则无记录返回游标置于首记录前
FIRST	移至游标中的首记录并设为当前记录
LAST	移至游标中的末记录并设为当前记录
ABSOLUTE n	若 n 为正绝对位移第 n 行，反之返回游标内从末记录数据算起的第 n 行数据
RELATIVE n	若 n 为正从当前位置后移 n 行，反之前移 n 行，超值则@@FETCH_STARS 返回−1
INTO 变量	把当前行的各字段值赋给变量中，每个变量须与游标结果集中列相对应，类型匹配

默认情况下，使用 OPEN 命令打开该游标后，游标不指向结果集中的任何一条记录，此时需要使用 FETCH 函数将游标定位到记录集中的一条记录上。此后，可以使用 FETCH NEXT 和 FETCH PRIOR 移向当前记录的下一条和上一条记录；使用 FETCH FIRST 和 FETCH LAST 来移至首条记录或尾记录。FETCH 同样可以实现绝对位移和相对位移，此时可以使用 FETCH ABSOLUTE n 或 FETCH RELATIVE n。

执行 FETCH 语句后，可通过@@FETCH_STATUS 全局变量返回游标当前的状态。在每次用 FETCH 从游标中读取数据时都应检查该变量，以确定上次 FETCH 操作是否成功，进而可决定如何进行下一步处理。打开和提取数据操作过程的游标指针位置如图 11-2 和图 11-3 所示。

图 11-2　打开、提取数据操作过程的游标指针位置　　图 11-3　打开、提取数据过程中游标位置

11.6　关闭/释放游标

在通过一个游标完成提取或更新记录行等处理数据操作后，必须关闭游标，以释放当前数据结果集，并解除定位于数据记录上行的游标锁定。CLOSE 语句可用于关闭游标，但不能释放游标占用的数据结构，可以使用 DEALLOCATE 实现释放游标（即可删除游标与游标名或游标变量之间的联系，释放游标占用的所有系统资源）。

关闭游标的语法格式为：

```
CLOSE { { [GLOBAL] 游标名} | cursor_variable_name }
```

释放游标的语法格式为：

```
DEALLOCATE { { [GLOBAL] 游标名} | @cursor_variable_name}
```

各参数说明如下：

- GLOBAL：说明游标为一全局游标。

- 游标名：关闭或释放的游标名称。默认为局部游标。

- cursor_variable_name：为游标变量名，该名称引用一个游标。

注意：在使用事务结构时，当结束事务时游标也会自动关闭。

【例 11-1】建立一个"学生_cursor"游标，用循环提取"信息管理"数据库中"学生"表数据，运行结果如图 11-4 所示。

程序代码如下：

```
declare 学生_cursor cursor for        --声明游标
select 学号,姓名,校名 from 学生        --打开游标
open 学生_cursor                      --提取游标数据
fetch next from  学生_cursor          --循环提取游标数据
while @@FETCH_STATUS=0                --检测@@FETCH_STATUS，若仍有记录行，则继续循环
begin
fetch next from  学生_cursor
end
close 学生_cursor                     --关闭游标
deallocate 学生_cursor                --释放游标
```

图 11-4　DEALLOCATE 语句和游标赋值的使用

11.7　游标的应用

前面介绍了如何声明游标、打开游标、从游标中读取数据以及关闭释放游标的方法，下面将通过两个应用实例使读者更深刻地理解游标的原理与应用。

【例 11-2】针对 DEALLOCATE 语句和游标赋值，下面给出一个具体的例子来加深理解。

程序代码如下：

```
use pubs
declare titleauthor_cur cursor global scroll for
                        --声明并打开一个全局游标，在批处理以外该游标仍然可见
select * from titleauthor
open titleauthor_cur
go                      --用游标变量引用已声明过的游标
declare @cur_ta1 cursor
set @cur_ta1 = titleauthor_cur  --现在释放对游标的引用
deallocate @cur_ta1             --游标titleauthor_cur 仍旧存在
fetch next from titleauthor_cur
go                              --再引用游标
declare @cur_ta2 cursor
set @cur_ta2 = titleauthor_cur  --释放titleauthor_cur 游标
deallocate titleauthor_cur      --由于游标被@cur_ta2 引用所以仍旧存在
fetch next from @cur_ta2        --当最后一个游标变量超出游标作用域时游标将被释放
go
declare @cur_ta cursor
set @cur_ta = cursor local scroll for
select * from titles            --由于没有其他变量对其进行引用，所以游标被释放
deallocate @cur_ta
go
```

【例 11-3】使用游标语句修改"信息管理"数据库下"学生"中"学号"等于"040218"记录的学分数值，执行结果如图 11-5 所示。

程序代码如下：

```
use 信息管理
go
declare @xh nvarchar(6),@xm nvarchar(8),
@fs decimal
declare 学分游标 cursor  for
```

图 11-5　使用游标语句修改数据

```
select 学号,姓名,学分 from 学生  where 学号='040218'
open 学分游标              --提取游标数据
fetch NEXT from  学分游标 into @xh,@xm,@fs
print '修改前:'+@xh+@xm+'同学学分为: '+convert(varchar,@fs)
update 学生 set 学分=学分+10
where current of 学分游标
close 学分游标
open 学分游标
fetch NEXT from  学分游标 into @xh,@xm,@fs
print '修改后:'+@xh+@xm+'同学学分为: '+convert(varchar,@fs)
close 学分游标              --关闭游标
deallocate 学分游标
go
```

本 章 小 结

　　游标是一种处理数据的方法,总是与一条 Transact-SQL 选择语句相关联,可对结果集进行逐行处理。可将游标视作一种指针,用于指向并处理结果集任意位置的数据。应用程序对每一个游标的操作过程可分为:用 DECLARE 语句声明、定义游标的类型和属性;用 Open 语句打开和填充游标;执行 Fetch 语句;用 Close 语句关闭游标;用 Dealloocate 语句释放游标 5 个步骤。本章还介绍了声明游标、打开游标、从游标中读取数据以及关闭释放游标的方法等。

思考与练习

一、选择题

1. 游标是一种处理数据的方法,它可对结果集进行_____。

　　A. 逐行处理　　　　　　B. 修改处理　　　　　C. 分类处理　　　　D. 服务器处理

2. 从应用角度出发游标分类不包括_____游标。

　　A. Transact-SQL　　　　B. API 服务器　　　　C. WEB 服务器　　D. 客户机

3. 通常使用_____来声明一个游标。方法建立 Connection 对象。

　　A. Create Cursor　　　　B. DECLARE　　　　　C. Connection　　　D. DECLARE Cursor

二、思考与实验

1. 何谓游标? 简述其特点。

2. 简述 SQL Server 2005 下游标的分类。

3. 简述游标声明的两种格式。

4. 简述在 SQL Server 2005 中打开游标的方法。

5. 简述游标的操作步骤。

6. 简述在 SQL Server 2000 的游标中逐行提取数据的方法。

7. 简述关闭游标的语法格式。

8. 简述释放游标的语法格式。

第12章 ━━ SQL Server 2005 安全性管理

安全管理对于 SQL Server 2005 数据库管理系统而言是至关重要的。本章主要介绍了 SQL Server 的安全性、安全构架、安全等级、安全验证模式、SQL Server 用户账号、用户角色和权限的管理等。

12.1 SQL Server 2005 安全机制

SQL Server 2005 数据安全性提供了完善的管理机制和便捷而完善的操作手段,可通过创建用户登录、配置登录权限和分配角色完成安全可靠性取向。

12.1.1 SQL Server 2005 安全基础

1. 安全性

安全性是指允许那些具有相应数据访问权限的用户登录到 SQL Server 2005,访问数据以及对数据库对象实施各种权限范围内的操作,并拒绝所有非授权用户的非法操作。安全性管理对于一个数据库管理系统或任何一个公司组织的信息系统开发而言都是至关重要的,是数据库管理中十分关键的环节,是数据库中数据信息被合理访问和修改的基本保证。

数据的安全性是指保护数据以防止因不合法的使用而造成数据的泄密和破坏。在数据库中,系统用检查口令等手段来验证用户身份,合法的用户才能进入数据库系统,当用户对数据库执行操作时,系统会自动检查用户是否具有执行这些操作的相关权限。

2. 主体

SQL Server 2005 广泛使用安全主体和安全对象管理安全,除了继承低版本的可靠性、易用性与可编程性外等特点外,还在安全性做了很大改进,提供了完善的安全体系,将用户与架构进行分离,引入主体的理念。

主体是可以请求 SQL Server 2005 资源的个体、组和过程,一个请求服务器、数据库或架构资源的实体称为安全主体。安全主体也有层次结构,见表 12-1。主体的影响范围取决于主体定义的范围(Windows、SQL Server 或数据库)和主体的可分与否以及集合性。在 SQL Server 2005 中每个主体都有一个唯一的安全标识符(SID)。一个请求服务器、数据库或架构资源的实体称为安全主体。

表 12-1　SQL Server2005 管理中的主体及安全对象层次结构

SQL Server 主体		SQL Server 安全对象	
主体级别	所含主体	安全对象范围	所含安全对象
Windows	Windows 域登录名	服务器	端点、登录账户和数据库
	Windows 本地登录名		
	Windows 组		
SQL Server	SQL Server 登录名	数据库	用户、角色、应用程序角色、程序集、消息类型、路由、服务、远程服务绑定、全文目录、证书、非对称密钥、对称密钥、约定、架构
	SQL Server 角色		
数 据 库	数据库用户		
	数据库角色		
	应用程序角色	架　构	类型、XML 架构集合、对象
	数据库组		

3．安全对象

安全对象是 SQL Server2005 数据库引擎授权系统管理着可通过权限进行保护控制的实体分层集合，是 SQL Server 数据库所能访问的资源。安全对象范围有服务器、数据库和架构（将在后文中描述），具体见表 12-1。

4．加密机制

SQL Server 2005 内置的加密机制不是简单的提供一些加密函数，而是把日臻完善的数据安全技术引进到 SQL Server 数据库中，形成了一个清晰的内置加密层次结构，根据数据加密密钥和解密密钥是否相同，可以把加密方式分为对称密钥加密法（单密钥加密）机制和非对称对称密钥加密法（双密钥加密）两种形式，其数据加密传输与分类判定如图 12-1 所示。

图 12-1　数据加密传输与分类判定

12.1.2　SQL Server 2005 安全等级

在合理实施安全性管理前，用户需明了 SQL Server 的安全等级。迄今为止，SQL Server 2005 和绝大多数数据库管理系统（DBMS）一样，都还是运行在某一特定操作系统平台下的应用程序，因而 SQL Server 安全性机制尚脱离不了操作系统平台，据此，SQL Server 2005 安全机制可分为如下 4 个等级：

- 操作系统的安全性。
- SQL Server2005 的安全性。
- 数据库访问的安全性。
- 数据库对象的安全性。

每个安全等级都可视作一扇沿途设卡的"门"，若该门未上锁（没有实施安全保护），或者用户拥有开门的钥匙（有相应的访问权限），则用户可通过此门进入下一个安全等级，倘若通过了所有门，用户即可实现访问数据库中相关对象及其所有的数据了，SQL Server 安全机制如图 12-2 所示。

图 12-2　SQL Server 2005 的安全机制

12.1.3　SQL Server 2005 验证模式

　　用户在使用 SQL Server 2005 时，需要经过两个安全性阶段：身份验证和权限验证。首先是身份验证阶段，该阶段系统（Windows 2000/2003 Server）将对登录 SQL Server 用户的账户进行验证，判断该用户是否有连接 SQL Server 2005 实例的权力。如果账户身份验证成功，则表示用户可以连接 SQL Server 2005 实例，否则系统将拒绝用户的连接。然后步入权限验证阶段，对登录连接成功的用户检验是否有访问服务器上数据库的权限，为此需授予每个数据库中映射到用户登录的账户访问权限，权限验证可以控制用户在数据库中进行的操作。

　　1．身份验证

　　身份验证阶段，系统需要对用户登录进行验证。Microsoft SQL Server 2005 身份验证有两种模式：Windows 身份验证模式和 SQL Server 身份验证模式。

　　（1）Windows 身份验证模式（又称集成登录模式，是默然模式），该模式使用 Windows 操作系统的安全机制验证用户身份，Windows 完全负责对客户端进行身份验证，只要用户能通过 Windows 2000/ 2003 Server 用户账户验证，即可连接到 SQL Server，无需再度验证，验证界面如图 12-3 所示。

　　（2）SQL Server 身份验证模式（又称混合身份验证模式或标准登录模式，其基于 Windows 身份验证和 SQL Server 身份混合验证。在该模式下，SQL Server 2005 会首先自动通过账户的存在性和密码的匹配性来进行验证，若成功地通过验证则进行服务器连接；否则判定用户账号在 Windows 操作系统下是否可信及连接到服务器的权限，对于具有权限的可信连接用户，系统直接采用 Windows 身份验证机制进行服务器连接；若上述两者都不行，系统则将拒绝该用户的连接请求，验证界面如图 12-4 所示。

　　无论采用何种验证方式，在用户连接到 SQL Server 服务器后，它们的操作都是相同的。比较起来 Windows 身份验证模式和混合身份验证模式各有千秋。

　　总之，Windows 身份验证是默然模式，而对于应用程序开发人员或数据库管理人员而言，更青睐于 SQL Server 混合模式。SQL Server 2005 的安全性判定决策过程如图 12-5 所示。

图 12-3　Windows 身份验证界面

图 12-4　混合身份验证界面

图 12-5　SQL Server 2005 安全性决策树

2．权限验证

当用户通过身份验证连接到 SQL Server 实例后，用户可以访问的每个数据库仍然要求其具有单独的用户账户，对于没有账户的数据库，将无法访问。这样可防止一个已连接的用户对 SQL Server 的所有数据库资源进行访问。此时，已连接用户虽然可以发送各种 Transact-SQL 语句命令，但是这些操作命令在数据库中是否能够成功地执行，还取决于该用户账户在该数据库中对这些操作的权限设置。如果发出操作命令的用户没有执行该语句的权限或者没有访问该对象的权限，则 SQL Server 将不会执行该操作命令。所以，没有通过数据库中的权限验证，即使用户连接到了 SQL Server 示例上，也无法使用数据库。

一般而言，数据库的所有者或对象的所有者可以对其他数据库用户授予权限或者解除权限。

3．验证模式设置

在连接 SQL Server 时，需要选择服务器的验证模式，同时，对于已经选择验证模式的服务器还可再度进行修改。通常，可通过 SQL Server 管理平台来进行验证模式设置的。

SQL Server 2005 验证模式设置步骤如下：

（1）打开 SQL Server Management Studio，在其"对象资源管理器"中右击需要配置的数据库服务器，从弹出的快捷菜单中选择"属性"命令。

（2）打开"服务器属性"对话框，默认是"常规"页，如图 12-6 所示。单击"服务器属性"对话框中左侧的"安全性"选项，在其右侧的选项页中给出了与 SQL Server 数据库服务器相关的安全属性内容，如图 12-7 所示。

（3）在"服务器身份验证"选项栏中，可以选择要设置的服务器身份验证模式："Windows 身份验证模式"或"SQL Server 和 Windows 身份验证模式"。

图 12-6　SQL Serve2005 服务器"常规"对话框

图 12-7　SQL Serve 2005 服务器"安全性"对话框

（4）同时，在"登录审核"中还可以选择跟踪记录用户登录时的信息，例如登录成功或登录失败的信息等。在"服务器代理账户"选项栏中设置当启动并运行 SQL Server 2005 时的默认登录用户名称和密码。

（5）单击"确定"按钮，即可完成 SQL Server 2005 验证模式的设置。

12.2 用户登录名管理

用户是配置 SQL Server 服务器安全中的最小单位,通过使用不同用户的登录名可以配置为不同的访问级别。SQL Server 2005 中用户必须通过登录账户建立自己的连接能力,以期获得对 SQL Server 实例的访问权限。然后该登录账户必须映射到用于控制在数据库中所执行的活动的 SQL Server 用户账户,以控制用户拥有的权限。

12.2.1 系统内置登录名

在 SQL Server 中有两种账户:一种是登录服务器的域登录账号,另一种就是使用指定唯一的登录 ID 和密码的数据库用户账户。要访问特定的数据库,还必须具有用户名。用户名在特定的数据库内创建,并关联一个登录名。通过授权给用户来指定用户可以访问的数据库对象的权限。登录账号只是让用户以登录名的方式登录到 SQL Server 中,登录名本身并不能让用户访问服务器中的数据库。

SQL Server 2005 默认的登录名包括内置的系统管理员组、本地管理员、sa、SYSTEM 及 SQL Server 2005 内置的服务器与代理服务器等。在"对象资源管理器"窗口中,展开"安全性"结点,可以看到各种登录名节,具体如图 12-8 所示。部分说明如下:

图 12-8 SQL Server 2005 系统内置登录名

(1) BUILTIN\ Administrators:一个 Windows 2000/ 2003 Server 系统管理员组,凡属于该组的用户账户均可作为 SQL Server 2005 的登录账户使用。

(2) distributor-admin:一个 Windows 2000/2003 创建的本地管理员账户,允许作为 SQL Server 2005 的登录账户使用。

(3) SYSTEM:是 SQL Server 服务器内置的的本地账户,可设置成为 SQL Server 2005 登录账户。

(4) sa:SQL Server 2005 的系统管理员登录账户,具有最高的管理许可权限。

若使用 Windows 2000/2005 Server 用户和组连接到 SQL Server 2005,在登录时必须选择 Windows 身份验证模式,此时不需密码;而使用系统管理员账户 sa 接到 SQL Server 2005,则必须选择 SQL Server 身份验证模式(混合模式),此时必须提供密码。至于 SQL Server 2005 内置的服务器与代理服务器均是 SQL Server 许可的内置登录账户。

注意:在完成 SQL Server 2005 安装后,系统就自动建立了一个特殊用户 sa。sa 账户拥有了服务器和所有数据库(包括系统数据库和所有由 SQL Server 2005 账户创建的数据库)的最高管理许可权限,可执行服务器范围内的所有操作。但危险的是,在刚完成 SQL Server 2005 安装时,

sa 账户并无密码须首先对 sa 账户设置密码,以防未经授权用户使用 sa 登录访问 SQL Server 实例,造成对系统的破坏。

默认情况下,系统管理员 sa 被指派给固定服务器角色 sysadmin,并不能进行更改。虽然 sa 是内置的管理员登录账户,但最好不要在日常管理中使用 sa 账户进行登录管理,而应使系统管理员成为 sysadmin 固定服务器角色的成员,并让他们使用自设的系统管理员账户来登录。只有当自建的系统管理员账户无法登录或忘记了密码时才使用 sa 这个特殊账户。

12.2.2　创建 SQL Server 登录名

在对 SQL Server 2005 实施维护和管理时,通常需要添加合法的登录账户名(登录名)来连接、登录 SQL Server。上文列出了安装 SQL Server 2005 完成后一些内置的登录名,由于他们都具有特殊的含义和作用,因此通常规避将他们分配给普通用户使用,而是应创建一些适合于用户应用的登录名。

通常,可以 SQL Server 管理平台和 Transact-SQL 语句来完成创建登录名(账户)。

1. 使用 SQL Server 管理平台创建登录名

使用 SQL Server 管理平台创建登录名的过程如下:

(1)启动 SQL Server Management Studio,在其中选择服务器,展开"安全性"结点。

(2)右击"登录名"结点,从弹出的快捷菜单中选择"新建登录名"命令。弹出如图 12-9 所示的"登录名-新建"对话框,切换至"常规"选项卡,在"登录名"文本框中输入"YU2009"。

图 12-9　新建登录名的"常规"选项卡

(3)在登录名下方选择登录身份验证模式,此处选择"SQL Server 身份验证"单选按钮并输入密码及确认密码(注意大小写)。

(4)在"默认数据库"下拉列表中,选择"信息管理"数据库,也可保持默认项,同时设置相应的默认语言等。

(5)也可以在"服务器角色"选项卡中,设置登录的角色,如图 12-10 所示。

图 12-10　新建登录名的"服务器角色"选项卡

（6）也可以在"用户映射"选项卡中，设置使用该登录名的映射用户和相应的数据库角色，如图 12-11 所示。

图 12-11　新建登录名的"用户映射"选项卡

（7）也可以在"安全对象"选项卡中，设置指定服务器范围的具体安全对象。根据所添加安全对象的不同，权限下显示的内容也略有变化，如图 12-12 所示。

（8）也可以在"状态"选项卡中，设置连接到数据库引擎的权限、登录的启用与否，显示登录锁定与否等状态。

（9）设置完毕后，单击"确定"按钮即可完成登录名的创建的登录名。

（10）设置完毕后，单击"脚本"按钮，系统将生成可以保留的对话过程中与具体操作相对应的 Transact-SQL 语句脚本，如图 12-13 所示，图中也可以查看、浏览到所创建的"YU2009"登录名。

图 12-12　新建登录名的"安全对象"选项卡

图 12-13　创建登录名 Transact-SQL 语句脚本对话框

　　注意：为检测所创建的登录名是否成功，可通过单击"新建查询"工具来连接服务器，并在"登录名"中输入"YU2009"，进而可检测所建的登录名，如图 12-14 所示。最终，单击"连接"按钮，在弹出的如图 12-15 所示对话框中可见到已经连接的 YU2009 登录名。

图 12-14　"连接到服务器"对话框

图 12-15　已连上 YU2009 登录界面

2. 使用 Transact-SQL 语句创建登录名

（1）使用 Create Login 创建登录名。

在 SQL Server2005 中，Create Login 创建登录名的语法格式如下：

```
Create Login login_name {With PASSWORD='password'  [MUST_CHANGE]
[ ,SID=sid | DEFAULT_DATABASE = database | DEFAULT_LANGUAGE = language
|CHECK_EXPIRATION ={ON|OFF}|CHECK_POLICY ={ON | OFF}[CREDENTIAL = credential_
name ]
[ CREDENTIAL= credential_name ] [ ,... ]] | FROM WINDOWS <windows_options> [ ,... ] ]
[WITH DEFAULT_DATABASE = database | DEFAULT_LANGUAGE = language ,...]]}
```

部分参数含义说明如下：

- login_name：指定创建的登录名。有四种类型的登录名：SQL Server 登录名、Windows 登录名、证书映射登录名和非对称密钥映射登录名。
- PASSWORD = 'password'：指定正在更改的 SQL Server 登录登录账户的密码。
- MUST_CHANGE：SQL Server 登录账户名首次使用已改登录时提示输入更新的密码。
- DEFAULT_DATABASE = database：指定将登录名的默认数据库。默认为 master。
- DEFAULT_LANGUAGE = language：指定将指派给登录名的默认语言。
- CHECK_EXPIRATION = { ON | OFF }：指定是否对此登录名强制实施密码过期策略，仅适用于 SQL Server 登录名，默认值为否 OFF。
- CHECK_POLICY = { ON | OFF }：指定应对此登录名强制实施运行 SQL Server 的计算机的 Windows 密码策略。默认值为 ON，仅适用于 SQL Server 登录名。
- CREDENTIAL = credential_name：将映射到 SQL Server 登录的凭据的名称。
- FROM WINDOWS：指定将登录名映射到 Windows 登录名。
- DEFAULT_DATABASE：默认数据库。
- DEFAULT_LANGUAGE：默认语言。

【例 12-1】创建密码为 "090118" 的 YU0901 登录名，默认数据库为 "信息管理"，默认语言为 "French"，运行结果如图 12-16 所示。

程序代码如下：

```
Create Login  YU0901  WITH PASSWORD ='090118', DEFAULT_DATABASE=信息管理,
                          DEFAULT_LANGUAGE =French
```

（2）使用存储过程语句 sp_addlogin 创建登录名。

在 SQL Server 2005 中主要用存储过程语句 sp_addlogin 来创建新的 SQL Server 登录名连接登录实例，该方式由原 SQL Server 2000 版沿袭而来。sp_addlogin 语法格式为：

```
sp_addlogin [@loginame =] 'login' [,[@passwd =] 'password'] ,
                       [@defdb =] 'database'][,[@deflanguage =] 'language']
```

其中部分语法成分含义如下。

- @loginame：登录账户名，在同一个服务器上，登录账户名必须唯一性。
- @passwd ：登录账户密码。
- @deflanguage：登录时默认语言。
- @defdb：设置新建登录账户的默认数据库，不经设置默认数据库为 master。

【例 12-2】创建一个名为 "YUEB"，密码为 "060608"，默认数据库为 "信息管理"，默认语言为 "English" 的登录账户，运行结果如图 12-17 所示。

程序代码如下：

```
EXEC sp_addlogin 'YUEB', '040608', '信息管理', ' English'
```

图 12-16　例 12-1 运行界面　　　　　　图 12-17　例 12-2 运行界面

【例 12-3】创建一个名为"计算机"，密码为"jsj200406"，默认数据库为"电子商务"的登录账户。

程序代码如下：

```
EXEC sp_addlogin '计算机', ' jsj200406', '电子商务'
```

注意：Sysadmin 或 securityadmin 固定服务器角色的成员可以执行 sp_addlogin 的权限。

```
sp_droplogin [ @loginame= ] 'login'
```

12.2.3　删除 SQL Server 登录名

1．使用 SQL Server 管理平台删除登录名

使用 SQL Server 管理平台创建登录名的过程如下：

（1）启动 SQL Server Management Studio，在其中选择"服务器"，然后展开"安全性"结点。

（2）右击"登录名"结点，从弹出的快捷菜单中选择"删除"命令，弹出"删除对象"对话框，单击"确定"按钮，根据信息提示即可完成删除登录名。

2．使用 Transact-SQL 语句删除登录名

（1）使用存储过程语句 sp_DropLogin 可以删除登录名，语法格式如下：

```
sp_droplogin [ @loginame= ] 'login'
```

（2）使用 Transact-SQL 语句 Drop Login 可以删除登录名，语法格式如下：

```
Drop Login  login_name
```

【例 12-4】使用两种方法从 SQL Server 2005 中删除登录账户"计算机"。

程序代码如下：

```
EXEC sp_droplogin  '计算机'
Drop Login 计算机
Go
```

12.2.4　修改 SQL Server 登录名

可以使用 Transact-SQL 中的 ALTER LOGIN 语句修改登录名，将早期版本中的多条系统存储过程语句融为一体，如 sp_password 和 sp_defaultdb、sp_defaultlanguage 等，功能比较强大。ALTER LOGIN 语句的语法格式如下：

```
ALTER LOGIN login_name  { ENABLE | DISABLE
  | WITH  PASSWORD = 'password' | MUST_CHANGE | UNLOCK
  | DEFAULT_DATABASE = database| DEFAULT_LANGUAGE = language | NAME= login_name
  |CHECK_POLICY={ON|OFF}|CHECK_EXPIRATION={ON|OFF}|
  CREDENTIAL = credential_name | NO CREDENTIAL [ ,...]}
```

部分参数含义说明如下：

- ENABLE | DISABLE：启用或禁用此登录。
- NAME = login_name：重命名的登录新名称。
- CREDENTIAL 与 NO CREDENTIAL：是否映射到 SQL Server 登录的凭据的名称。

login_name、CHECK_EXPIRATION、DEFAULT_DATABASE、DEFAULT_LANGUAGE、PASSWORD、CHECK_POLICY 和 MUST_CHANGE 等与 Create Login 创建登录名相同。

【例 12-5】启用"计算机"登录名，将计算机登录名的登录密码更改为"20090209"，称将计算机登录名更改为"互联网"，并将"互联网"登录名映射到凭据 PJ_YU，运行结果如图 12-18 所示。

程序代码如下：

```
Alter Login 计算机 Enable
   Alter Login 计算机 WITH PASSWORD = '20090209'
      Alter Login  计算机 WITH NAME = 互联网
         Alter Login 互联网; WITH CREDENTIAL= PJ_YU
```

【例 12-6】对"互联网"登账户录名强制实施密码过期策略，然后禁用"互联网"登录名。再将用户账户登录名"YU2009"的默认数据库设置为"会计"，默认语言设置为"French"。运行结果如图 12-19 所示。

程序代码如下：

```
Alter Login  互联网 WITH CHECK_POLICY =ON
   Alter Login 互联网 DISABLE
      Alter Login YU2009 WITH DEFAULT_DATABASE=信息管理
         Alter Login YU2009 WITH DEFAULT_LANGUAGE =French
```

图 12-18　例 12-5 运行界面

图 12-19　例 12-6 运行界面

12.3　数据库用户管理

在实现安全登录后，如果在数据库中并没有授予该用户访问数据库的许可，则该用户仍然不能访问数据库。所以，对于每个要求访问数据库的登录，必须使该用户账户添成为数据库用户，并授予其相应的活动访问许可等。数据库用户是数据库级的主体，是登录名在数据库中的映射，是在数据库中执行操作和活动行动者，使用数据库用户账户可限制访问数据库的范围。数据库的访问许可是通过映射数据库用户与登录账户之间的关系来实现。数据库用户是数据库级的安全实体，就像登录账户是服务器级的安全实体一样，

12.3.1　特殊数据库用户

在 SQL Server 2005 中包含了具有特定权限和效用的特殊（默认）数据库用户，包括：数据库所有者 dbo、guest 用户、数据库对象所有者和 sys 用户等。

1．数据库所有者 dbo

在 SQL Server 2005 中，数据库所有者或 dbo 是数据库的最高权利所有者，是个特殊类型的数据库用户，被授权特殊的权限。数据库的创建者即为数据库的所有者。在安装时，dbo 被设置到 model 数据库中，每个数据库都存在，具有所有数据库的操作权限，并可向其他用户授权，且不能被删除。固定服务器 sysadmin 角色的成员自动被映射为特殊的数据库用户，所建数据库及任何对象都自动属于 dbo，且以 sysadmin 登录，dbo 能够执行任何任务。在 Transact-SQL 语句中限定数据库对象时，若数据库对象为 sysadmin 角色成员所建，则使用 dbo 才能限定，否则使用创建者的名称限定数据库对象。

例如，如果信息管理数据库有 RS 和 CW 两个数据库用户，RS 数据库用户是固定服务器角色 sysadmin 的成员，创建了"人事"表，则"人事"表属于 dbo，限定为 dbo.人事，而不以 RS.人事限定；CW 数据库用户是固定数据库角色 db_owner 的成员，而非 sysadmin 的成员，创建了会计表，则会计表属于 db_owner，被限定为 CW.会计。

2．guest

guest 是 SQL Server 2005 中的一个特殊用户账户，其允许具有 SQL Server 登录账户而在数据库中没有数据库用户者访问数据库。此时，SQL Server 会检索该数据库中是否有 guest 用户，若存在该用户，就允许其以 guest 用户权限访问数据库，否则拒绝之。当满足下列所有条件时，登录采用 guest 用户的标识。

- 登录有访问 SQL Server 实例的权限，但没有通过自己的用户账户访问数据库权限。
- 数据库中含有 guest 用户账户。

可以将权限应用到 guest 用户，就如同它是任何其他用户账户一样。可以在除 master 和 tempdb 外（在这两个数据库中它必须始终存在）的所有数据库中添加或删除 guest 用户。默认情况下，新建的数据库中没有 guest 用户账户。

3．数据库对象所有者

SQL Server 2000 中数据库对象涵盖表、索引、默认、规则、视图、触发器、函数或存储过程等，数据库对象创建者（数据库用户）即为该数据库对象的所有者，同时隐含具有该数据库对象的所有操作权限。

数据库对象的权限必须由数据库所有者或系统管理员授予。在授予数据库对象这些权限后，数据库对象所有者就可以创建对象并授予其他用户使用该对象的权限。在一个数据库中，不同用户可以创建同名的数据库对象，因而用户在访问数据库对象时，必须对数据库对象的所有者进行限定。

12.3.2　数据库用户管理

SQL Server 通过数据库用户对数据库对象进行操作，可用来指定哪些用户可以访问哪些数据库。在一个数据库中，用户对数据的访问权限以及对数据库对象的所有关系，都是通过基于数据库的用户账号来控制的，在两个不同数据库中可以有两个相同的用户账号。

在数据库中用户账号与登录账号是两个不同的概念，一个合法的登录账号只表明该账号通过了 Windows 身份验证或 SQL Server 混合身份验证，但不能表明其可以对数据库数据和数据对象进行某类操作。

注意：一个登录账号总是多个数据库用户账号相对应，而一个数据库用户只能与一个已建的登录账号相映射。

数据库用户管理包括创建用户、查看用户信息、修改用户和删除用户等操作。通常可以通过 SQL Server 平台管理器和 Transact-SQL 语句等方法来实施数据库用户管理。

1. 使用 SQL Server 管理平台管理数据库用户

使用 SQL Server 管理平台创建及管理数据库用户的步骤如下：

（1）启动 SQL Server 管理平台，连接到本地数据库实例，在对象资源管理器中，展开树形目录，选取要建立的数据库用户的信息管理数据库，展开"安全性"结点。

（2）右击"用户"结点，从弹出的快捷菜单中选择"新建数据库用户"命令。弹出如图 12-20 所示的"数据库用户-新建"对话框，切换至"常规"选项卡，在"用户名"文本框中输入要创建的数据库用户"YU2009"，通过"登录名"文本框后的选择按钮选择登录名"YU2009"。

（3）通过同样方法在"默认架构"里选择 dbo。在下方勾选"拥有的架构"与"数据库角色成员身份"复选框。

图 12-20　新建数据库用户"常规"选项卡

（4）在"安全对象"选项卡（如图 12-21 所示），或在"扩展属性"选项卡中进行相应的设置。

（5）单击"确定"按钮，即可完成数据库用户的创建。

（6）设置完毕后单击"脚本"按钮，系统将生成可以保留的体现对话过程与具体操作相对应的 Transact-SQL 语句脚本。

注意：也可使用 SQL Server 管理平台进行数据库用户的修改、浏览数据库用户的相关属性设置等。展开"安全性"下"用户"结点，选择并右击所需管理的数据库用户名，从弹出的快捷菜单中可以进行多种用户的维护性操作，如，删除该用户、查看该用户的属性、新建数据库用户与编写用户脚本等操作。

图 12-21 新建数据库用户"安全对象"选项卡

2．利用 Transact-SQL 语句管理数据库用户

（1）使用 CREATE USER 语句创建数据库用户。

可以使用 CREATE USER 语句在指定的数据库中创建用户。由于用户是登录名在数据库中的映射，因此在创建用户时需要指定登录名。CREATE USER 语句语法格式如下：

```
CREATE USER user_name  [ { { FOR | FROM } { LOGIN login_name | CERTIFICATE
cert_name
| ASYMMETRIC KEY asym_key_name } | WITHOUT LOGIN ]
 [ WITH DEFAULT_SCHEMA = schema_name ]
```

部分参数含义说明如下：

- user_name：数据库中用于识别该用户的名称。
- LOGIN login_name：数据库用户的有效的 SQL Server 登录名。
- CERTIFICATE cert_name：指定要创建数据库用户的证书。
- ASYMMETRIC KEY asym_key_name：指定要创建数据库用户的非对称密钥。
- WITHOUT LOGIN：指定不应将用户映射到现有登录名。
- WITH DEFAULT_SCHEMA：数据库用户解析对象名时将搜索的第一个架构。

注意：不能使用 CREATE USER 语句创建每个数据库中均已存在的 guest 用户。

【例 12-7】试创建名密码为"MyKhy"的"YU090201"服务器登录名，然后在"信息管理"数据库中创建具有默认架构"070208"的对应数据库用户"YU090201DBUSER"。运行结果如图 12-22 所示。

程序代码如下：

```
CREATE  LOGIN  YU090201 WITH  PASSWORD = 'MyKhy'
    USE 信息管理
    CREATE  USER  YU090201DBUSER FOR LOGIN  YU090201
    WITH  DEFAULT_SCHEMA = 070208
    GO
```

（2）使用 ALTER USER 语句修改数据库用户。

修改用户包括两个方面：第一，修改用户名；第二，修改用户的默认架构。语句语法格式如下：

```
ALTER USER user_name  WITH  NAME=new_user_name
                            | DEFAULT_SCHEMA = schema_name [ ,...n ]
```

说明：user_name：数据库用户名；NAME：用户新名；DEFAULT_SCHEMA = schema_name：指定服务器在解析此用户的对象名称时将搜索的第一个架构。

【例12-8】试将"信息管理"数据库下用户 YU090201DBUSER 的名称更改为 YUDBUSER，并将数据库用户 YUDBUSER 的默认架构设为 YU_SCHEMA。运行结果如图 12-23 所示。

程序代码如下：

```
USE 信息管理
    ALTER USER YU090201DBUSER WITH NAME = YUDBUSER
    ALTER USER YUDBUSER  WITH DEFAULT_SCHEMA =YU_SCHEMA
    GO
```

图 12-22 例 12-7 运行界面   图 12-23 例 12-8 运行界面

（3）使用系统存储过程语句管理数据库用户。

SQL Server 主要使用原来低版本的 sp_grantdbaccess、sp_revokedbaccess 和 sp_helpuser 系统存储过程管理数据库用户。

① 创建新数据库用户。

存储过程 sp_granddbaccess 可用来创建新数据库用户。sp_grantdbaccess 的语法格式为：

```
sp_grantdbaccess [@loginame =]'login' [[@name_in_db=]'name_in_db' [OUTPUT]]
```

其中，@loginame：SQL Server 登录账户名；@name_in_db：数据库账户名。

【例12-9】创建一名为"计算机"密码为"JSJ090201"默认数据库为"电子商务"的登录账户。并将其建成名为"电子商务"的数据库用户，运行结果如图 12-24 所示。

程序代码如下：

```
EXEC sp_addlogin  '计算机', ' JSJ090201', '电子商务'  --可用 CREATE LOGIN替代。
    USE  电子商务
    exec sp_grantdbaccess  '计算机', '电子商务'
    go
```

② 删除数据库用户。

存储过程 sp_revokedbaccess 用来将数据库用户从当前数据库中删除，语法格式为：

```
sp_revokedbaccess [@name_in_db =] 'name'
```

【例12-10】删除电子商务数据库用户：电子商务与 Corporate\GeorgeW。运行结果如图 12-25 所示。

程序代码如下：

```
USE  电子商务
exec  sp_revokedbaccess  '电子商务'
exec  sp_revokedbaccess  'Corporate\GeorgeW'
go
```

图 12-24　例 12-9 运行界面　　　　　　　　图 12-25　例 12-10 运行界面

③ 查看数据库用户信息。

存储过程 sp_helpuser 被 z 用来显示当前数据库的指定用户信息。语法格式为：

```
sp_helpuser [[@name_in_db =] 'security_account']
```

其中，[@name_in_db =] 'security_account' 表示当前数据库中 SQL Server 用户或数据库角色的名称。security_account 必须存在于当前的数据库中。

【例 12-11】试显示"信息管理"数据库中用户信息。

程序代码如下：

```
USE 信息管理
    EXEC sp_helpuser
    EXEC sp_helpuser YU2009
```

12.4　角　色

角色（role）是 SQL Server 引入的一种用来集中管理服务器或数据库的理念。不同的角色，具有不同的权限（类似于生活中的官爵）。角色是将数据库中的不同用户集中到不同的单元中去，从而以单元为单位进行权限管理。角色和权限两者之间的关系类似于 Windows 2000/2003 Server 中的用户组和用户的关系，是为了方便权限管理而设置的管理单位。

角色建立后，一旦对一个角色授予、修改或删除权限，其中的成员则均被授予、修改或删除权限。这样对于一个类似功能的用户群体就不需要分别管理每个用户，而只需要对角色进行管理或设置就可以达到管理目的。一个用户可以属于不同的角色，这样不同的分类管理将更加方便。在 SQL Server 2005 中主要有两类角色：其一，服务器级的固定服务器角色，其二，数据库级的固定数据库角色与应用程序角色及和用户定义角色。

12.4.1　服务器角色

1. 服务器角色

服务器角色是服务器范围内固定的服务器角色，是 SQL Server 在安装时就预定义创建的，是用于分配服务器级的管理权限的实体，其适用在服务器范围内，权限不能被修改，它是指根据 SQL Server 的管理任务及这些任务的相对重要性分成若干等级，并通过纳取成员设置方式把具有 SQL Server 管理职能的用户划分成不同的用户及组账户（包括登录账户和数据库用户），同时赋予相应的权限。各种固定服务器角色的具体含义及权限范围见表 12-2。

表 12-2　固定服务器角色的权限

角 色 名 称	权 限 描 述
Sysadmin（系统管理员）	可以在 SQL Server 中做任何操作，权限覆盖其他服务器角色
Serveradmin（服务器管理员）	可以管理 SQL Server 服务器范围内的配置，关闭服务器
Bulkadmin	可以运行 BULK INSERT 语句，实施大容量数据库导入
Setupadmin（设置管理员）	可以增加、删除与连接服务器，并执行某些系统扩展存储过程
Securityadmin（安全管理员）	可以管理登录、创建数据库权限、更改密码与读取错误日志等
Processadmin（进程管理员）	可以终止在数据库引擎 实例中运行的进程
Dbcreator（数据库创建者）	可以创建数据库，并对数据库进行修改与删除及还原数据库
Diskadmin（磁盘管理员）	可以管理磁盘文件

通常，可利用 SQL Server 管理平台和 Transact–SQL 下系统存储过程语句来管理固定服务器角色。

2. 使用 SQL Server 管理平台管理服务器角色

使用 SQL Server 管理平台可查看、增加或删除服务器角色成员等，具体实施步骤如下：

（1）启动 SQL Server 管理平台，在对象资源管理器中选择具体的数据库。右击"表"，在弹出的快捷菜单中选择"新建表"命令，将显示表设计器窗口，如图 6–1 所示。

（2）在 SQL Server 管理平台中选择服务器，展开"安全性"结点，选择并右击"服务器角色"结点中具体的服务器角色，如 Securityadmin。

（3）从弹出的快捷菜单中选择"属性"命令，打开如图 12–26 所示的"服务器角色属性"对话框，在该对话框的"服务器角色成员"列表下可以单击"添加"或"删除"按钮，进行该服务器角色成员的管理。

（4）若单击"添加"按钮，则可在打开的对话框中添加若干个具体的服务器角色成员；若选择所列的服务器角色成员，再单击"删除"按钮，则可删除相关服务器角色成员。

（5）单击"确定"按钮，即可完成可查看、增加或删除服务器角色成员等。

3. 使用存储过程管理服务器角色

在 SQL Server 中管理服务器角色的存储过程主要有：sp_addsrvrolemember（添加服务器角色成员）、sp_dropsrvrrolemember（删除服务器角色成员）和 sp_helpsrvrolemember（显示服务器角色成员信息）等。

（1）sp_addsrvrolemember 是将某一登录名加入到服务器角色内，使其成为该角色的成员。

sp_addsrvrolemember 的语法格式为：

```
sp_addsrvrolemember [@loginame =] 'login' ,[@rolename =] 'role'
```

【例 12-12】首先将登录账户名"YU0901"加入到 sysadmin 角色中，其次将 Windows 2005 Server 用户 Corporate\HelenS 添加到 serveradmin 固定服务器角色中，运行如图 12–27 所示。

程序代码如下：

```
exec sp_addsrvrolemember 'YU0901','sysadmin'
exec sp_addsrvrolemember 'Corporate\HelenS', 'serveradmin'
go
```

图 12-26　"服务器角色属性"对话框　　　　　图 12-27　例 12-12、例 12-13、例 12-14 运行界面

　　（2）sp_dropsrvrrolemember 用来将某一登录账户从某一服务器角色中删除。当该成员从服务器角色中被删除后，便不再具有该服务器角色所设置的权限了。语法格式为：

```
sp_dropsrvrolemember [@loginame =] 'login' ,[@rolename =] 'role'
```

　　【例 12-13】从固定服务器角色中分别删除登录账户"YU0901"和 Windows 2000 Server 用户 Corporate\HelenS，前者是 sysadmin 角色后者为 serveradmin 角色，运行如图 12-27 所示。

　　程序代码如下：

```
exec sp_dropsrvrolemember  'YU0901','sysadmin'
exec sp_dropsrvrolemember  'Corporate\HelenS', 'serveradmin'
go
```

　　（3）sp_helpsrvrolemember 用来显示服务器角色成员的相关信息。语法格式为：

```
sp_helpsrvrolemember  [ [ @srvrolename=]'role' ]
```

　　【例 12-14】显示 sysadmin 固定服务器角色的成员信息，运行如图 12-27 所示。

　　程序代码如下：

```
EXEC  sp_helpsrvrolemember  'sysadmin'
```

　　（4）sp_helpsrvrole 是返回 SQL Server 固定服务器角色列表的存储过程。语法格式为：

```
sp_helpsrvrole [ [ @srvrolename = ] 'role' ]
```

　　【例 12-15】显示 sysadmin 固定服务器角色的成员信息。

　　程序代码如下：

```
sp_helpsrvrole 'sysadmin'
```

12.4.2　数据库角色

　　在 SQL Server 2005 中，数据库范围角色分为内置数据库角色、应用程序角色和用户定义角色。固定数据库角色可提供最基本的数据库权限的综合管理。固定数据库角色拥有已经应用的权限；只需要将用户加进这些角色中，该用户即可继承全部相关的权限。通常可以使用 SQL Server 管理平台和 Transact-SQL 下系统存储过程语句来管理固定数据库角色。

1. 数据库角色

数据库角色是定义在数据库级上固定的数据库角色，借助于数据库角色可对数据库用户的权限进行有效管理。固定数据库角色是指在 SQL Server 安装时定义的所有具有管理访问数据库权限的角色，可提供最基本的数据库权限的设置管理，并且 SQL Server 管理者不能对其所具有的权限进行任何修改。固定数据库角能为某一用户或一组用户授予不同级别的访问、管理数据库或数据库对象的权限，这些权限是数据库专有的，而且还可以使一个用户具有属于同一数据库的多个角色，因而其功能也将更加丰富，更易于综合管理。

各种固定数据库角色的具体含义及权限范围见表 12-3。

表 12-3　固定数据库角色的权限

角　色　名　称	权　限　描　述
db_owner	可以执行所有数据库角色的活动，该角色包含其他各角色的所有权限
db_accessadmin	可以增加或删除 Windows 用户或组登录者及 SQL Server 用户
db_datareader	能对数据库中任何表执行 SELECT 操作，从而读取所有表的信息
db_datawriter	能对库中表执行 INSERT、UPDATE 和 DELETE 操作，但 SELECT 操作则不能
db_ddladmin	可以新建、删除和修改数据库中任何对象
db_securityadmin	可以管理数据库角色的角色和成员，并管理数据库中语句和对象权限
db_backupoperator	可以备份数据库
db_denydatareader	不能查看数据库中的数据
db_denydatawriter	不允许更改数据库中的数据

2. 特殊数据库角色 public

SQL Server 2005 下的每个数据库中，都有一个特殊的数据库角色——public，每个数据库用户都属于它。该角色具有如下特点：

（1）捕获数据库中用户的所有默认权限，该角色无法删除。

（2）无法将用户、组或角色指派给它，因为默认情况下它们即属于该角色。

（3）该角色包含在每个数据库中，包括系统的和所有用户数据库。

3. 使用 SQL Server 管理平台管理数据库角色

使用 SQL Server 管理平台可以完成查看固定数据库角色的权限、增加与删除固定数据库角色成员等功能。使用 SQL Server 管理平台管理固定数据库角色的步骤如下：

（1）启动 SQL Server 管理平台，在其中选择服务器，展开"数据库"结点，选择具体的数据库。这里右击该数据库的"安全性"下"数据库角色"结点中具体的数据库角色，如 db_securityadmin。

（2）从弹出的快捷菜单中选择"属性"命令，如图 12-28 所示，打开如图 12-29 所示的"数据库角色属性"对话框，在其中可以查看或修改所选数据库角色的属性。

（3）在"角色名称"文本框中输入角色名称，还可对现有角色则可进行编辑和设置。"所有者"会显示角色的所有者。若单击"所有者"后的浏览按钮可以打开"选择数据库用户或角色"对话框，如图 12-29 所示。在"选择数据库用户或角色"对话框中，可向另一个对话框的列表中添加对象，其中具体说明如下：

图 12-28　执行数据库角色属性界面　　图 12-29　数据库角色属性及选择数据库用户或角色界面

- 选择这些对象类型：列表中包括用户、应用程序角色和数据库角色。此框使用从"选择对象类型"对话框中选择的选项进行填充。
- 输入要选择的对象名称：输入用分号分隔的、要选择的对象名称列表，所选对象须属于"选择这些对象类型"框中列出类型。可单击"浏览"按钮，在弹出的列表中选择对象。
- 对象类型：显示对象类型列表，通过选中相应的复选框选择一个或多个类型。
- 检查名称：验证"输入要选择的对象名称"框中的对象名称。
- 浏览：打开显示"查找对象"对话框。选中相应的复选框可从该列表中选择对象。

（4）上述操作后，在"此角色拥有的架构"的列表框中勾选相应的复选框。以此来选择或查看此角色拥有的架构。架构只能由一个架构或角色拥有。

（5）在"此角色的成员/角色成员"中显示了从可用数据库用户列表中选择角色的成员身份。还可以在该对话框的"数据库角色成员"列表框下单击"添加"或"删除"按钮，进行该数据库角色成员的管理。

（6）若单击"添加"按钮，则可以列表在打开的对话框中添加若干个具体的服务器角色成员；若选择所列的服务器角色成员，再单击"删除"按钮，则可删除相关服务器角色成员。

（7）单击"确定"按钮，即可完成可查看、增加或删除数据库角色成员等的操作。

4．使用存储过程语句管理数据库角色成员

在 SQL Server 中管理固定数据库角色成员的存储过程主要有：s_addrolemember（添加数据库角色成员）、sp_droprolemember（删除数据库角色成员）和 sp_helprolemember（显示当前数据库所有角色的成员）。

（1）sp_addrolemember 用来向数据库添加某一角色（数据库角色或用户自定义角色）成员，其语法格式为：

```
sp_addrolemember [@rolename =] 'role',[@membername =] 'security_account'
```

参数含义说明如下：

- [@rolename =] 'role'：数据库角色。
- [@membername =] 'security_account'：添加到 SQL Server 数据库的角色成员。

【例 12-16】将用户"电子商务"加入到角色 db_owner 中去。

程序代码如下：

```
Exec sp_addrolemember  'db_owner', 'YU2009'
```

（2）sp_droprolemember 是用来删除某一数据库角色的成员。语法格式为：

```
sp_droprolemember [@rolename =] 'role',[@membername =] 'security_account'
```

（3）sp_helprolemember 用来显示某一数据库角色的所有成员。语法格式为：

```
sp_helprolemember [ [ @rolename = ] 'role' ]
```

注意：如未指明角色名称，则显示当前数据库所有角色的成员。

【例 12-17】显示 pubs 数据库中所有角色的成员，并将用户"电子商务"从角色 db_owner 中删除。

程序代码如下：

```
use pubs
sp_helprolemember
Exec sp_DROProlemember  'db_owner', '电子商务'
Go
```

12.4.3 应用程序角色

1. 应用程序角色及特点

应用程序角色是一个数据库主体，它使应用程序能够用其自身的、类似用户的特权来运行。使用应用程序角色，可以只允许通过特定应用程序连接的用户访问特定数据。与数据库角色相比来说，应用程序角色有三个特点：

- 在默认情况下该角色不包含任何成员。
- 在默认情况下该角色是非活动的，必须用 sp_setapprole 来激活后才能发挥作用。
- 该角色有密码，只有拥有应用程序角色正确密码的用户才可以激活该角色。当激活某个应用程序角色后，用户会拥有应用程序角色的权限而失去原有的权限。

应用程序角色是用户定义数据库角色的一种形式，与固定数据库角色不同。它规定了某个应用程序的安全性，用来控制通过某个应用程序对数据的间接访问。在 SQL Server 2005 系统中，可以使用 SQL Server 管理平台和 Transact-SQL 语句来完成创建应用程序角色。

2. 使用 SQL Server 管理平台创建应用程序角色

使用 SQL Server 管理平台创建应用程序角色的步骤如下：

（1）启动 SQL Server 管理平台，连接到本地数据库实例，在对象资源管理器中展开树形目录，选取要建立应用程序角色的信息管理数据库，展开"安全性"结点。

（2）右击"用户"结点下"应用程序角色"，从弹出的快捷菜单中选项"新建应用程序角色"命令，弹出如图 12-30 所示的"应用程序角色-新建"对话框。切换至"常规"选项卡，在"角色名称"文本框中输入要创建的角色名称 YU-APPROLE；在"默认架构"文本框中指定该角色所属的架构，若单击"默认架构"旁的浏览按钮可以打开"定位架构"对话框，可以浏览使用现有的架构；在"密码"文本框中输入密码进行身份验证，并输入确认密码。

（3）在"此角色拥有的架构"列表中的"拥有的架构"处选择或查看此角色拥有的架构，按需勾选相应的复选框，则可选择此角色拥有的架构。架构只能由一个架构或角色拥有。

图 12-30　新建应用程序角色"常规"选项卡

（4）也可以切换至"安全对象"选项卡，查看或设置数据库安全对象的权限等，如图 12-31
所示。

图 12-31　新建应用程序角色"安全对象"选项卡

（5）在该对话框中可以单击"添加"或"删除"按钮，进行该角色的对象的添加或删除管理。
若单击"添加"按钮，则可在打开的对话框中添加若干对象；若选择所列的架构对象，再单击"删
除"按钮，则可删除相关架构对象。

（6）单击"确定"按钮，即可完成创建应用程序角色。

3．利用 Transact-SQL 语句创建应用程序角色

也可以使用 CREATE APPLICATION ROLE 语句创建应用程序角色。语法格式如下：

```
CREATE APPLICATION  ROLE application_role_name
```

```
       WITH PASSWORD = 'password'  [,DEFAULT_SCHEMA=schema_name ]
```
【例 12-18】试创建名为"YUAPPROLE0"和密码为"500101"的应用程序角色，该角色使用
Sales 作为其默认架构，运行如图 12-32 所示。
```
CREATE APPLICATION ROLE YUAPPROLE0
              WITH PASSWORD = '500101' , DEFAULT_SCHEMA = Sales;
```

4．使用应用程序角色

通常，应用程序角色在使用之前必须激活。可以通过执行 sp_setapprole 系统存储过程来激活
应用程序角色。在连接关闭或执行系统存储过程 sp_unsetapprole 之前，被激活的应用程序角色都
将保持激活状态。应用程序角色旨在由客户的应用程序使用，但同样可以在即筛 Transact-SQL 批
处理中使用它们。

【例 12-19】试创建名为"YUAPPROLE0"和密码为"500101"的应用程序角色，该角色使用
Sales 作为其默认架构，运行如图 12-32 所示。

程序代码如下：
```
CREATE APPLICATION ROLE YUAPPROLE0
    WITH PASSWORD = '500101' , DEFAULT_SCHEMA = Sales
```

图 12-32　例 12-18 运行界面

【例 12-20】试不使用加密选项激活应用程序角色，但可以使用明文密码"Bright"激活名为
"YUAPPROLE0"的应用程序角色。

程序代码如下：
```
EXEC sp_setapprole  ' YUAPPROLE0', ' Bright '
```

5．删除应用程序角色

如果需要删除应用程序角色，可以使用 DROP APPLICATION ROLE 语句。

例如：
```
DROP APPLICATION ROLE YUAPPROLE0
```

12.4.4　用户自定义数据库角色

1．用户自定义数据库角色

在 SQL Server 2005 中，除了系统预定义的固定数据库角色之外，当打算为某些数据库用户设
置某种权限，但是此类权限又不等同于预定义的固定数据库角色的权限时，用户还可在数据库中
创建新的自定义的数据库角色，以满足、完善数据库管理的需求和发展。通常，可使用 SQL Server
管理平台和 Transact-SQL 下的存储过程语句两种方法来创建自定义数据库角色。

2．使用 SQL Server 管理平台创建自定义数据库角色

使用 SQL Server 管理平台创建创建自定义数据库角色的步骤如下：

（1）启动 SQL Server 管理平台，连接到本地数据库实例，在对象资源管理器中展开树形目录，

选取要建立自定义数据库角色的信息管理数据库，右击该数据库的"安全性"下的"数据库角色"，从弹出的快捷菜单中选择"新建数据库角色"命令。

（2）打开如图 12-33 所示的"数据库角色-新建"对话框，切换至"常规"选项卡，在"角色名称"文本框中输入要创建的角色名称 YUROLE；在"默认架构"文本框中指定该角色所属的架构，若单击"默认架构"旁的浏览按钮可以打开"定位架构"对话框，可以浏览使用现有的架构；在"密码"文本框中输入密码进行身份验证，并输入确认密码。

（3）在"此角色拥有的架构"列表框中的"拥有的架构"处选择或查看此角色拥有的架构，按需勾选相应的复选框，则可选择此角色拥有的架构。架构只能由一个架构或角色拥有。

（4）也可以切换至"安全对象"选项卡，查看或设置数据库安全对象的权限等。

（5）在该对话框中可以单击"添加"或"删除"按钮，进行该角色的对象的添加或删除管理。若单击"添加"按钮，则可在打开的对话框中添加若干对象；若选择所列的架构对象，再单击"删除"按钮，则可删除相关架构对象。

图 12-33　新建自定义数据库角色"常规"选项卡

（6）单击"确定"按钮，即可完成创建自定义数据库角色。

3. 使用 Transact-SQL 语句创建自定义数据库角色

在 SQL Server 2005 中，在当前数据库中创建自定义数据库角色主要用 CREATE ROLE 语句来完成。语法格式为：

```
CREATE ROLE  role_name [ AUTHORIZATION owner_name ]
```

说明：role_name 为待创建角色名称；AUTHORIZATION owner_name 为将拥有新角色的数据库用户。如果未指定用户，则执行 CREATE ROLE 的用户将拥有该角色。

【例 12-21】试创建信息管理数据库下，固定数据库角色 db_securityadmin 拥有的数据库角色 YUROLE0。

程序代码如下：

```
USE 信息管理
   CREATE ROLE YUROLE0  AUTHORIZATION db_securityadmin
   GO
```

4．使用系统存储过程语句创建自定义数据库角色

在 SQL Server 中管理自定义数据库角色的存储过程主要有：sp_addrole（创建数据库角色）、sp_droprole（删除数据库角色）、sp_addapprole（添加应用程序数据库角色）、sp_dropapprole（删除应用程序数据库角色）和 sp_helprole（返回当前数据库中角色信息）。

（1）使用 sp_addrole 创建新数据库角色。sp_addrole 语法格式为：

```
sp_addrole [@rolename=]'role' [,[@ownername=]'owner']
```

参数说明如下。

- [@rolename=]'role'：要创建的数据库角色名称。
- [@ownername=]'owner'：新数据库角色的所有者，在默认情况下是 dbo。

【例 12-22】在信息管理数据库中建立新的数据库角色 yyc 和 Managers。

程序代码如下：

```
Use 信息管理
   EXEC sp_addrole 'yyc'
      EXEC sp_addrole 'Managers'
```

（2）使用 sp_droprole 可删除数据库中自定义的数据库角色。sp_droprole 语法格式为：

```
sp_droprole [@rolename =] 'role'
```

【例 12-23】删除信息管理数据库中所建的 yyc 和 Managers 数据库角色。

程序代码如下：

```
Use 学生
   EXEC sp_droprole 'yyc'
      EXEC sp_droprole 'Managers'
```

（3）使用 sp_helprole 用来显示当前数据库中所有数据库角色的信息。语法格式为：

```
sp_helprole [[@rolename =] 'role']
```

【例 12-24】显示信息管理数据库的所有数据库角色信息。

程序代码如下：

```
Use 信息管理
   EXEC sp_helprole
```

注意：同样，也可以对自定义数据库角色进行浏览修改属性与删除自定义数据库角色等操作，读者不妨可以试一下！

12.4.5　为角色添加成员

角色是指一组具有固定权限的描述，角色有着极强的应用性。例如，用户创建了一个角色成员的登录，用户用这个登录能执行这个角色许可的任何任务。

上述的服务器角色、数据库角色、应用程序角色和用户自定义数据库角色都可以指派具体的角色成员。前两种已经有详细介绍了，而后两种方法相妨，均是在 SQL Server 管理平台下，通过具体的登录名或数据库用户的"属性"来设置的。在属性对话框中可以将该用户设置为若干服务器角色或数据库角色成员，并可设置相关权限，从而达到设置具体用户的功能权限，拓展它们的应用性，限于篇幅，此内容则不再详叙。

12.5　管 理 架 构

　　SQL Server 2005 新特点之一是使得 SQL Server 2000 中隐式关联的架构具体化了。架构是形成单个命名空间的数据库实体的集合，是对象的容器，用于在数据库内定义对象的命名空间。它们用于简化管理和创建可以共同管理的对象子集。架构与用户相互分离。用户拥有架构，并且当服务器在查询中解析非限定对象时，总是有一个默认架构供服务器使用，而不必指定架构名称。

　　架构是数据库级的安全对象，架构独立于创建它们的数据库用户而存在。可以在不更改架构名称的情况下转让架构的所有权。且可在架构中创建具有友好名称与明确功能的对象。架构命名空间集合中的每个元素名称都是唯一的。例如，为规避名称冲突，同一架构中不能有两个同名的表。两个表只有在位于不同的架构中时才可以同名。在讨论数据库工具时，架构还指目录信息用于说明架构或数据库中的对象。将架构与数据库用户分离对管理者和开发人员而言有下列优越性：

- 多个用户可以通过角色成员身份或 Windows 组成员身份拥有一个架构。
- 极大地简化了删除数据库用户的操作。
- 删除数据库用户不需要重命名该用户架构所包含的对象。
- 多个用户可以共享一个默认架构以进行统一名称解析。
- 开发人员通过共享默认架构可将共享对象存储在为特定的架构中。
- 可以用比早期版本中的粒度更大的粒度管理架构和架构包含的对象的权限。

　　管理架构包括创建架构、查看架构的信息、修改架构及删除架构等。一个完全限定的数据库对象通过由 4 个命名部分所组成的结构来引用：<服务器>.<数据库>.<架构>.<对象>，SQL Server 2005 不允许删除其中仍含有对象的架构。

　　当一个应用程序引用一个没有限定架构的数据库对象时，SQL Server 将在用户的默认架构中找出该对象。若对象没有在默认架构中，则 SQL Server 尝试在 dbo 架构中寻找该对象。

12.5.1　创建架构

　　在 SQL Server 2005 系统中，可以使用 SQL Server 管理平台和 Transact-SQL 语句来创建架构。

1. 使用 SQL Server 管理平台创建架构

　　使用 SQL Server 管理平台创建架构的步骤如下：

　　（1）启动 SQL Server 管理平台，连接到本地数据库实例，在对象资源管理器中展开树形目录，选取要建立架构的信息管理数据库，展开"安全性"结点。

　　（2）右击"架构"结点，从弹出的快捷菜单中选择"新建架构"命令，弹出如图 12-34 所示的"架构-新建"对话框，切换至"常规"选项卡。

　　（3）在"架构名称"文本框中输入要创建的架构名称，如：YUSCHEMA。

　　（4）在"架构所有者"文本框中指定该角色所属的架构，若单击"架构所有者"旁的"搜索"按钮可以打开"搜索角色和用户"对话框，从中可查找可能充作所有者角色或用户，如：dbo 或 db_owner 等，以供引用与填充等。

（5）此时，若单击"脚本"按钮，系统将生成可以保留的体现对话过程与具体操作相对应的 Transact-SQL 语句脚本，如图 12-35 所示。

（6）单击"权限"选项卡，则可查看或设置数据库架构安全对象的权限。

（7）单击"确定"按钮，即可完成使用 SQL Server 管理平台创建架构的过程。

图 12-34　新建自定义数据库角色"常规"选项卡对话框

2. 使用 Transact-SQL 语句创建架构

在 SQL Server 2005 中，使用 CREATE SCHEMA 语句可以创建架构及该架构所拥有的表、视图 并且可以对这些对象设置权限。语法格式为：

```
CREATE SCHEMA { schema_name | AUTHORIZATION owner_name
   | schema_name AUTHORIZATION owner_name }[{table_definition | view_definition
   | grant_statement | revoke_statement | deny_statement } [ , ...n ] ]
```

部分参数含义说明如下：

- schema_name：在数据库内标识架构的名称。
- AUTHORIZATION owner_name：拥有架构的数据库级主体名称。
- table_definition：架构内创建表的 CREATE TABLE 语句，需具有该语句权限。
- view_definition：指定在架构内创建视图的 CREATE VIEW 语句，需具有该语句权限。
- grant、revoke、deny：指定可对新架构外对象授予 GRANT、REVOKE 或 DENY 权限。

【例 12-25】试在"信息管理"数据库下创建包含 STUD 表的 YU_ Schema_stud 架构，并分别 向 Mand 授予 SELECT 权限，向 Pars 拒绝授予 SELECT 权限，结果如图 12-36 所示。

程序代码如下：

```
USE 信息管理
CREATE SCHEMA YU_Schema_stud
  CREATE TABLE STUD(source int, cost int, partnumber int)
     GRANT SELECT TO guest
         DENY SELECT TO YU2009
```

图 12-35 创建架构脚本的 Transact-SQL 语句

图 12-36 例 12-24 运行界面

12.5.2 修改架构

在 SQL Server 2005 系统中，可以使用 SQL Server 管理平台和 Transact-SQL 语句来修改架构。

1. 使用 SQL Server 管理平台修改架构

使用 SQL Server 管理平台修改架构的步骤如下：

（1）展开 SQL Server 管理平台下数据库及"安全性"结点。

（2）右击"架构"结点，从弹出的快捷菜单中选择"属性"命令，打开"架构属性-新建"对话框，切换至"常规"选项卡，进行浏览与修改，余下过程与创建架构相仿。

（3）单击"确定"按钮，即可完成浏览与修改架构过程。

2. 使用 Transact-SQL 语句修改架构

在 SQL Server 2005 中，使用 ALTER SCHEMA 语句可以修改架构。语法格式为：

```
ALTER  SCHEMA schema_name TRANSFER object_name
```

其中，

- schema_name：架构名，会将对象移入其中。
- object_name：要移入架构名。

12.5.2 删除架构

在 SQL Server 2005 系统中，可以使用 SQL Server 管理平台和 Transact-SQL 语句来删除架构。

1. 使用 SQL Server 管理平台删除架构

使用 SQL Server 管理平台删除架构的步骤如下：

（1）展开 SQL Server 管理平台下数据库及"安全性"结点。

（2）右击"架构"结点下具体的架构，如：YU_Schema_stud，从弹出的快捷菜单中选择"删除"命令，在弹出的"删除对象"对话框中单击"确定"按钮，即可完成删除架构。

2. 使用 Transact-SQL 语句修改架构

在 SQL Server 2005 中，使用 ALTER SCHEMA 语句可以修改架构。语法格式为：

```
DROP SCHEMA schema_name
```

【例 12-26】试删除 YU_Schema_stud 架构。注意，必须首先删除架构所包含的表。

程序代码如下：

```
DROP TABLE YU_Schema_stud. STUD
  DROP SCHEMA YU_Schema_stud
  GO
```

12.6 权 限

SQL Server 2005 提供了权限（permission）作为访问许可设置的最后一道屏障。权限是指用户对数据库中对象的使用和操作权利，用户若要进行任何涉及更改数据库或访问数据库及库中对象的活动，则必须首先要获得拥有者赋予的权限。

通常，权限管理的方法主要有基于 SQL Server 管理平台和使用 Transact-SQL 语句两种方法，而其所涉及的内容则涵盖了授予权限、拒绝权限和撤销权限 3 个方面。

12.6.1 权限类型

在 SQL Server 2005 中权限分为对象权限（object permission）、语句权限（statement permission）和隐式权限（implied permission）。

1．对象权限

对象权限用于决定用户对特定对象、特定类型的所有对象或属于特定架构对象进行权限管理，例如，数据库对象、存储过程或角色等，对象权限是可授予的，权限的授予对象依赖于作用范围。对象权限的具体内容包括如下几项：

- 作用于服务器级别：该层次可为服务器、站点、登录或服务器角色授予对象权限。
- 作用于数据库级别：该范围可为程序集、应用程序角色、数据库角色、非对称密钥、架构、数据库、表、用户、视图、全文目录、自定义数据类型、同义词等授予权限。
- 应用于表或视图操作：允许执行 SELECT、INSERT、UPDATE 和 DELETE 语句否。
- 应用于表或视图的字段（列）：允许执行 SELECT 和 UPDATE 语句否。
- 应用于存储过程和函数：允许执行 EXECUTE 语句否。

2．语句权限

语句权限用于控制创建数据库或数据库中对象（如表或存储过程）所涉及的操作权利，其适用于语句自身，而非数据库中定义的特定对象。语句权限尤指是否允许执行下列语句：CREATE DATABASE、CREATE DEFAULT、CREATE FUNCTION、CREATE PROCEDURE、CREATE TABLE、CREATE VIEW、BACKUP DATABASE 和 BACKUP LOG 等。

3．隐式权限

隐式权限是指系统定义而不需授权就有的权限，相当于一种内置权限，可由系统预定义的固定成员或数据库对象所有者执行的活动。包括某些固定服务器角色成员、固定数据库角色成员和数据库对象所有者所拥有的权限。例如，sysadmin 固定服务器角色成员拥有在 SQL Server 中进行任何操作或查看的全部权限。数据库对象所有者也有隐含权限，可以对所拥有的对象执行一切活动。

12.6.2 权限操作

权限操作管理实际上是就对象权限和语句权限而进行的，权限可由数据库所有者和角色来进行管理。在 SQL Server 2005 中，SQL Server 权限所涉及的操作包含如下几项：

（1）授予（GRANT）：允许用户或角色对一个对象实施某种操作或执行某种语句。

（2）撤销限（REVOKE）：不允许用户或角色对一个对象实施某种操作或执行某种语句，或收回曾经授予的某种权限，这与授予权限正好相反。

（3）拒绝限（DENY）：拒绝用户访问某个对象，或删除以前授予的权限，停用从其他角色继承的权限，确保不继承更高级别的角色等的权限。

12.6.3　使用 SQL Server 管理平台管理权限

在 SQL Server 2005 中，使用 SQL Server 管理平台管理权限，视对象不同略有差异，但大多数是通过相应的"属性"来实施的，如图 12-37 与图 12-38 所示。在此，仅以数据库表中的"学生"表为例，具体步骤如下：

（1）启动 SQL Server 管理平台，连接到本地数据库实例，在对象资源管理器中展开"数据库"结点，右击"表"结点下"学生"表，从弹出的快捷菜单中选择"属性"命令。

（2）打开的"表属性-学生"对话框的"权限"选项卡，使用"权限"页可以查看或设置数据库安全对象的权限。单击"添加"按钮可以将项添加到上部网格。在上部网格中选中一个项，然后在"显式权限"网格中为数据库表操作语句（SELECT、INSERT、UPDATE、DELETE、CONTROL、REFERENCE 或 ALTER）设置适当的权限。

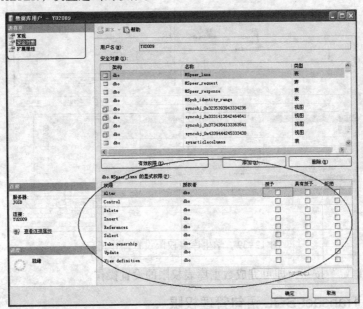

图 12-37　架构属性-权限设置窗口

（3）权限可以将各类权限设置为"授予"、"具有授予权限"、"拒绝"，或者不进行任何设置。选中"拒绝"将覆盖其他所有设置。如果未进行任何设置，将从其他组成员身份中继承权限，如图 12-39 所示各种授予、具有授予权限或、拒绝操作。

图 12-38　登录属性-权限设置窗口

图 12-39　学生库表权限设置操作窗口

（4）单击"确定"按钮，即可完成数据库表权限的设置操作。

12.6.4　使用 Transact-SQL 语句管理权限

在 Transact-SQL 中，主要使用 GRANT、REVOKE 和 DENY 三种语句来管理权限。

1. 授予权限

GRANT 语句用来授予某一用户针对对象的操作权限。GRANT 语句的完整语法非常复杂，详见联机手册。典型的 GRANT 语法格式如下。

```
GRANT {ALL|statement[...n]}ON {table|view} TO security_account[ ...n] [WITH
GRANT OPTION]
```

部分参数说明如下：

- ALL：表示具有所有可以应用的权限。对于语句权限来说，只有 sysadmin 角色才具有所有权限；对于对象权限来说，只有 sysadmin 和 db_owner 才具有所有权限。
- statement：表示可以被授予权限语句。
- ON {table|view}：当前数据库中授予权限的表名或视图名。
- TO security_account：指定被授予权限的对象，可为数据库用户或角色等。
- WITH GRANT OPTION：该权限授予者可向其他用户授予访问数据对象的权限。

【例 12-27】试给用户 YU2009、YUDBUSER 及 Windows NT 组 YU2009\JSJ 授予创建存储过程、表、视图、默认值和备份数据库的语句权限，结果如图 12-40 所示。

程序代码如下：

```
USE 信息管理
GRANT CREATE PROCEDURE,CREATE TABLE
       ,CREATE VIEW,BACKUP DATABASE,CREATE DEFAULT
TO YU2009, YUDBUSER, [YU2009\JSJ]
```

【例 12-28】给 public 角色授予 SELECT 权限，并将 INSERT、UPDATE 和 DELETE 权限授予用户 Mary、John 和 Tom，使这些用户附有对数据库"信息管理"下"学生"表的相应对象权限，且它们也随之具有向其他用户授予访问数据对象的权限，结果如图 12-40 所示。

程序代码如下：

```
USE 信息管理
GRANT SELECT ON 学生 TO public with grant option
GRANT INSERT, UPDATE, DELETE
   ON 学生 TO Mary, John, Tom with grant option
GO
```

图 12-40 例 12-25、例 12-26 例 12-27、例 12-28 运行结果

注意：权限只能授予本数据库的用户或获准访问本数据库的其他用户。

- 若将权限授予 public 角色，则所有数据库用户都默认获取了该权限。
- 若将权限授予 guest 用户，则该服务器上的连接用户都默认获取了该权限。

2. 撤销权限

REVOKE 语句用来授予撤销曾在当前数据库用户上所授予或拒绝的权限；或不允许该用户执行某些操作，如 UPDATE、SELECT、DELETE、EXECUTE、CREATE TABLE 和 CREATE DATABASE 等。典型的 REVOKE 语法格式如下：

```
REVOKE {ALL|statement[...n]}ON {table|view} TO security_account[ ...n] [WITH
GRANT OPTION]
```

【例 12-29】撤销例 12-25 中所授予 YU2009、YUDBUSER 及 Windows NT 组 YU2009\JSJ 创建

创建存储过程、表、视图、默认值和备份数据库的语句权限，如图 12-40 右侧所示。

程序代码如下：

```
REVOKE  CREATE PROCEDURE,CREATE TABLE
            ,CREATE VIEW,BACKUP DATABASE,CREATE DEFAULT
FROM YU2009, YUDBUSER, [YU2009\JSJ]
```

3. 拒绝权限

DENY 语句用来禁止用户对某一对象或语句的权限操作，如可完成禁止用户的 UPDATE、SELECT、DELETE、EXECUTE 语句操作，又如 CREATE、TABLE CREATE DATABASE 等，典型语法格式如下：

```
DENY {ALL|statement[...n]}ON {table|view} TO security_account[ ...n] [WITH
GRANT OPTION]
```

【例 12-30】给 public 角色授予 SELECT 权限。然后，拒绝 YU2009、YUDBUSER 及 Windows NT 组 YU2009\JSJ 用户的 SELECT、INSERT、UPDATE 和 DELETE 权限。使这些用户不具有"信息管理"数据库下"学生"表的相应对象权限，如图 12-40 右侧图所示。

程序代码如下：

```
USE 信息管理
GRANT  SELECT  ON 学生  TO public
DENY SELECT, INSERT, UPDATE, DELETE  ON  学生 TO YU2009, YUDBUSER, [YU2009\JSJ]
```

12.7　安全管理应用实例

在 SQL Server 2005 中，安全性管理仍可由 sp_addlogin、sp_password、sp_defaultdb、sp_helplogins、sp_denylogin 和 sp_droplogin 等系统存储过程完成，相关存储过程语句的具体名称、语法格式和功能格式见表 12-4，其中，有的语句已趋于淡化了，仅供参考。

表 12-4　安全性管理中常用的 Transact-SQL 语句

类型	语句名称	语法格式	功　　能
登录账户类	sp_helplogins	sp_helplogins[[@LoginNamePattern =]'login']	提供数据库中登录等信息
	sp_addlogin	sp_addlogin[@loginame=]'login'[,[@passwd=]'password'][, [@defdb =] 'database']...	创建 SQL Server 登录账户实例
	sp_droplogin	sp_droplogin [@loginame =] 'login'	删除登录账户与禁止登录名访问
	sp_password sp_defaultdb sp_defaultlanguage	sp_password[[@old=]'old_password',]{[@new =]'new_password'}[,[@loginame=]'login']	添加或更改登录名密码，趋于淡化
	sp_defaultdb	sp_defaultdb[@loginame=]'login',[@defdb=]'database'	更改登录的默认数据库，趋于淡化
	sp_defaultlanguage	sp_defaultlanguage[@loginame=]'login' [,[@language=] 'language']	更改登录的默认语言，趋于淡化
	sp_grantlogin	sp_grantlogin [@loginame =] 'login'	调用 CREATE LOGIN 创建登录名，趋于淡化
	sp_denylogin	sp_denylogin [@loginame =] 'login'	禁止 Windows 用户或组账户连接到 SQL Server，趋于淡化
	sp_revokelogin	sp_revokelogin [@loginame =] 'login'	删除 Windows 登录用户趋于淡化

续表

类型	语句名称	语法格式	功　　能
数据库用户类	sp_helpuser	sp_helpuser[[@name_in_db=] 'security_account']	显示当前数据库级主体信息
	sp_grantdbaccess	sp_grantdbaccess [@loginame =] 'login' [,[@name_in_db=]'name_in_db'[OUTPUT]]	将用户添加到当前数据库，趋于淡化
	sp_revokedbaccess	sp_revokedbaccess [@name_in_db =] 'name'	从当前数据库中删除账户，趋于淡化
固定服务器角色类	sp_helpsrvrolemember	sp_helpsrvrolemember[[@srvrolename=]'role']	返回固定服务器角色成员的信息
	sp_addsrvrolemember	sp_addsrvrolemember [@loginame = 'login' [,@rolename =] 'role'	添加登录，使其成为固定服务器角色的成员
	sp_dropsrvrolemember	sp_dropsrvrolemember[@loginame =] 'login' , [@rolename =] 'role'	从固定服务器角色中删除成员
	sp_srvrolepermission	sp_srvrolepermission[[@srvrolename=]'role']	返回固定服务器角色的权限
固定数据库角色类	sp_helprole	sp_helprole [[@rolename =] 'role']	返回当前数据库中角色编码等
	sp_helpdbfixedrole	sp_helpdbfixedrole [[@rolename =] 'role']	返回固定数据库角色的描述列表
	sp_addrole	sp_addrole [@rolename =] 'role' [, [@ownername =] 'owner']	在当前数据库中创建新数据库角色，趋于使用 CREATE ROLE
	sp_droprole	sp_droprole [@rolename =] 'role'	删除数据库角色，趋于使用 drop role
	sp_helprolemember	sp_helprolemember [[@rolename =] 'role']	返回当前数据库某个角色成员的信息
固定数据库角色类	sp_addrolemember	sp_addrolemember [@rolename =] 'role' , [@membername =] 'security_account'	为当前数据库角色添加数据库用户、角色、Windows 登录
	sp_droprolemember	sp_droprolemember [@rolename =] 'role' , [@membername =] 'security_account'	从当前数据库的固定数据库角色中删除成员账户

下面将通过列举实例来表述安全管理的综合应用。

1. 查询登录账户信息

【例 12-31】试用 Transact-SQL 语句创建一名为"上海世博"、密码是"sky2010"、默认数据库为"IT2010"的账户；而后再将默认数据库改为"2010 上海世博会"，密码改为"SWExpo"，并将该账户设置为固定服务器角色"setupadmin"，最后删除账户"渤海湾"，如图 12-41 所示。

程序代码如下：

```
EXEC sp_addlogin '上海世博' , 'sky2010' , ' IT2010'        --创建用户
 EXEC sp_defaultdb ' IT2010', '2010 上海世博会'            --设置默认数据库
 EXEC sp_password ' sky2010', ' SWExpo ', '上海世博'
  EXEC sp_addsrvrolemember '上海世博' , ' setupadmin'     --设置服务器角色成员
    EXEC sp_droplogin 渤海湾
```

【例 12-32】试在信息管理数据库下用 Transact-SQL 语句完成：创建一个名为"信息化世博 dbuser"数据库用户，添加角色数据库 SWExpo_role，并赋予 SELECT、INSERT、UPDATE 和 DELETE 权限，将"信息化世博 dbuser 用户"设置为数据库角色 SWExpo_role 成员，然后，删除该数据库角色成员和数据库角色 SWExpo_role，如图 12-42 所示。

程序代码如下：

```
Use 信息管理
EXEC  sp_grantdbaccess '互联网','信息化世博 dbuser'              --设置数据库用户
```

```
EXEC  sp_addrole  ' SWExpo_role '                        --添加角色
Grant  SELECT, INSERT, UPDATE, DELETE  ON  学生 TO SWExpo_role    --赋予权限
EXEC  sp_addrolemember  SWExpo_role, 信息化世博 dbuser     --设置数据库角色成员
EXEC  sp_droprolemember  SWExpo_role, 信息化世博 dbuser     --删除数据库角色成员
EXEC  EXEC sp_droprole  'SWExpo_role'                    --删除数据库角色
EXEC  sp_helplogins  '信息管理'
GO
```

图 12-41 例 12-29 运行结果

图 12-42 例 12-30 运行结果

本 章 小 结

　　SQL Server 2005 安全机制可分为：操作系统、SQL Server、数据库和数据库对象的安全 4 个等级。用户在使用 SQL Server 时，需要经过身份验证和权限验证两个安全性阶段。

　　SQL Server 2005 提供了权限作为访问许可设置的最后一道屏障。权限是指用户对数据库中对象的使用和操作权利，用户若要进行任何涉及更改数据库或访问数据库及库中对象的活动，则必须首先要获得拥有者赋予的权限，即用户可以执行的操作均由其被赋予的相关权限决定。SQL Server 2005 中安全账户有两大类型：① 创建新的基于 SQL Server 2005 的账户；② 从 Windows 组或者用户中创建或授权的安全账户。前者，基于混合身份验证模式，即 SQL Server 验证方式，必须有合法的账号和密码；后者实际上是将 Windows 组或者用户映射成为 SQL Server 2005 的登录账户，并通过授权等操作实施对数据库系统的管理。通常可以使用 SQL Server 管理平台和 Transact-SQL 语句来完成添加登录账户。在 SQL Server 2005 中包含了具有特定权限和效用的 3 种特殊的数据库用户：数据库所有者（dbo）、数据库对象所有者和 guest。数据库用户用来指定哪些用户可以访问哪些数据库。

　　角色是 SQL Server 2005 引进的一种用来集中管理服务器或数据库的理念，不同角色具有不同的权限。角色是将数据库中的不同用户集中到不同的单元中去，从而以单元为单位进行权限管理。在 SQL Server 2005 中主要有服务器级固定服务器角色和数据库级的数据库角色。

思 考 与 练 习

一、选择题

1. 关于登录和用户，下列各项表述不正确的是_____。

　　A. 登录是在服务器级创建的，用户是在数据库级创建的

　　B. 创建用户时必须存在该用户的登录

C. 用户和登录必须同名

D. 一个登录可以对应多个用户

2. 关于 SQL Server 2005 的数据库角色叙述正确的是＿＿＿＿。

　　A. 用户可以自定义固定服务器角色

　　B. 每个用户能拥有一个角色

　　C. 数据库角色是系统自带的，用户一般不可以自定义

　　D. 角色用来简化将很多权限分配给很多用户这个复杂任务的管理

3. 在 SQL 语言中，授权命令关键字是＿＿＿＿。

　　A. GRANT　　　　　　B. REVOKE　　　　　　C. OPTION　　　　　D. PUBLIC

4. 在 SQL Server 2005 中主要有：固定＿＿＿＿与固定数据库角色等类型。

　　A. 服务器角色　　　　B. 网络角色　　　　　　C. 计算机角色　　　D. 信息管理角色

5. 下列哪个是固定服务器角色？＿＿＿＿。

　　A. db_accessadmin　　B. Sysadmin　　　　　　C. db_accessadmin　　D. db_owner

6. 在 SQL Server 2005 中权限分为：对象权限、＿＿＿＿和隐式权限。

　　A. 处理权限　　　　　B. 操作权限　　　　　　C. 语句权限　　　　D. 控制权限

7. 在 Transact-SQL 中，主要使用 GRANT、＿＿＿＿和 DENY 三种语句来管理权限。

　　A. REVOKE　　　　　B. DROP　　　　　　　　C. CREATE　　　　　D. ALTER

8. 在 Transact-SQL 中，添加服务器角色成员的语句为＿＿＿＿。

　　A. sp_dropsrvrrolememember　　　　　　　　B. sp_addsrvrolemembe

　　C. sp_addrole　　　　　　　　　　　　　　　D. sp_addrolemember

9. 在 Transact-SQL 中，删除数据库角色成员的语句关键字为＿＿＿＿。

　　A. sp_droprolemember　　　　　　　　　　　B. sp_droprole

　　C. sp_dropsrvrrolemember CREATE　　　　　　D. drop

10. 在 SQL Server2005 中，创建登录名的语句关键字为＿＿＿＿。

　　A. sp_adduser　　　B. CREATE ROLE　　　C. Create Login　　D. Create User

11. 在 SQL Server2005 中，创建数据库用户的语句关键字为＿＿＿＿。

　　A. Create Login　　　B. sp_adduser　　　　C. sp_addLogin　　D. Create User

12. 使用 Transact-SQL 语句创建架构的语句关键字为＿＿＿＿。

　　A. Create Login　　　B. CREATE SCHEMA　C. CREATE ROLE　D. Create User

二、思考与实验

1. 何谓安全性？何谓数据的安全性？简述 SQL Server 2005 安全性等级。

2. 试问用户在使用 SQL Server 2005 时需要经历哪两个安全性阶段？简述 SQL Server 的身份验证模式。

3. 简述 SQL Server 2005 权限验证的作用。

4. 简述 SQL Server 2005 中安全登录账户的类型和必备的条件。

5. 试问 SQL Server 2005 安装后系统有哪些内置登录账户？

6. 简述添加登录账户的方法。试用这些方法创建一个"电子商务"登录账户。

7. 试将 Windows 用户 "PP2004\kjgl" 设定为 SQL Server 登录者。

8. 简述 sp_password、sp_defaultdb、sp_defaultlanguage、sp_helplogins、sp_revokelogin、sp_denylogin 和 sp_droplogin 等系统存储过程语句的功能。

9. 查询登录账户 "财务管理" 的相关信息。

10. 将登录账户 "财务管理" 的密码由 "god" 改为 "good"，然后再由 "good" 改为 "mygod"，最终密码改为 "空"，并完成实验。

11. 简述 SQL Server 2005 中包含了哪 3 种特殊的数据库用户，简述其作用。

12. 何谓数据库用户？简述其创建的方法和步骤。

13. 何谓角色？在 SQL Server 2005 中主要有哪两种类型的角色？

14. 简述常用固定服务器角色的权限。简述常用固定数据库角色的权限。

15. 何谓架构？试述将架构与数据库用户分离的优越性。

16. 何谓权限？简述 SQL Server 2005 中权限所涉及的方法、内容和类型。

17. 试用 Transact-SQL 语句创建一个名为 "htgl"、密码是 "99551039052"、默认数据库为 "meg" 的账户，而后将该账户设置为固定服务器器角色 "serveradmin"，并将默认数据库改为 "网络管理"，最后删除该账户，并完成实验。

18. 给 public 角色授予 SELECT 权限，并将 UPDATE 和 DELETE 权限授予用户 Tiger、Wolf 和 Horse，使这些用户附有对数据库 Zoo 下 Animal 表的相应对象权限，并完成实验。

19. 删除数据库 Zoo 中所建的 Tiger 和 Horse 数据库角色，并完成实验。

第13章 数据库复制

复制是将一组数据源向多处目标数据复制数据的技术。本章主要介绍了 SQL Server 2005 下复制及其特点、复制的基本要素、SQL Server 提供的三种复制技术、复制的结构模型、配置出版服务器、分发管理、订阅管理和复制监视器。

13.1 复 制 概 述

SQL Server 2005 提供的复制是在数据库之间对数据和数据库对象进行复制和分发，即将一组数据源向多处目标复制数据并进行同步以确保其一致性的一组技术。使用复制可以将数据分发到不同位置，通过局域网、使用拨号连接、通过 Internet 分发给远程或移动用户。复制还能够使用户提高应用程序性能。

13.1.1 复制特点

SQL Server 主要采用出版和订阅的方式来处理复制、描述其复制活动，如图 13-1 所示。出版服务器时数据源，负责把要发表的数据及改变情况复制到分发服务器，分发服务器是一个数据库，用以接收和保存所有的改变，再把这些改变分发给订阅服务器。

SQL Server 2005 复制可以便捷地使用需要的数据，可减轻服务器的负担、分散数据库的使用，提高系统的工作效率。复制具有如下特点：

- 可在多个站点保存相同数据的复本。
- 可从大量读取数据的应用程序，如联机分析处理（OLAP）数据库、数据集市或数据仓库中分离 OLTP 应用程序。
- 可将复制用作自定义备用服务器策略的一部分。
- 可分离出要浏览的数据，方便用户使用应用程序浏览数据。
- 具有更大的独立性。用户可以在连接断开的

图 13-1 中心出版者分发模型

情况下继续使用数据的复本，然后在连接恢复时将对数据库所做的更改传播到其他数据库。
- 可将复制用作自定义备用服务器策略的一部分。

13.1.2 复制的基本要素

SQL Server 2005 的"出版–订阅"活动涉及诸多要素，利用这些要素可用来来描述 SQL Server2005 的复制活动。出版就是向其他数据库服务器（订阅者）复制数据，订购就是从另外服务器（出版者）接收复制数据，它们间的顺序性为先出版后订购。

SQL Server 的复制涵盖的要素有：出版物和论文、出版服务器、分发服务器、订阅服务器、项目等，它们间的关系如图 13-1 所示。在此表述如下：

（1）出版物和论文。出版物（publications）指出版服务器上将要发表的一个或一组表，是论文的集合。论文（article）是出版物中被复制的数据集合，一篇论文可以是整个表或是某个表的选择、投影等操作的结果。论文是出版物的基本组成单元。

注意： 复制中订购者订购的是出版物，而非出版物中的论文。

（2）出版服务器。出版服务器（publish server）是指发行出版物的服务器，是被复制数据的源（提供数据）服务器。出版服务器可用于维护源数据库的信息，决定哪些数据将被复制，检测哪些复制数据发生变化，并将这些变化复制到分发者的分发数据库中。要进行复制必须拥有一台出版服务器和若干台订阅服务器。

（3）分发服务器。分发服务器（distribute server）是指执行出版物存储与转发功能的服务器，把从出版服务器传输来的复制数据或存储过程分发至各个相关的订阅服务器，并负责维护分发数据库。分发服务器角色可由出版服务器兼任。

（4）订阅服务器。订阅服务器（subscribe server）是接收、复制数据的目标服务器，可维护已出版的数据服务器。订阅数据库从若干个出版服务器上订阅不同的出版物。订阅服务器拥有订阅数据库，用于存放接收的出版物。

（5）项目。项目（item）是指定要复制的数据表、数据分区或数据库对象。项目可以是完整的表、某几列（使用垂直筛选：投影）、某几行（使用水平筛选：选择）、存储过程或视图定义、存储过程的执行、索引视图或用户定义函数等。

注意： 出版服务器、分发服务器、订阅服务器实际上并不一定是相互独立的服务器，它只是对 SQL Server 在复制过程中所扮演的不同角色的描述。SQL Server 允许一台 SQL Server 服务器可以扮演不同的角色，在实际应用中决定是否让一台服务器扮演一个或多个角色在很大程度是基于复制系统性能的考虑。

13.1.3 SQL Server 复制技术

SQL Server 提供了 3 种复制技术：快照复制、事务复制与合并复制。

在实际应用中对复制技术的选择，主要依赖于应用系统对于数据的一致性、结点自主性的要求，及现有网络资源情况（如网宽和网络传输速度），可使用一种或多种复制技术。

1. 快照复制

快照复制（snapshot replication）是指在某一时刻给出版数据库中的出版数据摄取、照相，然后将数据复制到订阅服务器。快照复制实现较为简单，其所复制的只是某一时刻数据库的瞬时数据，复制的成功与否并不影响本地数据库（出版数据库或订阅数据库）的一致性，在数据变化较少的应用环境中常使用快照复制。

快照复制提供的选项可以筛选已发布的数据，允许订阅服务器修改复制的数据，并将更改传播到发布服务器，然后传播到其他订阅服务器，并允许在发布时转换数据。

快照复制有助于下列情况：

- 数据主要是不经常更改的静态数据或小批量数据。
- 一个时期内允许有已过时的数据复本。
- 站点经常脱接，并且可接受高滞后时间（数据在一个站点上更新到其在另一个站点上更新之间的时间量）。

2．事务复制

事务复制（transactional replication）可连续监视出版服务器事务日志的的改变。事务复制可发布修改数据的语句（UPDATE、INSERT、DELETE），以及对存储过程执行和索引视图的更改。SQL Server 2005 存储影响已复制的对象的事务，然后连续或按一定的调度间隔将这些更改传播到订阅服务器。在使用事务复制时修改总是发生在出版服务器上（设置了立即更新订购者选项的事务复制，可在订购者处修改复制数据），订阅服务器只以读取数据的方式将修改反映到订购数据库，以避免复制冲突。如果数据更新频率较大且希望修改尽快复制到订购者的常使用事务复制。

事务复制通常用于下列情况：

- 希望将数据修改传播到订阅服务器，通常在更新发生的几秒内进行。
- 需要事务是原子事务（或全部应用于订阅服务器上，或者都不）。
- 订阅服务器通常连接到发布服务器。
- 应用程序不能承受订阅服务器接收更改时的高延迟。

3．合并复制

合并复制（merge replication）允许订购服务器对出版物进行修改，并将修改合并到目标数据库，各个结点可独立工作而不必相互连接，可对出版物进行任何操作而不必考虑事务的一致性。如果在合并修改时发生冲突，则复制按照一定的规则或自定义的冲突解决策略，对冲突进行分析并接受冲突一方的修改，决定接受和向其他站点传播哪些数据。

合并复制适用于下列情况：

- 多个订阅服务器需要在不同时刻更新数据并将这些更改传播到发布服务器和其他订阅服务器。
- 订阅服务器需要接收数据、脱机更改数据，然后将更改同步到发布服务器和其他订阅服务器。
- 具有应用程序延迟请求及站点严格的独立性。

13.1.4 复制的结构模型

SQL Server 2005 支持多种结构模型，其主要基于星形拓扑结构的中心出版者/订阅者方式，在该结构中复制数据从中心出版者/分发者流向多个订阅者，订阅者之间并不进行复制数据的传递，该结构还允许将出版物进行分割，从而减少存储在每一个订购者上的数据量。但星形结构模型缺陷表现在数据的同步处理过分依赖于中心分发者/出版者，如果中心分发者/出版者失效，则整个复制体系将趋于瘫痪，数据的订购和分发也将被迫停止。

SQL Server 2005 支持的结构模型主要有：中心出版者模型、远程分发者式中心出版者模型、中心订阅者模型和多订阅者、多出版者模型。

1. 中心出版者模型

中心出版者（central publisher）是最为简单的一种星形结构模型，是默认选项，在该模型中一台服务器既扮演出版者角色又扮演分发者角色，同时也允许一个或多个独立的服务器扮演订阅者角色，如图 13-2 所示。适合于从数据中心（如总公司）向数据使用者（如子公司）复制数据等。

2. 远程分发者式中心出版者模型

该模型在企业部门以局域网连接时非常有效，但若在采用拨号或慢速连接的情况下，使用融和远程分发的服务器，即：带有远程分发者的中心出版者（central publisher with remote distributor），则是更好的选择。系统常将分发者与出版者分离开，分别让独立的服务器来扮演分发者和出版者的角色，如图 13-3 所示，从而使出版者服务器从分发任务中解放出来，也可使本来需要多个广域网间连接的事务问题，通过一个广域网与多个局域网的连接，变得迎韧而解了。

图 13-2　中心出版者分发模型

3. 中心订阅者模型

中心订阅者（central subscriber）是指有许多出版者向一个订阅者复制出版事务和数据，即多个出版服务器将数据发表到单一的订阅服务器上，如图 13-4 所示。该方案满足了在中心服务器上对统一的数据要求。在设计中心订阅者模型时，涉及各个出版服务器数据的主关键字，必须保证不同场所发表的主键不会重复。

4. 多订阅者、多出版者模型

SQL Server 还支持多订阅者、多出版者模型，如图 13-5 所示。在该模型中，多个出版服务器、多个订阅服务器都可以具有双重角色。这是与完整分布数据最接近的实现方法，由于该模型的复杂性，一般而言不作为分布式数据库的复制模型。

图 13-3　远程分发式中心出版者分发模型

图 13-4　中心订阅者分发　　　　　　　　　图 13-5　多角色出版分发

13.2 配置分发服务器

SQL Server 2005 中若要建立数据库复制，必须先配置分发服务器。分发服务器中包含分发数据库，其中存储着所有类型复制的元数据和历史记录数据以及事务性复制的事务。配置分发服务器将服务器配置为可供其他发布服务器使用的唯一的分发服务器，多台发布服务器可共享一台分发服务器。配置分发服务器的过程如下：

（1）启动 SQL Server 管理平台，连接到 SQL Server 数据库引擎，在对象资源管理器中展开选定的数据库结点，右击"复制"，从弹出的快捷菜单中选择"配置分发"命令。

（2）在弹出如图 13-6 所示的"配置分发向导"对话框中，单击"下一步"按钮，弹出如图 13-39 所示的"分发服务器"对话框，选择如图 13-7 所示的默认值。

图 13-6 "配置分发向导"对话框 　　　　　 图 13-7 "分发服务器"对话框

（3）单击"下一步"按钮，弹出如图 13-40 所示的"快照文件夹"对话框，在"快照文件夹"的文本框中输入具体文件夹（或可取用默认值），单击"下一步"按钮，弹出如图 13-8 所示的"分发数据库"对话框，在"分发数据库"文本框中输入"信息管理分发配置"数据库名，以及相应的文件夹，单击"下一步"按钮，弹出如图 13-9 所示的"发布服务器"对话框。

图 13-8 "快照文件夹"对话框 　　　　　 图 13-9 "分发数据库"对话框

（4）在该对话框中浏览发布服务器名称，若点击分发服务器下浏览器按钮可查阅具体属性。

若单击"添加"按钮可以添加 SQL Server 2005 发布服务器。单击"下一步"按钮，弹出如图 13-11 所示的"选择配置复选框"对话框，按需在其中选择"配置分发"复选框。

（5）单击"下一步"按钮，弹出如图 13-12 所示的"验证配置选项"对话框，验证后，单击"完成"按钮，弹出如图 13-13 所示的"配置分发服务器成功"对话框，会显示具体执行过程与信息。若单击"报告"按钮，会显示详细报告信息。

（6）系统配置成功后，可单击"关闭"完成并结束配置分发服务器。

图 13-12　"完成该向导"对话框

图 13-13　"正在配置"对话框

13.3　创　建　发　布

在完成配置分发服务器的基础上，现在可实施发布管理。使用 SQL Server 管理平台完成创建发布的步骤如下：

（1）启动 SQL Server 管理平台，连接到 SQL Server 数据库引擎，展开服务器结点及其下"复制"结点，右击"本地发布"文件夹，从弹出的快捷菜单中选择"新建发布"命令。

（2）弹出如图 13-14 所示的"新建发布向导"对话框，单击"下一步"按钮，弹出如图 13-15 所示的"发布数据库"对话框。在其中选择"信息管理"数据库，单击"下一步"按钮，弹出如图 13-16 所示的"发布类型"对话框。发布类型涵盖如下四种：

图 13-14　"新建发布向导"对话框

图 13-15　"发布数据库"对话框

- 快照发布：发布服务器按预定的时间间隔向订阅服务器发送已发布数据的快照。
- 事务性发布：在订阅服务器收到已发布数据的初始快照后，发布服务器将事务流式传输到订阅服务器。
- 具有可更新订阅的事务性发布：在订阅服务器收到已发布数据的初始快照后，发布服务器将事务流式传输到订阅服务器。来自订阅服务器的事务被应用于发布服务器。
- 合并发布：在订阅服务器收到已发布数据的初始快照后，发布服和订阅服务器均可独立更新已发布数据。更改会定期合并。SQL Server Mobile Edition 只能订阅合并发布。

图 13-16 "发布类型"对话框　　　　　　　图 13-17 "项目"对话框

（3）此处选择"事务性发布"，单击"下一步"按钮，弹出如图 13-17 所示的"项目"对话框，从中选择项目发布的对象，单击"下一步"按钮，弹出如图 13-18 所示的"筛选表行"对话框。若需要筛选，单击"添加"按钮，进行筛选分布操作；反之，不筛选则单击"下一步"按钮，弹出如图 13-19 所示的"快照代理"对话框，按需进行选择图。

图 13-18 "筛选表行"对话框　　　　　　　图 13-19 "快照代理"对话框

（4）单击"下一步"按钮，弹出如图 13-20 所示的"代理安全性"对话框，指定运行账户及安全连接设置，单击"下一步"按钮，弹出如图 13-21 示的"向导操作"对话框。

图 13-20 "代理安全性"对话框

图 13-21 "快照文件夹"对话框

（5）单击"下一步"按钮，在弹出如图 13-22 示的"完成该向导"对话框中验证选项，并在"发布名称"文本框中输入"信息管理发布"。确认后，单击"完成"按钮。

图 13-22 "完成该向导"对话框

图 13-23 "正在创建发布"对话框

（6）弹出如图 13-23 所示的"创建发布成功"对话框，会显示具体执行成功过程与相关信息。若单击"报告"按钮，会显示详细报告信息。

（7）系统创建发布成功后，可单击"关闭"完成并结束创建发布服务器。

13.4 创建订阅

在完成创建发布服务器的基础上，现在可进行创建订阅管理。使用 SQL Server 管理平台完成创建订阅的步骤如下：

（1）启动 SQL Server 管理平台，连接到 SQL Server 数据库引擎，展开服务器结点及其下"复制"结点，再右击"本地订阅"文件夹，从弹出的快捷菜单中选择"新建订阅"命令。

（2）弹出如图 13-24 所示的"新建订阅向导"对话框，单击"下一步"按钮，弹出如图 13-25 所示的"发布"对话框，从"发布服务器"下拉列表中选择具体的服务器，在"连接到服务器"

对话框中连接到发布服务器实例。这时可见上文所创建的发布。

图 13-24 "新建订阅向导"对话框

图 13-25 "发布"对话框

（3）单击"下一步"按钮，弹出如图 13-26 所示的"分发代理位置"对话框，选择运行分发代理的位置。单击"下一步"按钮，弹出如图 13-27 所示的"订阅服务器"对话框，从中选择订阅服务器和订阅数据库：电子商务，也可单击"添加订阅服务器"按钮，添加多个订阅服务器和订阅数据库。

图 13-26 "分发代理位置"对话框

图 13-27 "订阅服务器"对话框

（4）单击"下一步"按钮，弹出如图 13-28 所示的"分发代理安全性"对话框。从中可以指定用来运行分发代理（对于事务复制和快照复制）或合并代理（对于合并复制）的账户，并与复制拓扑中的计算机建立连接。单击"下一步"按钮，弹出如图 13-29 所示的"同步计划"对话框。可以选择"连续运行"、"仅按需运行"或"自定义计划"，一般选择"连续运行"。

（5）单击"下一步"按钮，弹出如图 13-30 所示的"初始化订阅"对话框，可在"立即"与"首先同步"两种方式间设置。单击"下一步"按钮，弹出如图 13-31 所示的"向导操作"对话框，勾选"创建订阅"复选框。

（6）单击"下一步"按钮，在弹出如图 13-32 示的"完成该向导"对话框，在其中确认显示信息。确认后单击"完成"按钮。用户可以在这个界面中对所做的选项作一个回顾，单击"完成"按钮。

图 13-28 "分发代理安全性"对话框

图 13-29 "同步计划"对话框

图 13-30 "初始化订阅"对话框

图 13-31 "向导操作"对话框

（7）弹出如图 13-33 所示的"正在创建订阅"对话框，其中显示了具体执行成功过程与相关信息。若单击"报告"按钮，会显示详细报告信息。

（8）系统创建订阅成功后，可单击"关闭"按钮完成并结束创建发布服务器。

至此，SQL SERVER 2005 同步复制就完成了。使用复制技术，用户可以将一份客户端的数据发布到多台服务器上，从而使不同服务器用户都可在权限许可的范围内共享这份数据。复制技术可以确保分布在不同地点的数据自动同步更新，从而保证了数据的一致性。

图 13-32 "完成该向导"对话框

图 13-33 "正在创建订阅"对话框

13.5　查看复制项目属性

SQL Server 2005 中可以通过系统提供的 SQL Server 管理平台查看复制项目属性。过程如下：

（1）启动 SQL Server 管理平台，连接到 SQL Server 数据库引擎，在对象资源管理器中展开选定的数据库与复制结点，再右击"本地发布"文件夹下"信息管理"本地发布，从弹出的快捷菜单中选择"属性"命令。

（2）在弹出的"发布属性"对话框中，切换至"项目"页，从中可以浏览信息管理本地发布的具体信息，如图 13-34 所示。

图 13-34　信息管理本地发布属性对话框

图 13-35　电子商务本地订阅属性对话框

（3）依次类推，单击"下一步"按钮，单击"常规"、"筛选行"、"快照"、"FTP 快照"、"订阅选项"、"发布访问列表"、"代理安全性"，就可以查阅信息管理本地发布的诸多信息。

同样，也可以浏览"电子商务"本地订阅属性，如图 13-35 所示。

本 章 小 结

SQL Server 2005 提供的复制是在数据库之间对数据和数据库对象进行复制和分发，并进行同步以确保其一致性的一组技术，就本质而言，复制是将一组数据源向多处目标数据复制数据的技术。SQL Server 主要采用出版和订阅的方式来处理复制、描述其复制活动。出版服务器时数据源，负责把要发表的数据及改变情况复制到分发服务器，分发服务器是一个数据库，用以接收和保存所有的改变，再把这些改变分发给订阅服务器。

SQL Server 的复制要素有出版物和论文、出版服务器、分发服务器、订阅服务器、项目等。SQL Server 提供了三种复制技术：快照复制、事务复制与合并复制。SQL Server 2005 支持的结构模型主要有：中心出版者模型、远程分发者式中心出版者模型、中心订阅者模型和多订阅者、多出版者模型。配置复制的步骤为：标识分发服务器、在此分发服务器上创建分发数据库、启用将使用此分发服务器的发布服务器、启用出版数据库和启用将接收出版数据的订阅服务器。使用企业管理器可完成分发管理和订阅管理。

思考与练习

一、选择题

1. SQL Server 2005 提供的复制是在_____间对数据和数据库对象进行复制和分发。

   A. 数据库   B. 文件   C. 对象   D. 数据

2. SQL Server 提供了 3 种复制技术：快照复制、_____与合并复制。

   A. 文件复制   B. 数据复制   C. 事务复制   D. 对象复制

3. SQL Server 2005 中若要建立数据库复制，必须先配置_____。

   A. 配置服务器   B. 订阅服务器   C. 分发服务器   D. 出版服务器

4. 在完成创建发布服务器的基础上，现在可进行创建_____。

   A. 配置管理   B. 订阅管理   C. 分发管理   D. 出版管理

二、简述与实验

1. 何谓复制？简述复制所具有的特点。
2. 试问 SQL Server 2005 复制的要素包括了哪些内容？
3. 试问 SQL Server 2005 提供了哪些复制技术？
4. 简述 SQL Server 2005 支持的主要结构模型有。
5. 试问配置复制包括了哪几个步骤？
6. 简述使用企业管理器完成分发管理的步骤。
7. 简述使用企业管理器设计请求订阅的过程。
8. 简述使用复制监视器所能执行的任务。

第 **14** 章　SQL Server 2005 的 Web 技术

SQL Server 2005 提供了完善的 Web 数据库访问技术，为 Web 网发展提供了数据库访问平台与动态网页发展基础。本章主要介绍了 SQL Server 与 Web 交互基础、HTML 基础、XML 数据库访问技术和 SQL Server 数据库的 ODBC 数据源设置等。

14.1　SQL Server 与 Web 交互基础

SQL Server 2005 提供了完备的 Web（Internet 服务）功能，通过支持具有多层体系结构的客户/服务器模式或浏览器/服务器模式为 Web 应用提供高可扩展性和高可靠性。

14.1.1　SQL Server 与 Web 交互基础

系统既可将信息存储在 Web 页面上或 XML 文档内，也可将数据存储在数据库中。该机制完全适合于构建电子商务的运作平台，且可基于 Windows 2005 Server 等网络操作平台，使各种规模的组织能在 Web 上方便地与客户和供应商进行商务贸易，集成新一代商务解决方案。

通常，基于 Web 交互式网页发布数据主要有两种模式：推模式与拉模式。在万维网发展初期，Internet 上发布数据主要采用推模式，如图 14-1 所示，该模式用户只能被动地接收 Web 页上发布的静态数据，无法与数据库交互获得自己所需的数据。但随着互联网技术的进一步发展，拉模式（如图 14-2 所示）逐渐成为 WWW 运作的主流。在此种方式下，用户向 Internet 服务器提出服务请求，Internet 服务器再与数据库服务器进行通信，在数据库服务器中查询用户请求的数据，并将获取的数据生成为 Web 网页发送给用户。

数据库服务器　数据库服务器更新 Web 页的数据内容　Internet 服务器　浏览器查阅数据　Web 浏览器

图 14-1　推模式的数据发布

图 14-2　拉模式的数据发布

14.1.2　HTML 基础

1. HTML 概述

HTML（hyper text market language，超文本置标语言）是用来描述 WWW 上超文本信息文件的语言，用于表征超媒体结构的一个命令集。是目前 Internet 广泛使用的多媒体的语言之一，用 HTML 语言编写的文档称为 HTML 文档。所有 HTML 文件均利用一般的字符格式（例如 ASCII 码）来设计、描述多媒体超文本信息。用 HTML 语言可表示超链接，用 HTML 编写的文档经过浏览器的解释和执行，就成为在网上所看到的网页。

2. HTML 语法

HTML 语法主要包括 HTML 标记、HTML 注释与 HTML 文档结构 3 部分。

（1）HTML 标记。HTML 在文本文档中添加一定的标记符号，指出标记的文本取用什么格式（或类型），HTML 文档由很多元素组成，每个元素由"标记"和标记所说明的内容组成。HTM L 中的标记符号是用<>括号括起来的关键字来表示的。

HTML 标记的格式为：<标记>

其中："标记"由 1 个或多个字母组成，大小写不限。标记规定它所说明内容的显示方式，在浏览器中显示的结果由标记决定。标记分为两大类：外壳标记（或称容器）和空标记。

● 外壳标记的格式是：<标记>文本</标记>

其中前后两个标记是相同的字母串，后一个标记前的"/"表示它是结束标记。起始标记和结束标记中间的文本是这个元素的内容，是这个标记作用的对象。HTML 中的标记符号都是成对出现的，如：<title>计算机世界</title>。

● 空标记的格式是：<标记>

空标记没有结束标记和内容，主要用于网页的格式化。

标记可以含有属性。属性写在标记之后，与标记同在一对"<>"中，中间用空格隔开。每个属性有一个名字和一个值，用"="连接。例如：

```
<p  align="center"><a href="http://www.online.sh.cn">上海热线</a></p>
```
　　标记　属性名 属性值　　　　　　　　　　　　　　　标记说明的内容　　结束标记

这行内容表示：文字"上海热线"是一个用于链接的单独的段落，对齐方式是居中对齐。

（2）HTML 注释。在 HTML 文档中可以加入注释，浏览器对注释内容不予执行。

单行注释的格式是：<! 注释内容>

多行注释的格式是：<!--注释内容>

　　　　　　......

　　　　-->

（3）HTML 文档结构。HTML 文档以＜HTML＞开头，＜/HTML＞结束，中间的内容就是网页的内容。网页内容可以分为网页头部和网页体两部分，当然其中又可再度细化。

HTML 文档的一般结构是：

```
<html>
<head>
<title>计算机世界</title>
    <meta http-equiv="Content-Type" content="text/html; charset=gb2312">
    ......
    <!--
    function MM_reloadPage(init)
    ......
    //--> </head>
    <body>
    ......
    <h1 align="center">  </h1>  </body>
</html>
```

HTML 文件常用标记部分说明见表 14-1。

表 14-1　html 部分常用标记说明

标　记	含　义	标　记	含　义
<html>...</html>	网页开始与结束标记	<head>...</head>	设置网页的头部信息
<title>...</title>	设置网页的标题	<body>...</body>	设置网页除头部外的主体内容
Base...	设置基准 URL	Meta...	用于记录 HTML 文件的相关信息
		Link...	定义当前网页与前页、后页间跳转关系

14.2　XML 数据库访问技术

XML（extensible markup language）是"可扩展标识语言"的英文缩写。XML 语言是 Web 的主导技术。可以在系统中通过 FOR XML 子句和 OpenXML 函数使用 XML 数据。

14.2.1　XML 基础

XML 简单灵活，是一种基于 SGML 的语言，提供比 HTML 更为便捷、完善的方法来描述文档内容，同时通过一种与平台和操作系统无关、能够在所有计算机上运行的方法，提供了描述元数据的机制，通过引入更多的功能增强了对 XML 数据的支持。

SQL Server 2005 提供了 XML 数据类型可以用来存储 XML 数据。XQuery 和 XSD（extensible schema definition，可扩展的架构定义）支持该 XML 数据，且这种 XML 数据与 SQL Server 2005 关系型数据库引擎紧密集成的。如 SQL Server 2005 提供了对 XML 触发器、XML 数据复制、大容量的 XML 数据插入等操作的支持。

14.2.2　XML 文档格式

通常，SQL Server 2005 下 XML 文档由 XML 文档首部和 XML 文档主体构成的。

1. XML 文档首部

XML 文档在首部使用处理指令引出该文档的标识与给出声明。首部的文档声明包含在<?与?>

标签之中，在声明中可以给出 XML 使用的版本（目前使用的成熟版为 1.0）；可给出采用编码字符集，可以使用的编码字符集包括 UTF-8、UTF-16 和 GB2312 等；也可给出是否使用独立属性，该属性默认值是 no。下面的 XML 声明包含了所有这些属性：

```
<?xml version="1.0" encoding="gb2312" standalone="no "?>
```

2．XML 文档主体

XML 文档中的数据是通过树型结构进行组织的，一个标签引出一个元素结点，元素开始标签中可以指定属性结点，一个元素允许包含其他子元素和文本内容，书写一个格式正确的 XML 文档需要注意以下相关问题：

（1）元素结点必须由起始标签和终止标签组成。

（2）一个正确格式的 XML 文档须由一个且仅由一个顶级根元素组成。若非则谓片段。

（3）XML 标签严格区分大小写，所以起始标签、终止标签大小写不一致是不能匹配的。

（4）在 XML 文档中元素是以树型目录组织的，子元素必须嵌套在其父元素中，不能够出现元素起止标签交叉使用的情况。

（5）适当为 XML 元素指定属性可以为元素结点设置额外的信息。

（6）适当使用注释可提高 XML 文档的可读性，需要正确处理文中的特殊字符。

【例 14-1】试建立一个简单的 XML 寝室文档片段。

程序代码如下：

```
<?xml version="1.0" encoding="UTF-16"?>
    <Bedroom id="8001">
        <BedoomNo>3203</BedroomNo>
        <Type>office</Type>
        <Capacity>10</Capacity>
    </Bedroom>
    <Bedroom id="9001">
        <BedroomNo>3118</BedroomNo>
        <Type>normal</Type>
        <Capacity>59</Capacity>
</Bedroom>
```

14.2.3 XML 数据访问基础

1．XML 数据类型

XML 数据类型是 SQL Server 2005 系统为了增强 XML 技术支持而引入的新功能。就像 INT 和 CHAR 等数据类型一样，XML 数据类型可用在表中列的定义上、变量的定义中和存储过程的参数定义中。XML 数据类型既可以存储类型化数据，也可以存储非类型化数据。

如果存储在 XML 列中的数据没有与 XSD 架构关联，那么这种数据就是非类型化数据。如果存储在 XML 列中的数据与 XSD 架构关联，那么这种数据是类型化数据。当插入类型数据时，系统将根据定义的 XSD 架构检查数据的一致性和完整性。

【例 14-2】创建含 XML 类型列的表 Ta，并定义一个 XML 类型的变量 T。

程序代码如下：

```
CREATE  TABLE  Ta (数量 int, 复合信息 XML)          --也可以在表设计器中直接设置
    declare @T XML
```

2．XML 数据查询

对于 XML 列中的数据，可使用相应的 XQuery 和 FOR XML 子句等技术对其进行操作，而后者往往为人们所关注。

（1）XQuery 技术。XQuery 是一种可以查询结构化或半结构化的 XML 数据的语言。由于 SQL Server 2005 系统提供了对 XML 数据类型的支持，因此可以将 XML 文档存储在数据库中，然后使用 XQuery 语句进行查询。XQuery 基于现有的 XPath 查询语言，并且支持迭代、排序结果以及构造必须的 XML 的功能。Transact-SQL 支持 XQuery 语言的子集。

（2）使用 FOR XML 子句。使用该子句可把 SQL Server 2005 系统表中数据检索出来并且自动表示成 XML 的格式。FOR XML 有 RAW、AUTO、EXPLICIT 和 PATH 多种模式。

- FOR XML RAW 是最简 FOR XML 模式，该模式将查询结果集中每一行转换为带有通用标识符<row>或可提供元素名称的 XML 元素。默认情况下，行集中非 NULL 的每列值都将映射为<row>元素属性。即元素名称是 row，属性名是列名或列的别名。
- 使用 FOR XML AUTO 也可以返回 XML 文档。但是，使用 AUTO 关键字和使用 RAW 关键字得到的 XML 文档形式是不同的。使用 AUTO 关键字，Microsoft SQL Server 使用表名称作为元素名称，使用列名称作为属性名。SELECT 关键字后面的列的顺序用于确定 XML 文档的层次。
- 使用 FOR XML EXPLICIT 子句可准确地得到用户需要的 XML 文档。但 FOR XML EXPLICIT 子句和前面讲过的两个子句不同。前面讲过的那些子句可以直接用在 SELECT 子句中，但是如果把 FOR XML EXPLICIT 子句直接用在 SELECT 子句中。
- 使用 FOR XML PATH 作为一种新增功能，比 ROW 或 AUTO 子句的功能强大，且比 EXCPLICIT 更简单。FOR XML PATH 子句允许用户指定 XML 树状数据中的路径，FOR XML PATH 子句可更加简单地完成 EXCPLICIT 子句具备的功能。

【例 14-3】使用 SELECT…FOR XML 从学生表中返回 XML 数据，赋予 XML 变量，其结果如图 14-3 所示。

程序代码如下：

```
DECLARE @Stud xml            --定义 XML 类型变量
SET @Stud=
    (SELECT  *  FROM 学生
    FOR XML AUTO)            --将 FOR XML AUTO 的返回集赋予 XML 变量
SELECT @Stud AS Result
```

图 14-3　例 14-3 运行结果

【例 14-4】试使用 XML 类型变量@Stud0，并将一个简单的 XML 文档片段赋予该变量，执行 Transact-SQL 查询后输出 XML 类型变量@Stud0 的值，其结果如图 14-4 所示。

程序代码如下：

```
DECLARE  @Stud0 xml            --定义 XML 类型变量
```

```
     SET @Stud0='<root>
     <Number>50</Number>
     <Major>Computer Science</Major>
     <Department>Computer Science</Department>
     </root>'
SELECT @Stud0
```

【例14-5】试使用 FOR XML RAW 子句的 SELECT 查询语句从 "学生" 表中获得 XML 数据，其结果如图 14-5 所示。

程序代码如下：

```
SELECT  *  from  学生 FOR  XML  RAW
```

图 14-4   例 14-4 运行结果   图 14-5   例 14-5 运行结果

【例14-6】试使用 FOR XML AUTO 子句的 SELECT 查询语句从 "成绩" 表中获得 XML 数据，其结果如图 14-6 所示。

程序代码如下：

```
SELECT  *  from  成绩 FOR  XML  AUTO
```

【例14-7】试使用 FOR XML EXPLICIT 子句的 SELECT 查询语句从 "课程" 表中获得 XML 数据，语句如下，其结果如图 14-7 所示。

图 14-6   例 14-6 运行结果   图 14-7   例 14-7 运行结果

程序代码如下：

```
SELECT   1        AS      Tag,
         NULL     AS      Parent,
         课程号    AS      [课程!1!KCH],
         课程名    AS      [课程!1!KCM!Element],
         学时      AS      [课程!1!XS!Element],
```

```
学分        AS          [课程!1!XF!Element]
FROM        课程 FOR XML EXPLICIT
```

注意: 使用 EXPLICIT 模式 FOR XML 子句对生成的 XML 文档片段格式做更多限制,为从 SQL Server 中获取 XML 数据提供了更灵活的方式,但它的语法比前两种要复杂一些,在 EXPLICIT 模式下可以支持 ELEMENT 和 XML 等多种指令。

【例 14-8】 试使用 FOR XML PATH 子句的 SELECT 查询语句从"班级"表中获得 XML 数据,其结果如图 14-8 所示。

程序代码如下:

```
SELECT * from 班级 FOR XML PATH
```

注意: 使用 PATH 模式 FOR XML 子句可提供更简方式来混合元素和属性,并引入表示复杂属性的其他嵌套,其返回文档片段中的每行元素名都为 row,也可指定元素名称 PATH 模式。它也可以简化 EXPLICIT 模式。

图 14-8 例 14-8 运行结果

综上所述, FOR XML 查询为程序员从 SQL Server 数据库中提取数据生成 XML 文档提供了便利,该技术使得位于不同地理位置、处于不同架构下的应用能以 XML 文档格式互相交换数据。通常,四种模式中 RAW 和 AUTO 比较简单; EXPLICIT 比较复杂,但可以实现任意需求的 XML 格式; PATH 是 SQL Server 2005 提供的可简化 EXPLICIT 使用的新模式。

14.3 SQL Server Web 浏览技术

SQL Server 2005 提供了通过 SQL Server Management Studio 实施互联网下 Web 浏览技术。使用嵌入技术承载了 Microsoft Internet Explorer 浏览器软件。此 Web 浏览器使用户无需离开 SQL Server Management Studio 便可以 URL 浏览网络上信息与数据,具体方法如下:

(1)启动 SQL Server 管理平台,注册连接到具体的数据库服务器实例。

(2)单击菜单"视图" ⇨ "Web 浏览器" ⇒ "主页"命令,在窗口右侧显示"正在加载 URL"选项卡。

(3)在 URL 栏中输入具体的网络域名或 IP 地址,如 http://www.online.sh.cn,即可出现如图 14-9 所示的网页信息与数据。

图 14-9　SQL Server 2005 数据信息的 Web 浏览结果

14.4　SQL Server 数据库的 ODBC 设置

开放数据库系统互连（open database connectivity，ODBC）是微软公司开发的一套开放数据库系统应用程序接口规范，可为应用程序提供一系列调用层接口（call-level interface，CLI）函数和基于动态链接库的运行支持环境，CLI 是一个应用程序接口（API），包含由应用程序调用以获得一系列服务的函数。该接口使 C 和 C++ 等应用程序得以访问来自 ODBC 数据源的数据。

14.4.1　ODBC 概述

SQL Server 包含本机 SQL Server ODBC 驱动程序，可由 ODBC 应用程序用于访问 SQL Server 中的数据。使用 ODBC 开发数据库应用程序时，应用程序调用的标准是 ODBC 和 SQL 语句，数据库的底层操作由各个数据库的驱动程序完成。ODBC 数据源包括以不同的格式存储的数据，而不仅仅是 SQL 数据库中的数据。应用程序使用 ODBC 驱动程序访问数据源。

ODBC 驱动程序是一个动态链接库（DLL），ODBC 驱动程序屏蔽了不同数据库间的差异，它接受对 ODBC API 函数的调用并采取任何必要的操作来处理对数据源的请求。ODBC 已被数据库程序员广泛接受，一些数据库供应商都提供 ODBC 驱动程序。Microsoft 公司的其他几个数据访问 API 在 ODBC 上被定义为简化的对象模型，如：ActiveX 数据对象（ADO）、数据访问对象（DAO）、远程数据对象（RDO）和 Microsoft 基础类（MFC）数据库类。

14.4.2　ODBC 结构层次

1. ODBC 结构层次

ODBC 结构层由 ODBC 数据库应用程序、驱动程序管理器、数据库驱动程序和数据源 4 个层次组成，如图 14-10 所示。

图 14-10　ODBC 体系结构

2．ODBC 客户端应用

ODBC 客户端应用程序是由数据库开发人员编写的、调用 ODBC API，并予以提交将在数据库服务器上运行的 SQL 语句，ODBC 应用程序完成的主要任务包括：

- 连接数据源与向数据库发送 SQL 语句。
- 为 SQL 语句的执行结果分配存储空间，并定义其读取的数据格式。
- 读取 SQL 语句的执行结果与处理错误，断开与数据源的连接。

14.4.3　SQL Server 数据库的 ODBC 设置

可通过使用 ODBC 管理器添加与 SQL Server 2005 关联的 ODBC 数据源，步骤如下：

（1）单击"开始"⇨"设置"⇨"控制面板"⇨"管理工具"⇨"数据源 ODBC"图标，打开 "ODBC 数据源管理器"对话框，如图 14–11 所示。切换至"系统 DSN"选项卡，然后单击"添加"按钮，弹出如图 14–12 所示的"创建新数据源"对话框。

图 14–11　ODBC 数据源管理器

图 14–12　创建新数据源

（2）在"创建新数据源"对话框的列表框中，选择 SQL Server，然后单击"完成"按钮，弹出"建立新的数据源到 SQL Server"对话框。在"名称"、"说明"和"服务器"文本框中分别输入如图 14–13 所示的相关数据，单击"下一步"按钮，弹出如图 14–14 所示的建立新的数据源到 SQL Server 的验证登录对话框。

图 14–13　建立新的数据源到 SQL Server

图 14–14　建立新的数据源到 SQL Server 的验证登录

（3）在建立新的数据源到 SQL Server 的验证登录对话框中，可指定认证方法，并设置 Microsoft SQL Server 高级客户项以及登录名和密码。在此，选择"使用用户输入登录 ID 和密码的 SQL Server 验证"选项，表示 SQL Server ODBC 驱动程序不要求到 SQL Server 的安全（或信任）连接。选定之后，SQL Server 使用标准登录安全机制来建立使用此数据源的连接。必须为所有连接请求指定 SQL Server 登录 ID 和密码。

若单击"客户端配置"按钮，可启动 SQL Server 客户端配置的"添加新网络库配置"对话框。勾选"连接 SQL Server 以获得其他配置选项的默认设置"复选框，单击"下一步"按钮，弹出如图 14-15 所示的建立新的数据源到 SQL Server 的更改默认数据库对话框。

（4）在建立新的数据源到 SQL Server 的更改默认数据库对话框中，可设定默认数据库以及附加数据库等信息。该对话框中的"更改默认的数据库为"是为使用该数据源的任意连接指定默认数据库的名字。若清除，连接使用为服务器上的登录 ID 定义的默认数据库。若勾选，框中命名的数据库将取代为登录 ID 定义的默认数据库。如果"附加数据库文件名称"文本框有一个主文件的名字，则由主文件说明的数据库使用"更改默认数据库为"框中指定的数据库名作为一个数据库被附加。

（5）在"更改默认的数据库为"文本框中指定的数据库名字，而附加数据库可以忽略。"使用 ANSI 引用的标识符"复选框表示与 SQL Server ODBC 驱动程序连接时设置的 QUOTED_IDENTIFIERS。选定之后，SQL Server 将强制实施 ANSI 关于引号的规则。双引号只用于标识符，如列和表的名称。字符串必须用单引号括起：

SELECT "姓名" FROM "学生" WHERE "姓名" = '江四海'

若勾选"使用 ANSI 的空值、填充和警告"复选框，则表示 SQL Server 驱动程序连接时 ANSI_NULLS 和 ANSI_WARNINGS 等选项设置为打开状态。若勾选"若主 SQL Server 无效，请使用备用 SQL Server"复选框，则表示当为数据源中指定的 SQL Server 定义故障转移服务器时，SQL Server 驱动程序将为连接到指定主服务器上的故障转移服务器收集连接信息。

单击"下一步"按钮，弹出如图 14-16 所示的建立新的数据源到 SQL Server 的语言字符设置对话框。在此可指定用于 SQL Server 消息的语言、字符设置转换和 SQL Server 驱动程序是否应当使用区域设置。还可以控制运行时间较长的查询等。

图 14-15　更改默认数据库

图 14-16　设置语言字符

（6）在建立新的数据源到 SQL Server 的语言字符设置对话框中，勾选"将长时间运行的查询保存到日志文件"和"将 ODBC 驱动程序统计记录到日志文件"复选框。

单击"完成"按钮，弹出如图 14-17 所示的"ODBC Microsoft SQL Server 安装"对话框。该对话框可用来验证建立的数据源，即 ODBC 安装信息与数据源测试，单击"测试数据源"按钮，弹出"SQL Server ODBC 数据源测试"对话框，在该对话框会显示连接结果。

（6）单击"确定"按钮，回到如图 14-17 所示的"ODBC Microsoft SQL Server 安装"对话框，再单击"确定"按钮，完成 ODBC SQL Server 数据源的安装。

注意：ODBC SQL Server 数据源安装成功后，在 ODBC 数据源管理器中会出现新添加的 ODBC 数据源信息，如图 14-18 所示。

图 14-17　ODBC 安装信息与数据源测试　　　　图 14-18　新添加的"YU_信息管理"数据源

14.4.4　删除 ODBC 数据源

使用 ODBC 管理器可配置 ODBC 数据源操，同样也可删除之，步骤如下：

（1）单击"开始"⇨"设置"⇨"控制面板"⇨"数据源 ODBC"命令，打开 ODBC 数据源管理器，如图 14-11 所示。

（2）在 ODBC 数据源管理器中单击"系统 DSN"选项卡，选中欲删除的用户 ODBC 数据源，如在图 14-27 中选中"YU_信息管理"，然后单击"删除"按钮并确认单击"是"按钮，即可删除"YU_信息管理"用户数据。当然，也可以使用编程方式删除 ODBC 数据源。

本 章 小 结

SQL Server 2005 中 Web 交互式网页发布数据主要有两种模式：推模式与拉模式。HTML 是用来描述 WWW 上超文本信息文件的语言，用于表征超媒体结构的一个命令集，是目前 Internet 广泛使用的多媒体的语言之一。XML 语言可在系统中通过 FOR XML 子句和 OpenXML 函数使用 XML 数据，是 Web 的主导技术。

SQL Server 2005 下 XML 文档由 XML 文档首部和 XML 文档主体构成的。对于 XML 列中的数据，可使用相应的 XQuery 和 FOR XML 子句等技术对其进行操作。使用 FOR XML 子句可把 SQL Server 2005 系统表中数据检索出来并且自动表示成 XML 的格式。FOR XML 有 RAW、AUTO、EXPLICIT 和 PATH 多种模式。ODBC 是一套开放数据库系统应用程序接口规范，它是一个应用程序接口，包含由应用程序调用以获得一系列服务的函数。

思考与练习

一、选择题

1. HTML 主要包括 HTML 标记、HTML 注释与 HTML_____3 部分。
   A. 文档结构　　　　B. 数据结构　　　　C. 文档说明　　　　D. 数据字典
2. 通常，XML 文档由 XML 文档首部和 XML_____构成的。
   A. 数据主体　　　　B. 文档结尾　　　　C. 文档主体　　　　D. 数据结尾
3. ODBC 驱动程序是一个动态链接库_____。
   A. DLL　　　　　　B. CLS　　　　　　C. Clear　　　　　D. EXE

二、思考与实验

1. 简述 SQL Server 2005 的网络及数据接口处理特性。
2. 简述 Web 交互式网页发布数据的模式及特征。何谓 HTML？简述 HTML 具有的特性。
3. 试问 HTML 语法主要包括哪几部分？何谓 XML？该文档格式包括哪些内容？
4. 试使用 XML 类型变量@ Studednt0，并将一个简单的 XML 文档片段赋予该变量。
5. 试完成用 FOR XML RAW 的 SELECT 查询语句从"学生"表中获得 XML 数据实验。
6. 试用 FOR XML AUTO 的 SELECT 查询语句从"学生"表中获得 XML 数据。
7. 试用 FOR XMLPATH 的 SELECT 查询语句从"学生"表中获得 XML 数据。
8. 试用 FOR XML EXPLICIT 的 SELECT 查询语句从"学生"表中获得 XML 数据。
9. 何谓 ODBC？简述 ODBC 的结构层次和完成的主要任务和创建 ODBC 数据源的方法。

第三篇　应用开发

第15章
Visual Basic 访问 SQL Server 2005 数据库

数据库信息最终是要面向用户的。在开发数据库应用程序方面，微软公司面向对象的可视化编程工具 Visual Basic 具有简单易学、灵活方便和易于扩展的特点，它与 SQL Server 2005 结合更是相得益彰。本章主要讲解如何利用 VB 访问 SQL Server 数据库的相关技术。

15.1　Visual Basic 与 SQL Server 关联的常用编程接口

使用 Visual Basic（简称 VB）可以建立对本地或者远程数据库操作的应用程序桌面，也可创建企业级分布式的 Internet 应用程序平台。因此它越来越多地用做大型公司"客户机/服务器或浏览器/服务器"模式下数据库和应用程序的前端开发工具，与后端（后台）的 Microsoft SQL Server 相结合，VB 能够提供一种高性能的客户机/服务器或浏览器/服务器解决方案。使用 VB 开发 SQL server 2005 数据库应用程序时，主要有以下几种常用编程接口：

- DAO（data access objects，数据访问对象）。该对象通过 Jet 数据库引擎与 ODBC 的数据源进行通信，可以读取 Access 数据库（MDB 文件）中的数据，也可以从 FoxPro 或 dBase 等 ISAM 数据库和任何 ODBC 数据源中读取数据，包括 SQL Server。
- RDO（remote data objects，远程数据对象）。该对象实质就是 ODBC API 的对象化，它提供用代码生成和操作远程 ODBC 数据库系统组件的框架。RDO 对象模型比 DAO 对象模型简单，功能比 DAO 多。
- ADO（activex data objects，活动数据对象）。它改进了 DAO、RDO 和各种其他数据访问接口的缺陷，或者说它是一种更加标准的接口，架起了不同数据库、文件系统和 E-mail 服务器之间的公用桥梁。
- ODBC（open database connectivity，开放数据库互连）。ODBC 是 OLE DB 的前身，首次对不同数据库平台提供了数据的标准接口。由于 ODBC 是 API，直接与驱动器通信，因此更快捷，但也颇难掌握。ODBC 只限于关系型数据库，因为 SQL 是向 ODBC 数据源发送请求的标准语言。
- OLE DB 是一组"组件对象模型，COM"接口，它封装了 ODBC 的功能，以统一的方式访问存储在不同信息源中数据，可为关系和非关系数据库、电子邮件和文件系统、文本和图形、自定义业务等对象、Excel 电子数据表、Microsoft Exchange 数据等提供了高性能的访问。

其中，ADO 是微软推出的、新一代的数据访问技术，它使用户能够编写访问 SQL Server 2005 数据库的应用程序。ADO 是目前使用最为广泛的，而 ODBC 相对 OLE DB 来说使用得更为普遍，获得 ODBC 驱动程序要比 OLE DB 便捷得多，几乎所有微软视窗软件的管理工具中都提供。这样，不一定要得到 OLE DB 的驱动程序，就可立即访问原有的数据系统。至于 DAO 与 RDO 几乎已经淡化了。OLE DB、ADO 和 ODBC 是微软公司通用数据访问（universal data access，UDA）策略的技术基础，如图 15-1 所示。

图 15-1　Universal Data Access 结构

15.2　访问数据库基础

1. 引用数据源

为了更好地向读者讲述如何具体的使用 Visual Basic 访问 SQL Server 桌面工程，必须引用相关的数据库，表结构如第 6 章表的管理与使用中所述，包括"学生"、"课程"、"成绩"和"班级信息"表，分别见表 6-1、表 6-2、表 6-3 和表 6-4。

2. 连接数据源

VB 提供了多种数据源连接方式：Data 控件、ADO 控件和 ADO 数据模型。Data 控件在 VB 程序设计语言中多有介绍，此处就不赘述了。本教材主要基于 ADO 控件连接数据库方式并结合实例予以介绍，以展示和讲解具体实际的应用方法。

15.3　使用 ADO 控件访问 SQL Server 2005 数据库

在 Visual Basic 中 ADO 控件使用户可以使用 Microsoft activeX data objects（ADO）快速地创建一个到 SQL Server 数据库的连接，完成访问 SQL Server 2005 数据库操作。

15.3.1　ADO 控件要素分析

VB 是种面向对象的程序设计语言，它具有属性、方法和事件三大要素。在此，在使用 ADO 数据控件前将对其三要素进行分析。

1. ADO 数据控件的主要属性

ADO 数据控件的主要属性见表 15-1。

表 15-1　ADO 数据控件的主要属性

属　　性	描　　　　　　述
Caption	标题（常用来显示当前记录所处的位置）

续表

属　性	描　述
ConnectionString	返回或设置用来建立到数据源的连接字符串。该属性通过传递包含一系列由分号分隔的"参数=值"语句的详细连接字符串指定 ADO 数据控件的数据源，其中包含了五个主要的参数，它们都用分号分隔，相关参数如下： • Provider：指定数据源的名称，即连接数据库的类型：此处为 SQLOLEDB.1 • User ID：用来指定 SQL 访问用户的名称。 • Password：用户密码指与用户 ID 对应的密码 • Initial Catalog：此处用于指定默认打开的数据库 • DataSource：指定连接的数据库服务器名称。在这里，即可以输入 IP 地址，也可以直接输入服务器主机名称，本机可使用"(local)"代替。例如： • Provider=SQLOLEDB.1; User ID=sa;Password=1,initial catalog=jxufe;datasource=(local)
RecordSource	返回或设置 ADO 控件的记录源值，可为数据表名，也可是 SQL 语句，如 SELECT * FROM 学生 WHERE (性别 = '女')
CommandType	可确定 RecordSource 是 SQL 语句、表名还是存储过程。可优化 Commandtext 属性计算
recordset 属性	可使用 ADO 的 ADODB.recordset 进行实例化设置对应方法、属性和事件等。如：Dim rs as new ADODB.recoredset / Set ADODC1.recordset=rs

2．ADO 数据控件的主要方法

ADO 数据控件的主要方法见表 15-2。

表 15-2　ADO 数据控件的主要方法

方　法	描　述
Refresh	用于更新集合中的对象以便反映来自指定提供者的对象情况。在调用 Refresh 方法之前，应该将 Command 对象的 ActiveConnection 属性设置为有效的 Connection 对象，将 CommandText 属性设置为有效命令，并且将 CommandType 属性设置为 adCmdStoredProc。Refresh 方法的语法格式为：ADODC1.Refresh
UpdateRecord	据此可将约束控件上的当前内容写入数据库
UpdateControls	从控件 ADO Recordset 对象中获取当前行，并在绑定到此控件的控件中显示数据
Close	主要用于关闭打开的对象。该法可关闭 Connection 或 Recordset 对象以便释放所有关联的系统资源。关闭对象并将对象从内存中完全删除，可将对象变量设置为 Nothing

3．ADO 数据控件的常用事件

ADO 数据控件的主要事件见表 15-3。

表 15-3　ADO 数据控件的主要事件

事　件	描　述
MoveComplete	该事件在执行挂起操作更改 Recordset 中的当前位置后调用。当执行 ADO 数据控件自动创建的记录集的 Open、MoveNext、Move、MoveLast、MoveFirst、MovePrevious、Bookmark、AddNew、Delete、Requery 以及 Resync 方法时，这两个事件将被触发
FieldChangeComplete	该事件则发生在被修改后触发。对记录集执行了 Update、Delete、CancelUpdate、UpdateBatch 或 CancelBatch 方法之前或之后，这两个事件将分别被触发

事 件	描 述
RecordsetChangeComplete	该事件发生在对 Recordset 对象挂起或修改操作后触发。若执行了 Requery、Resync、Close、Open 和 Filter 方法之前或之后，这两个事件被触发
InfoMessage	ConnectionEvent 操作成功完成，该事件被调用并且由提供者返回附加信息

15.3.2 使用 ADO 控件访问 SQL Server 2005 数据库

在此，将通过一个 ADO 控件访问 SQL Server 2005 数据库实例来解析具体过程。

【例 15-1】试创建一个包含：ADO 控件：Adodcxxgl、标签、文本和表格控件的简单 ADO 访问 SQL Server 2005 数据库应用实例。该例可以先不必考虑表格控件，而后再加入即可。控件设置见表 15-4。下文将分为四个过程进行解析。

表 15-4 实例设置的数据控件属性参数

控 件	属 性	设 置	控 件	属 性	设 置
Label	Name	Label1	TextBox	Name	Text1
	Caption	姓名		DataSource	Adodcxxgl
Label	Name	Labe2		DataField	姓名
	Caption	性别		Name	Text2
Label	Name	Label3		DataSource	Adodcxxgl
	Caption	出生日期		DataField	性别
Label	Name	Label4	TextBox	Name	Text3
	Caption	校名		DataSource	Adodcxxgl
DataGrid	Name	DataGridxxgl		DataField	出生日期
	Align	2– VBAlignBottom		Name	Text4
	DataSource	Adodcxxgl	TextBox	DataSource	Adodcxxgl
Adodc	Name	Adodcxxgl		DataField	校名

1. 在窗体中添加设置 ADO 数据控件

要使用 ADO 数据控件，应先需要将 ADO 数据控件添加到 VB 的工具栏中，具体方法如下：

（1）打开一个新的工程，将工程的 Name 属性设置为 ADODCDemo，并且将工程保存为 ADODCDemo.vbp，将系统默认的窗体的 Name 属性设置为 frmADODC，将窗体的 Caption 属性设置为"使用 ADO 数据控件实例"，最后将窗体保存为 frmadodc.frm 文件。

（2）选择菜单"工程"⇨"部件"命令，在打开"部件"对话框的"控件"标签中选中"Microsoft ADO Data Control 6.0（SP6）"选项和"Microsoft DataGrid Control 6.0"选项，单击"确定"按钮，可以看到 ADO 数据控件图标出现在"工具箱"中，如图 15-2 所示。

（3）将 ADO 数据控件从工具箱中拖放到窗体上，在属性窗口中将它的 Name 属性设置为 Adodcxxgl，并设置 Align 属性设置为 2-VbAlignBottom（即控件放置在窗体底部），窗体设计界面如图 15-3 所示。

图 15-2　将 ADO Data 控件添加并显示在工具箱中对话框　　图 15-3　使用文本框控件显示数据窗体

2. 与后台 SQL Server2005 数据的连接

将 ADO 数据控件添加到窗体上以后，这时可以将它连接到 SQL Server 中的信息管理数据库中，具体步骤如下：

（1）右击 ADO 数据控件，在弹出的菜单中选择"ADODC 属性"命令，或在 ADO 数据控件的"属性"窗口中单击"自定义"属性右边的省略号，会自动弹出一个"属性页"对话框，如图 15-4 所示。

（2）在"属性页"对话框中单击"通用"选项卡，单击"使用连接字符串"单选框（"使用 ODBC 数据源名称"方式作为同学们的课后练习），在弹出如图 15-5 所示的"数据连接属性"对话框中选择"Microsoft OLE DB Provider For SQL Server"，单击"下一步"按钮。

图 15-4　ADODC 属性设置对话框　　　　　图 15-5　设置新数据源的属性

（3）在弹出的"连接"页框中选择或输入"服务器名称"，在"输入登录服务器信息"下按要求选择并输入用户名和密码（若系统要求则输入之）等，在"服务器上选择数据库"栏中选择或输入数据库名称，单击"测试连接"按钮，显示"测试连接成功"，则表示连上了 SQL Server 2005 数据库，如图 15-6 所示。

（4）弹出"属性页"对话框，在"记录源"选项卡中设置记录源，如图 15-7 所示。

（5）在"命令类型"下拉式列表中（列出值分别为：1—adCmdText 文本类型命令；2—adCmdTable 表类型命令；4—adCmdStoreProc 存储过程类型命令；8—adCmdUnknown 命令的类型未知），这里选择 2—adCmdTable，表示将为 ADO 数据控件选择一个数据库中已经存在的表或视图作为数据源。

图 15-6 设置登录验证的方式   图 15-7 设置记录源对话框

（6）在"表或存储过程名称"下拉列表中选择表"学生"，然后单击"确定"按钮关闭对话框。

（7）在窗体中选中 ADO 数据控件，在其属性窗口中将 ADO 数据控件的 EOFAction 属性设置为 2—adDoAddNew，表示在当前记录是最后一个记录，并且当用户单击控件上的按钮时将自动添加一个新的记录。

3. 与常用数据控件的绑定

现已将一个 ADO 数据控件添加到窗体上，且为 ADO 数据控件创建了一个数据源，下面介绍如何用约束控件将数据库的数据显示出来。在 Visual Basic 中，任何具有 DataSource 属性的控件都可以绑定到一个 ADO 数据控件上作为约束控件。可以绑定 ADO 数据控件的主要控件见表 15-5，可以绑定 ADO 数据控件的主要 ActiveX 控件见表 15-6。

表 15-5 可以绑定 ADO 数据控件的主要控件

控件	中文名	控件	中文名	控件	中文名	控件	中文名
TextBox	文本框控件	ComboBox	组合框控件	Listbox	列表框控件	Image	图像控件
CheckBox	复选框控件	Label	标签控件	PictureBox	图片框控件		

表 15-6 可以绑定 ADO 数据控件的主要 ActiveX 控件

控 件	中文名	控 件	中 文 名
DataList	数据列表控件	DataCombo	数据组合框控件
DataGrid	数据网格控件	RichTextBox	RTF 文本控件
DateTjmePicker	日期选择控件	MonthView	月份浏览控件
Microsoft Chart	图表控件	ImageCombo	图像组合框控件
Microsoft Hierarechical FlexGrid	分层式网格控件	Microsoft Hierarechical FlexGrid	分层式网格控件

在窗体添加了 ADO 数据控件后，即可按表 15-4 要求在窗体上分别添加 4 个文本框控件、4 个起标签作用的 Label 控件以及数据表格控件 DataGrid1，并设置相关属性和与 ADO 数据控件绑定，且将下面的代码添加到 frmadodc 窗体的代码窗口中：

```
Private Sub Adodcxxg1_MoveComplete(ByVal adReason As ADODB.EventReasonEnum,_
    ByVal pError As ADODB.Error, adStatus As ADODB.EventStatusEnum, _
    ByVal pRecordset As ADODB.Recordset)
```

```
    Adodcxxgl.Caption = "学生基本情况: " + Str(Adodcxxgl.Recordset. _
    AbsolutePosition) + "/" + Str(Adodcxxgl.Recordset.RecordCount)
End Sub
```

这些代码主要用来在窗体中显示表记录集中有几条记录及当前记录在表记录集中的位置（即，是第几条个记录），如图 15-3 所示。

4. 设置 DataGrid 数据网格控件与显示数据库中的数据

DataGrid 数据网格（表格）控件可用于同时浏览或修改多个记录的数据，可将 DataGrid 控件连接到 ADO 数据控件。将一个 DataGrid 控件绑定到 ADO 数据控件的具体步骤如下：

（1）单击窗体上的 DataGrid 控件，然后将它的 Name 属性设置为 DataGridxxgl，表示用它来显示信息管理数据库中的数据。

（2）单击"属性"窗口中的 DataSource 属性，然后从其右边的下拉式列表中选择刚才创建的 ADODC 控件 Adodcxxgl。一旦指定了 DataGrid 控件的 DataSource 属性，DataGrid 控件将自动根据它的字段和记录数设置自己的属性，其余属性设置如图 15-8 所示。

（3）右击 DataGrid 控件，从弹出的快捷菜单中选择"检索字段"命令，可以完成表格栏名称的自动设置。

此外，在这个窗体中，可通过单击 ADO 数据控件两端的箭头按钮以实现对数据库中数据的浏览。也可以修改数据库中的记录值，还可以向数据库中添加数据。最后，按【F5】键运行应用程序，"学生"表中的数据就会显示在窗体及 DataGrid 控件中，如图 15-9 所示。

图 15-8　DataGrid 控件部分属性设置

图 15-9　使用 DataGrid 控件显示数据

15.4　使用 ADO 对象操作 SQL Server 2005 数据库

在 Visual Basic 程序设计中尚可使用 ADO 对象访问 SQL Server 2005 数据库。

15.4.1　ADO 对象基础

在 ADO 对象模型中，主要包括 Connection、Recordset、Command 和 Fields 四个对象，见表 15-7。ADO 访问数据库的基本流程如图 15-10 所示。

表 15-7　ADO 中的主要可编程对象

对　象	名　称	说　明
Connection	连接	通过该对象的"连接"，可使应用程序访问各类数据源
Recordset	记录集	通过该记录集对象可描述来自数据库表或命令执行结果记录集合

续表

对　　象	名　称	说　　明
Command	命令	该对象可用于大量数据的操作或者是对数据库表单结构的操作
Fields	字段	该对象用于操作记录集中指定列（字段）的相关信息

图 15-10　ADO 访问数据库流程

1. 连接（Connection）对象

连接是交换数据的首要条件。在 VB 中，通过 ADO 对象访问数据库的第一步就是要建立与数据库的连接，Connecton 对象充当与数据源连接的重任，Connection 对象的常用属性和方法见表 15-8。

表 15-8　Connection 对象的常用属性和方法

名　　称	说　　明
ConnectionString 属性	用于设置连接到数据源的信息参数
DefaultDatabase 属性	定义 Connection 对象默认数据库，如 Cnn.DefaultDatabase="信息管理"
Provider 属性	定义 Connection 对象的数据库提供者名称，如 SQL Server 之类
state 属性	用于返回 Connection 连接数据库状态，若 Connection 已连接数据库，则主要属性值返回为 adStateOpen（值为 1），否则为 adStateClosed（值为 0）。
Open 方法	打开到数据库的连接，如 cnn.open connectionstring ,userid,password ,options
Execute 方法	执行连接操作，如 RecordSet1=cn.Execute CommandText, RecordsAffected, Option
Cancel 方法	中止当前的数据库操作，取消 Open 和 Execute 方法的调用
Close 方法	关闭已打开的数据库，释放 Connection 对象，如 cnn.close

2. 记录集（Recordset）对象

VB 中 Recordset 对象是来自基本表或命令执行结果的记录集合，但在任何时候 Recordset 对象所指的当前记录均为整个记录集中的单个记录，用于指定可以检查浏览与移动的行，添加、更新与删除数据源记录。Recordset 对象的常用属性和方法见表 15-9。

表 15-9　Recordset 对象的常用属性和方法

名　　称	说　　明
ActiveConnection 属性	设置或返回 Recordset 对象所属的 Connection 对象
Source 属性	返回生成记录集的命令字符串，其值可为 SQL 查询、表名或存储过程名
Bof 属性	指示是首记录前否，若当前记录位置在记录集首记录之前，则返回 True
Eof 属性	指示是末记录后否，若当前记录位置在记录集末记录之后，则返回 True
Sort 属性	设置若干字段的排序
Filter 属性	指定记录集的过滤条件
Open 方法	根据 ActiveConnection 和 Sourcee 属性打开一个记录集

名　　称	说　　　　明
Move 方法	将行指引移动指定记录行
AddNew 方法	在记录集末尾增加新记录并使其成为当前行
Requery 方法	重新执行记录集的基础查询并更新数据
Cancel 方法	取消异步 Open 方法调用
Update 方法	将记录集改变保存到 SQL Server 中
CancelUpdate 方法	取消任何改变并放弃调用 Update 方法之前增加的任何记录
Close 方法	关闭记录集及其与数据源的连接
Delete 方法	删除当前记录或记录组
Find 方法	根据某个条件找到一个记录
Seek 方法	用索引搜索记录，目前只在 Jet 数据提供者中支持
MoveFirst /MoveLast 方法	将行指针移动到第一条/最后一条记录
MoveNext/MovePrevious 方法	将行指针移动到下一条/上一条记录

3. 命令（Command）对象

命令对象描述将对数据源执行的命令，可用于大量数据的操作。Command 对象的常用属性和方法见表 15-10。

表 15-10　Command 对象的常用属性和方法

名　　称	说　　　　明
ActiveConnection 属性	指定当前命令对象属于哪个 connection，若要为已经定义的 Connection 对象单独创建一个 Command 对象，必须将此属性设置为有效的连接字符串
CommandText 属性	指定向数据提供者发出的命令文本，如 SQL 语句和数据表名等
CommandType 属性	设置或返回 CommandText 的类型
State 属性	返回 Command 运行状态，若处于打开状态，该属性值为 1-adStateOpen（值为 1），否则为 0-adStateClosed（值为 0）
Execute 方法	执行 CommandText 属性中指定的查询、SQL 语句或存储过程。写法为：command.Execute (RecordsAffected, Parameters, Options)，其中：Parameters 传递参数值数组，RecordsAffected 返回 SQL Server 命令操作影响的记录数。Options 可取若十个 CommandTypeEnum 或 ExecuteOptionEnum 值
Cancel 方法	放弃或取消 Execute 方法的调用

4. 字段（Field）对象

每个记录集 Recordset 对象都包含字段对象的集合，其中每一个字段对象代表该记录集的一列（字段）。数据库中的表也可视作为一个记录集，因此，每个表也同样包含有上述的字段对象集合。通过这个字段对象集合，在编程中就可以定位到记录集或数据表中的指定字段，然后进行相关操作。访问一个指定字段的基本语法如下：

```
Rs.fields(fldname)   //rs 为数据表名或记录集名，fidName 为字符串（即字段名）
```

15.4.2 使用 ADO 对象操作 SQL Server 2005 数据库实例

【例 15-2】试编写一个利用 ADO 数据模型连接数据库的实例，以显示数据库记录内容，并可移动记录位置，从而进行数据的浏览，控件设置见表 15-11。

表 15-11 示例工程添加各控件属性设置

控件名称	属 性	属 性 值
Form1	borderstyle	1-fixed single
	Caption	使用 ADO 对象操作数据记录行
	Startupposition	2-屏幕中心
Text1 ~ Text8	text	空
Label1 ~ Label8	Caption	学号、姓名、性别、出生日期、班级编号、学分、区域、校名
Command1 ~ Command7	Caption	首记录、下条记录、上条记录、尾记录、增加、删除和退出

实例运行效果如图 15-11 所示，具体设计过程如下：

（1）新建一个标准 EXE 工程，窗体名称为 form1。在窗体上添加 8 个 textbox 控件、8 个 label 控件和 4 个 command 控件，各控件排列如图 15-11 所示。其中 4 个 command 控件，分别是用于显示首记录，上条记录，下条记录和尾记录。

（2）单击菜单"工程"⇨"引用"命令，弹出"引用-工程"对话框，选取"Microsoft Active Data Objects 2.6 library"或以上或更高版本的 ADO 组件对象，如图 15-12 所示，单击"确定"按钮，该设置不会出现在工具栏中，但已经完成了到 ADO 模型的引用。接下来使用 ADO 模型来对数据库控件进行连接等操作，并完成记录集和字段等的设置。

（3）对 ADO 模型实例化，首先声明这些需要的对象，代码如下：

```
Dim db As New ADODB.Connection
Dim adotable As New ADODB.Recordset: Dim strcon, strsql As String
```

图 15-11 例 15-2 运行界面对话框

图 15-12 引用 ADO 对象过程对话框

编写与数据连接相关的代码：（可以放在 form 的 load 事件当中）

```
Private Sub Form_Load()
    strcon = "Provider=SQLOLEDB.1;initial catalog=jxufe;data source=(local)"
    db.ConnectionString = strcon: db.Open strcon, "sa", "1", -1    ' 设置连接
    strsql = "select * from 学生" : adotable.Open strsql, db, 3, 3
    showfields            '打开并使用用户自定义 showfields 函数显示信息
End Sub
```

（4）各个 textbox 控件需要与数据源进行连接，所以加入一个 showfields 函数，用来将当前记

录分别显示到 textbox 控件中。showfields 函数的代码如下：

```
Private Sub showfields()
    If (Not adotable.EOF) And (Not adotable.BOF) Then
        Text1 = adotable.Fields("学号"):      Text2 = adotable.Fields("姓名"):
        Text3 = adotable.Fields("性别") :      Text4 = adotable.Fields("出生日期")
        Text5 = adotable.Fields("班级编号") :  Text6 = adotable.Fields("学分")
        Text7= adotable.Fields("区域") :       Text8= adotable.Fields("校名")
    End If
End Sub
```

（5）给记录指针添加控件代码，首记录（command1）、下条记录（command2）、上条记录（command3），尾记录（ommand4），程序代码如下：

```
Private Sub Command1_Click()                    ' 首记录
    adotable.MoveFirst : showfields
End Sub
Private Sub Command2_Click()
    If Not adotable.EOF  Then
        adotable.MoveNext                       '下一条记录
    Else
        adotable.MoveLast
    End If
    showfields
End Sub
Private Sub Command3_Click()
    If Not adotable.BOF Then
        adotable.MovePrevious                   ' 上一条记录
    Else
        adotable.MoveFirst
    End If
    showfields
End Sub
Private Sub Command4_Click()                    ' 尾记录
    adotable.MoveLast : showfields
End Sub
    Private Sub Command5_Click()
    adotable.AddNew                             ' 添加记录
    adotable.Fields("学号") = Text1.Text :   adotable.Fields("姓名") = Text2.
Text
    adotable.Fields("性别") = Text3.Text :   adotable.Fields("出生日期") = ctod
(Text4.Text)
    adotable.Fields("班级编号") = Text5.Text:adotable.Fields("学分") = Val(Text6.
Text)
    adotable.Fields("区域") = Text6.Text:    adotable.Fields("校名") = Text6.
Text
end sub
Private Sub Command6_Click()                    ' 删除记录
    adotable.Delete : adotable.MoveNext
    If adotable.EOF Then
        adotable.MovePrevious
    End If
    adotable.Update : showfields
End Sub
Private Sub Command7_Click()
    Unload Me                                   ' 退出
End Sub
```

（6）单击工具栏中的"保存"图标，将工程保存为 VB_ADOO 对象_SQL.vbp 即可。

【例 15-3】试用 ADO 对象和 DataGrid 控件编写一个施礼示例程序，实现数据的添加、修改和删除等更新操作，结果如图 15-13 所示。

（1）按图 15-13 所示添加 DataGrid 控件和 2 个 Command 控件等。Command1 设改为"修改记录"按扭，Command2 设为"删除记录"按扭，DataGrid1 设数据网格控件。

（2）引用 ADO 组件，在通用等对象中编写如下代码：

```
Dim db As New ADODB.Connection: Dim rs As New
ADODB.Recordset:Dim constr As String
```

（3）在窗体的 Load()中编写如下代码：

```
Private Sub Form_Load()
Dim strsql As String
    constr = "Provider=SQLOLEDB.1;initial catalog=
jxufe;data source=(local);user id=sa; password=1"
    db.ConnectionString = constr : db.Open strcon
    strsql = "select * from student" : rs.Open strsql, db, 3, 3
    DataGrid1.AllowAddNew = False    :        DataGrid1.AllowDelete = False
    DataGrid1.AllowUpdate = False    :        Set DataGrid1.DataSource = rs
End Sub
```

图 15-13　例 15-3 运行界面

（4）编写这两个按钮的代码：

```
Private Sub Command1_Click()
If Command1.Caption = "修改记录" Then
Command1.Caption = "确认":Command2.Enabled=False:DataGrid1.AllowUpdate = True
Else
MsgBox "修改成绩", vbOKOnly + vbExclamation, "修改数据库内容提示"
DataGrid1.AllowUpdate = False:Command1.Caption = "修改记录"
Command2.Enabled = True
End If
End Sub
Private Sub Command2_Click()
Dim ans As String
ans = MsgBox("你确定要删除吗? ", vbYesNo,"确定删除")
If ans = vbYes Then
DataGrid1.AllowDelete = True : rs.Delete : rs.Update : DataGrid1.Refresh
MsgBox "成功删除", vbOKOnly + vbExclamation, "删除数据" : DataGrid1.AllowDelete
= False
Else
Exit Sub
End If
End Sub
```

本 章 小 结

使用 VB 开发 SQL server 2005 数据库应用程序时，主要有：DAO、RDO、ADO、ODBC 和 OLE DB 几种常用编程接口。ADO 控件让用户可以使用 Microsoft ActiveX Data Objects（ADO）快速地创建一个到 SQL Server 数据库的连接。VB 是种面向对象的程序设计语言，它具有属性、方法和事件三大要素。在 ADO 对象模型中主要包括 Connection、Recordset、Command 和 Fields 四个对象。

本章介绍了 VB 与 SQL Server 关联的常用编程接口访问数据库基础、使用 ADO 控件访问 SQL Server 2005 数据库、使用 ADO 对象操作 SQL Server 2005 数据库等。

思考与练习

一、选择题

1. ADO 是种标准接口，架起了不同_____、文件系统和 E-mail 服务器间的公用桥梁。
   A. 数据库   B. 客户机   C. 工作站   D. 服务器
2. VB 是种面向对象的程序设计语言，它具有属性、_____和事件三大要素
   A. 方法   B、函数   C. 过程   D. 子程序
3. ADO 数据控件 ConnectionString 属性的主要参数不包括_____。
   A. Provider   B. FormView   C. User ID   D. Password
4. ADO 数据控件的主要方法不包括_____。
   A. Refresh   B. Close   C. Clear   D. UpdateRecord

二、思考与实验

1. 试述 ADO 数据控件的主要属性和主要方法。
2. 使用 ADO 控件访问 SQL Server 2005 数据库的具体过程。
3. 使用 ADO 对象操作 SQL Server 2005 数据库的具体过程。
4. 试完成创建一个包含 ADO 控件、标签和文本等控件的简单 ADO 访问 SQL Server 2005 "信息管理" 数据库下 "学生" 表的应用程序实例，并完成该实验过程。
5. 试完成创建一个包含：ADO 控件、标签、文本等控件的简单 ADO 访问 SQL Server 2005 "信息管理" 数据库下 "课程" 表的应用程序实例，并完成该实验过程。
6. 试完成创建一个包含：ADO 控件、标签、文本和表格等控件的简单 ADO 访问 SQL Server 2005 "信息管理" 数据库下 "学生" 表的应用程序实例，并完成该实验过程。
7. 试完成创建一个包含：ADO 控件、标签、文本和表格等控件的简单 ADO 访问 SQL Server 2005 "信息管理" 数据库下 "成绩" 表的应用程序实例，并完成该实验过程。
8. 试编写一个使用 ADO 数据对象连接，并访问 "信息管理" 数据库下 "学生" 表的实例。
9. 试编写一个使用 ADO 数据对象连接，并访问 "信息管理" 数据库下 "成绩" 表的实例。

第**16**章 Visual Basic.NET 访问 SQL Server 2005 数据库

本章主要讲解如何利用 Visual Basic.NET 访问 Microsoft SQL Server 2005 数据库。分别利用数据连接控件或 ADO 数据模型与数据源进行连接，并在用户界面添加数据感知组件，用来显示数据。最终能够实现在用户桌面界面上能够对数据进行添加、修改和删除等操作。

16.1　Visual Basic.NET 数据库访问基础

Visual Basic.Net（VB.NET）是微软.NET 的重要组成部分，它的 ADO.NET 功能使得先进的数据库访问效用凸显出来了，通过它系统完成可以访问 SQL Server 2005 数据库了。

16.1.1　.NET 基础

Visual Basic.NET 的 ADO.Net 是 Visual Studio.Net 带来的新一代数据库技术，它将通常的数据访问标准由 ODBC 和 ADO 方式提升至 ADO.Net，当与 SQL Server 结合时更是相得益彰。ADO.NET 能提供对 SQL Server 2005 等数据源的一致性访问和检索与更新等。

图 16-1　ADO.Net 数据库访问示意图

VB.NET 的核心 ADO.NET 是为.NET 框架而创建的，是对 ADO 对象模型的扩充，ADO.NET 访问数据库的工作过程如图 16-1 所示。ADO.NET 提供了一组数据访问服务的类，可用于对 Microsoft SQL Server 和 Oracle 等数据源。ADO.NET 包含两大核心控件：.NET 数据提供程序和 DataSet。

16.1.2　.NET 数据提供程序

.NET 数据提供程序用于连接到数据库、执行命令和检索结果，常用的数据提供程序有两个：SQL Server .NET Framework 和 OLE DB.NET Framework。SQL Server.NET Framework 数据提供程序经过了优化，可直接访问 SQL Server 而不用添加 OLE DB 或开放式数据库连接（ODBC）层，因而性能良好、实现便捷，只要具有访问许可权限即可。而 OLEDB.NET Framework 数据提供程序通过 OLE DB 服务组件和数据源的 OLE DB 提供与 OLE DB 数据。

源进行通信，进行过测试的 ADO.Net 数据提供程序见表 16-1，.Net 数据提供程序含有了四个核心对象，见表 16-2。

表 16-1　ADO.Net 数据提供程序

驱 动 程 序 名 称	提 供 程 序
SQL OLE DB	用于 SQL Server 的 Microsoft OLE DB 提供程序
MSDAORA	用于 Oracle 的 Microsoft OLE DB 提供程序
Microsoft .jet.ole db.4.0	用于 Microsoft Jet 的 OLEDB 提供程序

表 16-2　Net 数据提供程序的核心对象及功能

对 象	功 能
Connection	用于建立与特定数据源的连接，重要属性为连接字符串：ConnectionString
Command	对数据源执行命令，用于返回数据、更新数据或检索数据等操作
DataReader	能从数据源中提供高性能的数据流，是一个简易的数据集
DataAdapter	用于提供连接 DataSet 组件和数据源的桥梁，重要成员和方法有：① FieldCount 返回数据行的列数，② Item 为数据行中某列值，③ getname 列的列名，④ getvalue 列的值，⑤ RecordsAffected 通过 SQL 命令影响到表记录的行数，⑥ getordinal 可得给定列名所在列值，⑦ read 读取下行记录，若其后非空返 true，⑧ close 关闭 datareader 数据源

表 16-2 说明如下：

- Connection 与 Command 是从 system.componentmodel.component 类继承面来。
- Connectionstring 包括：provider 表示 OLEDB 的提供者；Data Source 表示数据库的名称，initial Catalog 是连接上的数据库目录或表，Integrated Security 表示安全性；user 为数据库使用的用户；password 就是与用户相配的密码。
- Datareader 由 system.marshaByRefObject 类继承，用于从数据源按行单向读取数据。

16.1.3　DataSet 数据集

DataSet 数据集对象是 ADO.NET 的核心对象，是数据的内存驻留表示形式，可提供一致的关系编程模型，DateSet 可用于多个不同的数据源，DataSet 能表示包括相关表、约束和表间关系在内的整个数据集。DataSet 的对象模型如图 16-2 及图 16-1 所示。

DataSet 对象模型中各主要对象的关系如下：DataTable 对象表示数据表，在 DataTable 对象中又包含了字段(列 Column)和记录(行 Row)。在 DataSet 中可以包含一个或多个 DataTable 对象，多个

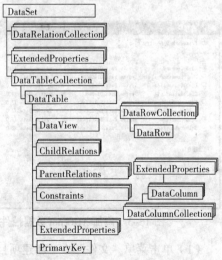

图 16-2　Dataset 的对象模型示意图

DataTable 又组成了 DataTableCollection 集合对象。多个表之间可能存在一定的关系，表间的关系用 DataRelation 对象来表示，该对象通常表示表间的主外键关系（参照完整性）。多个表之间可能存在多个关系，因此 DataSet 可以包含一个或多个 DataRelation 对象，多个 DataRelation 对象又组成了 DataRelationCollection 集合对象等。

16.1.4　使用 ADO.NET 开发数据库应用程序步骤

使用 ADO.NET 开发数据库应用程序一般可分为以下几个步骤：

（1）根据所用数据源确定数据提供程序，使用 Connection 对象建立与数据源的连接。

（2）使用 Command 对象执行对数据源的操作命令，通常是 SQL 命令语句。

（3）使用数据集对获得的数据进行操作，如：DataReader 和 DataSet 等对象。

（4）向用户显示数据，需使用数据控件。

使用 ADO.NET 开发数据库应用程序，可使用编程的方法，也可使用 VB.NET 的数据控件。

16.2　通过 ADO.NET 控件访问 SQL Server 2005 数据库

1．ADO.NET 数据控件设计方法

在 VB.NET 中可使用便捷易用的 ADO.NET 数据控件访问 SQL Server 2005 数据库。ADO.NET 包括与数据提供程序中核心对象一一对应的 Connection、Command、DataAdapter 和 DataSet 控件。ADO.NET 控件都在 Visual Studio.NET 2005 的"工具箱"的工具组中，一般大部分都未显示出来，可单击"工具"的"选择工具箱项"命令项进行添加，如图 16-3 和 16-4 所示。根据设计需要把它们拖动到相应的窗体上，生成相应的实例。这些控件的属性、方法及作用在此就不再赘述了。本节只通过计一个能显示数据库表中信息应用程序界面（如图 16-5 所示）的实际例子来说明这些控件的使用方法。设计步骤如下：

图 16-3　添加 ADO.net 数据控件

图 16-4　添加后的工具箱

（1）单击菜单"文件"⇒"新建项目"命令，打开"新建项目"对话框，选择 VB 项目类型中的"Windows 应用程序"从而创建新应用程序桌面。在"工具箱"内将"数据"选项卡中的控

件 OleDbConnection 添加到窗体上，在"属性"对话框中的"属性名"列表框中选择"新建连接"，将会出现"数据连接"对话框，如图 16-6 所示。在 ConnectionString 属性中输入：Provider=SQLNCLI.1;Data Source=JXUFE;Password=1;User ID=sa;Initial Catalog=jxufe，其中：服务器名为 jxufe（实验电脑名）或 IP、用户名 sa 及密码、数据库名 jxufe。

图 16-5 应用程序及控件运行界面

图 16-6 "添加连接"对话框

（2）为窗体添加一个 OleDbCommand 控件，该控件用来执行查询命令。在"属性"对话框中按照表 16-3 所示设置它的 Connection 属性值。

表 16-3 设置 OleDbCommand 控件的属性

属性名	属 性 值	属性名	属性值	属性名	属 性 值
Connection	OleDbConnection1	CommandTyp	Text	CommandText	Select * from student

VB.NET 给予控件更大的灵活性，也可以通过向导生成表格所需的属性值。

（3）为窗口添加一个 OleDbDataAdapter 控件，将会自动出现"数据适配器配置向导"，可以通过该向导对 OleDbDataAdapter 控件进行配置，也可以单击"取消"按钮，然后通过手工设置属性来配置 OleDbDataAdapter 控件。本例为后者。在控件的 SelectCommand 属性中输入：OleDbCommandl 这一具体值。

（4）选择 OleDbDataAdapter 控件上的小三角标记，即 OleDbDataAdapter 控件任务中的"生成数据集"选项底部的超级链接，将出现"生成数据集"对话框在该对话框中单击"确定"按钮，将会出现 DataSet1 的数据集，如图 16-7 所示。从"所有 Windows 窗体"工具箱拖动 DataGrid 组件到窗体上并设置它的 DataSource 属性值为"DataSetll"；Datamember 属性值为"Table"，若工具箱中没有 Datagrid 控件，则需要添加选择项。

（5）给窗体增加一个 button 控件，设置它的 Text 属性值为"显示数据"，然后编写该按钮的 Click 事件方法代码：OleDbDataAdapter1.Fill（DataSet11）。

（6）运行程序，单击"显示数据"按钮，程序的运行界面如图 16-5 所示。

至此，本程序设计完毕。在这个例子中使用了 OLEDB.net 数据控件，读者可以使用控件的其他方法进行设置，也可得到相同的结果。

可以利用功能强大的控件向导显示数据库表。在此仍以 DataGridView 为例叙述过程。

（1）单击菜单"文件"⇒"新建项目"命令，打开"新建项目"对话框，选择 VB 项目类型中的"Windows 应用程序"，创建新应用程序桌面。把 DataGridView 控件添加到窗体上，在控件上角会出现"DataGridView 任务"列表，如图 16-8 所示，在"选择数据源"列表框中选择"添加项目数据源"超级连接，出现如图 16-9 所示的"数据源配置向导"对话框。

图 16-7　控件超级链接与生成数据集对话框　　　　图 16-8　使用 DataGridView 控件向导

（2）在向导中选择"数据库"，为 DataGridView 创建一个数据集。单击"下一步"按钮，弹出"选择您的数据连接"对话框。选择或新建数据源连接，连接字符串为：Data Source=JXUFE;Initial Catalog=jxufe;User ID=sa;Password=1，如图 16-10 所示。单击"下一步"按钮，弹出"选择数据库对象"对话框，选择将要在 DataGridView 中显示的数据表：class，如图 16-11 所示。

图 16-9　选择数据源向导　　　　　　　　　图 16-10　查看连接字符串

（3）而后表及表中字段都会显示出来。保存项目并运行程序，结果如图 16-12 所示。

读者会感觉 DataGridView 只能读取数据库表，而在应用程序桌面的改动是不会影响原数据库表中的内容。读者可以尝试设置 ReadyOnly=true 等来引导设计。

2．数据绑定控件

（1）数据绑定的概念。

数据绑定是指使控件和数据源捆绑在一起，通过控件来显示或修改数据。与 VB 中相仿，在

VB.NET 中许多控件不仅可绑定到传统的数据源，还可绑定到相关控件的属性（如 Text 属性），通过绑定的数据设置控件的属性。数据绑定有两种类型：简单数据绑定和复杂数据绑定。简单数据绑定通常是将控件绑定到数据表的某一字段上，支持简单绑定的控件主要有 TextBox 和 Label 这些只显示单个值的控件。复杂数据绑定是指将一个控件绑定到多个数据元素的能力，通常是绑定到数据库中的多条记录。支持复杂绑定的控件有 DataGrid、ListBox 和 ComboBox 这些可显示多个值的控件。

图 16-11　选择要显示的数据表 class　　　　图 16-12　使用向导设计显示表中数据的界面

（2）简单数据绑定的方法。

要把简单数据绑定控件绑定到数据源，首先应把控件加载到窗体上，然后展开控件的 DataBindings 属性。若要把 Tag 属性和 Text 属性绑定到数据集中的某个字段，只需直接选择即可，如图 16-9 所示。若要把其他属性绑定到数据集的某个字段，可选中 DataBindings 下面的"高级"，在该对话框中可以把任意属性和数据集的某个字段绑定在一起，如图 16-13 所示。

图 16-13　Tag 属性、Text 属性及 DataBindings 下面的"高级"（ADvanced）

把简单控件的某个属性与某字段绑定在一起，最好是通过编程的方法，通过设置控件的 DataBindings 属性来实现。其格式与功能如下：

语法格式： 控件名. DataBindings.Add（"属性名"，数据集名，"字段名"）

此语句功能是把具体控件与数据表字段绑定在一起。控件的属性由"控件名"和"属性名"指定，字段由"字段名"指定，且位于"添加项目数据源"所生成的"数据集名"指定的数据集中。

例如，要把 TextBoxl 控件 Text 属性绑定到 DataSetll 数据集中的 student 表的性别字段，可以使用下列语句：

```
TextBoxl.DataBindings.Add("Text",DataSetll. "student.sex")
```

接下来介绍一个简单数据绑定控件的实例。通常，设计时尽显考虑使用控件来浏览数据库表的相应数据，程序界面设计及运行如图 16-14 所示，单击 ▶ 按钮将显示后一条记录信息，单击 ▶| 按钮将显示最后一条记录信息，还可以增加和删除记录信息。设计步骤如下：

图 16-14　配置好的数据源和程序设计界面

（1）单击菜单"文件" ⇒ "新建项目"命令，打开"新建项目"对话框，选择 VB 项目类型中的"Windows 应用程序"，创建新应用程序桌面。

（2）单击"数据"菜单中的"显示数据源"命令，在弹出的数据源配置向导中添加数据源并配置，过程与 DataGridView 向导类似。在设置的数据源对话框中选择并拖动相应控件到如图 16-14 所示的窗体 Form1 中。并依次将 k_id 的 text 属性设为"课程号"，再将 k_namer、xueshi 和 xuefen 的 text 属性分别设为"课程名"、"学时"和"学分"。

（3）使用"格式"菜单调整控件布局并保存项目。最后运行程序即可。

对于简单绑定控件，还存在着记录导航问题，即要实现"上条记录"、"下条记录"、"首记录"和"尾记录"功能。看来还需要学习如何使用 ADO.net 对象来进行灵活的编程设计。

16.3　ADO.NET 对象访问 SQL Server 2005 数据库及编程

1. Connection 对象及其使用

在对数据源进行操作前应先连接到数据源的，可使用 Connection 对象来显式地创建连接对象。由于 ADO.NET 中各对象间不存在相互依赖关系，绝大多数对象均可独立创建，创建其他对象时将会隐式地创建一个连接对象。根据数据源的不同，连接对象也有多种，本节只介绍 SqlConnection 对象和 OleDbConnection 对象。Connection 连接对象的最重要的属性是 ConnectionString，该属性用来设置连接字符串。

要连接 SQL Server 7.0 以上版本的数据库时，可使用 SqlConnection 对象，该对象的典型连接字符串 ConnectionString 属性的设置方法如下：

```
InitialCatalog=Northwind; DataSource=localhost; IntegratedSecurity=SSPI;
userid=sa; password=1; inifialcatalog=northwind; datasource=SQLServer;
ConnectTimeout=30
```

此外，OLEDBconntion 对象的典型连接字符串是：

```
Provider=SQLOLEDB;Data Source=YANGYANG2008; Integrated Security=SSPI;
Initial Catalog=jxufe
```

使用连接一般可采用以下步骤：

（1）创建 Connection 对象。

（2）把连接字符串赋值给 Connection 对象的 ConnectionString 属性。

（3）调用 Connection 对象的 Open 方法以打开连接。

（4）连接使用完毕后应调用 Connection 对象的 Close 方法以关闭连接。

【例 16-1】试编写一个测试连接的应用程序界面实例，用来显示建立与当前连接的 SQL Server 2005 数据库。程序的运行界面如图 16-15 所示，窗体设计和部分编码如图 16-16 所示。

图 16-15　程序运行界面

图 16-16　程序设计窗体和部分编码窗口界面

具体实现编程可使用 OleDbConnection 对象和 SQL 2005 数据库建立连接，连接字符串为：

```
Provider=SQLOLEDB;Data   Source=JXUFE;Initial   Catalog=jxufe;User   ID=sa;
Password=1
```

本例设计的界面窗体及控件对象的属性设置见表 16-4。

表 16-4　窗体和控件对象属性设置

控 件 名	属 性 值	控 件 名	属 性 值
Form1	SQLOLEDB 连接显示代码	Label1、label2	空

程序代码设计归结如下：

（1）引入命名空间 System.Data.OleDb：

```
Imports system.data.oledb
```

（2）编写 Form1 的 load 事件过程代码如下：

```
    Dim oledbcon As New OleDbConnection
    oledbcon.ConnectionString = "Provider=SQLOLEDB;Data Source=JXUFE;
Initial Catalog=jxufe;User ID=sa;Password=1"
    oledbcon.Open()
    Label1.Text = "当前服务器版本" + oledbcon.ServerVersion
    Label2.Text = "当前的数据库" + oledbcon.Database : oledbcon.Close()
```

2．Command 对象及其使用

使用 Connection 对象与数据源建立连接过后，可使用 Command 对象来对数据源执行查询、插入、删除和更新等各种操作。操作实现的方式可以是使用 SQL 语句，也可以是使用存储过程。根据所用的.NET Framework 数据提供程序的不同，Command 对象也可以分成多类，本章主要讲解 SqlCommand 对象和 OleDbCommand 对象。实际编程时应根据访问的数据源不同，选择相应的 Command 对象。该对象的常用属性和方法见表 16-5。

表 16-5　Command 对象的常用属性和方法

名　称	说　明
CommandType 属性	用于获取或设置 Command 对象要执行的命令类型，即获取 CommandText 的值，该属性是 CommandType 枚举型的，取值有三种情况：① StoredProcedure（CommandText 属性中存放的是存储过程的名字），② TableDirect（CommandText 属性设置为要访问的一个或多个表的名称），③ Text（CommandText 属性中存放 SQL 文本命令）
CommandText 属性	用来获取或设置数据源执行的 SQL 语句或存储过程名或表名
Connection 属性	用来获取或设置此 Command 对象使用的 Connection 对象的名称
CommandTimeout 属性	用来获取或设置在终止命令执行并生成错误前等待时间，以秒为单位默认为 30s
ExecuteReader 方法	可将 CommandText 发送到 Connection 并生成 DataReader 对象。常用来执行返回数据集的 SELECT 语句。格式：OverloadsPublicFunctionExecuteReader0AsOleDbDataReader

3. DataReader 对象及其使用

DataReader 对象是个简单的数据集，用于从数据源中检索只读前向数据集，常用于检索大量数据。根据 .NET 数据提供程序的不同，DataReader 也可分成 SqlDataReader 和 OleDbDataReader 等几类。DataReader 对象可通过 Command 对象的 ExecuteReader 方法从数据源的检索中创建。DataReader 对象的常用属性和方法见表 16-6。

表 16-6　DataReader 对象的常用属性和方法

名　称	说　明
FieldCount 属性	用来获取数据集的列数
RecordsAffected 属性	用来获取执行 SQL 语句所更新的行数。若无影响或语句失败，该属性值为 0。若执行的是 SELECT 语句，则返回值为 1
Read 方法	使 DataReader 对象前进到下一条记录。如果还有记录，则返回值 True，否则为 False。因 DataReader 默认位置在首记录前故需调用 Read 方法后才能访问数据。语句格式为：NotOverridablePublicFunctionRead() As Boolean ImplementsIDataReader.Read
NextResult 方法	当读取批处理 SELECT 语句结果时使数据读取器前进到下个结果。若存在多个结果集，返回 True，否则为 False。默认情况下数据读取器定位在第一项结果上。语句格式为：NotOverridable Public Function NextResult() As Boolean Implements dataReader
Close 方法	关闭 DataReader，语法格式为：NotOverridablePublicSubClose()ImplementsIDataReader.Close

【例 16-2】试设计一显示 jxufe 数据库 student 表的应用程序实例，运行结果如图 16-17 所示。详细过程及程序代码如下：

（1）新建一个窗体，把窗体的 Text 属性设置为 OLEDB 的 DataReader 对象，从而可将数据读取出来。引入命名空间 System.Data.OleDb：Imports system.data.oledb。

（2）编写窗体的 load 事件过程代码。

```
Dim cstring As String = "Provider=SQLOLEDB;Data Source=JXUFE;Initial Catalog=
jxufe;User ID=sa;Password=1"
    Dim sqlstr As String = "select * from student" : Dim strrow As String
    Dim mycon As New OleDbConnection(cstring) : Dim mycom As New OleDbCommand()
    mycon.Open() : mycom.Connection = mycon
    mycom.CommandType = CommandType.Text : mycom.CommandText = sqlstr
    Dim mydatareader As OleDbDataReader = mycom.ExecuteReader() : Label1.Text = ""
    Do While (mydatareader.Read())
```

```
    strrow = mydatareader.GetString(0) + "":strrow = strrow+mydatareader.
GetString(1)+""
    strrow = strrow + mydatareader.GetString(2) + ""
    strrow = strrow + mydatareader.GetValue(3).ToString + ""
    strrow = strrow + mydatareader.GetString(4) + "   "
    strrow = strrow + mydatareader.GetValue(5).ToString + ""
    strrow = strrow + mydatareader.GetValue(6).ToString + ""
    strrow = strrow + mydatareader.GetValue(7).ToString + ""
    Label1.Text = Label1.Text + strrow + Chr(10) + Chr(13)
      Loop : mydatareader.Close() : mycon.Close()
```

图 16-17　例 16-2 应用程序运行界面

4．DataAdapter 对象及其使用

DataAdapter 对象是 DataSet 对象和数据源之间的桥梁，其主要功能是从数据源中检索数据、填充 DataSet 对象中的表、把用户对 DataSet 对象的更改写入到数据源。在.NETFramework 中主要使用两种 DataAdapter 对象：OleDbDataAdapter 和 SqlDataAdapter。OleDbDataAdapter 对象适用于 OLE DB 数据源，SqlDataAdapter 对象适用于 SQL Server 7.0 或更高版本。

DataAdapter 对象的常用属性和方法见表 16-7。

表 16-7　DataAdapter 对象的常用属性和方法

名　称	说　明	补　充
SelectCommand 属性	用来获取 SQL 语句或存储过程和选择数据源中记录	常把该属性设为 Command 的名称，该 Command 对象执行 SELECT / INSERT /UPDATE / DELETE 语句
InsertCommand 属性	用来获取 SQL 语句或存储过程和在数据源中插入记录	
UpdaeCommand 属性	用来获取 SQL 语句或存储过程和更新数据源中的记录	
DeleteCommand 属性	用来获取 SQL 语句或存储过程和从数据集中删除记录	
Fill 方法	用于从数据源中提取数据以填充数据集	—

5．DataSet 对象及其使用

（1）DataSet 对象的组成。Dataset 对象是一个建在内存中的集合对象，它包含任意数量的数据表，以及所有表约束、索引和关系，相当于在内存中的一个小型关系数据库。一个 DataSet 对象包括一组 DataTable 对象和 DataRelation 对象，其中每个 DataTable 对象由 DataColumn 和 DataRow

等对象组成，这些对象的含义如下：

- DataTable 对象：代表创建在 DataSet 中的表。
- DataRelation 对象：代表两表间关系，建立在具有相同数据类型的列上。
- DataColumn 对象：代表与列有关的信息，包括列的名称、类型和属性。
- DataRow 对象：代表 DataTable 中的行记录信息。

除了以上对象外，DataSet 内部还包含多个集合对象：包含 DataTable 对象的集合 Tables、包含 DataRelation 对象的集合 Relations。而 DataTable 对象还包括行的集合 Rows、列的集合 Coloumns，以及数据关系的集合 ChildRelations 和 ParentRelations。

（2）DataSet 对象填充。从获取数据源数据并填充到 DataSet 对象中的方法有以下几种。

- 调用 DataAdapter 对象的 Fill 方法来填充 DataSet 对象。
- 使用 DataAdapter 对象的 SelectCommand 的结果来填充 DataSet 对象。
- 通过程序创建 DataRow 对象，给该对象各列赋值并将其把 DataRow 对象添加到 Rows 集合中。
- 将 XML 文档或流读入到 DataSet 对象中。
- 合并（复制）另一个 DataSet 对象的内容到本 DataSet 对象中。

（3）DataSet 对象的访问。

DataSet 对象包含数据表的集合 Tables，而 DataTable 对象包含数据行的集合 Rows、数据列的集合 Columns，可以直接使用这些对象访问数据集中的数据。访问数据集中某数据表的某行某列的数据，格式与功能如下：

格式 1：数据集对象名.Tables(',数据表名'). Rows(n)('列名')

功能：访问由"数据集对象名"指定的具体表中第 n+1 行的列，此列由"列名"指定。n 代表行号，从 0 开始。

【**例 16-3**】试使用 DataAdapter 和 DataSet 设计一段程序代码，实现例 16-2 的功能。

构建思路：在创建 OleDbConnection 对象（实例 mycon）与 OleDbCommand 对象（实例 mycomm）的基础上再创建一个 OleDbDataAdapter 对象（实例 mydataadapter），把它的 SelectCommand 属性值设置为创建的 OleDbCommand 对象的名称，如 mycomm。新创建一个 DataSet 对象（实例 myds），调用 OleDbDataAdapter 对象的 Fill 方法填充该数据集。然后通过一个 for 循环依次读出每一行的每一列的数据并连接到 Labell 的 Text 属性中。

（1）新建一个窗体，把窗体的 Text 属性设置为：使用 DataAdapter 和 DataSet 对象把数据读取出来。引入命名空间 System.Data.OleDb：Imports system.data.oledb。

（2）编写窗体的 load 事件过程主要程序代码如下：

```
Dim          cstring="provider=SQLOLEDB.1;initial          catalog=jxufe;data
source=192.168.0.1; user id=sa;
password=1"
      Dim sqlstr As String = "select * from student" : Dim strrow As String = " "
      Dim mycon As New OleDbConnection(cstring) : Dim i As Integer
   Dim mycomm As New OleDbCommand() : mycomm.Connection = mycon
      mycomm.CommandType = CommandType.Text    'SQL 文本命令
      mycomm.CommandText = sqlstr
      Dim mydataadapter As New OleDbDataAdapter():
      mydataadapter.SelectCommand = mycomm
      Dim myds As New DataSet() : mydataadapter.Fill(myds, "txl")
```

```
    Label1.Text = ""
    For i = 0 To myds.Tables("txl").Rows.Count - 1
        strrow = myds.Tables("txl").Rows(i).ItemArray(0).ToString + ""
        strrow = strrow + myds.Tables("txl").Rows(i).ItemArray(1).ToString + ""
        strrow = strrow + myds.Tables("txl").Rows(i).ItemArray(2).ToString + ""
        strrow = strrow + myds.Tables("txl").Rows(i).ItemArray(3).ToString + ""
        strrow = strrow + myds.Tables("txl").Rows(i).ItemArray(4).ToString + ""
        strrow = strrow + myds.Tables("txl").Rows(i).ItemArray(5).ToString + ""
        strrow = strrow + myds.Tables("txl").Rows(i).ItemArray(6).ToString + ""
        strrow = strrow + myds.Tables("txl").Rows(i).ItemArray(7).ToString + ""
        Label1.Text = Label1.Text + strrow + Chr(10) + Chr(13)
    Next i
    mycon.Close()
```

（3）利用 DataSet 对象更新数据源。

对 DataSet 对象的更改并没有实际写入到数据源中，要将更改传递给数据源（即使用 DataSet 对象更新数据源），还需调用 DataAdapter 对象的 Update 方法。该方法的格式与功能在 DataAdapter 对象的介绍过程中已经使用，限于篇幅关系，请读者参阅该其他相关书籍。

本 章 小 结

VB.NET 的 ADO.Net 是 Visual Studio.Net 带来的新一代数据库技术，它将通常的数据访问标准由 ODBC 和 ADO 方式提升至 ADO.Net，当与 SQL Server 结合时更是相得益彰。ADO.NET 能提供对 SQL Server 2005 等数据源的一致性访问和检索与更新等。

通过 ADO.NET 控件访问 SQL Server 2005 数据库设计包括 3 个步骤；通过 ADO.NET 对象访问 SQL Server 2005 数据库及编程包括 4 个步骤。

思 考 与 练 习

一、选择题

1. 通常，数据访问标准已由 ODBC 和 ADO 方式提升至＿＿＿＿＿。
   A. ADO.Net　　　　　B. OLE DB　　　　　C. ODBC　　　　　D. SQL

2. Net 数据提供程序的核心对象中与特定数据源连接的重要属性为＿＿＿＿＿。
   A. Connection　　　B. DataReader　　　C. ConnectionString　　D. Command

3. 数据绑定系指使＿＿＿＿＿和数据源捆绑在一起，并通过它来显示或修改数据。
   A. 控件　　　　　　B. 对象　　　　　　C. 方法　　　　　　D. 过程

4. 可使用＿＿＿＿＿对象来显式地创建连接对象。
   A. Connection　　　B. 控件　　　　　　C. DAO　　　　　　D. ODBC

二、思考与实验

1. 试问常用的数据提供程序有哪两个？简述 ADO.Net 数据提供程序名称及功效。

2. 简述使用 ADO.NET 开发数据库应用程序的主要步骤。

3. 试设计一显示 jxufe 数据库 class 表的应用程序实例。

4. 设计一个如图 16–18 所示的应用程序窗体，显示"信息管理"数据库中"学生"表，且在应用程序桌面能够对表进行基本的浏览操作。

5. 设计一个如图 16-19 所示效果的应用程序窗体桌面，显示"信息管理"数据库中"学生"表，且在应用程序桌面能够对表进行基本的更新管理。

图 16-18　习题 3 应用程序运行界面

图 16-19　习题 4 应用程序运行界面

当 ASP 访问数据库时，若需要充分考虑系统的安全性和稳定性，通常后台数据库采用 SQL Server 2005 系列。本章主要介绍如何使用 ASP 对象及 ADO 技术与 SQL Server 2005 后台数据库建立连接并操作数据库，完成 ASP 访问 SQL Server 2005 数据库。

17.1　ASP 访问 SQL Server 2005 基础

ASP（active server pages，动态服务器网页）是微软开发的用以替代 CGA 脚本的一种便捷、交互方式的程序开发、编辑工具，可以完成访问 SQL Server 2005 数据库。

17.1.1　ASP 及其特点

ASP 是种 Web 应用程序开发技术和嵌入了服务器端脚本代码的编写环境，是类扩展名为.asp 的特殊网页。ASP 具有如下特点：

（1）设计方便。可用任一文本编辑器编写包含多种代码（HTML/JScript/VBScript）文件。

（2）程序无须编译和连接即可执行，程序在服务器端解释，与浏览器无关。

（3）安全性较好。它的源代码不会传给浏览器，从而有效地保护了 ASP 源代码。

（4）可以利用 ADO（active data object）方便地访问数据库。

17.1.2　建立与连接数据库基础

ASP 对象要访问 SQL Server 2005 数据库，则首先需要进行数据源的建立与配置，而后再进行数据库的连接。ASP 访问后台数据库有：利用 ODBC 数据源 DSN 桥梁和基于代码直接连接（ODBC 驱动程序）等方法来完成。

```
Provider={SQLserver}r;Server=[ServerName];Database=[DatabaseName];UID=[Use
rID];PWD=[Password]
```

又如：`"driver={SQL server};Server=(local);Database=jxufe;UID=sa;PWD=1"`

在 ASP 中与数据库建立连接，通常会用到 ADO 的 Connection、RecordSet 和 Command 等对象，此类的属性、方法与 VB 中 ADO 数据模型的 Connection 等对象基本一样。ADO 是建立在 OLEDB Provider 等的基础上，可参阅第 15 章所述的 ADO 对象重要属性与方法等。

1. 使用 ODBC 系统数据源

使用 ODBC 系统数据源（即 ODBC 系统 DSN）可以对各类数据库进行访问。但首先要有建立 ODBC 配置的系统数据源，然后可用 Connection 对象的 Open 方法打开到数据源的连接。在 Open 方法的连接信息中包含多个部分，各部分需要用分号隔开。

ODBC 系统数据源的格式如下：

```
Connection.Open "DSN=datasourcename;UID=UserID;PWD=Password;Database=
DatabaseName"
```

以下是语句各部分功能的介绍。

- DSN=datasourcename：DSN 指定创建好的数据源名称。DSN 是通过"控制面板"中的"数据源（ODBC）"程序完成的。ODBC 配置方法请参见 14 章。
- UID=UserID：用户 ID 指对指定数据库有访问权限的用户名。用户名和下面的密码都是由数据库管理员为用户指定的。例如 SQL Server 中的 sa 用户。
- PWD=Password：用户密码指与用户 ID 对应的密码。指与上面用户名相对应的密码。
- Database=DatabaseName：用来指定待连接的数据库服务器上的一个数据库名称。

例如，数据源的连接代码：

```
connection.open"DSN=demojxufe;uid=sa;database=jxufe"
```

这段代码连接的是一个事先用 ODBC 配置好的名为 demojxufe 的数据源，访问此数据源的用户为 sa，此用户的密码为空，其待连接的数据库为 jxufe。

在系统数据源配置好的情况下，可以对数据库进行连接了，具体操作步骤如下：

（1）用 Server 对象的 CreateObject 方法建立 Connection 对象（如名为 Conn 的对象）。

```
Set conn=server.createobject("ADODB.connection")
```

（2）使用 Connection 对象 Open 方法连接 ODBC 源数据：系统 DSN，即连接数据库库。

```
Conn.open "DSN=demojxufe;uid=sa;pwd=1;database=jxufe" 'ODBC--系统 DSN 连接方式
```

（3）对数据库进行操作。经过上面的设置 Connection 对象已经可以对数据库进行操作。

（4）释放 Connection 对象，关闭数据库。

以下代码就是利用系统数据源进行连接数据库的。

```
<%  Set conn=Server.CreateObject("ADODB.connection")    '创建 connection 对象
    Conn.open "DSN=demojxufe;uid=sa;pwd=1;database=jxufe"
    Set conn=nothing
%>
```

2. 使用代码直接连接

使用代码直接连接（又谓 ODBC 驱动程序法），免去了配置 ODBC 数据源的步骤，可利用编写代码直接与数据库相连接。此时，连接数据库必须设置 Connection 对象的连接信息：ConnectionString。连接信息中包含多个部分，各部分用分号隔开。其代码格式如下：

```
connection.connectionstring="driver={dataDriver};server=ServerName;uid=use
rid'PWD=;Database=database"
```

各部分功能说明如下。

- driver={DataDriver}：指定 ODBC 驱动程序。如 SQL Server 数据库为"SQL Server"。
- server=ServerName：数据库服务器名，可为 IP 地址或服务器主机名，本机为"(local)"。
- UID=UserID：用户 ID 指对指定数据库有访问权限的用户。如 sa 用户。
- PWD=Password：用户密码指与用户 ID 对应的密码。指与上面用户名相对应的密码。

● Database=DatabaseName：用来指定待连接的数据库服务器上的一个数据库名称。

以下就是一个使用编写代码直接连接的实例。

```
Connodbc.connectionstring="drive={SQL    server};server=(local);uid=sa;pwd=;
database=pubs
```

这段代码连接的为一个本机的 SQL Server 数据库服务器，访问此数据库的用户为 sa，此用户的密码为空，其待连接的数据库为 Pubs。

使用编写代码直接连接数据库的具体操作步骤如下：

（1）利用 Server 对象的 Createobect 方法建立 Connection 对象。

（2）设置 Connection 对象的 ConnectionString（连接信息）。

（3）打开数据连接，对数据库进行操作。

（4）释放 Connection 对象，关闭数据库。

可以看出使用编写代码直接连接与 ODBC 系统数据源的步骤基本一样，只是连接信息的设置有些不同。以下代码是使用代码直接连接进行连接数据库的。

```
<%  Set connodbc=server.createobject("ADODB.connection")
    Connodbc.connectionstring="driver={SQL server};server=(local);uid=sa;
    pwd=1; database=jxufe"                      '建立连接数据库字符串
    Connodbc.open                               '对数据库操作语句
    Set conn=nothing                            '关闭数据库
%>
```

17.2　ASP 访问 SQL Server 2005 数据库应用实例

下面将通过若干个具体应用实例来叙述 ASP 访问 SQL Server 2005 数据库过程。

17.2.1　数据查询

数据记录查询在网页里是经常用到的技术，它只是将连接信息里对 SQL 命令增加了由 Where 引导的查询条件，从而实现查询的目的。例如，在"Mtable"数据表里查找"姓名"字段为"张三"的记录，其 SQL 语句应写成：

```
Select   *    from Mtable where sname='mxy'
```

【例 17-1】使用 ODBC 系统数据源编写具有查询 SQL 数据功能的访问 SQLlink.asp 实例，可从 demojxufe 数据源的 student 表中取得记录，设计界面如图 17-1 所示。

程序代码如下：

```
<% set conn=server.CreateObject("ADODB.connection")
   conn.open "dsn=demojxufe;uid=sa;pwd=1;database=jxufe"
   commandtext="select * from student"              '运行查询语句
   set rs=conn.execute(commandtext)
   response.Write "<table border=3>"                '以表格的方式显示，表格边框为3
   response.Write "<tr>"
    for i=0 to rs.fields.count-1
        response.Write "<td>"&rs(i).name&"</td>"     '显示表头
    next
   response.Write "</tr>"
   while not rs.eof
```

```
        response.write "</tr>"
            for i=0 to rs.fields.count-1
                response.write "<td>"&rs(i).value&"</td>"    '显示表内容
            next
        rs.movenext
        response.write "</tr>"
    wend
    response.write "</table>"
    rs.close
    conn.close
%>
```

图 17-1　例 17-1 文件设计界面

【解析】程序使用一个 SQL Select 语句从一个 student 表中返回了所有的记录。Execute()方法返回一个记录集。记录集被分配给变量 RS。While…Wend 循环用来扫描记录集 RS 中的每一条记录。当一个记录集对象中收集了数据时，当前记录总是第一条记录。

在上面的例子中，调用了记录集对象的 MoveNext 方法，使当前记录移到下一条记录。当所有的记录都显示完时，记录集对象的 EOF 属性的值将变为 True，从而退出 While…Wend 循环。而 For…Next 循环用来对记录集中的所有字段进行操作，一个记录集对象有一个字段集合 Fields，包含一个或多个字段 Field 对象。一个字段对象代表表中的一个特定的字段。由于 Fields 为一集合对象，所以可利用 Count 属性得知某个 Fields 集合对象中的 Field 对象数目，并可以通过许多途径显示一个字段的值，如：

```
Rs("字段名称")              或   Rs(0)
Rs.fields("字段名称")       或   Rs.fields(0)
Rs.fields.item("字段名称")  或   Rs.fields.item(0)
```

程序的最后要关闭记录集与数据库的连接，SQLlink.asp 的运行结果如图 17-2 所示。

图 17-2　例 17-1 程序运行界面

17.2.2　增加记录

增加记录就是通过网页将记录增加到数据库中。可以使用 Connection 对象的 Execute 方法运行一段 SQL 的 Insert 命令，通过 SQL 语句将数据写入数据库中。或使用 Recordset 对象的 AddNew方法来增加记录到数据库。

【例 17-2】使用 ODBC 系统数据源及 Connection 设计一个名为 Insertlink.asp 的增加数据记录实例程序。程序运行结果如图 17-3 所示。

图 17-3　例 17-2 insertlink.asp 文件运行结果

程序代码如下：

```
<%  set conn=server.CreateObject("ADODB.connection")
    conn.open "dsn=demojxufe;uid=sa;pwd=1;database=jxufe"
    Commandtext="insert into student(s_id,s_name,s_sex,s_birth,class_id,
    xuefen,zero,school) values('062059','马宪勇','男',getdate(),'02021415',
    388,'华东','上海师范大学')"                    '插入命令
    Set rs1=conn.execute(commandtext)             '增加一条记录
    Commandtext="select * from student"
    Set rs=conn.execute(commandtext)
    Response.write "<table border=3>"
    Response.write "<tr>"
```

```
        For i=0 to rs.fields.count-1
            Response.write "<td>"&rs(i).name&"</td>"
        Next
    Response.write "</tr>"
        While not rs.eof
            Response.write "<tr>"
                For i=0 to rs.fields.count -1
                    Response.write "<td>"&rs(i).value&"</td>"
                Next
            Rs.movenext
            Response.write "</tr>"
        Wend
    Response.write "</table>"
    Response.write "数据添加成功"
    rs1.close
    rs.close
    Conn.close
%>
```

【例 17-3】试用 ODBC 系统 DSN 设计一个名为 insertlink2.asp，使用 recordset 对象的 addnew 方法来增加记录的实例程序。

程序代码如下：

```
<% set conn=server.CreateObject("ADODB.connection")
    conn.open "dsn=demojxufe;uid=sa;pwd=1;database=jxufe"
    Set rs=server.CreateObject("ADODB.recordset")
    rs.open "student",conn,1,3
    rs.addnew                        '增加一条记录
    rs("s_id")="062059"
    rs("s_name")="马宪勇 1"
    rs("s_sex")="男"
    rs("s_birth")= date
    rs("class_id")="02021415"
    rs("xuefen")=388
    rs("zero")="华东"
    rs("school")=" 江西财经大学"
    rs.update                        '将数据回存至数据库
    response.write "数据成功添加"
    rs.close
    conn.close
%>
```

【解析】使用 AddNew 方法增加新记录是逐一字段向数据表提交的，该方法增加新记录后，需调用 Update 方法以更新数据库原有信息。正确的记录才会被加入数据库。

17.2.3   修改记录

修改记录也有两种方法：① 使用 Connection 对象的 Execute 方法运行一段 SQL 的 Update 命令，通过 SQL 语句将数据写入数据库中；② 使用 Recordset 对象的 Update 方法来修改记录。

【例 17-4】试用编写代码直接连接设计一个使用 Connection 对象的 Execute 与 update 方法修改记录的实例程序。程序将数据库 jxufe 的 student 数据表中所有的 xuefen 字段值增加 10%。

程序代码如下：

```
<% Set con=server.createobject("ADODB.connection")      ' 编写代码直接连接方法
    Con.connectionstring="driver={SQL server};server=(local);uid=sa;pwd=1;
    database=jxufe"
    Con.open
```

```
        Commandtext="update student set xuefen=xuefen*1.1"
        Con.execute commandtext,0,1
        Response.write "数据成功修改"
        Con.close
%>
```

【例 17-5】试用编写代码直接连接试设计一个使用 recordset 对象修改记录的实例程序：将 jxufe 数据库的 student 表中的所有 xuefen 字段值减少 10%。

程序代码如下：

```
<% Set conn=server.createobject("ADODB.connection")
    conn.connectionstring="driver={SQL server};server=(local);uid=sa;pwd=1;
    database=jxufe"
    conn.open
    Set rs=server.createobject("ADODB.recordset")

    rs.open "student",conn,1,3
            While not rs.eof
                xuefen=cint(rs("xuefen").value)
                xuefen=xuefen*0.9
                rs("xuefen").value=xuefen
                rs.movenext
            Wend
    Response.write "数据成功修改"
    Rs.close
    conn.close
%>
```

17.2.4　删除记录

删除记录也可包括两种方法：（1）通过 Connection 的 Execute 方法运行一段 SQL 的 Delete 命令来删除数据库中数据；（2）使用 Recordset 对象的 Delete 方法来删除数据库数据。

在此仅简单地写出两种方法的主要部分。如：从数据库的 student 表中删除 s_name 等于"黄向东"的行，可以分别使用两种方法：

（1）通过 connection 对象的 Execute 方法：

```
Commandtext="delete student where s_name="黄向东""
```

（2）使用 recordset 对象的 Delete 方法：

```
While not rs.eof
    If  rs("s_name").value="黄向东" then
        rs.delete
        End if
    rs.movenext
Wend
```

17.2.5　综合应用实例

学生管理网页应用程序包括 6 个 asp 文件，它们分别如下：

（1）Main.asp：为网页主框架，包括两个框架。上方框架为控制菜单，下方框架为数据显示、操作区域。

（2）Menu.asp：上方框架的来源网页，用以控制各种数据操作。

（3）Listl.asp：记录显示页面。

（4）List2.asp：记录修改页面，用以修改指定记录数据。

（5）List3.asp：记录增加页面，用以增加新记录。

（6）List4.asp：记录删除页面，用以删除指定记录。

1. 主框架网页

主框架网页 Main.asp 的代码如下：

```
<HTML>
  <FRAMESET ROWS="100,*">
    <FRAME NAME="Top" NORESIZE SCROLLING="No" SRC="Menu.asp">
    <FRAME NAME="Bottom" NORESIZE SRC="list1.asp">
  </FRAMESET>
</HTML>
```

说明：下方框架的名称为"Bottom"，各个记录操作网页都将在此打开。

2. 控制菜单网页

控制菜单网页 Menu.asp 是上方框架的来源网页。其代码如下：

```
<HTML>
  <BODY BGCOLOR="#FFFFFF">
    <P align=center><FONT face=隶书 size=6>学生信息管理</FONT>
    <TABLE ALIGN="Center" WIDTH="100%" BORDER="0">
      <TR HEIGHT="30" BGCOLOR="#FFFFFF" ALIGN="Center">
      <TD bgcolor="#FFFFFF"><A HREF="list1.asp?no=First" TARGET="Bottom">第
      一个</A></TD>
        <TD><A HREF="list1.asp?no=Previous" TARGET="Bottom">上一个</A>
        <TD><A HREF="list1.asp?no=next" TARGET="Bottom">下一个</A>
        <TD><A HREF="list1.asp?no=last" TARGET="Bottom">最后一个</A>
        <TD><A HREF="list2.asp" TARGET="Bottom">修改</A></TD>
        <TD><A HREF="list3.asp" TARGET="Bottom">增加</A></TD>
        <TD><A HREF="list4.asp" TARGET="Bottom">删除</A></TD>
      </TR></TABLE></BODY>
</HTML>
```

说明：以超级链接作为控制菜单，前 4 个链接以不同的参数连接网页 List1.asp，后 3 个链接分别连接 3 个不同的网页文件。

3. 显示数据记录

网页 List1.asp 显示记录集 Recordset 对象的单条记录，如图 17-4 所示。

其代码如下：

```
<HTML>
<HEAD><title>学生信息表</title></HEAD><BODY>
<%
  Sub ShowPage(objRS,no)
    objRS.AbsolutePosition=no  '指定当前记录号
        显示单记录
      For J=0 To objRS.Fields.Count-1
        Data="<TR><td >" & objRS.Fields(j).name
        Data=Data & "<td>" & objRS.Fields(j).Value
        Response.Write data
      Next
  End Sub
```

图 17-4　显示数据记录界面

```
set conn=server.createobject("adodb. Connection")
conn.ConnectionString="dsn=demojxufe; uid=sa;pwd=1;"    'ODBC-系统 DSN 数据源
conn.Open
set rs=server.createobject("adodb.recordset")
rs.open "student",conn,1,2,2
If Request("no") = "" Then
     Session("no")=1
else
     select case Request("no")
   case "First"
     Session("no")=1
   case "Previous"
     Session("no")=Session("no")-1
   case "next"
     Session("no")=Session("no")+1
   case "last"
     Session("no")=RS.RecordCount
  end select
End If
if Session("no")>RS.RecordCount then Session("no")=RS.RecordCount
if Session("no")<1 then Session("no")=1
Response.write "<table border=1 align=center cellspacing=0 cellpadding=4
height=390>"
Response.write "<TR><td width=100><td width=195>"
ShowPage RS, Session("no")
Response.write "</table>"
RS.close
set RS=nothing
conn.close
set conn=nothing
%> </BODY>
</HTML>
```

说明：

（1）记录集 Recordset 对象的 AbsolutePosition 属性返回当前记录号。

（2）表示记录集中字段的个数用 fields.count；fields(i).name 属性表示第 i+1 个字段的名称；fields（i）. value 属性则表示当前记录第 i+1 个字段的值。

（3）使用 Connection 对象和 Recordset 对象的 Close 方法关闭数据库连接，并释放对象所占用的内存空间。

4. 修改数据记录

修改数据需用到 Recordset 对象的 Update 方法。网页 List2.asp 以文本框的形式显示待修改的记录，提交按钮"确定"用以提交修改内容，运行结果显示如图 17-5 所示。

代码如下：

```
<HTML>
  <HEAD><title>学生信息修改</title></HEAD><BODY>
  <FORM   METHOD='POST' name=frm1 ACTION=
'list2.asp'>
  <table border=1 align=center cellspacing=0
cellpadding=4 >
    <TR><td width=100><td width=195>
<%
   Sub ShowPage(objRS,no,a)
```

图 17-5　修改数据记录界面

```
        objRS.AbsolutePosition=no
        if len(a)>0 then
            For J=1 To objRS.Fields.Count
        objRS.Fields(j-1).value=a(j)
        next
      objRS.Update
    end if
For J=0 To objRS.Fields.Count-1
  Data="<TR><td >" & objRS.Fields(j).name
  Data=Data & "<td><Input Type=text name='txt' value=" & objRS.Fields(j).Value
& ">"
  Response.Write data
Next
  End Sub
  set conn=server.createobject("adodb.Connection")
  conn.ConnectionString="dsn=demojxufe;uid=sa;pwd=1;"
  conn.Open
  set rs=server.createobject("adodb.recordset")
  rs.open "student",conn,1,2,2
  If Session("no") = "" Then
    Session("no")=1
  End If
ShowPage RS, Session("no"),Request.form("txt")'以表单提交的Txt内容修改当前记录
  Response.write "</table>"
  RS.close
  conn.close
%>
<table border=0 align=center>
<tr><td><INPUT type=submit value="确定修改"><
/table></Form></BODY>
</HTML>
```

5．增加数据记录

记录增加页面 List3.asp 用以增加新记录，程序中用到了
Recordset 对象的 AddNew 方法。

运行结果显示如图 17-6 所示。程序代码如下：

图 17-6　增加数据记录运行界面

```
<HTML>
  <HEAD><title>增加学生信息表</title></HEAD><BODY>
    <FORM METHOD='POST' name=frm1 ACTION='list3.asp'>
      <table border=1 align=center cellspacing=0 cellpadding=4>
        <TR><td width=100><td width=195>
        <TR><td>学号<td><Input Type=text name=txt1 value=''>
        <TR><td>姓名<td><Input Type=text name=txt2 value=''>
        <TR><td>性别<td><Input Type=text name=txt3 value=0>
        <TR><td>出生日期<td><Input Type=text name=txt4 value=<%=date()%>>
        <TR><td>班级编号<td><Input Type=text name=txt5 value=0>
        <TR><td>学分<td><Input Type=text name=txt6 value=0>
        <TR><td>区域<td><Input Type=text name=txt7 value=0>
        <TR><td>校名<td><Input Type=text name=txt8 value=0></table>
    <%    set conn=server.createobject("adodb.Connection")
conn.ConnectionString="dsn=demojxufe;uid=sa;pwd=1;" conn.Open
        set rs=server.createobject("adodb.recor dset")
        rs.open "student",conn,1,2,2
        p=Request.form("txt2")
        if len(p)>0 then
                bb0=Request.form("txt1")
```

```
                  bb1=Request.form("txt2")
                  bb2=Request.form("txt3")
                  bb3=Request.form("txt4")
                  bb4=Request.form("txt5")
                  bb5=Request.form("txt6")
                  bb6=Request.form("txt7")
                  bb7=Request.form("txt8")
                  RS.AddNew
                  rs("s_id")=bb0
                  rs("s_name")=bb1
                  rs("s_sex")=bb2
                  rs("s_birth")=bb3
                  rs("class_id")=bb4
                  rs("xuefen")=bb5
                  rs("zero")=bb6
                  rs("school")=bb7
                  RS.Update
           end if
           Response.write "</table>"
           RS.close
           conn.close
%>
  <table border=0 align=center ><tr><td><INPUT
type=submit value="确定增加">
</td></tr></table></Form></BODY>
</HTML>
```

6. 删除数据记录

删除数据需要用到 Recordset 对象的 Delete 方法。记录删
除网页 List4.asp 的代码如下，结果显示如图 17-7 所示。

图 17-7　删除数据记录运行界面

```
<HTML>
  <HEAD><title>删除学生信息表</title></HEAD> <BODY>
    <FORM METHOD='POST' ACTION='list4.asp? YesNo=yes'>
     <table border=1 align=center cellspacing= 0 cellpadding=4>
      <TR><td width=100><td width=195>
<%   Sub ShowPage(objRS,no)
        objRS.AbsolutePosition=no
         ' 显示单记录
        For J=0 To objRS.Fields.Count-1
          Data="<TR><td >" & objRS.Fields(j). name
          Data=Data & "<td>" & objRS.Fields (j).Value
        Response.Write data
        Next
   End Sub
   set conn=server.createobject("adodb.Connection")
   conn.ConnectionString="dsn=demojxufe;uid=sa;pwd=1;"
   conn.Open
   set rs=server.createobject("adodb.recordset")
   rs.open "student",conn,1,2,2
   if Request("YesNo") = "yes" Then
    n=Session("no")
    RS.AbsolutePosition=n
    rs.delete
    rs.update
   end if
```

```
If Session("no") = "" Then Session("no")=1
if Session("no")>RS.RecordCount then Session("no")=RS.RecordCount
ShowPage RS, Session("no")
Response.write "</table>"
RS.close
set RS=nothing
conn.close
set conn=nothing
%>
<table border=0 align=center><tr><td>
<INPUT type=submit value="确定删除"></td></tr></table></FORM></BODY>
</HTML>
```

本 章 小 结

　　ASP 对象要访问 SQL Server 2005 数据库，若数据源还未建立，可进行数据源的建立与配置。而后要与数据库进行连接。ASP 访问后台数据库有：利用 ODBC 数据源 DSN 桥梁和基于编写代码直接连接等方法来完成。使用代码直接连接，免去了配置 ODBC 数据源的步骤，可利用编写代码直接与数据库相连接。使用 ODBC 系统数据源可和各类数据库进行访问。但建立 ODBC 配置的系统数据源，然后可用 Connection 对象的 Open 方法打开到数据源的连接。

思考与练习

一、选择题

1. ASP 特点不包括_____内容。
    A．设计方便   B．安全性较好   C．使用 ADO   D．使用服务器
2. 使用编写代码直接连数据库接免去了_____。
    A．ODBC 数据源设置   B．ADO 设置   C．客户机设置   D．服务器设置
3. 可用 Server 对象的_____方法建立 Connection 对象。
    A．CreateTable   B．CreateRule   C．CreateObjec   D．CreateView
4. ASP 可视化数据库访问不包括_____。
    A．启动和配置   B．建立站点   C．测试计算机   D．与数据库连

二、思考与实验

1. 试述使用 ODBC 系统数据源连接数据库的步骤。
2. 简述使用编写代码直接连接数据库的步骤。
3. 试利用 SQL 语句编写一个具有学生表数据查询功能的数据库访问实例。
4. 试使用 Connection 设计一个为课程表增加数据记录的实例程序。
5. 试开发设计一个使用 Connection 对象的 Execute 方法修改记录的实例程序。

第18章 ASP.NET 访问 SQL Server 2005 技术

微软的 Visual Studio.NET 是针对 NET Framework 的公共开发环境。目前主流的.NET 运行环境
为.NET 1.1（对应 Visual Studio 2003）、.NET 2.0（对应 Visual Studio 2005）和.NET 3.5（对应 Visual Studio
2008），本章以 Visual Studio 2005 Team Suite 简体中文版为开发环境，介绍 ASP.NET 访问 SQL
SERVER 2005 技术。

18.1　ASP.NET 开发环境的熟悉与设置

ASP.NET 得前身是 ASP，ASP 的全称是 active server pages，即活动服务器页面，这有别于几
乎静态的 HTML 页面。在 HTML 中，若需要更新网站内容，不得不制作大量的 HTML 页面。而
ASP 能根据不同的用户，在不同的时间向用户显示不同的内容。网站的内容更新也不再是一个乏
味的重复过程，它开始变得简单而有趣。

但是由于 ASP 程序和网页的 HTML 混合在一起，使得程序看上去相当的杂乱。在现在的网站
设计过程中，通常是由程序开发人员做后台的程序开发，前面有专业的美工设计页面，这样，在
相互配合的过程中就会产生各种各样的问题。同时，ASP 页面是脚本语言解释执行的，使得其速
度受到影响。受到脚本语言自身条件的限制，人们在编写 ASP 程序时不得不调用 COM 组件来完
成一些功能。由于以上种种限制，微软推出了 ASP.NET。

ASP.NET 提供了一个全新而强大的服务器控件结构。从外观上看，ASP.NET 和 ASP 是相近的，
但是从本质上是完全不同的。ASP.NET 几乎全是基于组件和模块化，每一个页、对象和 HTML 元
素都是一个运行的组件对象。在开发语言上，ASP.NET 抛弃了 VBScript 和 JScript，而使用.NET
Framework 所支持的 VB.NET、C#.NET 等语言做为其开发语言，这些语言生成的网页在后台被转
换成了类并编译成 DLL。由于 ASP.NET 是编译执行的，所以它比 ASP 拥有了更高的效率。ASP.NET
无法完全向下兼容 ASP，不能把 ASP.NET 称为 ASP 的升级版本。

开发 ASP.NET Web 应用程序，首先要利用模板创建 ASP.NET 网站，然后进行开发调试，包
括数据库实现、基本设置、基本类文件实现和 Web 页面实现，最后发布。一般 ASP.NET Web 应
用程序的开发流程如图 18-1 所示。

下面通过具体例子说明如何在 Visual Studio 2005 中创建 ASP.NET 网站。

【例 18-1】创建一个简单的 ASP.NET 网站，运行页面上显示"祝你好运！"字符串。

（1）运行 Visual Studio 2005，单击菜单"文件" ⇨ "新建" ⇨ "网站"命令，在弹出的对话框

内选择"ASP.NET 网站"模板，修改"位置"为文件系统"D:\asp.net\WebSite1"，语言设为 Visual Basic，如图 18-2 所示。

图 18-1　网站开发流程图　　　　　　　　图 18-2　新建 ASP.NET 网站

（2）单击"确定"按钮，进入如图 18-3 所示的 Default.aspx 的"源"视图编辑界面。

图 18-3　Default.aspx 的"源"视图编辑界面

（3）单击窗体下方的"设计"选项卡，切换到 Default.aspx 的"设计"视图，从"工具箱"中向设计窗体拖放 1 个 Label 控件，选中 Label 控件，按【F4】键弹出"属性"面板，设置 Label 控件的"Text"属性为"祝你好运!"，如图 18-4 所示。

图 18-4　Default.aspx 的"设计"视图编辑界面

（4）按【Ctrl+F5】组合键运行网站，出现浏览器窗口，页面上显示"祝您好运！"，如图 18-5 所示。倘若在图 18-3 Default.aspx 的"设计"视图编辑界面中按【F5】键调试运行网站，则会弹出"未启用调试"窗口，如图 18-6 所示。

图 18-5 <Ctrl+F5>运行网站　　　　　图 18-6 "未启用调试"提示窗口

此时单击"确定"按钮，初次会将配置文件中的 compilation debug="false"改为 compilation debug="true"。但在项目开发完毕，交付用户运行时应将调试选项改为 false。

18.2 ASP.NET 访问 SQL Server 2005 的基础

ASP.NET 应用程序采用的数据访问模型是 ADO.NET，它是对 ADO（activeX data objects）对象模型的扩充，与 XML 紧密集成，能用于访问关系型数据库系统及其他类型的数据源，数据源可以是数据库，也可以是文本文件、Excel 表格或者 XML 文件。

18.2.1 ADO.NET 结构

ADO.NET 访问和处理数据的两大核心组件是.NET Framework 数据提供程序和 DataSet。.NET Framework 数据提供程序是专门为数据处理以及快速地只读访问数据而设计的组件。常见对象及作用如下：

- Connection 对象：用于提供与数据源的连接。
- Command 对象：用于执行返回数据、修改数据、运行存储过程以及发送或检索参数信息的数据库命令。
- DataReader：用于从数据源中提供高性能的数据流。
- DataAdapter：是连接 DataSet 对象和数据源的桥梁。DataAdapter 使用 Command 对象在数据源中执行 SQL 命令，以便将数据加载到 DataSet 中，并使对 DataSet 中数据的更改与数据源保持一致。

ADO.NET DataSet 专门为独立于数据源的数据访问而设计的，可用于多种不同数据源、XML 数据或用于管理应用程序本地的数据。DataSet 包含一个或多个 DataTable 对象集合，这些对象由数据行和列及有关 DataTable 对象中数据的主外键、约束和关系等组成。.NET Framework 数据提供程序与 DataSet 之间的关系见图 16-1。

18.2.2 ASP.NET 数据访问

Web 应用程序通常访问用于存储和检索动态数据的数据源。可以通过编写代码来使用 System.Data 命名空间（通常称为 ADO.NET）和 System.Xml 命名空间中的类访问数据。此方法在

ASP.NET 的以前版本中很常见。但是，ASP.NET 也允许用户以声明的方式执行数据绑定。ASP.NET 数据访问可以便捷地完成如下功能：

- 选择和显示数据及更新、插入和删除数据。
- 对数据进行排序、分页和缓存。
- 运行使用时参数筛选数据，可使用参数创建主/详细信息方案。

ASP.NET 与声明性数据绑定模型相关的两类服务器控件为：数据源控件和数据绑定控件。这些控件管理无状态 Web 模型显示和更新 ASP.NET 网页中的数据所需的基础任务。因此，用户不必了解页请求生命周期的详细信息即可执行数据绑定。

18.2.3 ASP.NET 数据源控件

ASP.NET 包含一些数据源控件，这些数据源控件允许使用不同类型的数据源，如数据库、XML 文件或中间层业务对象。数据源控件连接到数据源，从中检索数据，并使得其他控件可以绑定到数据源而无需代码。数据源控件还支持修改数据。数据源控件模型是可扩展的，可以创建新的数据源控件，实现与不同数据源的交互，或为现有的数据源提供附加功能。

.NET Framework 可支持与包含以下数据源控件：

（1）ObjectDataSource。

ObjectDataSource 控件使用中间层业务对象来管理数据的 Web 应用程序中的业务对象或其他类。此控件旨在通过一种或多种方法的对象交互来检索或修改数据。当数据绑定控件与 ObjectDataSource 控件进行交互以检索或修改数据时，ObjectDataSource 控件将值作为方法调用中的参数，从绑定控件传递到源对象。

源对象的数据检索方法必须返回 DataSet、DataTable 或 DataView 对象，或者返回实现 IEnumerable 接口的对象。如果数据作为 DataSet、DataTable 或 DataView 对象返回，ObjectDataSource 控件便可以缓存和筛选这些数据。如果源对象接受 ObjectDataSource 控件中的页面大小和记录索引信息，则还可以实现高级分页方案。

（2）SqlDataSource。

SqlDataSource 控件使用 SQL 命令来检索和修改数据。SqlDataSource 控件可用于 Microsoft SQL Server、OLE DB、ODBC 和 Oracle 数据库。

SqlDataSource 控件可将结果作为 DataReader 或 DataSet 对象返回。当结果作为 DataSet 返回时，该控件支持排序、筛选和缓存。使用 Microsoft SQL Server 时，该控件还有一个优点，那就是当数据库发生更改时，SqlCacheDependency 对象可使缓存结果无效。

（3）AccessDataSource。

AccessDataSource 控件是 SqlDataSource 控件的专用版本，专为使用 Microsoft Access .mdb 文件而设计。与 SqlDataSource 控件一样，可以使用 SQL 语句来定义控件获取和检索数据的方式。

（4）XmlDataSource。

XmlDataSource 控件可以读取和写入 XML 数据，特别适用于分层的 ASP.NET 服务器控件，如 TreeView 或 Menu 控件。XmlDataSource 控件可以读取 XML 文件或 XML 字符串。如果该控件处理 XML 文件，它可以将修改后的 XML 写回到源文件。如果存在描述数据的架构，XmlDataSource 控件可以使用该架构来公开那些使用类型化成员的数据。

可以对 XML 数据应用 XSLT 转换，将来自 XML 文件的原始数据重新组织成更加适合要绑定到 XML 数据的控件的格式。还可以对 XML 数据应用 XPath 表达式，该表达式允许筛选 XML 数据，以便只返回 XML 树中的特定结点，或查找具有特定值的结点等。如果使用 XPath 表达式，将禁用插入新数据的功能。

（5）SiteMapDataSource。

SiteMapDataSource 控件使用 ASP.NET 站点地图，并提供站点导航数据。此控件通常与 Menu 控件一起使用。当通过并非专为导航而设计的 Web 服务器控件（如 TreeView 或 DropDownList 控件），使用站点地图数据自定义站点导航时，该控件也很有用。

18.2.4　ASP.NET 数据绑定控件

数据绑定控件将数据以标记的形式呈现给请求数据的浏览器。数据绑定控件可以绑定到数据源控件，并自动在页请求生命周期的适当时间获取数据。数据绑定控件可以利用数据源控件提供的功能，包括排序、分页、缓存、筛选、更新、删除和插入。数据绑定控件通过其 DataSourceID 属性连接到数据源控件。ASP.NET 包括以下数据绑定控件：

- 列表控件：以各种列表形式呈现数据。列表控件包括 BulletedList、CheckBoxList、DropDownList、ListBox 和 RadioButtonList 控件。
- AdRotator：将广告作为图像呈现在页上，可单击该图像转到与广告关联的 URL。
- DataList：以表的形式呈现数据。每一项都使用用户定义的项模板呈现。
- DetailsView：以表格布局一次显示一个记录，并允许用户编辑、删除和插入记录。用户还可以翻阅多个记录。
- FormView：与 DetailsView 控件类似，但允许用户为每一个记录定义一种自动格式的布局。对于单个记录，FormView 控件与 DataList 控件类似。
- GridView：以表的形式显示数据，并支持在不编写代码的情况下对数据进行编辑、更新、排序和分页。
- Menu：在可以包括子菜单的分层动态菜单中呈现数据。
- Repeater：以列表的形式呈现数据。每一项都使用用户定义的项模板呈现。
- TreeView：以可展开结点的分层树的形式呈现数据。

18.3　ASP.net 访问 SQL Server 2005 应用实例

本节从图 18-3 Default.aspx 的"设计"视图编辑界面开始，使用 DetailsView 数据绑定控件在网页上编辑和插入数据。

18.3.1　创建与 SQL Server 数据库的连接

创建与 SQL Server 数据库的连接过程如下：

（1）在服务器资源管理器中，右击"数据连接"，从弹出的菜单中选择"添加连接"命令，弹出"添加连接"对话框。若"数据源"列表没有显示"Microsoft SQL Server（SqlClient）"，则单击"更改"按钮，并在"更改数据源"对话框中选择"Microsoft SQL Server"。

（2）选择"选择数据源"页，然后在"数据源"列表中选择将要使用的数据源类型，这里选择"Microsoft SQL Server"。在"数据提供程序"列表中选择"用于 SQL Server 的.NET Framework 数据提供程序"，然后单击"继续"按钮。

（3）弹出"添加连接"对话框，在"服务器名"文本框中输入服务器名称，在"登录到服务器"栏中选择适合于访问正在运行的 SQL Server 数据库的选项（集成安全性或特定 ID 和密码），如果需要，请输入用户名和密码。如果输入了密码，请选择"保存密码"复选框。

（4）在"选择或输入一个数据库名"文本框中输入"信息管理"，如图 18-7 所示。然后单击"测试连接"按钮，并在确定该接生效后单击"确定"按钮。

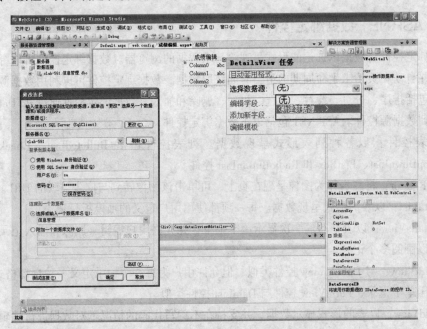

图 18-7　DetailsView 任务窗口

18.3.2　创建数据输入页并配置 DetailsView 控件

创建数据输入页并配置 DetailsView 控件的过程如下：

（1）单击菜单"网站" ⇨ "添加新项"命令，弹出"添加新项"对话框。在"Visual Studio 已安装的模板"列表中单击"Web 窗体"，然后在"名称"文本框中键入"成绩编辑.aspx"。

（2）单击"添加"按钮，打开成绩编辑.aspx 页。切换到"设计"视图，键入"成绩编辑"，并设为居中对齐。在工具箱中，从"数据"组中将"DetailsView"控件拖动到页面上。

（3）右击"DetailsView"控件，从弹出的菜单中选择"属性"命令，然后将"AllowPaging"设置为 true，这将允许在显示各个成绩项时进行分页。

18.3.3　配置 SqlDataSource 控件显示数据

配置 SqlDataSource 控件显示数据过程如下：

（1）右击"DetailsView"控件，从弹出的菜单中选择"显示智能标记"命令，弹出"DetailsView"任务窗口，如图 18-7 所示的"修改连接"和"DetailsView 任务"窗口。

（2）在"DetailsView 任务"窗口的"选择数据源"列表框中选择"<新建数据源>"，弹出"数据源配置向导"对话框。在"选择数据源类型"列表框中选择"数据库"，保留默认名称"SqlDataSource1"，然后单击"确定"按钮，则显示"选择连接"页。

（3）在"应用程序连接数据库应使用哪个数据连接？"下拉列表框中选择在"创建与 SQL Server 的连接"那步所创建的连接，然后单击"下一步"按钮。

（4）弹出显示"配置 Select 语句"页，如图 18-8 所示。这里选择"指定来自表或视图的列"单选按钮，然后在"名称"下拉列表框中选择"成绩"。在"列"列表框中勾选"学号"、"课程名"、"课程号"、"成绩"和"补考成绩"复选框，然后单击"下一步"按钮。

图 18-8 "配置 Select 语句"对话框

（5）单击"测试查询"按钮预览数据，然后单击"完成"按钮即可。

（6）在 Visal Studio 2005 开发界面中按【Ctrl+F5】组合键进行测试，浏览器界面上 DetailsView 控件中将显示第一条成绩记录。关闭浏览器将退出运行状态，返回到开发状态。

18.3.4 配置 SqlDataSource 控件

配置 SqlDataSource 控件的过程如下：

（1）在图 18-7 的 DetailsView 任务配置 Select 语句界面，然后单击"高级"按钮，弹出如图 18-9 所示的"高级 SQL 生成选项"对话框。

若成绩表没有主键，则"生成 INSERT、UPDATE 和 DELETE 语句"复选框是不可用的，可在管理平台中选中信息管理库中的"成绩表"、"右键菜单"、"修改"、"选中学号列"、"右键菜单"和"设置主键"。

图 18-9 "高级 SQL 生成选项"对话框

（2）勾选"生成 INSERT、UPDATE 和 DELETE 语句"复选框，然后单击"确定"按钮，将基于先前配置的 Select 语句为 SqlDataSource1 控件生成 Insert、Update 和 Delete 语句。（另外，可在"配置 Select 语句"对话框中选中"指定自定义 SQL 语句或存储过程"单选按钮并输入 SQL 查询语句。）

（3）单击"下一步"按钮，然后再单击"完成"按钮。在"DetailsView 任务"窗口中，勾选"启用分页""启用插入"、"启用编辑"和"启用删除"复选框。如图 18-10 所示。与图 18-7DetailsView 任务窗口比较，会发现 DetailsView 界面多了"编辑"、"插入"和"删除"三个按钮以及分页符号。"DetailsView 任务"菜单还提供了自动套用格式和编辑模版等功能供改善 DetailsView 控件的呈现界面。

虽然通过向导界面可以方便建立数据库连接，绑定数据空间，但了解每一步操作背后系统所做的工作，能看懂系统自动生成的代码还是有必要的，下面列出系统生成的主要代码。

web.config 配置文件中的 connectionStrings 代码如下：

```
<connectionStrings>
<add name="信息管理 ConnectionString" connectionString="Data Source=Clab-591;
Initial Catalog=信息管理;Persist Security Info=True;User ID=sa;Password=
123456"
providerName="System.Data.SqlClient" />
</connectionStrings>
```

connectionStrings 中定义了一个连接字符串"信息管理 ConnectionString"，该字符串被后面介绍的 SqlDataSource 使用。

图 18-10　DetailsView 任务窗口

Connection strings 描述了连接到 SQL Server 2005 服务器所需要的信息，服务器名 Clab-591、用户名 sa、密码 123456。具体开发时可以根据开发环境进行修改。如果开发环境的服务器名是 S1，运行环境的服务器名是 S2，只要在这里进行修改即可。

成绩编辑.aspx 源文件中的 SqlDataSource1 控件代码：

```
<asp:SqlDataSource ID="SqlDataSource1" runat="server" ConnectionString="<%$
ConnectionStrings:信息管理 ConnectionString %>"
    SelectCommand="SELECT [学号], [课程名], [课程号], [成绩], [补考成绩] FROM [成绩]"
    DeleteCommand="DELETE FROM [成绩] WHERE [学号] = @学号"
    InsertCommand="INSERT INTO [成绩] ([学号], [课程名], [课程号], [成绩], [补考
成绩]) VALUES (@学号, @课程名, @课程号, @成绩, @补考成绩)"
    UpdateCommand="UPDATE [成绩] SET [课程名] = @课程名, [课程号] = @课程号, [成
绩] = @成绩, [补考成绩] = @补考成绩 WHERE [学号] = @学号">
```

```
    <DeleteParameters>
        <asp:Parameter Name="学号" Type="String" />
    </DeleteParameters>
    <UpdateParameters>
        <asp:Parameter Name="课程名" Type="String" />
        <asp:Parameter Name="课程号" Type="String" />
        <asp:Parameter Name="成绩" Type="Double" />
<asp:Parameter Name="补考成绩" Type="Double" />
<asp:Parameter Name="学号" Type="String" />
    </UpdateParameters>
    <InsertParameters>
        <asp:Parameter Name="学号" Type="String" />
        <asp:Parameter Name="课程名" Type="String" />
        <asp:Parameter Name="课程号" Type="String" />
        <asp:Parameter Name="成绩" Type="Double" />
        <asp:Parameter Name="补考成绩" Type="Double" />
    </InsertParameters>
</asp:SqlDataSource>
```

asp: SqlDataSource 中定义了一个名为 SqlDataSource1 的数据源控件，SqlDataSource1 使用 connectionStrings 中定义的 "信息管理 ConnectionString" 连接字符串连接数据库。

为了实现选择、插入、删除和修改，需要 SelectCommand、InsertCommand、DeleteCommand 和 UpdateCommand，以及相应参数。

可以选择 SqlDataSource 控件，通过属性窗口查看其 SeleceQuery、DeleteQuery、InsertQuery 和 UpdateQuery 属性，以便检查由向导生成的语句。还可以切换至 "源" 视图，检查控件的标记，以便查看已更新的控件属性。

成绩编辑.aspx 源文件中的 DetailsView 控件代码如下：

```
<asp:DetailsView  ID="DetailsView1"  runat="server"  AllowPaging="True"
AutoGenerateRows="False"
            DataKeyNames="学号" DataSourceID="SqlDataSource1" Height="50px"
Width="125px">
  <Fields>
   <asp:BoundField DataField="学号" HeaderText="学号" ReadOnly="True"
SortExpression="学号" />
    <asp:BoundField DataField="课程名" HeaderText="课程名" SortExpression="课程名" />
    <asp:BoundField DataField="课程号" HeaderText="课程号" SortExpression="课程号" />
    <asp:BoundField DataField="成绩" HeaderText="成绩" SortExpression="成绩" />
    <asp:BoundField DataField="补考成绩" HeaderText="补考成绩" SortExpression="
补考成绩" />
    <asp:CommandField    ShowDeleteButton="True"    ShowEditButton="True"
ShowInsertButton="True" />
  </Fields>
 </asp:DetailsView>
```

asp:DetailsView 中定义了一个名为 DetailsView1 的数据绑定控件，其数据源为 SqlDataSource1，绑定了 SqlDataSource1 中的 5 个字段。

18.3.5　添加 GridView 控件并完成连动显示

【例 18-2】试通过交互方式添加 GridView 控件并以连动方式显示数据。

添加 GridView 控件完成连动显示过程如下：

（1）在 "工具箱" 中，从 "数据" 组中将 "GridView" 控件拖动到页面上。右击 "GridView"

控件，从弹出的菜单中选择"显示智能标记"命令。再在"DetailsView 任务"窗口的"选择数据源"下拉列表框中选择"<新建数据源>"，出现"数据源配置向导"对话框。在"选择数据源类型"下单击"数据库"。

（2）保留默认名称"SqlDataSource2"，然后单击"确定"按钮。

（3）显示"选择连接"页，在"应用程序连接数据库应使用哪个数据连接？"列表框中选择在"创建与 SQL Server 的连接"步可所创建的连接，然后单击"下一步"按钮。显示"配置 Select 语句"页，从该页中可指定要从数据库中检索的数据。

（4）在"配置 Select 语句"页上单击"指定来自表或视图的列"复选框，然后在"名称"列表框中选择"成绩"。在"列"列表框中勾选"学号"、"课程名"、"课程号"、"成绩"和"补考成绩"复选框，然后单击"下一步"按钮直到完成。单击菜单"GridView 任务"⇨"启用选定内容"命令，然后修改 GridView 属性 DataKeyNames 的值为"学号"。

GridView 相关代码如下：

```
<asp:GridView        ID="GridView1"        runat="server"        AllowPaging="True"
AutoGenerateColumns="False" DataKeyNames="学号" DataSourceID="SqlDataSource2">
  <Columns>
  <asp:CommandField ShowSelectButton="True" />
  <asp:BoundField DataField="学号" HeaderText="学号" ReadOnly="True"
SortExpression="学号" />
  <asp:BoundField DataField="课程名" HeaderText="课程名" SortExpression="课程名" />
  <asp:BoundField DataField="课程号" HeaderText="课程号" SortExpression="课程号" />
  <asp:BoundField DataField="成绩" HeaderText="成绩" SortExpression="成绩" />
  <asp:BoundField DataField="补考成绩" HeaderText="补考成绩" SortExpression="
补考成绩" />
  </Columns>
</asp:GridView>
<asp:SqlDataSource ID="SqlDataSource2" runat="server" ConnectionString="<%$
ConnectionStrings:信息管理 ConnectionString %>"
  SelectCommand="SELECT [学号], [课程名], [课程号], [成绩], [补考成绩] FROM [成绩]">
</asp:SqlDataSource>
```

（5）单击菜单"DetailsView 任务"⇨"配置数据源"命令，打开"配置数据源"窗口，单击"下一步"按钮，打开"配置 Select 语句"窗口，单击"WHERE(W)"按钮，打开"添加 WHERE 子句"窗口，选择对应的下拉框值，如图 18-11 所示。

（6）单击"添加(A)"按钮生成 WHERE 子句，单击"确定"按钮关闭"添加 WHERE 子句"窗口，回到"配置 Select 语句"窗口。

（7）单击"下一步"按钮，打开"测试查询"窗口，可以测试前面生成的 WHERE 子句，单击"完成"按钮结束配置数据源。

DetailsView 受影响的相关代码如下：

```
SelectCommand="SELECT 学号, 课程名, 课程号, 成绩, 补考成绩 FROM 成绩 WHERE (学号=
@学号)"
    <SelectParameters>
    …
    <asp:ControlParameter ControlID="GridView1" DefaultValue="040210" Name="
学号" PropertyName="SelectedValue" Type="String" />
    </SelectParameters>
```

按【Ctrl+F5】组合键运行该 ASP 程序，结果如图 18-12 所示。

图 18-11　Default.aspx 的"设计"视图编辑界面　　　图 18-12　GridView 和 DetailsView 的连动

本 章 小 结

　　ASP.NET 应用程序采用的数据访问模型是 ADO.NET。ASP.NET 可以通过编写代码来访问数据，也可以声明的方式执行数据绑定。ASP.NET 与声明性数据绑定模型相关的两类服务器控件为数据源控件和数据绑定控件。

　　本章介绍了 ASP.NET 访问数据库的概念、ADO.NET 结构及常见对象、ASP.NET 数据访问、ASP.NET 数据源控件、ASP.NET 数据绑定控件、ASP.net 访问 SQL Server 2005 应用实例等。

思 考 与 练 习

一、选择题

1. ASP.NET 提供了一个全新而强大的_____控件结构。

　　A. 终端　　　　　　　B. 客户机　　　　　　　C. 工作站　　　　　　D. 服务器

2. .NET Framework 可支持不同数据绑定方案的数据源控件不包括_____。

　　A. ObjectDataSource　B. SqlDataSource　　C. AdRotator　　　　D. AccessDataSource

3. ASP.NET 不包括以下数据绑定控件_____。

　　A. XmlDataSource　　B. AdRotator　　　　C. DataList　　　　　D. FormView

4. ASP.NET 应用程序采用的数据访问模型为_____。

　　A. ADO　　　　　　　B. ADO.NET　　　　C. DAO　　　　　　　D. ODBC

二、思考与实验

1. 试述 VBSCript、JAVAScript 和 ASP.NET 那些是解释执行的那些是是编译执行的。

2. 简述 ADO.NET 访问和处理数据的两大核心组件.NET Framework 数据提供程序和 DataSet。

3. 举例说明 ASP.NET 与声明性数据绑定模型相关的两类服务器控件。

4. 开发一个 ASP.NET 网站，建立"班级"表（班级号为主键）和"学生"表（学号为主键），根据班级选择学生并可以对学生表进行查插删改，并完成实验。

5. 简述 ASP.NET 所包括的主要数据绑定控件。

6. 试叙述 ASP.NET 下 Web 应用程序开发的流程。

第19章 Java 访问 SQL Server 2005 数据库

当今信息时代，数据库已成为程序开发与信息资源的基石，而 Java 在实际应用中和数据库有着密切的联系，在 Java 程序中可以对各种各样的数据库进行操作。Java 通过 JDBC（Java database connectivity，JDBC）与数据库连接。本章主要讲述 JDBC 的基本概念、数据库应用程序设计方法、建立应用程序和数据库的连接、操作数据库以及处理操作结果。

19.1 JDBC 基础

Java 语言以其具有安全性、跨平台、面向对象、多线程和简单便捷等显著特点而著称，已成为 IT 业界程序设计语言中的佼佼者。Java 访问访问 SQL Server 2005 数据库主要通过 JDBC 技术来完成。

19.1.1 JDBC 概述

JDBC 是 Java 与数据库的接口规范，JDBC 定义了一个支持标准 SQL 功能的通用低层的应用程序编程接口（API），它由 Java 语言编写的类和接口组成，旨在让各数据库开发商为 Java 程序员提供标准的数据库 API。

JDBC API 定义了若干 Java 中的类，表示数据库连接、SQL 指令、结果集、数据库元数据等。它允许 Java 程序员发送 SQL 指令并处理结果。通过驱动程序管理器，JDBC API 可利用不同的驱动程序连接 SQL 数据库系统。

JDBC 与 ODBC 都是基于 X/Open 的 SQL 调用级接口，JDBC 的总体结构类似于 ODBC，也有四个组件：应用程序、驱动程序管理器、驱动程序和数据源。JDBC 具有良好的对硬件平台、操作系统软件等的异构性支持。而 JDBC 驱动程序管理器是内置的，无须安装和配置，且 ODBC（数据源）驱动程序在微软公司的操作系统下的管理工具中通常均有提供，无烦琐之感，只要在客户机上作相应的设置操作即可。

19.1.2 JDBC 驱动程序类型

Java 应用程序开发者往往要涉及或访问多种关系数据库管理系统下的数据源，JDBC 驱动程序则是 Java 程序与数据源间的桥梁与纽带，是 Java 与数据库的接口规范，JDBC 可实现应用程序和数据库的通信连接，实现与数据源连接，就需要所连数据源的驱动程序。通常，JDBC 驱动程序有 4 种类型，如图 19-1 所示。

图 19-1   四类 JDBC 驱动程序架构示意图

1．JDBC-ODBC 桥接

JDBC-ODBC 桥接驱动程序把 JDBC 转换成 ODBC 驱动器，利用 ODBC 驱动器和数据库通信。该类型适用面广，只要本地机装有 ODBC 驱动，采用 JDBC-ODBC 桥驱动几乎可访问所有的数据库，灵活、便捷、易用，但效率一般。

2．JDBC 本地 API 驱动桥

该类型（native API / partly java driver）驱动程序内含 Java 程序代码，利用关系数据库固有驱动程序，将标准 JDBC 调用转换为某种固有产品（如 SQL、Oracle 和 Sybase 等）的客户机数据库 API 调用。该方式使用不多但无需调用 ODBC 驱动程序。

3．网络协议 Java 驱动程序桥接

该类型（net protocol / all java driver）驱动程序是面向数据库中间件的网络协议纯 Java 代码驱动程序，中间件把应用程序 JDBC 调用映射到相应数据库网络协议驱动程序上。该类型最灵活，中间件可以和许多不同的数据库驱动程序建立连接。因而可以访问多种不同的数据库。

4．原生协议完整 Java 驱动程序桥接

该类型（native protocol / all java driver）JDBC 驱动程序使用一段纯 Java 代码，把 JDBC 调用转换成数据库本地协议调用。通过实现一定的数据库协议直接和数据库建立连接。这种驱动程序的效率最高，其不足是当目标数据库类型更换时，必须更换相应的驱动程序。

总之，前两种是在无纯 Java 代码驱动程序时的权宜之计，后两种体现 Java 优势，具有更好的性能。首尾两种桥接是目前应用的主流类型，前者便捷易用，后者效果优越是发展趋势。鉴于广大读者可能不具备相关驱动程序，本章主体仍将会基于第 1 种类型进行介绍。

19.2   使用 JDBC 访问 SQL Server2005 数据库过程

JDBC 是一种可用于执行 SQL 语句的 Java API（Application Programming Interface，应用程序

设计接口）。它由一些用 Java 语句、类和界面组成。Java 应用应如何同各种各样的数据库连接，JDBC 正是实现这种连接的关键。

19.2.1 JDBC 数据库访问过程

JDBC 数据库访问过程主要涉及如下三个方面：

（1）加载和建立与数据库连接。使用 Class.forName()加载数据库连接驱动程序，通过 DriverManager 类建立起与数据源的连接，这个连接将作为一个数据操作的起点，同时也是连接会话事务操作的基础。

（2）向数据库发送 SQL 命令。通过 Statement 或者 PreparedStatement 类向数据源发送 SQL 命令。在发送了 SQL 命令后，调用类中相应的 Execute 方法来执行 SQL 命令。

（3）处理数据库返回的结果。数据库处理了提交的 SQL 命令后，将返回处理结果。据此，可以知道操作了多少条数据；对于数据查询等操作将返回 ResultSet 结果集获得所需要的查询结果。在 JDBC 访问数据库过程中，常用的接口及类见表 19–1。

表 19-1　JDBC API 的主要接口

接　　口	主　　要　　功　　能
Java.sql.DriverManager	处理驱动程序加载并建立数据库连接，为 getConnection()指定相应驱动程序
Java.sql. Connection	通过具体方法来处理对特定数据库的连接并封装了对数据库连接的操作访问
Java.sql. Statement	指定连接中处理的 SQL 语句，通过返回 ResultSet 对象来实现对数据库的查询
Java.sql. ResultSet	处理数据库操作结果集，对应于数据结果集封装了相关的判定和操作访问

19.2.2 JDBC 数据库连接编程步骤

在 Java 程序中利用 JDBC（此处仅以原生协议完整 Java 驱动程序桥接方式为例，JDBC–ODBC 桥接方式则更为简单点）访问数据库的主要步骤如下所述。

1. 加载驱动程序

加载数据库连接驱动程序，首先，引用包含有操作数据库的各个类与接口的包：import java.sql.*；其次，加载连接数据库的驱动程序：Class.forName("JDBC 驱动程序")；

注意：JDBC 驱动程序与 DBMS 的驱动程序不同，参考如下：

Access 为 sun.jdbc.odbc.JdbcOdbcDriver；

Oracle 为 oracle.jdbc.driver.OracleDriver；

MySQL 为 org.gjt.mm.mysql.Driver；

DB2 为 com.ibm.db2.jdbc.app.DB2Driver

Sybase 为 com.sybase.jdbc.SybDriver；

Sql Server 2000 为 com.microsoft.jdbc.sqlserver.SQLServerDriver；

Sql Server 2005 为 com.microsoft.sqlserver.jdbc.SQLServerDriver。

例如，Access JDBC 驱动程序为：Class.forName("sun.jdbc.odbc.JdbcOdbcDriver")；

但是，通过实验可知该方式有一定的异变性与广泛性。

注意：Class.forName("sun.jdbc.odbc.JdbcOdbcDriver");在 JDBC-ODBC 桥接方式下，倘若无其他驱动程序，只要通过 ODBC 建立了与数据源连接（如与 SQL Server 2000/2005 数据库或 Access 数据库等的连接），该驱动程序同样能够完成与 SQL Server 2000/2005 数据库表的或 Access 数据库表连接与访问。

2．连接数据库

加载数据库连接驱动程序后，即可连接数据库了。JDBC-ODBC 桥接方式需先行建立 ODBC 数据源（参考 14-4 节"SQL Server 数据库的 ODBC 设置"）。连接数据库语句格式如下：

```
Connection 连接变量=DriverManager.getConnection(数据库 url,"用户账号","密码");
```

若数据库连接成功，返回一个 Connection 对象，而后即可使用了。例如：

```
String url="jdbc:odbc:DatabaseDSN";
Connection con=DriverManager.getConnection(url, "yu","660628");或一句完成:
Connection con=DriverManager.getConnection(jdbc:odbc:Mytest,"yu","660628");
```

3．数据库查询

可通过执行 SQL 语句完成数据库查询、更改与插入数据记录，其间要创建 Statement 对象并执行 SQL 语句以返回一个 ResultSet 对象。其语句格式如下：

```
Statement SQL 变量=连接变量=.createStatement();
```

例如：

```
Statement stmt=con.createStatement();
ResultSet rs=stmt.executeQuery("select * from DBTableName");
```

建立了 SQL 语句变量，便可以执行 SQL 语句。若要执行查询数据的 SELECT 语句，可以通过 ResultSet 对象来完成。可以通过 executeQuery()方法来实现，要执行插入记录或更改、删除记录的 SELECT 语句，可以通过 executeUpdate()来实现。ResultSet 类中有一个 next()，用于在数据表中将记录指针下移一条记录。执行完 executeUpdate()后记录指针位于首记录之前。通过 getXXX()方法（如：getString()、getObject()、getInt()和 getFloat()）都可以获取当前记录的各个列值。例如：获得当前记录集中的某记录的各个字段的值。

```
String name=rs.getString("Name");
    int age=rs.getInt("age");float wage=rs.getFloat("wage");
```

4．关闭连接

系统访问结束后关闭查询语句及与数据库的连接（注意关闭的顺序：先 rs 对象，再 stmt，最后为 con），用 close()。

语句格式：

```
连接变量.close();
```

例如：

```
rs.close();     stmt.close();    con.close();
```

在实际应用中有可能出现这样或那样的异常情况。如果仅仅简单地关闭数据库，就有可能造成关闭失败。为了规避之，通常在异常处理 try…catch…finally 语句中的 finally 块关闭数据库连接，以确保数据库连接一定会被关闭。

5．JDBC 连接 SQL Server 2005 数据库的变化

Java 使用 JDBC 连接 SQL Server2005 数据库的变化如下：

（1）准备工作。

首先，操作系统中安装好 SQL Server 2005。然后，到微软网站下载 Microsoft SQL Server 2005 JDBC Driver 1.1。解压 sqljdbc_1.1.1501.101_chs.exe，把 sqljdbc_1.1 复制到%ProgramFiles%（如果系统在 C 盘则为 C:\Program Files）。

（2）设置 Classpath。

JDBC 驱动程序并未包含在 Java SDK 中。因此，如果要使用该驱动程序，必须将 classpath 变量设置为包含 sqljdbc.jar 文件。如果 classpath 缺少 sqljdbc.jar 项，应用程序将引发"找不到类"的情况。sqljdbc.jar 文件的安装位置如下：

```
<安装目录>\sqljdbc_<版本>\<语言>\sqljdbc.jar
```

下面是用于 Windows 应用程序的 CLASSPATH 语句实例：

```
CLASSPATH =.;%ProgramFiles%\sqljdbc_1.1\chs\sqljdbc.jar
```

例如：

```
CLASSPATH =: .;C:\Program Files\sqljdbc_1.1\chs\sqljdbc.jar
```

下面是用于具体应用程序的 CLASSPATH 语句实例：

```
CLASSPATH=;C:\Program Files\sqljdbc_1.1\chs\sqljdbc.jar;D:\jdk1.5.0_04\jre\
lib\rt.jar;
```

注意：在 Windows 系统中，如果目录名长于 8.3 或文件夹名中包含空格，将导致系统变量 classpath 出现问题。如果怀疑存在这类问题，应暂时将 sqljdbc.jar 文件移动到名称简单的目录中，例如 C:\Temp，更改系统变量 classpath 的值，然后测试这样是否解决了问题。

当然，也可以使用 java-classpath 选项等方法，可在运行此应用程序的 Java 命令行上指定 classpath。

（3）设置 SQL Server 服务器。

通常，SQL Server 2005 标准版 SP2，一般不用配置，取默认即可。

倘若需要配置端口，具体方法如下。

① 依次选择："开始" ⇒ "程序" ⇒ "Microsoft SQL Server 2005" ⇒ "配置工具" ⇒ "SQL Server 配置管理器" ⇒ "SQL Server 2005 网络配置" ⇒ "MSSQLSERVER 的协议"。

② 如果 "TCP/IP" 没有启用，右击 "TCP/IP"，在弹出的菜单中选择"启动"命令。

③ 双击 "TCP/IP"，进入其属性设置界面，在 "IP 地址"中可以配置 "IPAll"中的 "TCP 端口"，默认为 1433。重新启动 SQL Server 或者重启计算机。

（4）创建数据库。

打开 SQL Server Management Studio"，登录连接 SQL Server 服务器，新建数据库，命名为"信息管理"。

19.3 Java 访问 SQL Server 2005 数据库应用实例

本节将介绍使用 JDBC 完成表的查询、添加、修改和删除等操作，此处假设已完成 SQL Server 2005 数据库的 ODBC 设置，ODBC 数据源名称为 YUDB。

19.3.1 查询数据

查询数据同样可以通过 Statement 或者 PreparedStatement 的方式来进行，它们都返回 ResultSet 对象来对结果集进行包装。

【例 19-1】通过 Java 查询 SQL Server 2005 数据集，程序通过 ResultSet 对象的 executeQuery()方法执行 SQL 命令等。

程序代码如下：

```
import java.sql.*;
class QueryDBSQL2005 {
public static void main (String agrs[ ]) {
System.out.println("正在加载驱动程序和连接数据库......!");
 try {Class.forName("sun.jdbc.odbc.JdbcOdbcDriver"); }
catch (ClassNotFoundException ce){System.out.println ("SQLException1:"+ce.
getMessage());}
    try { Connection con=DriverManager.getConnection("jdbc:odbc:YUDB");
    System.out.println("成功加载驱动程序和连接数据库!!");
        Statement stmt =con.createStatement();
        ResultSet rs =stmt.executeQuery ("select * from 学生 BF");
        while (rs.next())    {
        System.out.println("学号"+rs.getString ("学号") +"\t"+"姓名"+rs.
getString ("姓名")
        +"\t"+"性别"+rs.getString ("性别") +"\t"+"学分"+rs.getFloat("学分"));}
    rs.close ( );stmt.close ( );}
    catch (SQLException e){System.out.println ("SQLException2:"+e.getMessage());}
    System.out.println("Java 应用程序访问查询 SQL SERVER 2005 数据库结束!!!");
}}
```

【程序解析】程序运行结果如图 19-2 所示。本例实现了"数据查询"功能。其中，首先需建立了 ODBC 数据源 YUDB，并利用 JDBC-ODBC 桥驱动程序，访问 SQL Server 2005 访问 YUDB 连接中的"学生"表，显示表中所有学生的学号、姓名、性别和学分。通过循环输出查询信息，

图 19-2　数据查询运行示意图

19.3.2　添加数据

获得连接后就可以开始操作数据库。首先需要定义进行操作的 SQL 命令的字符串，然后通过调用的方法获得的数据库连接对象 conn 来获得 Statement 对象，最后调用 executeUpdate 方法来执行 SQL 命令。

【例 19-2】通过 Java 插入两条新记录到 SQL Server 2005 信息管理库的"学生"表中。

程序代码如下：

```
import java.sql.*;
class InsertDBSQL2005 {
public static void main (String agrs[ ]) {
System.out.println("正在加载驱动程序和连接数据库......!");
try {Class.forName ("sun.jdbc.odbc.JdbcOdbcDriver"); }
catch (ClassNotFoundException ce){System.out.println("SQLException1:"+ce.
getMessage ());}
    try { Connection con=DriverManager.getConnection("jdbc:odbc:YUDB");
    System.out.println("成功加载驱动程序和连接数据库!!");
        Statement stmt =con.createStatement();
        String sqlstr="insert into 学生 bf  values ('080901','张小文','男',380)";
        stmt.executeUpdate (sqlstr);
        stmt.executeUpdate ("insert into 学生 bf values ('090328','翟雅琴','女',346)");
```

```
        ResultSet rs =stmt.executeQuery ("select * from 学生 bf");
        while (rs.next())   {
        System.out.println("学号"+rs.getString ("学号") +"\t"+"姓名"+rs.getString
        ("姓名")
        +"\t"+"性别"+rs.getString ("性别") +"\t"+"学分"+rs.getFloat("学分"));}
        stmt.close ( );    con.close ( );    }
    catch (SQLException e){System.out.println("SQLException2:"+e.getMessage());}
System.out.println("Java 应用程序访问 SQL SERVER 2005 数据库插入表数据结束!!!"); } }
```

【程序解析】本例实现了"添加新记录"的功能。假定对 SQL Server 2005 下数据库信息管理数据库已经建立了数据源 YUDB，YUDB 中有一个"学生"表。该实例利用 JDBC-ODBC 桥驱动程序，访问 SQL Server 2005 数据库信息管理.mdb，在表中插入两条记录，程序运行结果如图 19-3 所示。

图 19-3　数据添加运行示意图

19.3.3　修改数据

【例 19-3】使用 JDBC-ODBC 桥接方式更新修改 SQL Server 2005 下信息管理数据库中的"学生"表与"课程"表中的记录。

程序代码如下：

```
import java.sql.*;
class UpdateDBSQL2005 {
public static void main (String agrs[ ]) {
 System.out.println("正在加载驱动程序和连接数据库......!");
 try {Class.forName ("sun.jdbc.odbc.JdbcOdbcDriver"); }
catch (ClassNotFoundException ce){System.out.println("SQLException:"+ce.getMessage());}
 try { Connection con=DriverManager.getConnection ("jdbc:odbc:YUDB", "pan", "1218");
 System.out.println("成功加载驱动程序和连接数据库!!");
    Statement stmt =con.createStatement ( );
    String sql="update 学生 set 学号='090329'"+"where  姓名='陈娅丽'";
    stmt.executeUpdate (sql);
    sql="update 课程 set 课程号='090329'"+"where 课程名='管理学'";
    stmt.executeUpdate (sql);   stmt.close ( );    con.close ( );    }
 catch (SQLException e) { System.out.println ("SQLException:"+e.getMessage());}
 System.out.println("Java 应用程序访问 SQL SERVER 2005 数据库更新表数据结束!!!");
    } }
```

【程序解析】该实例利用 JDBC-ODBC 桥驱动程序访问连接 SQL Server 2005 数据库 ODBC 系统的 DSN：YUDB，按条件修改了学生和课程表的数据信息。其中，

```
sql="update 学生 set 学号='090329'"+"where  姓名='陈娅丽'";
```

与

```
sql="update 课程 set 课程号='090329'"+"where 课程名='管理学'";
```

分别为两条记录修改的 SQL 语句放入变量中，pan 为用户名，1218 为密码。修改记录使用语句：stmt.executeUpdate (sql)。程序运行如图 19-4 所示。

图 19-4　数据更新运行示意图

19.3.4　删除数据

【例 19-4】使用 JDBC-ODBC 桥接方式编写删除 SQL Server 2005 下信息管理数据库中学生 bf 中学号为'090329'的记录。

程序代码如下：

```
import java.sql.*;
public class DeleteDBSQL2005 {
public static void main(String args[]){
   System.out.println("正在加载驱动程序和连接数据库......!");
   try {Class.forName ("sun.jdbc.odbc.JdbcOdbcDriver"); }
catch (ClassNotFoundException ce){System.out.println("SQLException:"+ce.getMessage());}
   try { Connection con=DriverManager.getConnection ("jdbc:odbc:YUDB", "", "");
System.out.println("成功加载驱动程序和连接数据库!!");
      Statement stmt =con.createStatement ();
      String sql="delete from 学生 bf where 学号='090329'";
      stmt.executeUpdate (sql);
      stmt.close ( );     con.close ( );     }
   catch (SQLException e) { System.out.println ("SQLException:"+e.getMessage());}
System.out.println("Java 应用程序访问 SQL SERVER 2005 数据库删除数据记录结束!!!");
   } }
```

【程序解析】该实例利用 JDBC-ODBC 桥驱动程序访问连接 SQL Server 2005 数据库 ODBC 系统的 DSN：YUDB，按条件删除了学生 bf 的数据信息。其中，sql="delete from 学生 bf where 学号='090329'";为把带条件删除记录的 SQL 语句放入变量中，删除记录执行语句为：stmt.executeUpdate (sql) 。程序运行如图 19-5 所示。

图 19-5　数据删除运行示意图

本 章 小 结

ODBC 总体结构包括应用程序、驱动程序管理器、驱动程序与数据源四个组件。JDBC 可实现应用程序和数据库的通信连接。JDBC 驱动程序包括 JDBC-ODBC 桥接驱动程序、本地 API Java 驱动程序、网络协议 Java 驱动程序、原生协议完整 Java 驱动程序 4 种类型。

在 Java 程序中利用 JDBC 访问数据库的主要步骤涵盖：加载数据库、连接数据库、数据库查询与关闭连接。首先，本章简单地介绍了数据库，其中包括基本概念和数据库操作；其次介绍了 JDBC，其中包括 JDBC 的基本概念、JDBC 连接数据库的方法和如何操作数据库；最后，通过具体实例详细讲解了通过 JDBC 对数据库操作的整个过程。

思考与练习

一、选择题

1. JDBC 驱动程序类型有： JDBC 本地 API 驱动桥等，但不包括_____。

    A. 网络协议 Java 驱动程序桥接　　　　　　B. 原生协议完整 Java 驱动程序桥接

    C. 原生协议完整 ASP 驱动程序桥接　　　　D. JDBC-ODBC 桥接

2. JDBC 是一种可用于执行 SQL 语句的_____。

    A. Java EDI　　　　B. PHP API　　　　C. JSP API　　　　D. Java API

3. Java 中关闭查询语句及与数据库的连接的顺序：先 rs 对象，_____模型。

    A. 次 EDI，最后为 con　　　　　　　　　B. 次 age，最后为 con

    C. 次 stmt，最后为 con　　　　　　　　　D. 次 con，最后为 stmt

4. JDBC API 定义了若干 Java 中的类，但不表示_____。

    A. 数据库连接次　　　　　　　　　　　　B. SQL 指令与结果集

    C. 数据库元数据　　　　　　　　　　　　D. JDBC 驱动接口

5. Java.sql.Connection 通过具体方法来处理对特定数据库的_____等。

    A. 连接操作　　　　B. 删除操作　　　　C. 插入数据　　　　D. 连接定义

二、思考与实验

1. 简述 JDBC 驱动程序类型及其内涵，并分析他们的差异。

2. 简述 JDBC 数据库访问过程主要涉及哪些方面。

3. 简述 JDBC 数据库连接编程步骤。

4. 试用 Java 查询 SQL Server 2005 中"信息管理"数据库下"学生"表的编写程序，并完成相应实验。

5. 试用 Java 插入新记录到 SQL Server 2005"信息管理"库的"课程"表中程序的编写，并完成相应实验。

6. 编写程序并完成使用 JDBC-ODBC 桥接方式更新修改 SQL Server 2005 下"信息管理"数据库下"成绩"表中数据记录的实验，并完成相应实验。

7. 试使用 JDBC-ODBC 桥接方式编写程序：删除 SQL Server 2005 下"信息管理"数据库中学生中姓名为"罗小青"的记录。

第20章 JSP 访问 SQL Server 2005 数据库

基于 JSP 的 Web 数据库应用技术正不断发展与日臻完善，在 JDBC 等关键技术的支持下，使得 JSP 访问 SQL Server 2005 数据库变得更为简单和便捷，受到人们的广泛青睐。本章主要讲述 JSP 开发环境设置、JDBC 驱动程序类型、JSP 访问 SQL Server 2005 数据库的方法与技术等。

20.1 JSP 开发环境设置

JSP（Java server pages）是由 Sun 公司在 Java 语言基础上开发出来的一种 Web 动态网页制作技术，该技术为创建显示动态生成内容的 Web 页面提供了一个简捷而快速的方法。JSP 与 SQL Server 2005 数据库结合，更是相得益彰。然而，要开发 JSP 应用程序，服务器必须设置相应的开发环境。

JSP 应用程序开发环境主要由 JDK(Java development kit，Java 开发工具包)、JSP 服务器(Apache Tomcat/5.0.28)、JSP 代码编辑工具（汉化版 JCreator Pro3.50 ）等组成。Web 环境下客户机–JSP 服务器– SQL Server 2005 数据库访问架构如图 20-1 所示。

图 20-1　Java 访问 SQL Server 2005 数据库架构示意图

1. JDK

JDK，是 Sun 公司提供的 Java 程序开发工具，是 JSP 不可缺少的开发环境之一。安装 JSP 服务器必须先行安装和设置 JDK，具体过程可参考相关书籍。

2. JSP 服务器

现今，JSP 服务器端软件主要包括：Apache Tomcat、IBM WebSphere Server、BEA WebLogical 和 Java Web Server 等。而 Apache Tomcat 具有安装方便、使用简捷、耗用系统资源少、配置简单等特征。Tomcat 的安装目录结构如图 20-2 所示。在 IE 浏览器中输入 http://localhost:8080 或 http://127.0.0.1:8080，若出现如图 20-3 所示的欢迎界面，则说明安装成功了。JSP 服务器的具体安装与设置过程可参考相关书籍。

3. JSP 代码编辑工具

常见的 Java 语言编辑工具有：Jcreator、JBuilder、NetBeans、Eclipse、Java WorkShop、Visual Age for Java、Free Java、Jpadpro、Jblue 和 Visual J++ 6.0 等，Jcreator（如 Jcreator Pro 3.5 汉化版）

以其精巧便捷、功能完善、资源占用小而深的 Java 程序开发者的青睐。

图 20-2　tomcat 及用户自建目录结构　　图 20-3　tomcat 5.5.20 安装成功欢迎界面

20.2　JSP 访问 SQL Server 2005 数据库

20.2.1　JDBC 驱动程序类型

　　JDBC（Java database connectivity）是 Java /JSP 与数据库的接口规范，JDBC 定义了一个支持标准 SQL 功能的通用低层的应用程序编程接口（API），它由 Java 语言编写的类和接口组成，JDBC API 定义了若干类，表示数据库连接、SQL 指令、结果集、数据库元数据等。它允许 Java 程序员发送 SQL 指令并处理结果。JDBC 通过驱动程序可实现应用程序和数据库的数据源通信连接。JDBC 驱动程序有 4 种类型，如 19.1.2 节"JDBC 驱动程序类型"所述。

20.2.2　JSP 访问 SQL Server 2005 数据库方法

　　JSP 访问 SQL Server 2005 数据库主要利用 JDBC-ODBC 桥接和纯 Java 本地驱动桥接方法。在此以 JDBC-ODBC 桥接为例进行叙述。

　　JDBC 建立数据库连接步骤包括：建立 JDBC-ODBC 桥接器、创建 SQL 的 ODBC 数据源、利用 JSP 语句与 ODBC 数据源实施连接三大环节。具体可细化如下。

1．加入命令行与加载驱动程序

所有与数据库有关的对象和方法都在 java.sql 包中，故需先行加入命令行：

```
<%@ page import="java.sql.*" %>                    // 加入命令行
```

应用 JDBC-ODBC 桥接方式连接数据库，须先加载 JDBC-ODBC 驱动程序，Class 是包 java.lang 中的一个类，该类通过调用静态方法 forName 建立 JDBC-ODBC 桥接器，即加载驱动程序。语句如下：

```
Class.forName("sun.jdbc.odbc.JdbcOdbcDriver");  //加载连接 SQL 驱动程序
```

2．建立连接 SQL 的 ODBC 数据源

连接 SQL 的 ODBC 数据源的方法请参见第 14.4 节。

3．建立与 ODBC 数据源的连接

　　调用 DriverManager.getConnection 方法可建立与 SQL 数据库的连接。DriverManager 类位于 JDBC 的管理层，作用在用户和驱动程序之间。其中涉及 ODBC 数据源名、用户名和口令等。一旦

DriverManager.getConnection 方法找到了建立连接的驱动程序和数据源，则通过用户名和口令开始与 DBMS 建立连接，若没有为数据源设置用户名和用户口令则可为空，若连接通过则完成连接建立。连接形式如下：

```
Connection conn=DriverManager.getConnection("jdbc:odbc:数据源","用户名","密码");
```

如：

```
Connection conn=DriverManager.getConnection("jdbc:odbc: 信息ODBC","sa","");
```

4. 发送 SQL 语句与建立 ResultSet 结果集对象

Statement 类的对象由 Connection 的 createStatement 方法创建，用于发送不带参数的简单 SQL 语句，对数据库进行具体操作，如查询和修改等。在执行一个 SOL 查询语句前，必须用 createStatement 方法建立一个 Statement 类的对象。具体如下：

```
Statement stmt =conn.createStatement();           //通过对象发送 SQL 语句
```

一旦连接到数据库，就可以查询数据表名、列名和有关信息，且可运行 SQL 语句对数据进行查询、添加、更新和删除等操作。JDBC 提供了 ResultSet、DatabaseMetaData 和 ResultSetMetaData 类获取数据库中的信息。ResultSet 类存放查询结果，并通过一套方法提供对数据的访问。它是 JDBC 中很重要的对象。ResultSet 包含任意数量的命名列，可以按名字访问这些列；它也包含一或多个行，可以按顺序自上而下地逐一访问。具体如下：

```
ResultSet rs;                                      //建立 ResultSet 结果集对象
```

5. 执行 SQL 语句

SQL 执行语句主要使用 executeQuery 方法来完成 SQL 语句的运行。

```
rs=stmt.executeQuery("SELECT Statement");          //执行 SQL 下 SELECT 语句
```

如：

```
rs=stmt.executeQuery("SELECT * FROM 学生 WHERE 区域='东北'");
```

6. 关闭相关的使用对象

关闭相关使用对象包括 ResultSet 结果集对象、stmt 语句对象与连接 conn。具体如下：

```
rs.close();                                        //关闭 ResultSet 对象
stmt.close();                                      //关闭 Statement 对象
conn.close();                                      //关闭 Connection 对象
```

20.3 访问 SQL Server 2005 数据库应用实例

20.3.1 查询数据

可使用 SELECT…FROM…WHERE 及 Result Set…next 方法来完成 JSP 在 SQL 数据库中查询数据。

【例 20-1】建立一个 JSP 访问"学生"表的数据查询实例 ex20-01.jsp。运行结果如图 20-4 所示。

```
//ex20-01.jsp
<%@  page  contentType="text/html;
charset=GB2312" %>
```

图 20-4 例 20-1 运行效果

```
<%@ page import="java.sql.*" %>
<html>
<head><title>使用 JDBC 建立学生数据库连接</title> </head>
<body><center>
<font size = 5 color = blue> 学 生 表 数 据 查 询</font><hr>
<%
  Class.forName("sun.jdbc.odbc.JdbcOdbcDriver"); //加载驱动程序
  //建立连接
  Connection   conn=DriverManager.getConnection("jdbc:odbc:YU 信 息 管 理
","sa","");
  Statement stmt=conn.createStatement();        //发送 SQL 语句
  try{
      ResultSet rs;                             //建立 ResultSet(结果集)对象
  rs=stmt.executeQuery("SELECT 学号,姓名,班级编号,学分,校名,区域 FROM 学生 WHERE
区域='东北'");                                   //执行 SQL 语句
%>
<table border=3>
  <tr bgcolor=silver><b>
    <td>学号</td><td>姓名</td><td>班级编号</td><td>学分</td>
    <td>校名</td><td>区域</td>
</b></tr>
<%
while (rs.next()){                              //利用 while 循环将数据表中的记录列出
%>
  <tr>
    <td><font size=3><%= rs.getString("学号") %></font></td>
    <td><font size=3><%= rs.getString("姓名") %></font></td>
    <td><font size=3><%= rs.getString("班级编号") %></font></td>
    <td><font size=3><%= rs.getString("学分") %></font></td>
    <td><font size=3><%= rs.getString("校名") %></font></td>
    <td><font size=3><%= rs.getString("区域") %></font></td>
  </tr></font>
<%                    }
      rs.close();                              //关闭 ResultSet 对象
  }
  catch(Exception e)              {
  out.println(e.getMessage());    }
  stmt.close();                                //关闭 Statement 对象
  conn.close();                                //关闭 Connection 对象
%>
</table></center>
</body></html>
```

20.3.2　添加数据

可使用 SQL Server 2005 中 Insert Into 语句来完成 JSP 在 SQL 数据库中添加数据。

【例 20-2】编制一个 JSP 程序，在 SQL Server 2005 数据库班级表中添加数据的实例。且通过 ex20-02.jsp 调用 insert.jsp 来完成。运行结果如图 20-5 与图 20-6 所示。

程序代码如下：

```
ex20-02.jsp
<%@ page contentType="text/html;Charset=GB2312" %>
<HTML><BODY bgcolor=cyan><Font size=2>
<center><font size = 5 color = blue> 插 入 班 级 表 数 据</font><hr>
    <FORM action="insert.jsp" method=post name=form>
```

```
        <BR>班级编号:<INPUT type="text" name="no" value="02110631">
        <BR>班级名称:<INPUT type="text" name="name" value="网络数据库">
        <BR>院　　系:<INPUT type="text" name="dep" value="信息管理学院">
        <BR>辅 导 员:<INPUT type="text" name="vtea" value="叶倩文">
        <BR>学 生 数:<INPUT type="text" name="num" value=40></BR>
        <INPUT TYPE="submit" value="确认提交" name="submit">
        <INPUT TYPE="reset" value="重　　置" >
    </FORM>
</FONT></BODY></HTML>
```

insert.jsp

```
<%@ page contentType="text/html; charset=GB2312" %>
<%@ page import="java.sql.*" %>
<html><head><title>添加记录</title></head>
<BODY><Font size=2><center>
  <% String yourno=request.getParameter("no");          //获取班级编号提交的值
     String yourName=request.getParameter("name");      //获取班级名称提交的值
     String yourdep=request.getParameter("dep");        //获取院系提交的值
     String yourvtea=request.getParameter("vtea");      //获取辅导员提交的值
     String yournum=request.getParameter("num");        //获取学生数提交的值
  %>
<font size=4 color=blue>新添加的记录</font><hr>
<%
  String sql;
  Class.forName("sun.jdbc.odbc.JdbcOdbcDriver");
  Connection conn=DriverManager.getConnection("jdbc:odbc:YU 信息管理","sa",
"");
  Statement stmt=conn.createStatement();
  try {
  sql="Insert Into 班级(班级编号,班级名称,院系,辅导员,学生数)
 Values('"+yourno+"','"+yourName+"','"+yourdep+"','"+yourvtea+"',"+
yournum+")";
  stmt.executeUpdate(sql);
  ResultSet rs;                                //建立 ResultSet(结果集)对象
  rs=stmt.executeQuery("Select * From 班级 where 班级编号='"+yourno+"'");
                                               //执行 SQL 语句
%>
<table border=3>
  <tr bgcolor=silver><b>
    <td>班级编号</td><td>班级名称</td><td>院系</td><td>辅导员</td><td>学生数
</td>
  </tr>
<%
  while (rs.next()) {                          //利用 while 循环将数据表中的记录列出
%>
    <tr>
    <td><font size=3><%= rs.getString("班级编号") %></font></td>
    <td><font size=3><%= rs.getString("班级名称") %></font></td>
    <td><font size=3><%= rs.getString("院系") %></font></td>
    <td><font size=3><%= rs.getString("辅导员") %></font></td>
    <td><font size=3><%= rs.getString("学生数") %></font></td>
    </tr>
<%                          }
  rs.close();              }                   //关闭 ResultSet 对象
  catch(Exception e){
  out.println(e.getMessage());        }
  stmt.close();                                //关闭 Statement 对象
  conn.close();                                //关闭 Connection 对象
```

```
%>
</table></center></body></html>
```

图 20-5 例 20-2 中 ex19-02.jsp 运行结果

图 20-6 JSP 下 insert.jsp 数据插入界面

20.3.3 修改数据

可使用 SQL Server 2005 中 Update…Where 语句来完成 JSP 在 SQL 数据库中更新数据。

【例 20-3】编制一在 SQL Server 2005 数据库班级表中更新数据的 JSP 程序实例。且通过 ex20-02.jsp 调用 updating.jsp 来完成。运行结果如图 20-7 与图 20-8 所示。

程序代码如下：

ex20-03.jsp
```
<%@ page contentType="text/html;Charset=GB2312" %>
<HTML><BODY bgcolor=cyan><Font size=2>
<center><font size = 5 color = blue> 更 新 班 级 表 数 据</font><hr>
   <FORM action="updating.jsp" method=post name=form>
      <BR>班级编号:<INPUT type="text" name="no" value='03110621'>
      <BR>学 生 数:<INPUT type="text" name="num" value=40></BR>
      <INPUT TYPE="submit" value="确认提交" name="submit">
      <INPUT TYPE="reset" value="重    置" >
   </FORM>
</FONT></BODY></HTML>
```
updating.jsp
```
<%@ page contentType="text/html; charset=GB2312" %>
<%@ page import="java.sql.*" %>
<head><title>更新班级表数据开始</title> </head>
<BODY>
<Font size=2><center>
   <% String yourno=request.getParameter("no");        //获取班级编号提交的值
      String yournum=request.getParameter("num");      //获取学生数提交的值
   %>
<font size=4 color=blue>更新数据记录信息</font><hr>
<%
   String sql;
   Class.forName("sun.jdbc.odbc.JdbcOdbcDriver");
   Connection conn=DriverManager.getConnection("jdbc:odbc:YU 信息管理",
"sa","");
   Statement stmt=conn.createStatement();
   try {
   sql="update 班级 Set 学生数='"+yournum+"' where 班级编号='"+yourno+"'";
   stmt.executeUpdate(sql);                  //执行 SQL 更新语句
   ResultSet rs;                             //建立 ResultSet(结果集)对象
   rs=stmt.executeQuery("Select * From 班级 where 班级编号='"+yourno+"'");
   %>
```

```
<table border=3>
  <tr bgcolor=silver><b>
<td>班级编号</td><td>班级名称</td><td>院系</td><td>辅导员</td><td>学生数
</td>
  </tr>
<%
  while (rs.next()){                        //利用while循环将数据表中的记录列出
%>
   <tr>
    <td><font size=3><%= rs.getString("班级编号") %></font></td>
    <td><font size=3><%= rs.getString("班级名称") %></font></td>
    <td><font size=3><%= rs.getString("院系") %></font></td>
    <td><font size=3><%= rs.getString("辅导员") %></font></td>
    <td><font size=3><%= rs.getString("学生数") %></font></td>
   </tr>
<%                    }
  rs.close();    }                          //关闭 ResultSet 对象
  catch(Exception e){
  out.println(e.getMessage());       }
  stmt.close();                             //关闭 Statement 对象
  conn.close();                             //关闭 Connection 对象
%>
</table></center></body></html>
```

【说明】updating.jsp 与 insert.jsp 相比，当对同一数据表"班级"进行操作时仅仅变化一条语句，将 insert 语句改为 update 即可，其他不必变化。

```
sql="update 班级 Set 学生数='"+yournum+"' where 班级编号='"+yourno+"'";
```

图 20-7　例 20-3 中 ex20-03.jsp 运行结果

图 20-8　JSP 下 updating.jsp 数据更新界面

20.3.4　删除数据

可使用 SQL Server 2005 中 Delete-Where 语句来完成 JSP 在 SQL 数据库中删除数据。

【例 20-4】编制一个 JSP 程序，在 SQL Server 2005 数据库班级表中删除数据的实例。且通过 ex20-02.jsp 调用 Deleting.jsp 来完成。

程序代码如下：

ex20-04.jsp

```
<%@ page contentType="text/html;Charset=GB2312" %>
<HTML><BODY bgcolor=cyan><Font size=2>
<center><font size = 5 color = blue> 更 新 班 级 表 数 据</font><hr>
  <FORM action="Deleting.jsp" method=post name=form>
    <BR>班级编号:<INPUT type="text" name="no" value='02110632'>
    <INPUT TYPE="submit" value="确认提交" name="submit">
    <INPUT TYPE="reset" value="重    置" >
  </FORM>
```

```
    </FONT></BODY></HTML>
Deleting.jsp
    <%@ page contentType="text/html; charset=GB2312" %>
    <%@ page import="java.sql.*" %>
    <head><title>删除班级表数据开始</title> </head>
    <BODY> <Font size=2><center>
      <% String yourno=request.getParameter("no");   %> //获取班级编号提交的值
    <font size=4 color=blue>更新数据记录信息</font><hr>
    <%
    String sql;
    Class.forName("sun.jdbc.odbc.JdbcOdbcDriver");
    Connection  conn=DriverManager.getConnection("jdbc:odbc:YU 信息管理
",'sa","");
    Statement stmt=conn.createStatement();
    try {
    sql="delete from 班级 where 班级编号='"+yourno+"'";
    stmt.executeUpdate(sql);                    //执行 SQL 更新语句
    ResultSet rs;                               //建立 ResultSet(结果集)对象
    rs=stmt.executeQuery("Select * From 班级");//执行 SQL 语句
    %>
    <table border=3>
      <tr bgcolor=silver><b>
        <td>班级编号</td><td>班级名称</td><td>院系</td><td>辅导员</td><td>学生数
    </td> </tr>
      <%
      while (rs.next()){                         //利用 while 循环将数据表中的记录列出
      %>
        <tr>
        <td><font size=3><%= rs.getString("班级编号") %></font></td>
        <td><font size=3><%= rs.getString("班级名称") %></font></td>
        <td><font size=3><%= rs.getString("院系") %></font></td>
        <td><font size=3><%= rs.getString("辅导员") %></font></td>
        <td><font size=3><%= rs.getString("学生数") %></font></td>
        </tr>
    <%   }
    rs.close();  }                             //关闭 ResultSet 对象
    catch(Exception e){
    out.println(e.getMessage());        }
    stmt.close();                              //关闭 Statement 对象
    conn.close();                              //关闭 Connection 对象
    %>
    </table></center></body></html>
```

本 章 小 结

　　JSP 应用程序开发环境主要由 JDK、JSP 服务器和 JSP 代码编辑工具等组成。JDBC 建立数据库连接步骤包括：建立 JDBC–ODBC 桥接器、创建 SQL 的 ODBC 数据源、利用 JSP 语句与 ODBC 数据源实施连接三大过程与环节。

　　JDBC（Java database connectivity）是 Java /JSP 与数据库的接口规范，JDBC 定义了一个支持标准 SQL 功能的通用低层的应用程序编程接口（API），它由 Java 语言编写的类和接口组成，JDBC API 定义了若干类，表示数据库连接、SQL 指令、结果集、数据库元数据等。JDBC 可以通过 4 类 JDBC 驱动程序实现应用程序和数据库的数据源通信连接。本章是 JSP 访问 SQL Server 2005 数据库的具体开发应用与展示。

可使用 SQL Server 2005 中 Insert Into 语句、Update…Where 语句、Delete…Where 语句来分别完成 JSP 在 SQL 数据库中添加数据、更新数据和删除数据。

思考与练习

一、选择题

1. JSP 服务器端软件不包括＿＿＿等。

    A. Apache Tomcat

    B. IBM WebSphere Server

    C. BEA WebLogical

    D. Apache　BEA

2. 常见的 Java 语言编辑工具不包括＿＿＿。

    A. Jcreator

    B. Applet

    C. Eclipse

    D. JBuilder

3. JSP 中 Request 对象包含客户端向服务器＿＿＿的内容。

    A. 作出响应

    B. 实施操作

    C. 编辑程序

    D. 发出请求

4. JSP 中使用 SQL 语句中通过＿＿＿表中添加数据。

    A. add

    B. insert

    C. update

    D. delete

二、思考与实验

1. 简述 JSP 应用环境的设置过程。

2. 试述 JDBC 驱动程序程序类型与效用。

3. 试述 JSP 访问 SQL Server 2005 数据库的主要步骤。

4. 试建立一个 JSP 访问"信息管理"数据库下"班级"表的数据查询实例。

5. 试编制一个在 SQL Server 2005"信息管理"数据库的"学生"和"成绩"表中添加数据的 JSP 程序设计实例。

6. 试编制一个 JSP 程序，完成在 SQL Server 2005"信息管理"数据库下"学生"与"课程"表中更新数据实例的开发与实验过程。

7. 试编制一个 JSP 程序，完成在 SQL Server 2005 数据库"成绩"表中删除所有课程名为"计算机网络"的数据记录实例的开发与实验过程。

本章从应用开发与课程设计的视野剖析实例，首先介绍了数据库设计的基本过程，而后基于开发语言和 SQL Server 2005 知识系统地介绍了学生管理信息系统实例的需求分析、功能结构、数据结构设计与具体实现、应用程序的编制等内容。

21.1　数据库规划与设计

数据库规划与设计是数据库应用、信息系统开发和建设的关键问题与核心技术。数据库规划是确定整个系统的数据信息需求，完成 DBMS 系统下数据库及其对象的设计、系统中关键实体及其属性和它们的组成关系分析等。数据库设计是指在一个给定的应用环境下，确定一个最优数据模型和处理模式，建立数据库及其应用系统，使之能够安全、有效和可靠地存储数据，满足各种用户的应用需求。

数据库设计的内容主要包括两个方面：① 结构设计，即设计数据库框架或数据库结构；② 行为设计，即应用程序和事务处理等的设计。

数据库设计方法较多，不同的方法所对应的设计步骤也各不相同。著名的新奥尔良方法将数据库设计划分为需求分析、概念设计、逻辑设计和物理逻辑设计 4 个步骤。随着数据库设计技术的发展与完善，人们又据此导出了新的、更贴近实际的设计步骤。通常采用 6 个步骤的数据库设计方法，即需求分析、概念结构设计、逻辑结构设计、物理结构设计、数据库实施、数据库运行和维护，图 21-1 所示为数据库设计的过程。

图 21-1　数据库设计过程

21.1.1　需求分析

用户对数据库的使用要求主要包括：对数据及其处理的要求，对数据完整性和安全性的要求。在需求分析阶段主要通过仔细调查，准确掌握每一个用户对数据库的要求，提供后续设计阶段所需的一些内容，主要涉及应用环境分析、数据流程分析、数据需求的收集与分析等。需求分析是整个设计过程的基础，是最困难、最耗损时间的一步，其准确与否将直接影响后续各个设计阶段，并影响到最终设计结果是否合理和实用。

21.1.2　概念结构设计

在准确抽象出现实世界的需求并完成需求设计后，就可以考虑如何实现用户的具体要求，进行概念设计了。该阶段要做的各种工作不是直接将需求分析得到的数据存储格式转换成数据库管理系统（DBMS）能处理的数据库模式，而是将需求分析得到的用户需求抽象为反映用户观点的概念模型，即实施概念结构设计。概念结构设计是整个数据库设计的关键。描述概念结构设计的有力工具是"实体-联系"（E-R）模型。在此，概念结构设计就归结为 E-R 模型、方法的分析与设计。

E-R 模型是面向问题的概念性模型，与数据的存储组织、存取方法以及效率等无关，即它不考虑这些数据在 DBMS 中的态势如何。运用 E-R 方法的基本步骤如下：

（1）划分和确定实体类型与关系类型。实体与实体间的联系最好为一对多关系。

（2）确定属性。找出该实体所包含的实际属性，画出 E-R 图。

（3）重复步骤（1）~（2），找出所有实体、关系、属性及属性值集合。

21.1.3　逻辑结构设计

逻辑结构设计的任务是将概念结构（如 E-R 图）转换为与选用数据库管理系统（DBMS）所支持的数据模型相符的逻辑数据模型，并同时进行数据模型优化。究竟选择哪种数据库管理系统，一般由系统分析员、系统管理员和用户（企业、公司或政府部门的高级管理人员）决定的，需要综合考虑数据库管理系统的性能及所设计的应用系统的功能复杂程度。

在关系型数据库管理系统（RDBMS）中，逻辑结构的设计是指设计数据库中所应包含的各个关系模式的结构，包括关系模式的名称、每一种关系模式各属性的名称、数据类型和取值范围等内容。

通常，逻辑结构设计中，概念结构转换过程分成两步进行：首先把概念结构向一般的数据模型转换，然后向特定的数据库管理系统支持下的数据模型转换并进行数据模型优化。

21.1.4　物理结构设计

物理结构设计是为所给定的逻辑结构模型选择最适合应用环境的物理结构，主要是对数据库在物理设备上的存储结构和存取方法的设计。物理结构设计是以逻辑结构设计的结果作为输入，结合具体数据库管理系统功能及其提供的物理环境与工具、应用环境与数据存储设备，进行数据的存储组织和方法设计，并实施设计与性能预测。

21.1.5　数据库实施

数据库实施的主要任务是根据逻辑结构设计与物理结构设计的结果，在系统中建立数据库的结构，载入数据，编制、测试与调试应用程序，对数据库应用系统进行试运行等。

数据库实施的具体步骤如下：

（1）数据库数据的载入和应用程序的编制与调试，包括以下工作：

- 建立数据库结构，将原始数据载入数据库。
- 实施应用程序的编制与调试。

（2）数据库应用系统的试运行，包括以下工作：

- 测试系统逻辑功能的完善性，考察用户需求的吻合程度。
- 对数据库进行备份。

21.1.6　数据库运行和维护

经过数据库实施阶段的试运行后，系统逻辑功能的完善性与用户需求的吻合程度均已显现并逼近系统要求，且系统已处于一个比较稳定的状态，此时，就可以将系统投入正式运行了。在数据库系统步入运行后，还需对数据库作经常性的维护，必须不断对其进行评价、调整和修改。该阶段主要涉及如下工作：

（1）数据库的转储、恢复及数据库的安全性和完整性控制。

（2）数据库性能的检测、分析和完善，甚至还得对数据库实施更新性操作。

设计一个完整的数据库应用系统，往往是这6大阶段重复运用，不断改进和完善的结果。

21.2　SMIS 需求分析与功能结构

随着教育事业的不断发展，学校的规模不断扩大，学生数量及其信息量的急剧增加，有关学生的各种信息管理也随之展开。学生管理信息系统（student management information system，SMIS）应运而生了，它可用来管理学生信息与提高系统管理工作的效率。SMIS 把 Visual Basic（前台开发）与 SQL Server 2005（后台管理）有机地结合，并运用流行的 ADO 等相关技术，完成学生信息的规范管理、科学统计和快速查询，从而可大大减少该管理上的工作量。数据库在一个信息管理系统中占有非常重要的地位，数据库结构设计的好坏将直接对应用系统的效率以及实现的效果产生影响。合理的数据库结构设计可以提高数据库存储的效率，保证数据的完整性和一致性。同时，合理的数据结构也将有利于程序的顺利实现。

1. 需求分析及主要任务

系统开发的总体任务是实现学生信息关系的系统化、规范化和自动化。

需求分析是在系统开发总体任务的基础上完成的，设计数据库系统时应该充分了解用户的各方面的需求，包括目前及将来可能拓展的需求态势。因而数据库结构势必须充分满足各种信息的输入和输出。据此，可归结出学生信息管理系统所需完成的主体任务。SMIS 的主要任务如下：

（1）基本信息的输入。包括学籍（学生基本）信息，班级、课程和成绩等的输入。

（2）基本信息的修改。包括学籍信息、班级、课程和成绩等信息的修改。

（3）基本信息的查询。包括学籍信息和成绩信息等的查询。

（4）年级信息及班级信息的设置等。

（5）学校基本课程信息的输入、修改和设置。

（6）学籍信息、课程信息、班级信息与成绩信息等的的统计打印。

（7）软件系统的管理。包括学生信息管理系统的初始化、密码设置以及用户管理等。

（8）系统帮助。包括学生信息管理系统的帮助和系统版本说明等。

2．系统总体功能模块结构

基于需求分析及主要任务的表述，可对上述各项功能按照结构化程序设计的要求进行集中、分层结构化，自上而下逐层设置得到系统功能模块结构图，如图 21-2 所示。

图 21-2　系统功能模块结构图

3．系统数据流程

用户的需求具体体现在各种信息的提供、保存、更新、查询和统计打印上，这就要求数据库结构应充分满足各种信息的输入和输出。系统应定义数据结构、收集基本数据以及设置数据处理的流程，组成一份详尽的数据字典，为以后的具体设计打下基础与伏笔。在仔细分析、调查有关学生信息管理需要的基础上，得到本系统的数据流程图，如图 21-3 所示。

图 21-3　系统数据流程图

1. 数据库概念结构设计

概念结构设计就是 E-R 模型的分析与设计，它是整个数据库设计的关键。下面使用实体-联系（E-R）模型来描述系统的概念结构，设计出能够满足用户需求的各种实体，以及它们之间的关系，为后面的逻辑结构设计打下基础。这些实体包含各种具体实际信息，通过相互之间的作用形成数据的流动。

本程序根据上面的设计规划出的实体有：学籍实体、班级实体、年级实体、课程实体与成绩实体，它们的 E-R 图如图 21-4 所示。

图 21-4　学生管理信息系统 E-R 图

2. 数据库逻辑结构设计

针对一般学生信息管理系统的总体需求，通过对学生信息管理过程的内容和数据流程分析与系统总体功能模块梳理，可归结出系统数据库的逻辑结构，设计并产生下列数据项和数据结构：

（1）学生基本信息（学籍信息）数据项：学号、姓名、性别、出生日期、班号、联系电话、入校时间、家庭地址以及备注等。

（2）班级基本数据项：班号、年级、班主任姓名以及教室等。

（3）课程基本数据项：课程号、课程名称、课程类型以及课程描述等。

（4）课程基本设置数据项：年级、课程学分以及所学课程等。

（5）成绩基本数据项：学号、考试编号、班级、课程名称以及考试分数等。

3. 数据库物理结构设计

基于上述的数据库概念结构与数据库逻辑结构设计的结果，现在可以实施将其转化为 SQL Server 2005 数据库系统所支持的实际数据模型——数据表对象（即为它们选择最适合的应用环境，对数据库在物理设备上的存储结构和存取方法予以设计），并形成数据库中各个表格之间的关系。学生信息管理系统数据库中各个表格的设计结果见表 21-1～表 21-6。

表 21-1　Student_Info（学籍信息）表

列（字段）名	数据类型与长度	空　否	说　明
student_ID	Char(4)	Not null	学号（学生学号：主键）
student_Name	Char(10)	Not null	姓名（学生姓名）
student_Gender	Char(2)	Not null	性别（学生性别）
born_Date	Datetime(8)	Not null	出生日期
class_No	Char(4)	Not null	班号（班级编号：外键）
tele_Number	Char(16)	Null	联系电话
ru_Date	Datetime(8)	Null	入校时间
Address	Varchar(50)	Null	家庭地址
Comment	Varchar(200)	Null	备注

表 21-2　result_Info（学生成绩信息）表

列（字段）名	数据类型与长度	空　否	说　明
Exam_No	Char(10)	Not null	考试编号（主键）
Student_Id	Char(4)	Not null	学生学号（学号：外键）
Student_Name	Char(10)	Not null	学生姓名（姓名），可略
Class_No	Char(10)	Not null	班号（班级编号：外键）
Course_Name	Char(10)	Null	课程名称
Mark	Float(8)	Null	分数

表 21-3　Class_Info（班级信息）表

列（字段）名	数据类型与长度	空　否	说　明
class_No	Char(10)	Not null	班号（班级编号：主键）
Grade	Char(10)	Not null	年级（外键）
Director	Char(10)	Null	班主任姓名
Classroom_No	Char(10)	Null	教室（所在教室）

表 21-4　gradecourse_Info（年级课程设置）表

列（字段）名	数据类型与长度	空　否	说　明
Grade	Char(10)	Not null	年级（主键）
course_Name	Char(10)	Not null	课程名称
course_Mark	Float(8)	Not null	课程分数

表 21-5　course_Info（课程基本信息）表

列（字段）名	数据类型与长度	空　否	说　明
Course_No	Char(10)	Not null	课程编号（主键）
Course_Name	Char(20)	Null	课程名称
Course_Type	Char(10)	Null	课程类型
Course_Des	Text	Null	课程描述

表 21-6 User_Info（系统用户）表

列（字段）名	数据类型与长度	空　否	说　　　明
user_ID	Char(10)	Not null	用户名称（主键）
user_PWD	Char(10)	Not null	用户密码
user_DES	Char(10)	Null	用户描述

4．数据库的实现

经过前面的需求分析和概念结构设计以后，得到数据库的逻辑结构。现在就可以在 SQL Server 2005 数据库的系统中实现该逻辑结构。利用 SQL Server 2005 数据库系统中的 SQL 查询分析器实现，具体语句如下：

（1）创建"学生"数据库。

```
CREATE DATABASE xsgl
    ON PRIMARY
    (NAME=xsgl_dat,FILENAME='D:\xsgl\xsgl.mdf',
    SIZE=10,MAXSIZE =20,FILEGROWTH = 5%),
    FILEGROUP data1
     (NAME=xsglgroup_dat,FILENAME='D:\xsgl\xsglgroup.ndf',
    SIZE=2,MAXSIZE=100,FILEGROWTH=1),
    LOG ON
     (NAME='xsgl_log1',FILENAME='D:\xsgl\ xsgl_log1.ldf',
    SIZE = 10MB,MAXSIZE=25MB,FILEGROWTH=5% )
    go
```

（2）创建"学籍"（学生基本信息）表。

```
CREATE TABLE student_Info (
    student_ID char (4) primary key ,student_Name char (10) ,
    student_Sex char (2) ,   born_Date datetime ,
    class_NO char (4) ,   tele_Number char (10) NULL ,
    ru_Date datetime NULL,  address varchar (50)   NULL ,
    comment Text)
    go
```

（3）创建"学生成绩信息"表。

```
CREATE TABLE  result_Info (
    exam_No char (10) primary key , student_ID char (4) NOT NULL ,
    student_Name char (10) NOT NULL,class_No Char(10) NOT NULL ,
    course_Name char (10) NULL ,result float NULL)
    go
```

（4）创建"班级信息"表

```
CREATE TABLE class_Info (
    class_No char (10)   primary key , grade char (10) ,
    director char (10) NULL, classroom_No char (10) NULL)
    go
```

（5）创建"年级课程信息"表。

```
CREATE TABLE [dbo].[gradecourse_Info] (
    Grade char (10) primary key ,course_Name  char (10) NULL
    result float NULL)
    go
```

（6）创建"课程基本信息"表。

```
CREATE TABLE  course_Info (
    course_No char (4) primary key ,course_Name char (10)  NULL ,
```

```
course_Type char (10) NULL ,course_Des char] (50) NULL)
go
```

（7）创建"系统用户"表。

```
CREATE TABLE user_Info ( user_ID char(10)  NOT NULL ,
    user_PWD char (10) NOT NULL ,user_Des  char] (10)  NULL)
    go
```

21.3　SMIS 应用程序的编制

21.2 节所创建的 SQL 语句在 SQL Server 2005 的查询分析器中执行后，可便捷而自动地产生所需的数据表。下面将基于 Visual Basic 前台开发与 SQL Server 2005 后台管理的有机结合来实施系统设置和应用程序编制，即通过 Visual Basic 来编写数据库系统的客户端程序，且系统采用 ADO 对象访问技术来访问数据库。

1．创建主控窗体

Visual Basic 开发的应用程序界面有：SDI（单文档界面）、MDI（多文档界面）和资源管理器界面 3 种，MDI 程序由一个主窗体和若干个 MDI 子窗体构成。本实例主要基于多文档界面，这样可以更加美观、界面友好、整齐有序。图 21-5 即为融和菜单的学生管理信息系统主控窗口。在主窗口的 load()事件里，设置了系统的登录日期与登录时间。

图 21-5　SMIS 系统的主窗体

```
Private Sub MDIForm_Load()
    FrmMain.StatusBarMy.Panels.Item(2).Text = "登录日期:" & Date
    FrmMain.StatusBarMy.Panels.Item(3).Text = "登录时间:" & Time
    End Sub
```

2．创建公用模块

（1）创建 Module1 公用模块。

在 Visual Basic 中可用公用模块来存放整个工程项目中的公用函数和全局变量等。整个工程项目中的任何地方都可以调用公用模块中的函数和变量，这样可以极大地提高代码的效率。这里，在项目资源管理器中设置了一个 Module1 公用模块，并保存为 Module1.bas，用于实现系统共享。代码如下：

```
Public Function ExecuteSQL(ByVal SQL As String, MsgString As String) As
ADODB.Recordset
    Dim cnn As ADODB.Connection
    Dim rst As ADODB.Recordset
    Dim sTokens() As String
        On Error GoTo ExecuteSQL_Error
        sTokens = Split(SQL)
        Set cnn = New ADODB.Connection
        cnn.Open ConnectString
        If InStr("Insert,Delete,Update", UCase$(sTokens(0)))  Then
            cnn.Execute SQL
            MsgString = sTokens(0) & "query successful"
        Else
            Set rst = New ADODB.Recordset
            rst.Open (SQL), cnn, adOpenKeyset, adLockOptimistic
```

```
                Set ExecuteSQL = rst
                MsgString = "查询到" & rst.RecordCount & "条记录"
            End If
    ExecuteSQL_Exit:
            Set rst = Nothing
            Set cnn = Nothing
            Exit Function
    ExecuteSQL_Error:
            MsgString = "查询错误:" & Err.Description
            Resume ExecuteSQL_Exit
    End Function
    Public Function ConnectString() As String
      ConnectString = "provider=sqloledb;uid=sa;pwd=sayu;database=xsgl"
    End Function
    Sub Main()
    Dim fLogin As New FrmLogin
        fLogin.Show vbModal
        If Not fLogin.OK Then
            End
        End If
        Unload fLogin
        Set fMainForm = New FrmMain
        fMainForm.Show
                End Sub
```

ExecuteSQL 函数附有两个参数——SQL 和 MsgString，前者用来存放需要执行的 SQL 语句，后者（MsgString）用来返回执行的提示信息。函数运行时，首先判断 SQL 语句所含的内容：当执行查询操作时，ExecuteSQL 函数将返回一个与函数同名的包含满足条件记录的记录集对象（Recordset）；否则执行添加、删除或更新等操作时，不返回记录集对象。

ExecuteSQL 函数中调用了 ConnectString()子函数用以连接 xsgl 数据库。

由于在后面的程序中，需要频繁检查、判断文本框的内容是否为空，在此尚定义了一个 Testtxt 函数，以资调用。代码如下：

```
Public Function Testtxt(txt As String) As Boolean
    If Trim(txt) = "" Then
        Testtxt = False
    Else
        Testtxt = True
    End If
        End Function
```

若文本框的内容为空函数将返回 True，否则为 False。

（2）创建身份认证窗体。

软件中设置了用户登录应用系统时的身份认证机制，通过用户名与密码核对来防止非法者使用学生管理信息系统，如图 21-6 所示。

图 21-6　用户登录界面

```
Dim txtSQL As String,mrc As ADODB.Recordset,MsgText As String
    UserName = ""
    If Trim(txtUserName.Text = "") Then
        MsgBox "用户名不为空，请重新输入！", vbOKOnly + vbExclamation, "警告"
        txtUserName.SelStart=0:txtUserName.SelLength = Len(txtUserName.Text)
        txtUserName.SetFocus:Exit Sub
    Else
```

```
        txtSQL = "Select * from user_info where user_ID='" & Trim(txtUserName.
Text) & "'"
        Set mrc = ExecuteSQL(txtSQL, MsgText)
        If mrc.EOF = True Then
            MsgBox "用户名出错，请重新输入！", vbOKOnly + vbExclamation, "警告"
            txtUserName.SelStart=0:txtUserName.SelLength = Len(txtUserName.Text)
            txtUserName.SetFocus:Exit Sub
        Else
            If Trim(mrc.Fields(1)) = Trim(txtPassword.Text) Then
                OK = True:mrc.Close:UserName = Trim(txtUserName.Text)
                FrmMain.Show:Unload Me
            Else
                MsgBox "密码出错，请重新输入！", vbOKOnly + vbExclamation, "警告"
                txtPassword.Text="":txtPassword.SetFocus:Exit Sub
            End If
        End If
    End If
    miCount = miCount + 1
    If miCount = 3 Then
        MsgBox "尝试数超过 3 次，您无权使用本程序", vbExclamation, "警告"
        End
    End If
End Sub
```

该模块允许用户登录差错 3 次，否则自动锁断系统，拒绝再度登录。

3．创建学籍信息输入窗体

启动学籍信息输入窗体是通过使用主窗体的菜单项来完成调用的，具体过程语句如下：

```
Private Sub mnuAddInfo_Click()
    Frmsinfo.Move 0, 0
    Frmsinfo.Height = 4810
    Frmsinfo.Width = 6830
    Frmsinfo.Show                    '激活、启动学籍信息输入窗体
End Sub
```

单击菜单"学籍管理" ⇨ "添加学籍信息"命令，加载窗体是通过 load()事件对窗体进行初始化，其代码如下：

```
Private Sub Form_Load()
Dim mrc As ADODB.Recordset:Dim txtSQL As String
Dim MsgText As String:Dim i As Integer
    cboGender.AddItem ""
    cboGender.AddItem "男"
    cboGender.AddItem "女"
    txtSQL = "Select * from class_Info"
    Set mrc = ExecuteSQL(txtSQL, MsgText)
    mrc.MoveFirst
    cboClassNumber.AddItem ""
    For i = 1 To mrc.RecordCount
        cboClassNumber.AddItem mrc.Fields(0)
        mrc.MoveNext
    Next
    mrc.Close
End Sub
```

（1）单击学籍信息输入窗体中的"确认添加"按钮后，执行的操作是：首先把用户输入的信息进行有效性检验，然后才把信息添加到数据库的表中。

① 输入过程的有效性检验。

```
Private Sub cmdOK_Click()                        '添加新记录
Dim mrc As ADODB.Recordset
Dim txtSQL As String
Dim MsgText As String
    If Not Testtxt(txtId.Text) Then
        FrmMain.StatusBarMy.Panels.Item(1).Text = "请输入学号！"
        txtId.SetFocus:Exit Sub
    End If
    If Not Testtxt(txtName.Text) Then
        FrmMain.StatusBarMy.Panels.Item(1).Text = "请输入姓名！"
        txtName.SetFocus:Exit Sub
    End If
    If Not Testtxt(cboGender.Text) Then
        FrmMain.StatusBarMy.Panels.Item(1).Text = "请选择性别！"
        cboGender.SetFocus:Exit Sub
    End If
    If Not Testtxt(txtBirthday.Text) Then
        FrmMain.StatusBarMy.Panels.Item(1).Text = "请输入出生日期！"
        txtBirthday.SetFocus:Exit Sub
    End If
    If Not Testtxt(cboClassNumber.Text) Then
        FrmMain.StatusBarMy.Panels.Item(1).Text = "请选择班级！"
        cboClassNumber.SetFocus:Exit Sub
    End If
    If Not Testtxt(txtPhone.Text) Then
        FrmMain.StatusBarMy.Panels.Item(1).Text = "请输入联系电话！"
        txtPhone.SetFocus:Exit Sub
    End If
    If Not Testtxt(txtDate.Text) Then
        FrmMain.StatusBarMy.Panels.Item(1).Text = "请输入入校日期！"
        txtDate.SetFocus:Exit Sub
    End If
    If Not Testtxt(txtAddress.Text) Then
        FrmMain.StatusBarMy.Panels.Item(1).Text = "请输入家庭地址！"
        txtAddress.SetFocus:Exit Sub
    End If
    If Not IsNumeric(Trim(txtPhone.Text)) Then
        FrmMain.StatusBarMy.Panels.Item(1).Text = "联系电话应该是数字型！"
        txtPhone.SelStart=0:txtPhone.SelLength = Len(txtPhone.Text)
        txtPhone.SetFocus: Exit Sub
    End If
    If Not IsNumeric(Trim(txtId.Text)) Then
        FrmMain.StatusBarMy.Panels.Item(1).Text = "学号应该是数字型！"
        txtId.SelStart = 0:txtId.SelLength = Len(txtId.Text)
        txtId.SetFocus: Exit Sub
    End If
    If Not IsDate(Trim(txtBirthday.Text)) Then
        MsgBox "出生日期输入有误！"&Chr(13)&"举例：（2003-08-08）",_
            vbOKOnly + vbExclamation, "提示"
        txtBirthday.SelStart=0:txtBirthday.SelLength = Len(txtBirthday.Text)
        txtBirthday.SetFocus:Exit Sub
    Else
        txtBirthday = Format(txtBirthday, "yyyy-mm-dd")
    End If
```

```
    If Not IsDate(Trim(txtDate.Text)) Then
        MsgBox "入校日期输入有误！" & Chr(13) & "举例：（2003-1-1)", _
            vbOKOnly + vbExclamation, "提示"
        txtDate.SelStart = 0:txtDate.SelLength = Len(txtDate.Text)
        txtDate.SetFocus:Exit Sub
    Else
        txtDate = Format(txtDate, "yyyy-mm-dd")
    End If
```

② 向数据表中写入数据信息。

```
    txtSQL="Select*from student_Info where student_ID='"&Trim(txtId.Text)&_
"'"&" and class_No='"&Trim(cboClassNumber.Text) & "'"
    Set mrc = ExecuteSQL(txtSQL, MsgText)
    If mrc.EOF = False Then
        FrmMain.StatusBarMy.Panels.Item(1).Text = "该班级中已经存在此学号，请重新输入！"
        mrc.Close:txtId.SelStart = 0 txtId.SelLength = Len(txtId.Text)
        txtId.SetFocus:Exit Sub
    Else
        mrc.AddNew:mrc.Fields(0) = Trim(txtId.Text)
        mrc.Fields(1) = Trim(txtName.Text)
        mrc.Fields(2) = Trim(cboGender.Text)
        mrc.Fields(3) = Trim(txtBirthday.Text)
        mrc.Fields(4)=Trim(cboClassNumber.Text)
        mrc.Fields(5)=Trim(txtPhone.Text):mrc.Fields(6)=Trim(txtDate.Text)
        mrc.Fields(7)=Trim(txtAddress.Text):mrc.Fields(8)=Trim(txtComment.Text)
        mrc.Update
        FrmMain.StatusBarMy.Panels.Item(1).Text = "添加学籍信息成功！"
        mrc.Close
    End If
End Sub
```

（2）学籍信息输入窗体中的"取消添加"按钮，用来取消本次添加操作。

```
Private Sub cmdCancel_Click()                '取消本次并退出本窗体
    FrmMain.StatusBarMy.Panels.Item(1).Text = ""
    Unload Me
End Sub
```

（3）学籍信息输入窗体中的"清空"按钮，用来取消在窗体中输入的学籍信息。

```
Private Sub cmdClear_Click()                 '清空各添加框信息
    txtId.Text = ""
    txtName.Text = ""
    cboGender.ListIndex = 0
    txtBirthday.Text = ""
    cboClassNumber.ListIndex = 0
    txtPhone.Text = ""
    txtDate.Text = ""
    txtAddress.Text = ""
    txtComment.Text = ""
    FrmMain.StatusBarMy.Panels.Item(1).Text = ""
End Sub
```

4. 修改学籍信息窗体

单击菜单"学籍管理" ⇨ "添加学籍信息"命令，弹出如图 21-7 所示的窗口。在该窗口中，可以进行一般的浏览（可浏览：上一条记录、下一条记录、第一条记录和最后一条记录），也可以进入修改分支，实施数据修改、改好以后更新存盘、退出修改和删除记录，如图 21-8 所示。具体代码分析如下：

图 21-7　修改学籍信息-浏览状态　　　　图 21-8　修改学籍信息-修改状态

（1）窗体的载入事件 Form_Load()。

```
Private Sub Form_Load()
Dim txtSQL As String: Dim MsgText As String
    txtSQL = "Select * from student_Info" : Set mrc = ExecuteSQL(txtSQL, MsgText)
    mrc.MoveFirst                          ' 显示第一条记录
    If mrc.EOF Then
        MsgBox "表信息已空！！"
    End If
    Call viewData: mcclean = True
    txtId.Enabled = False                  ' 设置窗体信息不可修改
    txtName.Enabled = False
    cboGender.Enabled = False
    txtBirthday.Enabled = False
    cboClassNumber.Enabled = False
    txtPhone.Enabled = False
    txtDate.Enabled = False
    txtAddress.Enabled = False
    txtComment.Enabled = False
End Sub
```

（2）窗体信息的浏览查询。

```
Private Sub cmdFirst_Click()              ' 显示第一条记录
    mrc.MoveFirst : Call viewData
End Sub
Private Sub cmdPrevious_Click()           ' 显示当前记录的上一条记录
    mrc.MovePrevious
    If mrc.BOF Then
        mrc.MoveLast
    End If
    Call viewData
End Sub
Private Sub cmdNext_Click()               ' 显示当前记录的下一条记录
    mrc.MoveNext
    If mrc.EOF Then
        mrc.MoveFirst
    End If
    Call viewData
End Sub
Private Sub cmdLast_Click()               ' 显示最后一条记录
    mrc.MoveLast :  Call viewData
End Sub
```

（3）修改窗体的学籍信息。

```
Private Sub cmdEdit_Click()              '进入修改状态，且移动按钮不可用！
    mcclean = False : cmdFirst.Enabled = False: cmdPrevious.Enabled = False
    cmdNext.Enabled = False :  cmdLast.Enabled = False
    txtId.Enabled = True                 ' 设置学籍信息可修改: Enabled属性有效
    txtName.Enabled = True
    cboGender.Enabled = True : txtBirthday.Enabled = True
    cboClassNumber.Enabled = True : txtPhone.Enabled = True
    txtDate.Enabled = True :  txtAddress.Enabled = True
    txtComment.Enabled = True : sFlag = txtId.Text
    FrmMain.StatusBarMy.Panels.Item(1).Text = "当前是修改状态"
End Sub
```

（4）更新窗体的学籍信息。

```
Private Sub cmdUpdate_Click()           ' 把修改后的内容加到数据库中
Dim txtSQL As String : Dim MsgText As String
Dim mrc As ADODB.Recordset
    If mcclean Then
FrmMain.StatusBarMy.Panels.Item(1).Text = "请先点击修改记录按钮，进入修改状态"
    Exit Sub
    End If
    If Not Testtxt(txtId.Text) Then
        FrmMain.StatusBarMy.Panels.Item(1).Text =  "请输入学号！"
        txtId.SetFocus : Exit Sub
    End If
    If Not Testtxt(txtName.Text) Then
        FrmMain.StatusBarMy.Panels.Item(1).Text = "请输入姓名！"
        txtName.SetFocus : Exit Sub
    End If
    If Not Testtxt(cboGender.Text) Then
        FrmMain.StatusBarMy.Panels.Item(1).Text = "请选择性别！"
        cboGender.SetFocus  : Exit Sub
    End If
    If Not Testtxt(txtBirthday.Text) Then
        FrmMain.StatusBarMy.Panels.Item(1).Text = "请输入出生日期！"
        txtBirthday.SetFocus : Exit Sub
    End If
    If Not Testtxt(cboClassNumber.Text) Then
        FrmMain.StatusBarMy.Panels.Item(1).Text = "请选择班级！"
        cboClassNumber.SetFocus : Exit Sub
    End If
    If Not Testtxt(txtPhone.Text) Then
        FrmMain.StatusBarMy.Panels.Item(1).Text = "请输入联系电话！"
        txtPhone.SetFocus : Exit Sub
    End If
    If Not Testtxt(txtDate.Text) Then
        FrmMain.StatusBarMy.Panels.Item(1).Text = "请输入入校日期！"
        txtDate.SetFocus : Exit Sub
    End If
    If Not Testtxt(txtAddress.Text) Then
        FrmMain.StatusBarMy.Panels.Item(1).Text = "请输入家庭地址！"
        txtAddress.SetFocus : Exit Sub
    End If
    If Not IsNumeric(txtPhone.Text) Then
        FrmMain.StatusBarMy.Panels.Item(1).Text = "联系电话应该是数字型！"
        txtPhone.SelStart = 0 : txtPhone.SelLength = Len(txtPhone.Text)
```

```
        txtPhone.SetFocus
        Exit Sub
    End If
    If Not IsNumeric(Trim(txtId.Text)) Then
        FrmMain.StatusBarMy.Panels.Item(1).Text = "学号应该是数字型！"
        txtId.SelStart = 0 : txtId.SelLength = Len(txtId.Text) : txtId.SetFocus
        Exit Sub
    End If
    If Not IsDate(Trim(txtBirthday.Text)) Then
            vbOKOnly + vbExclamation, "提示"
        FrmMain.StatusBarMy.Panels.Item(1).Text = "出生日期输入有误！" _
            & Chr(13) & "举例：（1983-1-1）"
        txtBirthday.SelStart=0:txtBirthday.SelLength = Len(txtBirthday.Text)
        txtBirthday.SetFocus : Exit Sub
    Else
        txtBirthday = Format(txtBirthday, "yyyy-mm-dd")
    End If
    If Not IsDate(txtDate.Text) Then
        FrmMain.StatusBarMy.Panels.Item(1).Text = "入校日期输入有误！" _
            & Chr(13) & "举例：（2003-1-1）"
        txtDate.SelStart = 0 : txtDate.SelLength = Len(txtDate.Text)
        txtDate.SetFocus : Exit Sub
    Else
        txtDate = Format(txtDate, "yyyy-mm-dd")
    End If
        txtSQL="Select*from student_Info where student_ID='"&Trim(txtId.Text)&_
        "'" & " and class_No='" & Trim(cboClassNumber.Text) & "'"
     Set mrc = ExecuteSQL(txtSQL, MsgText)
    If mrc.EOF = False And Trim(txtId.Text) <> sFlag Then
    FrmMain.StatusBarMy.Panels.Item(1).Text="该班级已存在此学号，请重新输入学号！"
        txtId.SelStart = 0 : txtId.SelLength = Len(txtId.Text)
        txtId.SetFocus : Exit Sub
    Else
        txtSQL="Select * from student_Info where student_ID='"&Trim(sFlag)& "'"
        Set mrc = ExecuteSQL(txtSQL, MsgText)    '更新数据
        mrc.Fields(0)=Trim(txtId.Text)    : mrc.Fields(1) = Trim(txtName.Text)
        mrc.Fields(2)=Trim(cboGender.Text):mrc.Fields(3)=Trim(txtBirthday.Text)
        mrc.Fields(4)=Trim(cboClassNumber.Text):mrc.Fields(5)=Trim(txtPhone.Text)
        mrc.Fields(6)=Trim(txtDate.Text):mrc.Fields(7)=Trim(txtAddress.Text)
        mrc.Fields(8) = Trim(txtComment.Text) : mrc.Update
        FrmMain.StatusBarMy.Panels.Item(1).Text = "修改学籍信息成功！"
        cmdFirst.Enabled = True : cmdPrevious.Enabled = True
        cmdNext.Enabled = True : cmdLast.Enabled = True
        txtId.Enabled = False : txtName.Enabled = False
        cboGender.Enabled = False : txtBirthday.Enabled = False
        cboClassNumber.Enabled = False : txtPhone.Enabled = False
        txtDate.Enabled = False : txtAddress.Enabled = False
        txtComment.Enabled = False : mcclean = True
    End If
End Sub
```

（5）退出修改状态。

```
Private Sub cmdCancel_Click()                '退出修改状态
    If Not mcclean Then
        cmdFirst.Enabled = True :  cmdPrevious.Enabled = True
        cmdNext.Enabled = True :  cmdLast.Enabled = True
```

```
        txtId.Enabled = False  :  txtName.Enabled = False
        cboGender.Enabled = False : txtBirthday.Enabled = False
cboClassNumber.Enabled = False : txtPhone.Enabled = False
        txtDate.Enabled = False : txtAddress.Enabled = False
        txtComment.Enabled = False : mcclean = True
    End If
    Call viewData : FrmMain.StatusBarMy.Panels.Item(1).Text = ""
End Sub
```

（6）删除当前记录。

```
Private Sub cmdDelete_Click()             ' 删除当前记录
    sFlag = MsgBox("是否删除当前记录? ", vbOKCancel, "删除记录")
    If sFlag = vbOK Then
        mrc.MoveNext
        If mrc.EOF Then   mrc.MovePrevious : mrc.Delete
        Else  mrc.MovePrevious :  mrc.Delete
            FrmMain.StatusBarMy.Panels.Item(1).Text = "成功删除!"
        End If
    Else
        Exit Sub
    End If
End Sub
```

5．查询学籍信息窗口

单击菜单"学籍管理"⇨"查询学籍信息"命令，弹出如图 21-9 和图 21-10 所示的窗口。在该窗口中，可以进行 3 种最常用的条件性查询：按学号条件查询、按姓名条件查询和按班级条件查询。该窗口上部是以表格的方式显示符合条件的学籍信息，下部"查询记录"中有 3 个复选框（按学号、按姓名、按班级），通过选择复选框及"查询"按钮即可显示相关信息。图中也可以使用"清空"按钮将窗口上部表格中的学籍信息清除。

图 21-9　学籍信息按学号查询窗口

图 21-10　学籍信息按班级查询窗口

具体程序代码如下：

```
Private Sub cmdInquire_Click()            ' 按条件查询
Dim txtSQL As String : Dim MsgText As String
Dim dd(4) As Boolean                      '记录复选框的选择情况
Dim mrc As ADODB.Recordset
msgFlexgrid.Clear
    txtSQL = " Select * from student_Info where "
    If chkId.Value = 1 Then               ' 选中按学号查询
        If Trim(txtId.Text = "") Then
```

```
            FrmMain.StatusBarMy.Panels.Item(1).Text="如果要按学号查询, 请输入学号"
          txtId.SetFocus : Exit Sub
      Else
          If  Not IsNumeric(Trim(txtId.Text)) Then
              FrmMain.StatusBarMy.Panels.Item(1).Text="学号必须为数字型!"
              txtId.SetFocus : Exit Sub
          End If
          dd(0) = True                           '设置按学号查询逻辑值
          txtSQL = txtSQL & "student_Id=    '" & Trim(txtId.Text) & "'"
      End If
   End If
End If
If chkName.Value = 1 Then                        '选中按姓名查询
    If Trim(txtName.Text = "") Then
        FrmMain.StatusBarMy.Panels.Item(1).Text="如果要按姓名查询, 请输入姓名"
        txtName.SetFocus : Exit Sub
    Else
        dd(1) = True                             '设置按姓名查询逻辑值
        If dd(0) = True Then
            txtSQL=txtSQL & "and student_Name='" & Trim(txtName.Text) & "'"
        Else
            txtSQL = txtSQL & "student_Name='" & Trim(txtName.Text) & "'"
        End If
    End If
End If
If chkClassId.Value = 1 Then                     '选中按班级查询
    If Trim(txtClassId.Text) = "" Then
     FrmMain.StatusBarMy.Panels.Item(1).Text="如果要按班级查询, 请输入班级"
        txtClassId.SetFocus : Exit Sub
    Else
        dd(2) = True                             '设置按班级查询逻辑值
        If Not IsNumeric(Trim(txtClassId.Text)) Then
            FrmMain.StatusBarMy.Panels.Item(1).Text = "班级必须为数字型!"
            txtId.SetFocus : Exit Sub
        End If
        If dd(0) = True And dd(1) = True Then
            txtSQL = txtSQL & "and class_No='" & Trim(txtClassId.Text) & "'"
        Else
            txtSQL = txtSQL & "class_No='" & Trim(txtClassId.Text) & "'"
        End If
    End If
End If
If Not (dd(0) Or dd(1) Or dd(2) Or dd(3)) Then
    FrmMain.StatusBarMy.Panels.Item(1).Text = "您还没输入查询方式呢!"
    txtId.SetFocus : Exit Sub
End If
txtSQL=txtSQL & "order by student_id":Set mrc = ExecuteSQL(txtSQL, MsgText)
With msgFlexgrid                                 '显示表格头
    .Row = 1
    .CellAlignment = 4
    .TextMatrix(0, 0) = "学号"        :   .TextMatrix(0, 1) = "姓名"
    .TextMatrix(0, 2) = "性别"        :   .TextMatrix(0, 3) = "出生日期"
    .TextMatrix(0, 4) = "班号"        :   .TextMatrix(0, 5) = "联系电话"
    .TextMatrix(0, 6) = "入校时间"    :   .TextMatrix(0, 7) = "家庭住址"
    Do While Not mrc.EOF                         '循环显示学籍信息
        .Row = .Row + 1
        .CellAlignment = 4
```

```
            .TextMatrix(.Row - 1, 0) = mrc.Fields(0)
            .TextMatrix(.Row - 1, 1) = mrc.Fields(1)
            .TextMatrix(.Row - 1, 2) = mrc.Fields(2)
            .TextMatrix(.Row - 1, 3) = Format(mrc.Fields(3), "yyyy-mm-dd")
            .TextMatrix(.Row - 1, 4) = mrc.Fields(4)
            .TextMatrix(.Row - 1, 5) = mrc.Fields(5)
            .TextMatrix(.Row - 1, 6) = Format(mrc.Fields(6), "yyyy-mm-dd")
            .TextMatrix(.Row - 1, 7) = mrc.Fields(7)
            mrc.MoveNext
        Loop
    End With
    mrc.Close
End Sub
```

6. 系统设置类窗口

学生管理信息系统还提供了若干系统选择设置类窗体,如添加用户、设置密码、设置年级课程和系统初试化等程序模块。可用来添加系统的用户(包括输入用户名、登录密码等);使用若干时间后,可酌情修改密码(选择易于记忆或有意义的密码);随着变化可以设置各年级新开设的课程;系统也可按需设置初始化性质的数据,各种专业的额定学分、基础课的增设与课时调整、专业课课时的调整(如强化面向应用型课程教学的课时数)等。

(1)添加用户。

添加用户的窗口如图 21-11 所示,代码如下:

图 21-11 添加用户窗口

```
Private Sub cmdOK_Click()          ' 添加新用户
Dim txtSQL As String , mrc As ADODB.Recordset,
MsgText As String
    If Trim(txtUserName.Text) = "" Then
        FrmMain.StatusBarMy.Panels.Item(1).Text =
"请输入用户名"
        txtUserName.SetFocus : Exit Sub
    Else
        txtSQL="Select * from user_info" : Set mrc = ExecuteSQL(txtSQL, MsgText)
        While (mrc.EOF = False)
            If Trim(mrc.Fields(0)) = Trim(txtUserName.Text) Then
                FrmMain.StatusBarMy.Panels.Item(1).Text="该用户已存在,请重输!"
                txtUserName.SetFocus
                txtUserName.Text="":txtPassword1.Text="":txtPassword2.Text=""
                Exit Sub
            Else
                mrc.MoveNext
            End If
        Wend
    End If
    If Trim(txtPassword1.Text) = "" Then
        FrmMain.StatusBarMy.Panels.Item(1).Text = "为了安全,密码不为空!"
        txtPassword1.SetFocus:txtPassword1.Text = "" : txtPassword2.Text = ""
    Else
        If  Trim(txtUserName.Text) <> Trim(txtPassword2.Text) Then
            FrmMain.StatusBarMy.Panels.Item(1).Text = "密码输入不一致!"
            txtPassword1.SetFocus:txtPassword1.Text="":txtPassword2.Text=""
            Exit Sub
        Else
            mrc.AddNew              ' 添加新记录并写入表内
```

```
            mrc.Fields(0) = Trim(txtUserName.Text)
            mrc.Fields(1) = Trim(txtPassword1.Text)
            mrc.Update
            mrc.Close
            Me.Hide
            FrmMain.StatusBarMy.Panels.Item(1).Text = "添加用户成功！"
        End If
    End If
End Sub
```

（2）设置年级课程。

设置年级课程的窗口如图 21-12 所示，其中可以由组合框选择年级，单击"课程设置"按钮，在左侧的"所有课程"列表框中会显示已开设的所有课程，通过单击 ──→ 按钮可添加到"已选择的课程"列表框中，反之，也可移出该列表框。最后，通过单击"确认添加"按钮完成年级课程的设置。设置年级课程程序代码如下。

图 21-12　设置年级课程窗口

（1）设置年级课程窗体的载入事件 Form_Load ()，用于产生可供选择的年级项。

```
Private Sub Form_Load()
    cboGrade.AddItem  " "
    cboGrade.AddItem  "大一"      :  cboGrade.AddItem  "大二"
    cboGrade.AddItem  "大三"      :  cboGrade.AddItem  "大四"
End Sub
```

（2）选择课程到"已选择的课程"列表中。

```
Private Sub cmdAdd_Click()
    '把 lstAllCourse（所有课程列表）的选中项添加到 lstSelectCourse（已选择的课程）中去
Dim i As Integer
    If lstAllCourse.ListIndex <> -1 Then
        sFlag = 0
        For i = 1 To lstSelectCourse.ListCount
            If Trim(lstAllCourse.List(lstAllCourse.ListIndex))=Trim(lstSelect
Course.List(i))Then
                sFlag = 1             ' 判断选中项是否存在于 lstSelectCourse 中
            End If
        Next
    If sFlag = 0 Then
      lstSelectCourse.AddItem lstAllCourse.List(lstAllCourse.ListIndex)
    End If
    End If
End Sub
```

（3）从"已选择的课程"列表中移出所选课程。

```
Private Sub cmdDelete_Click()    ' 移出 lstAllCourse()的选中项
    If lstSelectCourse.ListIndex <> -1 Then
        lstSelectCourse.RemoveItem lstSelectCourse.ListIndex
    End If
End Sub
```

（4）从表中取出并显示已开设的课程。

```
Private Sub cmdSet_Click()         ' 功能是进入课程设置，显示已开设的课程
Dim mrc As ADODB.Recordset : Dim txtSQL As String : Dim MsgText As String
Dim i As Integer
    lstAllCourse.Enabled = True : lstSelectCourse.Enabled = True
    cmdModify.Enabled = True : cmdAdd.Enabled = True
```

```
            cmdDelete.Enabled = True
            lstAllCourse.Clear                            ' 清空所有课程列表 lstAllCourse
                lstSelectCourse.Clear                     ' 清空已选择课程列表 lstSelectCourse
            txtSQL = "Select * from course_Info"   ' 从 course_Info 课程表中取出所有已开设的课程
                Set mrc = ExecuteSQL(txtSQL, MsgText)
                While (mrc.EOF = False)
                    lstAllCourse.AddItem mrc.Fields(1)  :  mrc.MoveNext
                Wend
                txtSQL = "Select * from gradecourse_Info"   ' 从 gradecourse_Info 表中筛选出年级
                                                                      与课程
                Set mrc = ExecuteSQL(txtSQL, MsgText)
                mrc.MoveFirst
                While Not mrc.EOF
                    If cboGrade.Text = Trim(mrc.Fields(0)) Then
                        lstSelectCourse.AddItem mrc.Fields(1)
                    End If
                    mrc.MoveNext
                Wend
                mrc.Close
            End Sub
```

（5）单击"确认添加"按钮，确认所设置的课程。

```
Private Sub cmdModify_Click()                  ' 把最终结果加到数据库中
Dim i As Integer : Dim mrc As ADODB.Recordset
Dim txtSQL As String : Dim MsgText As String
txtSQL = "select * from gradecourse_Info where grade='" & Trim(cboGrade.Text) & "'"
    Set mrc = ExecuteSQL(txtSQL, MsgText)
    If mrc.EOF Then
        For i = 1 To lstSelectCourse.ListCount
            mrc.AddNew  :  mrc.Fields(0) = Trim(cboGrade.Text)
            mrc.Fields(1) = Trim(lstSelectCourse.List(i - 1)) : mrc.Update
        Next
        mrc.Close
        FrmMain.StatusBarMy.Panels.Item(1).Text = "课程设置成功!"
    Else
        txtSQL = "delete  from gradecourse_Info where grade='" & _
            Trim(cboGrade.Text) & "'"
        Set mrc = ExecuteSQL(txtSQL, MsgText)
        txtSQL = "select * from gradecourse_Info"
        Set mrc = ExecuteSQL(txtSQL, MsgText)
        For i = 1 To lstSelectCourse.ListCount
            mrc.AddNew  :  mrc.Fields(0) = Trim(cboGrade.Text)
            mrc.Fields(1) = Trim(lstSelectCourse.List(i-1)):mrc.Update
        Next
        mrc.Close:FrmMain.StatusBarMy.Panels.Item(1).Text = "课程设置成功!"
    End If
End Sub
```

7. 其他类窗口

除上述窗口外，还有添加班级信息（见图 21-13）、修改班级信息（见图 21-14）、添加课程信息（见图 21-15）、添加成绩信息（见图 21-16）、修改课程信息（见图 21-17）、修改成绩信息（见图 21-18）、打印成绩信息、查询成绩信息（见图 21-19）、系统使用说明和关于系统的版本说明（见图 21-20）等窗口。

图 21-13 "添加班级信息"窗口

图 21-14 "修改班级信息"窗口

图 21-15 "添加课程信息"窗口

图 21-16 "添加成绩信息"窗口

图 21-17 "修改课程信息"窗口

图 21-18 "修改成绩信息"窗口

图 21-19 "查询成绩信息"窗口

图 21-20 "关于"窗口

由于它们的语句代码编制技巧和前面所述雷同，鉴于篇幅原因就不作详细介绍了。各个窗口中的"退出"按钮代码一样，都在按钮的 click 事件下添加"Unload Me"代码。

21.4 SQL Server 数据库对象设计

学生管理信息系统中还使用 SQL Server 2005 创建了若干数据库对象，如数据库关系图、视图、查询、存储过程、触发器和规则等，以便于系统管理与程序开发。在此，鉴于篇幅仅介绍其中部分常用的内容。

1．创建关系图

关系图是以图形方式显示通过数据连接选择的表或表结构化对象，并显示它们之间的连接关系。在本系统中也对相关表建立了彼此间的关系图，如图 21-21 所示。

图 21-21　SMIS 中数据表间关系图

2．创建视图

使用视图可对数据库中相关表实施 Select…From…Where 语句查询，图 21-22 所示的是视图设计器创建视图的过程（包含了关系图、设计表格、SQL 语句和执行结果），该视图为建立了学籍信息表、成绩信息表和课程信息表间的关联性关系的视图 xsglo，它包括了关系数据库的选择、投影和连接三大运算。创建该视图的具体语句如下：

图 21-22　基于 SMIS 创建的视图及运行结果

```
CREATE VIEW xsglo
 AS
    SELECT TOP 100 PERCENT dbo.student_Info.student_ID, dbo.student_Info.
student_Name,
        dbo.student_Info.class_No,dbo.student_Info.tele_Number,dbo.
student_Info.ru_Date,
        dbo.student_Info.address,dbo.result_Info.exam_No, dbo.result_Info.
course_Name
      FROM dbo.course_Info INNER JOIN
        dbo.student_Info INNER JOIN
        dbo.result_Info ON dbo.student_Info.student_ID = dbo.result_Info.
student_Id ON
```

```
            dbo.course_Info.course_Name = dbo.result_Info.course_Name
       WHERE  dbo.student_Info.student_ID > '10'
       ORDER BY dbo.student_Info.student_ID, dbo.student_Info.class_No
Go
```
系统中还有其他视图在此就不一一列举了。

3．创建存储过程

存储过程可以使得对数据库的管理、显示数据库及其用户信息的工作变得容易。存储过程以一个名称存储并作为一个单元处理。存储过程存储在数据库内，可由应用程序通过一个调用执行，而且允许用户声明变量、有条件执行以及其他强大的编程功能。存储过程可包含程序流、逻辑以及对数据库的查询。

本系统中使用存储过程完成了对数据表进行查询的功能，建立了名为 xsglpro 的存储过程，图 21-23 所示的是使用查询分析器和 Transact-SQL 语句建立的名为 xsglpro 存储过程。存储过程语句如下：

图 21-23　SMIS 所创建的存储过程对话框

```
CREATE PROCEDURE xsglpro AS
SELECT  TOP  100  PERCENT  dbo.student_Info.student_ID,  dbo.student_Info.
student_Name,
      dbo.student_Info.class_No,
dbo.student_Info.tele_Number,dbo.student_Info.address,
      dbo.result_Info.result, dbo.result_Info.course_Name, dbo.result_ Info.
exam_No
FROM dbo.result_Info INNER JOIN
      dbo.student_Info ON
      dbo.result_Info.student_Id = dbo.student_Info.student_ID
WHERE (dbo.student_Info.student_ID > '10')
ORDER BY dbo.student_Info.student_ID DESC
```

本 章 小 结

数据库设计的内容主要包括两个方面的内容：① 结构设计，即设计数据库框架或数据库结构；② 行为设计。其设计过程主要包括需求分析、概念结构设计、逻辑结构设计、物理结构设计、数据库实施、数据库运行和维护6个过程。本章介绍了数据库的规划与设计和学生管理信息系统实例。

　　学生管理信息系统实例首先介绍了系统需求分析、主要任务、系统总体功能模块结构、系统数据流程、数据库概念结构设计、数据库逻辑结构设计、数据库物理结构设计、数据库的实现；其次，详细剖析了 SMIS 应用程序的编制，包括创建主控窗体、创建公用模块、创建学籍信息输入窗体、修改学籍信息窗体、查询学籍信息窗体、系统设置类窗体、视图与存储过程的使用等。

思考与练习

一、选择题

1. 新奥尔良数据库设计方法不包括＿＿＿＿步骤。
　　A. 需求分析　　　　　B. 概念设计　　　　　C. 逻辑设计　　　　　D. 物理实施
2. 数据库设计的内容包括：结构设计和＿＿＿＿。
　　A. 行为设计　　　　　B. 逻辑设计　　　　　C. 需求设计　　　　　D. 物理设计
3. 数据库物理结构设计主要是对数据库在物理设备上的＿＿＿＿的设计。
　　A. 存储媒体　　　　　B. 逻辑结构　　　　　C. 存储结构　　　　　D. 物理结构
4. 数据库应用系统的试运行对数据库＿＿＿＿。
　　A. 进行备份　　　　　B. 逻辑恢复　　　　　C. 存储备忘　　　　　D. 物理恢复
5. SMIS 概念结构设计就是＿＿＿＿方法的分析与设计，
　　A. OOP　　　　　　　B. E-R　　　　　　　C. OOD　　　　　　　D. OOA

二、简述与实验

1. 试问数据库设计内容主要包括哪些方面？
2. 试问创建 Module1 公用模块有何益处？
3. 简述数据库设计的整个过程，并简要画出其过程图。
4. 简述实施 E-R 方法的基本步骤，简述数据库实施的具体步骤。
5. 试述逻辑结构设计的具体任务，简述 SIMS 的主要任务。
6. 使用 Visual Basic/SQL Server 设计一个职工工资信息管理系统，基本功能包括：
　　（1）职工基本信息的添加、删除、修改与查询。
　　（2）职工工资信息的添加、删除、修改与查询。
　　（3）职工基本信息与职工工资信息的统计和具体报表。

实验一　SQL Server 2005 管理工具的使用

一、实验目的

① 理解 SQL Server 2005 服务器安装的过程与方法。

② 掌握 SQL Server Management Studio 尤其是其中查询编辑器的基本使用方法。

③ 掌握 SQL Server 配置管理器的基本使用方法。

④ 熟悉数据库下表及其他数据库对象的使用。

二、实验准备

① 了解 SQL Server 2005 各种版本安装的软、硬件要求和安装的过程。

② 了解 SQL Server 2005 支持的身份验证模式。

③ 了解 SQL Server 2005 各组件的主要功能。

④ 对数据库、表及其他数据库对象有一个基本了解。

⑤ 了解在查询编辑器中执行 SQL 语句的方法。

三、实验内容

实验内容包括如下所述的 6 个方面的内容。

1. 安装 SQL Server 2005

根据软硬件环境，选择一个合适的 SQL Server 2005 版本，参阅 2.4 节 SQL Server 2005 安装技巧进行安装，也可以尝试利用"模拟机软件"来虚构硬盘安装该软件。

2. SQL Server Management Studio 启动与关闭

① 启动 SQL Server 管理平台的方法是：单击"开始"⇨"程序"⇨Microsoft SQL Server 2005⇨SQL Server Management Studio 命令。

② 打开 Microsoft SQL Server Management Studio 窗口，并先弹出"连接到服务器"对话框，如图 A-1 所示。在"连接到服务器"对话框中，可采用默认设置（Windows 身份验证），再单击"连

接"按钮即可连接登录到服务器。

③ 要关闭与退出 Microsoft SQL Server Management Studio 关闭与退出，只需单击该窗口右上角的✕按钮。

3. SQL Server Management Studio 组件使用

默认情况下，SQL Server Management Studio 启动后将显示三个组件窗口，如图 A-2 所示。

（1）使用已注册的服务器组件窗口更改缺省服务器。

已注册的服务器和后述的对象资源管理器具有丰富的更多的功能。尝试注册"电子商务"数据库。

图 A-1   打开与连接 SQL Server Management Studio 过程示意图

① 在"已注册的服务器"工具栏上，右击"数据库引擎"，从弹出的菜单中选择"新建" ⇨ "服务器注册"命令，可打开"新建服务器注册"对话框。

② 在"服务器名称"文本框中输入 SQL Server 2005 实例的名称，在"已注册的服务器名称"文本框中输入要更新的服务器名称。

③ 在"连接属性"选项卡的"连接到数据库"列表框中，选择"电子商务"，再单击"保存"按钮。

（2）对象资源管理器组件窗口。

对象资源管理器是服务器中所有数据库对象的树型视图，对象资源管理器包括与其连接的所有服务器的信息。

对象资源管理器组件的连接方法是：

- 在对象资源管理器的工具栏上，单击"连接"下拉列表，从中选择"数据库引擎"，将打开"连接到服务器"对话框。
- 在"服务器名称"文本框中输入 SQL Server 实例的名称。
- 单击"选项"按钮，然后浏览各选项；单击"连接"按钮，连接到服务器。如果已经连接，则将直接返回到对象资源管理器，并将该服务器设置为焦点。

连接到 SQL Server 的某个实例时，对象资源管理器会显示外观和功能与 SQL Server 2000 企业管理器中非常相似可具有很强的功能。注：在 SQL Server Management Studio 中，系统数据库单独放在一个文件夹中。

（3）查询编辑器的使用。

SQL Server Management Studio 是一个集成开发环境，可用于编写 T-SQL，与以前版本的 SQL Server 查询编辑器类似。其中集成了用于编写 T-SQL 语句的编辑器。在 SQL Server Management Studio 中，单击工具栏的"新建查询"按钮，在右下方可打开查询编辑器代码窗口，输入 SQL 语句，执行的结果将显示在查询结果窗口中。

（4）查询编辑器多代码窗口运用。

可以配置多代码窗口，即以多种方式同时显示和操多个代码窗口，方法为：

① 在"SQL 编辑器"工具栏中，利用"新建查询"按钮，打开两个查询编辑器窗口。若要水平显示两个查询窗口并同时查看两个代码窗口，请右击查询编辑器的标题栏，然后在弹出的菜单中选择"新建水平选项卡组"命令即可。

② 单击上面的查询编辑器窗口将其激活，再单击"新建查询"按钮，打开第三个查询窗口。该窗口将显示为一个选项卡。

③ 在"窗口"菜单中或在相应选项卡右键弹出的菜单上，单击"移动到下一个选项卡组"。第三个窗口将移动到下面的选项卡组中。使用这些选项，可以用多种方式配置窗口。

④ 若要关闭相关查询窗口，只要单击该对话框右上角的✖按钮即可。

（5）查询编辑器的连接与代码执行。

SQL Server 管理平台允许在与服务器断开连接时编写或编辑代码，这在服务器不可用或服务器与网络资源短缺及脱机状态时非常有用。用户可以更改查询编辑器与 SQL Server 实例的连接，而无需打开新的查询编辑器窗口或重新输入代码。连接到服务器以执行代码的方法是：

① 在 Management Studio 工具栏上，单击"数据库引擎查询"按钮，打开查询编辑器。

② 在查询编辑器中输入 T-SQL 语句：

```
SELECT 学生.学号，学生.姓名，成绩.课程名，成绩.成绩
FROM 成绩 INNER JOIN 学生 ON 成绩.学号=学生.学号
```

输入的代码按类别显示为不同颜色。代码程序语句输入技巧：

- 注释脚本行或取消注释。利用工具栏中的"注释选中行"按钮可以为当前选中的脚本行加上注释；也可以利用取消注释来为已经加上注释的脚本取消注释。
- 减少缩进或增加缩进。代码的层次缩进是增进代码可读性的重要措施。在查询编辑器中，可以利用工具栏中的"减少缩进"按钮或"增加缩进"按钮为选中的行增加缩进或减少缩进。

③ 分析代码。分析代码主要是检查代码中的语法错误。

④ 执行代码。按【F5】键或单击工具栏中的"执行"按钮即可执行代码。另外，如果选中了多行代码，则只执行选中部分的代码。

（6）模板资源管理器。

SQL Server Management Studio 附带了用于许多常见任务的模板。这些模板是包含必要表达式的基本结构的文件，以便在数据库中新建对象。单击菜单"视图" ⇨ "模板资源管理器"命令，打开"模板资源管理器"窗口，如图 A-3 所示。若要查看不同类型服务的语法模板，可以单击"模板资源管理器"窗口最上方的图标进行切换。

图 A-2 模板资源管理器   图 A-3 模板资源管理器

有三种不同的语法模板：SQL Server 模板、分析服务器模板和 SQL Mobile 模板。

（7）更改环境布局。

SQL Server Management Studio 的各组件会占用屏幕空间。为了腾出更多空间，可以关闭、隐藏或移动其对应组件。

① 关闭和隐藏组件。

- 在已注册的服务器对话框中，单击已注册的服务器右上角的 ☒ 按钮（如图 2-25 所示），即可将其关闭。
- 在对象资源管理器中，单击 ☖ 按钮（如图 2-26 所示），对象资源管理器即被最小化到屏幕的左侧。
- 再次单击 ☖ 按钮，对象资源管理器驻留在打开的位置。
- 单击菜单"视图"⇨"已注册的服务器"命令，可以将"已注册的服务器"面板打开或隐藏。

② MDI 环境模式的布局设置。

在 SQL Server Management Studio 中，单击菜单"工具"⇨"选项"命令，弹出"选项"对话框。在左侧展开"环境"，再单击"常规"，在右侧区域中，单击"MDI 环境"单选按钮，再单击"确定"按钮，如图 2-28 所示。此时，各查询子窗口分别浮动在文档窗口中。此时，每个查询子窗口相当于 SQL Server 2000 的查询编辑器查询窗口。

4. SQL Server 配置管理器

启动 SQL Server 配置管理器的方法是：单击"开始"⇨"程序"⇨Microsoft SQL Server 2005⇨"配置工具"⇨SQL Server Configuration Manager 命令。而后，可以管理服务、更改服务使用的账户、管理服务器和客户端网络协议等。管理服务器和客户端网络协议主要包括：强制协议加密、启用、禁用网络协议，查看别名属性或启用/禁用协议等功能。

5. SQL Server Profiler

使用 SQL Server 事件探查器（SQL Server Profiler）可以执行：创建基于可重用模板的跟踪；当跟踪运行时监视跟踪结果；将跟踪结果存储在表中；根据需要启动、停止、暂停和修改跟踪结果；重播跟踪结果等操作。SQL Server Profiler 的使用方法如下：

（1）单击"开始" ⇨ "程序" ⇨Microsoft SQL Server 2005⇨ "性能工具" ⇨SQL Server Profiler 命令，弹出如图 2-33 所示的对话框。

（2）单击菜单"文件" ⇨ "新建跟踪"命令，并连接上服务器，出现"跟踪属性"对话框，按图 2-33 所示进行设置。

6. SqlCmd 命令行工具程序简单使用

使用 SqlCmd 的第一步是启动。启动 SqlCmd 时，可以指定也可以不指定连接的 Microsoft SQL Server 实例。

① 单击"开始" ⇨ "程序" ⇨ "附件" ⇨ "命令提示符"命令，在命令提示符处输入 SqlCmd 命令，并按 Enter 键。

② 进入到 SqlCmd 公用程序，1>是 SqlCmd 提示符，可以指定行号。每按一次 Enter 键，显示的数字就会加 1。GO 命令会把累积下来的可执行 SQL 命令传递到服务器端，并返回结果。

例如，在命令符下输入：

```
C: ﹥ SqlCmd（Enter 键）
1> SELECT TOP 10 学号, 姓名, 班级编号,学分 FROM 学生
1>GO
```

四、练习

（1）用 SQL Server Management Studio 中的对象资源管理器组件和查询编辑器查看 Northwind 数据库中的 Orders 表和 Customers 表的内容。

（2）试完成 SQL Server Management Studio 启动与关闭、已注册服务器的停止、重新启动与连接的实验过程。

（3）试用查询编辑器完成信息管理下列多表查询实验（若无此条件数据，请自行添加）。

```
SELECT  *  FROM 课程
    WHERE   EXISTS
        (SELECT  *  FROM 成绩  WHERE 课程名='计算机网络')
```

（4）试完成查询编辑器多代码窗口的熟悉使用实验。

（5）试完成熟悉模板资源管理器的使用，并据此完成创建一个学生管理数据库的实验。

（6）试完成 SQL Server Management Studio 下移动组件和配置管理器的实验。

（7）利用屏幕复制与 Word 的相关功能，以图文并貌方式记载上述实验的主体过程。

实验二　创建数据库和表

一、实验目的

（1）了解 SQL Server 2005 数据库的逻辑结构和物理结构及其结构特点。

（2）了解 SQL Server 的基本数据类型及空值的概念。

（3）掌握在 SQL Server Management Studio 中创建数据库和表。

（4）掌握在 SQL Server 管理平台的查询编辑器中使用 T-SQL 语句创建数据库和表。

（5）理解数据完整性约束原理与基本操作技能。

二、实验准备

（1）明确能够创建数据库的用户必须是系统管理员，或是被授权使用 CREATE DATABASE 语句的用户。

（2）创建数据库必须要确定数据库名、所有者（即创建数据库的用户）、数据库大小（最初的大小、最大的大小、是否允许增长及增长的方式）和存储数据的文件。

（3）确定数据库所包含的表以及各表的结构，了解 SQL Server 2005 的常用数据类型，了解创建数据库和表的常用方法，了解数据完整性约束原理与基本操作技能。

三、实验内容

实验内容包括如下所述的 3 个方面的内容。

1．规划数据库与表

规划、设计与创建用于学生管理的"学生管理"数据库，该库包含四个名为"学生"、"课程"、"成绩"和"班级"的数据表。各表的结构分别见表 A−1、表 A−2、表 A−3 和表 A−4，要求创建后每表至少输入 8 条数据记录（在实验过程中倘若数据条件不足，可自行修改完善）。

表 A-1　"学生"表信息结构

列　　名	数据类型与长度	空　　否	说　　　明
学号	varchar(6)	Not Null	学生学籍编号，主键
姓名	varchar(8)	Not Null	学生姓名
性别	Char(2)	Not Null	学生性别
出生日期	Smalldatetime	Not Null	学生出生日期
班级编号	varchar(10)	Not Null	学生所在班级编号，外键
学分	Numeric(9,1)	Null	学生所获得的学分
区域	varchar(4)	Null	学校所在区域
校名	varchar(30)	Not Null	学生所在校名
住址	varchar(30)	Null	学生居住的家庭地址
电话号码	varchar(20)	Not Null	学生所用的电话号码
特长	varchar(20)	Null	学生具有的特长与爱好

表 A-2　"课程"表信息结构

列　　名	数据类型与长度	空　　否	说　　　明
序号	int	Not Nul	记录编号，IDENTITY 应用
课程号	varchar(8)	Not Null	课程的编号，主键
课程名	varchar(30)	Not Null	课程的名称
课程学时	Numeric(8)	Not Null	课程的学时数
课程学分	Numeric(9,1)	Not Null	课程的学分数
课程性质	varchar(4)	Not Null	该课程是考试还是考查课
课程类型	varchar(4)	Not Null	该课程是必修还是选修课

表 A-3 "成绩"表信息结构

列 名	数据类型与长度	空 否	说 明
学号	varchar(6)	Not Null	学生学籍编号，主键或唯一键
课程号	varchar(8)	Not Null	课程的编号，外键
课程名	varchar(30)	Not Null	课程的名称
成绩	Numeric(8,1)	Not Null	该课程获得的成绩
补考成绩	Numeric(8,1)	Null	该课程获得的补考成绩
所在学期	varchar(8)	Not Null	该课程开设的学期

表 A-4 "班级"表信息结构

列 名	数据类型与长度	空 否	说 明
班级编号	varchar(10)	Not Null	班级的编号，主键
班级名称	varchar(30)	Not Null	班级的名称
院系	varchar(30)	Not Null	所属学院或系
学生数	Numeric(8)	Not Null	班级包含的学生个数
辅导员	varchar(8)	Not Null	辅导员姓名
班导师	varchar(8)	Not Null	专业指导老师姓名
自修教室	varchar(18)	Null	班级学生自修的教室

2. 创建学生管理数据库与相关表

（1）在 SQL Server Management Studio 中创建学生管理数据库。

要求数据库 XSGL 初始大小为 10MB，最大为 40MB，数据库自动增长，增长方式是按 5%比例增长；日志文件初始为 2MB，最大可增长到 10MB，按 1MB 增长。数据库的逻辑文件名和物理文件名均采用默认值，分别为 XSGL_DATA 和 C:\Program Files\Microsoft MSSQL\DATA\XSGL_DATA.MDF，事务日志的逻辑文件名和物理文件名也均采用默认值，分别为 XSGL_LOG 和 C: \Program Files\Microsoft \MSSQL\DATA\ XSGL_ LOG.LDF。

以系统管理员 Adminstrator 或 SQL Server 2005 的 sa 用户及授权使用 CREATE DATABASE 语句的用户登录 SQL Server 服务器。启动 SQL Server Management Studio，右击数据库结点，在弹出的快捷菜单中选择"新建数据库"命令，然后，输入数据库名"学生管理"；切换至"数据文件"选项卡，设置增长方式和增长比例；切换至"事务日志"选项卡，设置增长方式和增长比例。

在"数据文件"选项卡和"事务日志"选项卡中，可以分别指定数据库文件和日志文件的物理路径等特性，为便于附加与分离数据库、备份与恢复数据库，也可将物理路径直接设置为 C: \XSGL 下（XSGL 为一级文件夹）。

（2）用 Transact–SQL 语句创建 XSGL 数据库。

按照上述要求创建 XSGL 数据库。打开查询编辑器，在该窗口中输入如下 T–SQL 语句：

```
create database XSGL
on  name='XSGL_data',
    filename='c: \program files\microsoft\mssql\data\XSGL_data.Mdf,
    size=10mb,maxsize=40mb,filegroth=5%)
```

```
log on
  (name='XSGL_log',
  filename='c: \program files\microsoft\mssql\data\XSGL_log.ldf,
  size=2mb,maxsize=10mb,filegrowth=1mb)
go
```

单击快捷工具栏的"执行"图标或按【F5】键执行上述语句，并用 SQL Server Management Studio 查看执行结果。注意输入中的全角与半角符号。

（3）使用 SQL Server Management Studio 创建表。

在 SQL Server Management Studio 中右击 XSGL 数据库：新建→表→输入学生（课程、成绩和班级）表中各字段信息→单击保存图标→输入表名：学生（课程、成绩和班级），即创建了表学生（课程、成绩和班级）。按同样的操作过程创建其他表，还可按需设置主键、唯一键和外键等。

（4）使用 Transact-SQL 语句创建学生、课程、成绩和班级表。

启动查询编辑器，在该窗口中输入如下 T-SQL 语句：

```
USE XSGL
go
  CREATE TABLE 学生 (学号 char(6) NOT NULL, 姓名 char(8) NOT NULL ,性别
  char(2) NOT NULL , 出生日期 smalldatetime NOT NULL , 班级编号 char(10) NOT
NULL ,
  学分 numeric(8,1) NOT NULL , 区域 char(4) NOT NULL , 校名 char(24) NOT NULL ,
  住址 varchar(30) , 电话号码 varchar(20) , 特长 varchar(20) ,
  CONSTRAINT PK_student_id PRIMARY KEY (学号))
  ON [PRIMARY]
go
CREATE TABLE 课程(序号 int NOT NULL IDENTITY(1,1),课程号 char(8) NOT NULL,
  课程名 char(30) NOT NULL,学时 char(10) NOT NULL DEFAULT 0, 学分 char(10)
  NOT NULL, 课程性质 varchar(4) Not Null, 课程类型 varchar(4) Not Null ,
  CONSTRAINT PK_course_id PRIMARY KEY(课程号) )
  ON [PRIMARY]
Go
CREATE TABLE 成绩( 学号 char(6) NOT NULL, 课程号 char(8) NOT NULL,课程名
  char(30) NOT NULL, 成绩 int NOT NULL, 补考成绩 int NOT NULL , 所在学期
  varchar(8) Not Null )
  ON [PRIMARY]
Go
```

单击快捷工具栏的"执行"图标或按【F5】键，执行上述语句，即可创建表对应表。用同样的操作过程创建"班级"表，并在 SQL Server Management Studio 在查看结果，并参照"6.5 数据管理"一节和"实验三"完成表数据管理，主要包括表数据的插入、修改和删除。

三、管理数据库与表

（1）修改数据库。

创建数据库后，可以使用 SQL Server Management Studio 或 Transact-SQL 语言修改数据库，参阅本书 4.3 节"修改数据库"并完成实验。

（2）查看数据库信息。

使用与修改数据库经常需要了解数据库的信息，此时可用 SQL Server Management Studio 或 Transact-SQL 命令来实现，参阅本书 4.4 节"查看数据库信息"并完成实验。

（3）压缩数据库。

数据库在使用一段时间后也可压缩数据库,方法包括使用 SQL Server 管理平台和 Transact-SQL

语言压缩数据库两种方式，参阅本书 4.5 节"压缩数据库"并完成实验。

（4）删除数据库。

当数据库不再被使用或者因为数据库有损坏而无法正常运行时，用户可按需从数据库系统中删除数据库。删除数据库可使用 SQL Server 管理平台收缩数据库和使用 Transact-SQL 语言压缩数据库，参阅本书 4.6 节"删除数据库"并完成实验。

（5）修改表。

在建立一个表后，在使用过程中经常会发现原来创建的表可能存在结构、约束等方面的问题。在这种情况下，可进行修改表。修改表结构一般使用两种方法：使用 SQL Server 管理平台和使用 Transact-SQL 语言修改表，参阅本书 6.2 节"修改表"并完成实验。

（6）删除表。

可以使用 SQL Server 管理平台和 T-SQL 语言两种方法删除表，参阅本书 6.3 节"删除表"并完成实验。

（7）数据管理。

创建表后，最需要做的是在表中进行数据管理。表数据管理主要包括表数据的插入、修改和删除。可以使用 SQL Server 管理平台创建索引，也可以使用 Transact-SQL 语言创建索引，参阅本书 6.5 节"数据管理"并完成实验。

（8）索引管理。

SQL Server 中可以使用 SQL Server 管理平台创建索引或使用 Transact-SQL 语言创建索引，参阅本书 6.6 节"索引管理"并完成实验。

（9）数据完整性管理。

数据完整性管理可以通过约束来展现，是通过限制列中的数据、行中的数据以及表之间数据来保持数据完整性，参阅本书 5.3 节"约束"并完成实验。

四、练习

（1）试用 SQL Server Management Studio 和查询编辑器创建"学生"数据库，并在其中库中创建学生表（STUDENT）、课程表（COURSE）和选课表（SC），库的大小、表的名字与结构上述相仿或自定。

（2）试完成第 6 章的思考与实验中题 1、题 2、题 3 的实验过程。

（3）试完成第 6 章的思考与实验中题 4、题 5 的实验过程。

（4）试完成第 4 章的思考与实验中题 1、题 3、题 5、题 7 的实验过程。

实验三　表数据库插入、修改和删除

一、实验目的

（1）掌握在 SQL Server Management Studio 中对表进行插入、修改和删除数据的操作。

（2）掌握使用 T-SQL 语句对表进行插入、修改和删除数据的操作。

（3）了解 T-SQL 语句对表数据库操作的灵活控制功能。

二、实验准备

（1）理解对数据库表的插入、修改和删除都属于对数据的更新操作，对表数据的操作可以在 SQL Server Management Studio 中进行，也可以由 Transact-SQL 语句实现。

（2）掌握 Transact-SQL 中用于对表数据进行插入、修改和删除的命令分别是 INSERT、UPDATE 和 DELETE（或 TRANCATE TABLE）。

（3）通过使用了解 Transact-SQL 语句对表数据进行插入、修改及删除与使用 SQL Server Management Studio 操作表数据间的差异性、灵活性和功能性等。

三、实验内容

实验内容包括如下所述的个方面的内容。

1．插入数据

可以分别使用 SQL Server 管理平台和 Transact-SQL 语句向在实验二中建立的"学生管理"数据库对象：学生、课程、成绩和班级表插入多行数据信息。

（1）使用 Transact-SQL 在表中插入数据。

在 SQL Server 管理平台的查询编辑器窗口中输入如下 Transact-SQL 语句，且在"可用数据库"列表中选择"学生管理"数据库。

```
INSERT INTO 学生(学号,姓名,性别,出生日期,班级编号,学分,区域,校名)
    VALUES('090201','李  键','男',1981-1-17,'094021110',45,'东北',  '财经大学')
INSERT INTO 学生(学号,姓名,性别,出生日期,班级编号,学分,区域,校名)
    VALUES('040203','姚 青','男',1983-1-17,'09021111',42,'西南','上海交通大学')
INSERT INTO 学生                    --使用省略 INSERT 子句列表方法插入数据
    VALUES('090203', '姚幕亮','男',1988-5-18, '09021110',55,'西南','上海应用技
术学院')
```

（2）使用 INSERT...SELECT 语句在表中插入数据。

在建立学生备用表的基础上利用 INSERT...SELECT 语句插入数据；

```
INSERT INTO 学生备用 (学号,姓名,性别,学分, 区域, 校名)
    SELECT 学号,姓名,性别,学分, 区域, 校名
        FROM 学生 WHERE 区域='西南'
```

（3）使用 SELECT INTO 语句在表中插入数据。

```
SELECT  学号,姓名,性别,出生日期,班级编号  into 学生 BF
    FROM 学生     WHERE 区域='东北'
```

（4）使用使用 SQL Server 管理平台在表中插入数据。

在 SQL Server Management Studio 中，右击要插入数据的课程表，从弹出的快捷菜单中选择"打开表"命令，在打开的窗口中逐字段输入各记录值，输入完后关闭窗口。依此类推，可完成向"学生"、"成绩"和"班级"表插入数据。

2．更新数据

分别使用 SQL Server 管理平台和 Transact-SQL 语句在所建立的"学生管理"数据库对象："学生"、"课程"、"成绩"和"班级"表中更新表数据信息。

（1）使用 Transact-SQL 在表中更新数据。

在 SQL Server 管理平台的查询编辑器窗口中输入如下 Transact-SQL 语句，且在"可用数据库"

列表中选择"学生管理"数据库。

```
UPDATE 学生  SET 学分=学分*1.25
        WHERE  班级编号='09021112'
```

单击快捷工具栏的"执行"图标或按【F5】键，执行上述语句将班级编号为 09021112 的学生学分改为原学分的 1.25 倍。在 SQL Server 管理平台打开该表，观察其变化。

（2）使用使用 SQL Server 管理平台在表中更新数据。

在 SQL Server Management Studio 中，右击要**更新**数据的成绩表，从弹出的快捷菜单中选择"打开表"命令，在打开的窗口中逐字段输入各记录值，输入完后关闭窗口。依此类推，可完成向"学生"、"课程"和"班级"表插入数据。

3. 删除数据

在 SQL Server 管理平台的查询编辑器窗口中输入如下 Transact-SQL 语句，且在"可用数据库"列表中选择"学生管理"数据库。

```
DELETE  FROM  学生
    WHERE 校名='华东师范大学'
```

同样，尚可在 SQL Server 管理平台完成其他表的数据删除，也可以使用 TRANCATE TABLE 语句删除表中所有行

```
use 学生
trancate table gzqk
go
```

四、练习

（1）试用两种方法完成向"学生"表中插入 3 条自拟数据的实验。

（2）试用两种方法完成在"课程"表中更新数据、删除的实验。

实验四　视图、函数与 Transact-SQL 语言

一、实验目的

（1）掌握视图的管理与使用方法。

（2）熟悉变量与函数的使用方法。

（3）理解 SQL 程序结构与流控制语句的使用和 SQL 程序结构语句的编写技能。

二、实验准备

（1）了解视图的概念和使用方法。

（2）了解与预习变量与函数等的内涵与使用方法。

（3）了解程序结构与流控制语句的内涵和 SQL 程序结构语句的编写技能。

三、实验内容

1. 管理视图

（1）创建视图。

① 使用 SQL Server 管理平台创建视图可参阅本书 9.2.1 节所述。

② 使用 T-SQL 语言创建名为"学生班级"的视图，并对视图定义文本进行加密存储。

```
CREATE VIEW 学生班级 WITH  ENCRYPTION
AS   SELECT a.学号,a.姓名,b.班级名称  FROM 学生 a, 班级 b
   WHERE a.班级编号=b.班级编号
```

③ 按照校名计算各个学校学生的平均学分。

（注：使用函数时，必须在 CREATE VIEW 语句中为派生列指定列名。）

```
CREATE VIEW 平均学分视图  AS
   SELECT 校名,AVG(学分) as 平均学分
   FROM 学生 GROUP BY 校名
```

（2）修改与删除视图。

① 使用 SQL Server 管理平台修改视图可参阅本书 9.3.1 节所述。

② 修改"学生成绩"视图，调整条件参数。

```
ALTER VIEW 学生成绩
AS  SELECT * FROM 成绩  WHERE 成绩>95
   WITH CHECK OPTION
```

③ 用 Transact-SQL 语句删除"学生成绩"，并再度建立（后欲用之），

```
DROP VIEW  学生成绩
CREATE  VIEW 学生成绩  AS
SELECT 学号,姓名,性别,学分,区域,校名  FROM 学生
```

2. 函数使用

（1）数学函数的使用。

● SELECT ABS(–1.0), ABS(0.0), ABS(1.0), PI()

● 数学 RAND 函数应用：通过 RAND 函数产生的不同的随机值。

```
DECLARE @counter smallint
   SET @counter = 1
   WHILE @counter < 3
      BEGIN
         SELECT RAND(@counter) Random_Number
         SET NOCOUNT ON
         SET @counter = @counter + 1
         SET NOCOUNT OFF
   END
GO
```

● 数学 SIGN 函数应用：返回从–1~1 的 SIGN 数值。

```
DECLARE @value real
   SET @value = -1
   WHILE @value < 2
      BEGIN
         SELECT SIGN(@value)
      SELECT @value = @value + 1
   END
```

（2）聚合（统计）函数的使用。

```
USE pubs
SELECT AVG(advance), SUM(ytd_sales)  FROM titles  WHERE type = 'business'
```

（3）字符串函数的使用。

● 字符串函数的简单使用。

```
select ascii(45) ,lower ('ABC'), upper('xyz')
select str(-478.456,8,2), left('SQL Server',3), upper('xyz')
```

```
select rtrim(ltrim('头尾无空格   ')), replicate('广域网',3)
```
- 字符串函数综合应用：从字符串中返回部分字符串。
```
use 信息管理
select 姓名,区域,校名,substring(校名,4,6)  from 学生
where 校名 like '%大学%' and 区域='西南'
```
（4）日期和时间函数的使用。
- 日期和时间函数的简单使用。
```
select getdate(), day(getdate()), month(getdate()), year(getdate())
```
- 日期函数综合应用-返回两个指定日期的差值，结果如图 A-4 所示。
```
USE 信息管理
SELECT  DATEDIFF(year, 出 生 日 期 ,
getdate()) AS 年龄, DATEDIFF(month,
出生日期, getdate())  AS 月份数  FROM
学生  WHERE 校名='复旦大学'
```

图 A-4　日期函数综合应用

3. T-SQL 语言

（1）IF...ELSE 结构实例：判断数值大小，打印运算结果。
```
declare @q int, @r int, @s int
select  @q = 4,  @r =8,  @s=16
if  @q > @r
print 'q > r '        -- 打印字符串"q > r"
    else if @r > @s
        print 'r > s'
        else print 's > r'
```
（2）练习例 7-21：使用循环计算所给局部变量的变化值。

（3）练习例 7-18：用 CASE 结构的 SELECT 语句更改图书分类显示。

（4）练习例 7-10：声明局部变量 gh、xm 并赋值，并引伸各种赋值形式。

四、练习

（1）试完成例 9-7、例 9-8、例 9-9 和第 9 章的"思考与实验"中题 11。

（2）试完成第 7 章的"思考与实验"中题 5、题 9、题 11 的实验过程。

（3）试用附录 C 中：例 C-4、例 C-6、例 C-12、例 C-11、例 C-22、例 C-26、例 C-30、例 C-49 的函数实验。

（4）试完成例 7-11：查询编号为 10010001 员工姓名和工资，分别赋予变量 name 和 wage。

实验五　数据查询

一、实验目的

（1）重点掌握 SELECT 语句的使用方法及子查询（嵌套查询）的使用。

（2）掌握连接查询的使用与 COMPUTER BY 子句的作用和使用方法。

（3）掌握 SELECT 语句的统计函数的作用和使用方法。

（4）掌握 SELECT 语句的 GROUP BY 和 ORDER BY 子句的作用和使用方法。

二、实验准备

（1）了解 SELECT 语句的基本语法格式与执行方法。

（2）了解子查询（嵌套查询）的表示方法。

（3）了解 SELECT 语句的统计函数的作用。

（4）了解 SELECT 语句的 GROUP BY 和 ORDER BY 子句的作用。

三、实验内容

实验内容包括如下几方面的内容。

1. 基本 SELECT 语句的使用

（1）从"学生"表中检索学分在 308～435 间的行。

```
use 信息管理
SELECT  *  FROM  学生
    WHERE  学分 BETWEEN  308  AND  435
```

（2）从"课程"表中检索出课程名末尾字符为"原理"的课程。

```
SELECT  *  FROM 课程
    WHERE 课程名 LIKE '%原理'
```

（3）从"学生课程"表中检索"学分"与列表中某学分匹配的行。

```
SELECT  *
    FROM  学生
        WHERE  学分 IN ( 305 , 328 , 335 , 355 , 375)
```

（4）试用成绩表设计一例包含指定别名的三种格式的应用。

```
SELECT 学号 研究生学号, (课程名+ CAST(成绩 AS VARCHAR(4)))
    AS 课程成绩,二次考试成绩=补考成绩
FROM 成绩
```

2. 连接查询的使用

（1）用连接完成一个"课程"与"成绩"表的内连接查询，并要求课程名末尾包括"学"字符。

```
SELECT  b.学号,a.课程号, a.课程名, a.学时, a.学分, b.成绩
    FROM 课程 a  INNER JOIN 成绩 b  ON  a.课程号 = b.课程号 and b.成绩>=80
        WHERE 课程名 LIKE '%学'
```

（2）试用左向外连接完成"课程"与"成绩"表的外连接查询，运行结果如图 8-25 所示。

```
SELECT 课程.课程号 , 课程.课程名 , 学号 ,成绩.课程名 AS 成绩课程名, 成绩
    FROM 课程 LEFT OUTER JOIN 成绩 ON 课程.课程号 = 成绩.课程号
```

3. 统计函数 GROUP BY、COMPUTER BY 子句的使用

（1）按区域、校名及平均学分分类查询满足学分大于 328 的行记录。具体语句如下：

```
SELECT 区域,校名,AVG(学分)  as 平均学分
    FROM 学生  WHERE 学分>328
        GROUP BY  区域,校名  ORDER BY 区域
```

（2）试用 COMPUTER BY 子句统计成绩表中成绩的汇总值。

```
SELECT TOP 10 学号,课程名,成绩 FROM 成绩 order by 课程名
        COMPUTE  sum(成绩)  by  课程名
```

4. 子查询的使用

（1）试用 EXISTS 设计一个嵌套子查询语句程序。

```
SELECT  *  FROM 课程
```

```
    WHERE    EXISTS
        (SELECT  *  FROM 成绩  WHERE 课程名='网络数据库 SQL SERVER')
```

（2）查询成绩表中课程名为"数学"同学的学号、姓名、性别和校名。

```
SELECT 学号,姓名, 性别,校名  FROM 学生
    WHERE  学号=ANY
        (SELECT  学号  FROM 成绩  WHERE 课程名='数学')
```

四、练习

（1）对"信息管理"数据库的学生、班级、成绩和课程表进行各种查询（包含简单查询、连接查询、子查询和模糊查询，以及分组和排序）。

（2）试完成第 8 章的"思考与实验"中题 10 的实验过程。

实验六   存储过程和触发器等的使用

一、实验目的

掌握存储过程与触发器的使用方法。

（1）掌握存储过程的内涵、存储过程的创建与管理和使用方法。

（2）掌握触发器的内涵、存储过程的创建与管理和使用方法。

（3）掌握规则等的创建、使用与管理。

（4）掌握默认值等的创建、使用与管理。

二、实验准备

（1）了解存储过程的概念和创建与执行方法与过程。

（2）了解触发器的概念和使用方法及触发过程。

（3）理解与预习规则等的创建、使用与管理的方法和技能。

（4）理解与预习默认值等等的创建、使用与管理的方法和技能。

三、实验内容

1．创建与调用存储过程

（1）创建存储过程。

① 基于"信息管理"数据库下的"学生"表，创建一个带 SELECT 查询语句的名为"查询_pro"的存储过程（存储过程只能建立在当前数据库上，故需先打开指定的数据库）。

```
USE 信息管理
go
CREATE  PROC 查询0511_pro  AS
  SELECT 学号, 姓名,  FROM 学生  where 区域='西南'
  Order by 学号 DESC
```

② 创建添加、修改和删除职工记录的存储过程 CX_Add、CX_Update 和 CX_Delete。

A．存储过程嵌套查询与数据插入。

```
CREATE PROCEDURE CX_Add  AS
 SELECT  学号, 姓名    FROM 学生
```

```
WHERE EXISTS
        (SELECT * FROM 成绩 WHERE 学号 = 学生.学号 AND 成绩 > 84)
        INSERT INTO 学生 VALUES('040202','关键','男',1982-1-17,'04021110',45,'
        西南','华东政法大学')
        INSERT INTO 学生 VALUES('040203','姚蓝','男',1981-1-17,'04021110',42,
        '东北','上海理工大学')
```

B.（存储过程嵌套查询与数据修改）。

```
CREATE PROCEDURE CX_UPDATE AS
    SELECT 学号,姓名 FROM 学生
    WHERE 学号 IN
            ( SELECT 学号 FROM 成绩 WHERE 成绩>75)
    UPDATE 学生       SET 学分=学分+5 WHERE 班级编号='04021110'
    UPDATE 学生       SET 学分=学分-8 WHERE 区域='东北'
```

又：

```
USE 信息管理
CREATE PROC 查询_pro AS
SELECT 学号，姓名， FROM 学生 where 区域='西南'
Order by 学号 DESC
```

C. 修改、删除职工记录（程序代码略）。

（2）运行存储过程。

可用 EXECUTE 语句运行一个存储过程，也可令存储过程自动运行。由 sysadmin 固定服务器角色使用 sp_procoption 过程可设置存储过程为自动运行。当一个存储过程标识为自动运行，在每次启动 SQL Server 2005 时，该存储过程便会自动运行。在此我们主要关注的是前者。

例如语句：

```
Excute CX_Add
```

2. 创建触发器

（1）触发器创建。

① 当用户向学生表插入或修改一条记录时，通过触发器触发完成某些操作（在触发器内引用 SELECT 语句显示相关信息）。

```
USE 信息管理
    CREATE TRIGGER 插入或修改检测
    ON 学生
    FOR INSERT,UPDATE
    AS
      SELECT * FROM inserted
      PRINT '可以在这里插入其他 T-SQL 语句,可以使用 inserted 表'
```

② 创建一个触发器，当用户试图在学生表中添加或修改数据时，触发器会触发完成删除记录并向客户端显示一条消息。

```
USE 信息管理
CREATE TRIGGER 删除班级
ON 课程 FOR DELETE AS
PRINT '使用 DELETE 触发器从课程表中删除相关行——开始'
    DELETE 学生
      FROM 学生,deleted WHERE 学生.班级编号 = deleted.班级编号
      PRINT '使用 DELETE 触发器从学生库中删除相关行——结束'
```

（2）建立与测试触发器。

```
USE 信息管理
CREATE TRIGGER 删除学生表信息
```

```
ON 学生    FOR DELETE        AS
    PRINT    '使用 DELETE 触发器从学生表中删除相关行——开始'
    DELETE  学生
      FROM    学生,deleted
      WHERE   学生.班级编号 = deleted.班级编号
    PRINT    '使用 DELETE 触发器从学生库中删除相关行——结束'
  SELECT * FROM deleted
```

使用以下的 DELETE 语句测试触发器：

```
    SELECT * FROM 学生
    SELECT 学号,姓名,班级编号 FROM 学生
        DELETE 学生 WHERE 班级编号='04021146' and  学号='031101'
```

3．规则与默认值的创建与绑定。

规则与默认值在 SQL Server 2000 中有着广泛的应用，但在 2005 中有着淡化的趋势。

（1）则的创建与绑定。

创建规则使用 EATE RULE rule_name AS condition_expression 语句，绑定规则使用 Sp_bindrule，删除规则使用 DROP RULE {rule_name}。删除一个规则前，必须先将与其绑定的对象解除 Sp_unbindrule。

创建学生出生日期规则 bdr，并将其绑定到"学生"表的"出生日期"字段，然后先将与其绑定的对象解除，然后再将其删除。

```
CREATE RULE  bdr
    AS @出生日期>='1960-01-01'  and  @出生日期<='1985-01-01'
    go
sp_bindrule 'bdr', '学生.出生日期'        --也可以使用 bdr
    go
Sp_unbindrule '学生.出生日期'             --解除前先观察以下再执行此语句
    go
DROP RULE  bdr                           --删除前先观察以下再执行此语句
    go
```

（2）默认值的创建与绑定。

创建默认值使用 CREATE DEFAULT   default_name   AS condition_expression 语句，绑定默认值使用 Sp_bindefault，删除默认值使用 DROP RULE {rule_name}。删除一个默认值前，必须先将与其绑定的对象解除 Sp_unbinddefault。

试创建成绩默认值 grade_defa，并将其绑定到"成绩"表的"成绩"和"补考成绩"两个字段上，然后先将与其绑定的对象解除，然后再将其删除。

```
CREATE DEFAULT grade_defa
AS  89
go
sp_bindefault grade_defa,'成绩.成绩'
sp_bindefault grade_defa,'成绩.补考成绩'
go
sp_unbindefault '成绩.成绩'
sp_unbindefault '成绩.补考成绩'
go
DROP  DEFAULT  grade_defa
go
```

四、练习

（1）基于"信息管理"数据库的学生、班级、成绩和课程表，创建存储过程与触发器（由 UPDATE、

INSERT 和 DELETE 等语句触发完成某些操作。

（2）试完成例 10-1、例 10-5 和例 10-6 的实验过程。

（3）试完成第 10 章的"思考与实验"中题 9 与题 10 的实验过程。

实验七　数据转换与备份管理

一、实验目的

（1）掌握数据传输服务内涵和导入与导出的使用方法。

（2）掌握数据库附加与分离的使用方法。

（3）掌握数据库备份与恢复的具体方法。

（4）理解数据库复制的使用方法。

二、实验准备

（1）了解数据传输服务的概念与具体过程。

（2）了解数据库附加与分离的具体步骤。

（3）了解数据库的备份与恢复的详实步骤。

（4）了解数据库复制的具体过程与使用方法。

三、实验内容

1．数据的导入与导出

使用 DTS 可完成数据的导入与导出，导入与导出向导可帮助用户交互式地在源、目标数据源间进行数据的导入、导出和转换。具体导入与导出的操作过程可以参阅本书 13.1 节数据转换。

2．数据库分离与附加

数据库分离与附加在系统应用开发中使用相当广泛。分离数据库"信息管理"数据库实例过程如下，附加数据库过程参阅本书 13.2.1 节所述。

（1）启动 SQL Server 管理平台，连接到 SQL Server 数据库引擎，在对象资源管理器中，展开"数据库"结点，并右击要分离的用户数据库的名称。

（2）在弹出的菜单中选择"任务" ⇨ "分离"命令，弹出"分离数据库"对话框。选中要分离的"信息管理"数据库，网格将显示数据库名称列中选中的数据库名称。验证这是否为要分离的数据库。默认情况下，将在分离数据库时保留过期的优化统计信息等。若要更新现有的优化统计信息，请勾选"更新统计信息"复选框。默认情况下，分离操作保留所有与数据库关联的全文目录。若要删除全文目录，请清除"保留全文目录"复选框。"状态"列将显示当前数据库"就绪状态"。

（3）分离数据库准备就绪后，请单击"确定"即可完成分离数据库。

3．数据库的备份与恢复

数据库的备份与恢复过程包括：备份设备的创建与删除、数据库的备份与数据库的恢复。试创建磁盘备份设备，并备份数据库和日志文件（将数据库备份到称为 test 的逻辑备份设备上，并将日志备份到称为 testLog1 的逻辑备份设备上），最后还原数据库和删除备份设备。在此，仅以 T-SQL 语言为例加以表述，SQL Server Management Studio 方法可自行尝试。

```
USE master
    EXEC sp_addumpdevice 'disk ', 'test ', 'c:\test\test.dat '
    EXEC sp_addumpdevice 'disk', 'testLog1', 'c:\test\testLog1.dat'
    go
    BACKUP DATABASE 信息管理 TO test
    BACKUP LOG 信息管理 TO testLog1
    go
    RESTORE DATABASE 信息管理 from test
    RESTORE  LOG 信息管理  FROM testLog1
    EXEC sp_dropdevice ' test'
    EXEC sp_dropdevice ' test Log1'
    Go
```

4．数据库复制

SQL Server 2005 提供的复制是在数据库间对数据和数据库对象进行复制和分发的一组技术。复制能够使用户提高应用程序性能，具体可以参阅本书 13.4 节"数据库复制"内容。

四、练习

（1）参照教材进行数据导入与导出、数据库分离与附加、数据库的备份与恢复、数据库复制等操作。

（2）试完成第 13 章的"思考与实验"中的题 12、题 18 和题 19 的实验过程。

实验八 安全性管理

一、实验目的

（1）熟悉认证模式的内涵、浏览与设置，掌握登录账户的管理方法。

（2）掌握数据库用户的管理方法。

（3）掌握固定服务器角色和固定数据库角色及其成员的管理方法。

（4）掌握用户权限管理的方法。

二、实验准备

（1）了解认证模式的内涵与设置过程，了解数据库用户的管理的要则。

（2）了解登录账户的管理理念与具体方法。

（3）了解固定服务器角色和固定数据库角色的管理及其成员的设置方法。

（4）了解用户权限管理的内涵与方法。

三、实验内容

1．认证模式浏览与设置

启动 SQL Server Management Studio，打开"属性"面板，通过 SQL Server 实例属性下的安全

选项卡浏览与设置具体认证模式。可以参阅本书 12.1.3 节 "SQL Server 2005 验证模式"。

2. 用户登录账户名管理

通常，可以 SQL Server 管理平台和 Transact-SQL 语句来创建登录名（账户）。

（1）SQL Server 管理平台方法。

- 启动 SQL Server 管理平台：在 SQL Server 管理平台中选择服务器，展开 "安全性" 结点。
- 右击 "登录名" 结点，从弹出的快捷菜单中选择 "新建登录名" 命令，然后按提示逐步完成整个用户登录名的创建。

（2）Transact-SQL 语句方法。

然后用 Create Login、sp_password、sp_defaultdb、sp_defaultlanguage、sp_helplogins、sp_revokelogin、sp_denylogin 和 sp_droplogin 等系统存储过程语句完成创建、查询与维护登录账户名。

- 创建密码为 "090428" 的 YU0904 登录名，默认数据库为 "学生管理"，默认语言为 "French"。

```
Create Login  YU0904  WITH PASSWORD ='090428', DEFAULT_DATABASE=学生管理,
DEFAULT_LANGUAGE =French
```

- 启用 "YU0904" 登录名，将计算机登录名的登录密码更改为 "20090428"，将 YU0904 登录名更改为 "网格"，并将 "网格" 登录名映射到凭据 PJ090428，具体语句如下：

```
Alter  Login YU0904  Enable
   Alter  Login  YU0904 WITH  PASSWORD = '20090428'
     Alter  Login   YU0904 WITH NAME =网格
        Alter  Login互联网; WITH CREDENTIAL= PJ090428
```

可继续参阅 12.2.4 与 12.2.3 节。

3. 数据库用户管理

数据库用户管理可以参阅本书 12.3 节。

创建一名为 "数据库"、密码为 "JSJ090501" 默认数据库为 "学生管理" 的登录账户。并将其建成名为 "学生管理" 的数据库用户，语句如下。

```
EXEC sp_addlogin  '数据库', ' JSJ090501', '学生管理'    --可用 CREATE LOGIN 替代。
   USE   学生管理
   exec sp_grantdbaccess  '数据库', '学生管理'
go
```

4. 固定服务器角色和固定数据库角色的管理

使用 SQL Server Management Studio 和 Transact-SQL 中系统存储过程语句管理固定服务器角色固定数据库角色。包括：

（1）使用 SQL Server Management Studio 和 Transact-SQL 中系统存储过程语句查看固定服务器角色和增加固定服务器角色成员，如 SP_addrolemember 存储语句。

（2）使用 SQL Server Management Studio 或 sp_droprolemember 删除某一数据库角色的成员。

（3）使用 SQL Server Management Studio 或 sp_helprolemember 可以显示某一数据库角色的具体成员。此内容可参阅 "12.4 角色" 节，仔细阅读例 12-12、例 12-13、例 12-14 和例 12-15。

5. 权限管理

使用 SQL Server Management Studio 和 Transact-SQL 存储过程语句可管理权限，权限所涉及的

操作包含：授予、撤销和拒绝。具体可参阅本书 12.6 节 "权限"。

利用 Transact-SQL 语句创建一名为 "世博上海"，密码是 "sky201005"，默认数据库为 "IT201005" 的账户；而后再将默认数据库改为 "精彩世博会"，密码改为 "SWExpo"，并将该账户设置为固定服务器角色 "setupadmin"，最后删除账户 "渤海湾"。

```
EXEC sp_addlogin '世博上海' , 'sky201005' , ' IT201005'        //创建用户
    EXEC sp_defaultdb ' IT201005', '精彩世博会'                //设置默认数据库
    EXEC sp_password ' sky201005', ' SWExpo ', '世博上海'
        EXEC sp_addsrvrolemember '世博上海' , ' setupadmin'      //设置服务器角色成员
            EXEC sp_droplogin 渤海湾
```

四、练习

（1）参照教材进行认证模式设置、登录账户名管理、数据库用户管理、固定服务器角色和固定数据库角色及其成员的设置管理和用户权限的管理。

（2）试完成第 12 章的 "思考与实验" 中的题 10、题 17 和题 18 的实验过程。

实验九　SQL Server 2005 数据库应用开发与课程设计运用

一、实验目的

（1）熟悉游标的使用方法与技能。

（2）掌握 VB 与 VB.NET 访问 SQL Server 2005 数据库的方法与技能。

（3）掌握 ASP 与 ASP.net 访问 SQL Server 2005 数据库的方法与技能。

（4）掌握 Java 与 JSP 访问 SQL Server 2005 数据库的方法与技能。

（5）掌握 SQL Server2005 应用开发与课程设计的综合应用的方法与技能。

二、实验准备

（1）了解游标的概念与使用的基本方法。

（2）了解 VB 与 VB.NET 访问 SQL Server 2005 数据库的概念与使用的基本方法。

（3）了解 ASP 与 ASP.net 访问 SQL Server 2005 数据库的概念与使用的基本方法。

（4）了解 Java 与 JSP 访问 SQL Server 2005 数据库的的概念与使用的基本方法。

（5）了解 SQL Server2005 应用开发与课程设计的应用开发的概念、方法与技能。

三、实验内容

1. 游标的使用

上机验证游标的效用并了解使用方法，具体可参阅第 11 章 "游标" 中的相关内容，用 DECLARE 声明并定义游标的类型，用 OPEN 语句打开、执行 FETCH 语句可从一个游标中获取信息，用 CLOSE 语句关闭游标，用 DEALLOCATE 语句释放游标。

2. VB 与 VB.NET 访问 SQL Server 2005 数据库

参阅第 15 章和第 16 章，实施并完成 VB 与 VB.NET 访问 SQL Server 2005 数据库的实验。

3. ASP 与 ASP.net 访问 SQL Server 2005 数据库

参阅第 17 章和第 18 章，实施并完成 ASP 与 ASP.net 访问 SQL Server 2005 数据库的实验。

4. Java 与 JSP 访问 SQL Server 2005 数据库

参阅第 19 章和第 20 章，实施并完成 Java 与 JSP 访问 SQL Server 2005 数据库的实验。

（1）利用 Java 插入 3 条新记录到 SQL Server 2005 信息管理库的"学生"表中，并先为 SQL Server 2005 数据库信息管理数据库建立系统数据源——XTDSNDB。

```java
import java.sql.*;
class InsertSQL2005 {
public static void main (String agrs[ ]) {
 System.out.println("正在加载驱动程序和连接数据库......!");
 try {Class.forName ("sun.jdbc.odbc.JdbcOdbcDriver"); }
catch(ClassNotFoundException ce)
            {System.out.println("SQLException1:"+ce.getMessage());}
 try { Connection con=DriverManager.getConnection("jdbc:odbc: XTDSNDB ");
    System.out.println("成功加载驱动程序和连接数据库!!");
      Statement stmt =con.createStatement();
      String sqlstr="insert into 学生 bf  values ('080901','张小文','男',380, '复旦大学")";
      stmt.executeUpdate (sqlstr);
 stmt.executeUpdate ("insert into 学生 bf values ('090328','翟雅琴','女',346,'同济大学")");
 stmt.executeUpdate ("insert into 学生 bf values ('090428','张  威','男',308,'浙江大学")");
      ResultSet rs =stmt.executeQuery ("select * from 学生 bf");
        while (rs.next())    {
System.out.println("学号"+rs.getString ("学号") +"\t"+"姓名"+rs.getString ("姓名")
+"\t"+"性别"+rs.getString ("性别") +"\t"+"学分"+rs.getFloat("学分")+"\t"+"校名"+rs.getString ("校名"));}
      stmt.close ();   con.close ();    }
      catch(SQLException e){System.out.println("SQLException2:"+e.getMessage());}
System.out.println("Java 应用程序访问 SQL SERVER 2005 数据库插入表数据结束!!!"); }}
```

（2）试建立一个 JSP 访问学生表的数据查询实例 ExJSP_SQL.jsp。语句如下。其中，先为 SQL Server 2005 数据库信息管理数据库建立系统数据源——DSN 信息管理。

```jsp
//ExJSP_SQL.jsp
<%@ page contentType="text/html; charset=GB2312" %>
<%@ page import="java.sql.*" %>
<html> <head><title>使用 JDBC 建立学生数据库连接</title> </head>
<body><center>
<font size = 5 color = blue> 学 生 表 数 据 查 询</font><hr>
<% Class.forName("sun.jdbc.odbc.JdbcOdbcDriver");        //加载驱动程序
    //建立连接
    Connection conn=DriverManager.getConnection("jdbc:odbc:DSN信息管理","sa","");
    Statement stmt=conn.createStatement();          //发送 SQL 语句
    Try { ResultSet rs;              //建立 ResultSet (结果集)对象; 执行 SQL 语句
rs=stmt.executeQuery("SELECT 学号,姓名,班级编号,学分,校名,区域 FROM 学生 WHERE 区域='东北'");
%>
<table border=3> <tr bgcolor=silver><b>
    <td>学号</td><td>姓名</td><td>班级编号</td><td>学分</td>
    <td>校名</td><td>区域</td> </b></tr>
<% while (rs.next()){                    //利用 while 循环将数据表中的记录列出
```

```
%> <tr>
    <td><font size=3><%= rs.getString("学号") %></font></td>
    <td><font size=3><%= rs.getString("姓名") %></font></td>
    <td><font size=3><%= rs.getString("班级编号") %></font></td>
    <td><font size=3><%= rs.getString("学分") %></font></td>
    <td><font size=3><%= rs.getString("校名") %></font></td>
    <td><font size=3><%= rs.getString("区域") %></font></td>
  </tr></font>
<%  }
    rs.close(); }
    catch(Exception e)  { out.println(e.getMessage());}  //下面语句为关闭对象

    stmt.close();  conn.close();  %>
</table></center> </body></html>
```

5. SQL Server2005 应用开发与课程设计的综合应用

参阅第 21 章，实施并完成 SQL Server2005 应用开发与课程设计的综合应用实验。

四、练习

（1）试完成例 15–1、例 16–2、例 17–2、例 18–2、例 19–3 和例 20–2 数据库应用实验。

（2）试完成思考与实验中的实验题：第 15 章题 6、第 16 章题 4、第 17 章题 4、第 18 章题 4、第 19 章题 7、第 20 章题 6、第 21 章题 6 的实验过程。

附录 **B**

数 据 类 型

在 SQL Server 中，每个列、局部变量、表达式和参数都有一个相关的数据类型，即指定对象可拥有的数据类型的特性。数据类型是指以数据的表现方式和存储结构来划分的数据种类。在 SQL Server 中数据有两种表示特征：类型和长度。

在 SQL Server 中，系统提供的数据类型见表 B-1。

表 B-1　SQL Server 2005 数据类型分类

序	分　　　类	数　据　类　型
1	整数型数字数据类型	bit, tinyint, smallint, int, bigint
2	小数型数字数据类型	real，float,decimal,numeric
3	日期和时间型数据类型	datetime, smalldatetime
4	字符型数据类型	char, varchar, text
5	二进制型数据类型	binary, varbinary, image
6	统一码型数据类型	nchar, nvarchar, ntext
7	货币型数据类型	money, smallmoney
8	其它型数据类型	timestamp, Cursor, sql_variant,table, uniqueidentifier, XML（新增）
9	用户自定义数据类型	sysname

其中，XML 类型是 SQL Server 2005 中新增加的数据类型。

B.1　整数型数字数据类型

整数型数字数据类型是最常用的数据类型之一，由负整数或正整数组成，如-16、0、6 和 2506。在 SQL Server 2005 中，整型数据使用 bigint、int、smallint、tinyint 和 bit 数据类型存储。bigint 数据类型可存储的数字范围比 int 数据类型广。int 数据类型比 smallint 数据类型的存储范围大，而 smallint 的数值范围又比 tinyint 类型大。

1. bit

bit 数据类型取值为 0、1 或 Null。通常用于表示逻辑数据类型，如 yes/no、true/false 等。如果输入 0 和 1 以外的值将被视为 1，不能对 bit 类型的列使用索引。SQL Server 优化用于 bit 列的存储。如果一个表中有不多于 8 个的 bit 列，这些列将作为一个字节存储。如果表中有 9~16 个 bit 列，这些列将作为两个字节存储。更多列的情况依此类推。

2. tinyint

tinyint 数据类型存储从 0~255 之间的所有整数，每个 tinyint 类型的数据占用 1 个字节的存储空间。

3. smallint

smallint 数据类型存储从 -2^{15}（−32,768）~$2^{15}-1$（32,767）的整型数据。每个 smallint 类型的数据占用 2 个字节的存储空间，其中，第 1 位表示整数值的正负号，其他 15 位表示整数值的长度和大小。

4. int

int（integer）数据类型存储从 -2^{31}（−2,147,483,648）~$2^{2^{31}}-1$（2,147,483,647）的整型数据。每个 int 类型的数据按 4 个字节存储，其中，第 1 位表示数值的正负号，其余 31 位表示数值的长度和大小。

5. bigint

bigint 该类型存储从 -2^{63}（−9223372036854775808）到 $2^{63}-1$（9223372036854775807）的整型数据。每个 bigint 类型的数据占用 8 个字节的存储空间。

B.2 小数型数字数据类型

小数型数字数据类型可分为 decimal 与 numeric。decimal 数据包含存储在最小有效数上的数据。在 SQL Server 中，小数数据使用 decimal 或 numeric 数据类型存储。存储 decimal 或 numeric 数值所需的字节数取决于该数据的数字总数和小数点右边的小数位数。如存储数值 19283.29398 比存储 5.20 需要更多的字节。

1. decimal

decimal 数据类型可以提供小数所需要的实际存储空间，但也有一定的限制，可以用 2~17 个字节来存储$-10^{38}-1$~$10^{38}-1$ 之间的数值，可将其写为 decimal [p,[s]]的形式，p 和 s 确定了精确的比例和数位。其中，p 表示可供存储的值的总位数（不包括小数点），默认值为 18；s 表示小数点后的位数，默认值为 0。例如 decimal（16,6）表示共有 16 位数，其中整数 10 位小数 6 位。表 B-2 列出了各精确度所需的字节数之间的关系。

表 B-2　decimal 数据类型的精度与字节数

精　　度	字节数	精　　度	字节数	精　　度	字节数	精　　度	字节数
1 ~ 2	2	3 ~ 4	3	5 ~ 7	4	8 ~ 9	5
10 ~ 12	6	13 ~ 14	7	15 ~ 16	8	17 ~ 19	9
20 ~ 21	10	22 ~ 24	11	25 ~ 26	12	27 ~ 28	13
29 ~ 31	14	32 ~ 33	15	34 ~ 36	16	37 ~ 38	17

2．numeric

numeric 数据类型与 decimal 数据类型完全相同。SQL Server 为了和前端开发工具配合其所支持的数据精度默认最大为 28 位，但可以通过使用命令来改变默认精度。

命令格式如下：

```
SqlServer [/D master_device_path][/P precisim_level ]
```

【例 B-1】用最大数据精度 38 启动 SQL Server。

程序代码如下：

```
sqlservr /d c:\ Mssql2005\data\master.dat /p38
/*在使用了/P 参数后如果其后没有指定具体的精度数值则默认为 38 位/*
```

3．浮点型（real 与 float）

浮点数据类型可分为 real 和 float。浮点数据包括按二进制计数系统所能提供的最大精度保留的数据。例如，分数 1/3 表示成小数形式为 0.333333（循环小数），该数字不能以近似小数数据精确表示。因此，从 SQL Server 获取的值可能并不准确代表存储在列中的原始数据。又如，以 0.3、0.6 和 0.7 结尾的浮点数均为数字近似值。

（1）real：可精确到第 7 位小数，其范围为–3.40E–38~3.40E+38。每个 real 类型的数据占用 4 个字节的存储空间。

（2）float：可精确到第 15 位小数，其范围为从–1.79E–308~1.79E+308。每个 float 类型的数据占用 8 个字节的存储空间。

float 数据类型也可表示为 float[(n)]的形式。其中的 n 表示用于存储 float 数值尾数的位数，以科学记数法表示，因此可以确定精度和存储大小。如果指定了 n，则它必须是介于 1 ~ 53 之间的某个值，n 的默认值为 53。n 为 1 ~ 24 时表示精度 7 位数，系统存用 4 个字节；n 为 25 ~ 53 时表示精度 15 位数，系统存用 8 个字节；

注意：SQL Server 2005 将 n 视为下列两个可能值之一：如果 1≤n≤24，则将 n 视为 24；如果 25≤n≤53，则将 n 视为 53。

B.3 日期和时间型数据类型

日期和时间型数据类型包括 datetime 和 smalldatetime，可代表日期和一天内的时间。

1．datetime

datetime 数据类型用于存储日期和时间的结合体，它可以存储从公元 1753 年 1 月 1 日零时起到公元 9999 年 12 月 31 日 23 时 59 分 59 秒之间的所有日期和时间，其精确度可达 1/300 秒即 3.33 毫秒。datetime 数据类型所占用的存储空间为 8 个字节，其中，前 4 个字节用于存储的天数数值，分正负正数表示，后 4 个字节用于存储此日零时起所指定时间经过的毫秒数。如果在输入数据时省略了时间部分，则系统将使用 12:00:00:000AM 作为时间默认值，如果省略了日期部分，则系统将 1900 年 1 月 1 日作为日期默认值。

2．smalldatetime

smalldatetime 数据类型与 datetime 数据类型相似，但其日期时间范围较小为从 1900 年 1 月 1 日到 2079 年 6 月 6 日，精度较低，只能精确到分钟，其分钟个位上的数为秒数四舍五入值，即以 30 秒为界四舍五入。如 datetime 时间为 14:38:30.283 时，smalldatetime 认为是 14:39:00。smalldatetime 数据类型使用 4 个字节存储数据，其中，前 2 个字节存储从基础日期 1900 年 1 月 1 日以来的天数，后两个字节存储此日零时起所指定的时间经过的分钟数。

下面介绍日期和时间的输入格式：

（1）日期输入格式。日期部分的输入格式常采用有英文数字格式（月份可用不分大小写的英文缩写或全名）、数字加分隔符格式（"/"、"–"和"."）和纯数字格式，数字加分隔符尚得兼顾 YMD（年月日）、MDY（月日年）和 DMY（日月年）格式。

【例 B-2】设置 2009 年 5 月 1 日格式。

数字加分隔符：

YMD:	2009/5/1	2009-5-1	2009.5.1
MDY:	5/1/2009	5-1-2009	5.1.2009
DMY:	1/5/2009	1-5-2009	1.5.2009

英文数字格式：

```
May 1 2009
```

纯数字格式：

```
20090501
```

（2）时间输入格式。

在输入时间时必须按"小时:分钟:秒:毫秒"的顺序来输入。其间用冒号隔开，但可将毫秒部分用小数点（.）分隔，其后第一位数字代表十分之一秒，第二位数字代表百分之一秒，第三位数字代表千分之一秒。当使用 12 小时制时，AM（am）和 PM（pm）分别指定时间是午前或午后。若不指定，系统默认为 AM。AM 与 PM 均不区分大小写。

【例 B-3】用两种格式具体表示 2009 年 8 月 28 日下午 5 点 40 分 59 秒 98 毫秒，并说明 10:23:5.123 Am 的内涵。

```
2009-8-28 5:40:59:98 PM              /* 12 小时格式 */
2009-8-28 17:40:59:98                /* 24 小时格式 */
```

10:23:5.123Am 是指上午 10 时 23 分 5 秒 123 毫秒

可以使用 Set date format 命令来设定系统默认的日期–时间格式。

B.4　字符型数据类型

字符型数据类型是使用最多的数据类型，它可以用来存储各种字母、数字符号与特殊符号等。SQL Server 2005 提供了 char、varchar 与 text。一般情况下使用字符类型数据时需在其前后加上单引号（'）或双引号（"）。

1. char

char 数据类型的定义形式为 char[(n)]，大小为 n 个字节的固定长度，且非 Unicode 的字符数据。以 char 类型存储的每个字符和符号占一个字节的存储空间，n 表示所有字符所占的存储空间。n 的取值为 1~8000，即可容纳 8000 个字符。若不指定 n 值，则系统默认值为 1；若输入数据的字符数小于 n，则系统自动在其后添加空格来填充；若输入的数据长于设定好的空间，则将会截掉其超出部分。

2. varchar

varchar 数据类型的定义形式为 varchar[(n)]，大小为 n 个字节的可变长度，且非 Unicode 的字符数据。与 char 类型相似，n 的取值也为 1~8000。若输入的数据过长则会截掉其超出部分，但 varchar 数据类型具有变动长度的特性。因为 varchar 数据类型的存储长度为实际数值长度，若输入数据的字符数小于 n，则系统不会在其后添加空格来填充。

一般而言，由于 char 数据类型长度固定，char 比 varchar 类型的处理速度快。

3. text

text 数据类型用于存储数据量庞大而变长的字符文本数据，其容量范围为 1~$2^3$1-1（2,147,483,647）个字符，在实际应用时需要视硬盘的存储空间而定。在 SQL Server 2005 以前版本的数据库中，一个 text 对象存储的实际上是一个指针，它指向一个以 8KB（8192）个字节为单位的数据页（data page），这些数据页是动态增加并被逻辑链接起来的。而在 SQL Server 2005 中则将 text 类型的数据直接存放到表的数据行，而不是存放到不同的数据页中，这就减少了用于存储 text 类型的空间，并相应减少了磁盘处理这类数据的 I/O 数量。

B.5　二进制型数据类型

二进制型数据类型分为固定长度（binary）、可变长度（varbinary）的二进制数据类型与 image 数据类型。

1. binary

binary 数据类型用于存储固定长度的 n 个字节二进制数据。其定义形式为 binary(n)，n 表示数据的长度，取值为 1~8000。在使用时，必须指定 binary 类型数据的大小至少应为 1 个字节，binary 类型数据占用 n+4 个字节的存储空间。在输入数据时，必须在数据前加上"OX"字符作为二进制标识，若输入 abc 则应输入 OXabc。

2. varbinary

varbinary 数据类型为可变长度二进制数据，其定义形式为 varbinary(n)。与 binary 类型相似，n 的取值也为 1~8000。若输入的数据过长，将会截掉其超出部分；不同的是 varbinary 数据类型具有变动长度的特性，因为 varbinary 数据类型的存储长度为实际数值长度+4 个字节。当 binary 数据类型允许 NULL 值时将被视为 varbinary 数据类型。一般情况下，由于 binary 数据类型长度固定，因此它比 varbinary 类型的处理速度快。

3. Image

Image 数据类型用于存储量大的二进制数据流，可变长度介于 0~231-1（2,147,483,647）个字节之间，用来存储照片、目录图片或图画，图形文件类型为*.gif、*.jpg 与*.bmp 及 OLE（object linking and embedding，对象连接和嵌入）对象。在输入数据时，同 Binary 数据类型一样，须在数据前加上字符 OX 作为二进制标识。字段中 Image 的数据不能用 Insert 语句输入。

B.6　统一码型数据类型

统一码型数据类型用于存储两个字节方能存储的双字节字符，如汉字等，且能确保系统产生的字符数据标识时惟一的，其可使用字符格式（如："hello,计算机世界"）或二进制格式（如：

0xff5059257981)。

1．nchar

nchar 数据类型的定义形式为 nchar[(n)]，包含 n 个字符的固定长度 Unicode 字符数据。它与 char 类型相似，不同的是 nchar 数据类型 n 的取值为 1~4000。由于 nchar 类型采用 Unicode 标准字符集，Unicode 标准规定每个字符占用两个字节的存储空间，所以它比非 Unicode 标准的数据类型多占用一倍的存储空间。

Unicode 标准规定使用双字节存储单位，其一个存储单位的容量可用于实现世界不同语言文字间的交互，可在一个数据列中就实施中文、英文等的编码而不冲突。

2．nvarchar

nvarchar 数据类型的定义形式为 nvarchar[(n)]，包含 n 个字符的可变长度 Unicode 字符数据，字节的存储大小是所输入字符个数的两倍，n 的值必须介于 1~4000 之间，所输入的数据字符长度可以为零。它与 varchar 类型相似，不同的是 nvarchar 数据类型采用 Unicode 标准字符集。

3．ntext

ntext 数据类型可变长度的 Unicode 数据，可用于存储长度超过 4000 个 Unicode 标准字符，最大长度为 $2^{30}-1$（1,073,741,823）个字符。存储大小是所输入字符个数的两倍（以字节为单位）。与 text 类型相似，不同的是 ntext 类型采用 Unicode 标准字符集。

B.7 货币型数据类型

货币型数据类型用于存储货币或现金值，在使用货币数据类型时应在数据前加上货币符号。SQL Server 2005 提供了 money 和 smallmoney 两种货币数据类型。

1．money

money 数据类型的数据存储大小为 8 个字节（由两个 4 字节数构成，前 4 个字节表示货币值的整数，后 4 个字节表示货币值的小数），货币数据值介于 -2^{63}（-922,337,203,685,477.5808）~$2^{63}-1$（+922,337,203,685,477.5807）之间，数据精度为万分之一货币单位。

2．smallmoney

smallmoney 数据类型的存储大小为 4 个字节（由两个 2 字节数构成，前 2 个字节表示货币值的整数，后 2 个字节表示货币值的小数），货币数据值介于 -214,748.3648~+214.748,3647 之间，数据精度也可为万分之一货币单位。

【例 B-4】建表并插入 2 条货币数据。

程序代码如下：

```
USE Northwind
CREATE TABLE TestMoney (cola INT PRIMARY KEY, colb MONEY)
SET NOCOUNT ON
                    -- The following three INSERT statements work.
INSERT INTO TestMoney VALUES (2, $123123.45)
INSERT INTO TestMoney VALUES (3, $555,123.45)
GO
```

B.8 其他数据类型

其他数据类型是指那些非前述数据类型（用户自定义数据类型独立讨论），包括 timestamp、table、sql_variant、uniqueidentifier、Cursor 和 XML（新增）。

1. timestamp

timestamp 数据类型提供数据库范围内的唯一值，亦称时间戳数据类型，它提供数据库范围内的唯一值，反映表明数据库中数据修改发生的相对顺序，相当于一个单调上升的计数器。当它所定义的列在更新或者插入数据行时，此列的值会被自动更新，一个计数值将自动地添加到此 Timestamp 数据列中，每个数据库表中只能有一个 timestamp，如果建立一个名为"Timestamp"的列，则该列的类型将自动设为 timestamp 数据类型。

2．table

table 数据类型用于存储对表或者视图处理后的结果集，table 数据类型类似于一个临时表，可用于存储对表或视图处理后的结果集。这一新类型使得变量可以存储一个表，从而使函数或过程返回查询结果更加方便和快捷。一个 table 变量或返回值的定义包括列、数据类型、精度、每列的小数位数以及可选的 PRIMARY KEY、UNIQUE 和 CHECK 约束。

存储在 table 变量中或用户定义函数返回值中的行的格式，必须在声明变量或创建函数时定义。其语法基于 CREATE TABLE 的语法。

【例 B-5】应用 table 数据类型于 INSERT 语句中。

程序代码如下：

```
DECLARE  @TableVar TABLE (Cola int PRIMARY KEY, Colb char(10))
     INSERT INTO  @TableVar VALUES (1, '计算机世界')
     INSERT INTO  @TableVar VALUES (2, '数据库技术')
  SELECT  *  FROM  @TableVar
```

程序执行后的结果如下：

```
（所影响的行数为 1 行）
（所影响的行数为 1 行）
Cola          Colb
-------------------------
1             计算机世界
2             数据库技术
（所影响的行数为 1 行）
```

3. sql_variant

sql_variant 数据类型可以存储除文本图形数据 text、ntext、image 与 timestamp 数据类型以外的其他任何合法的数据，此数据类型方便了 SQL Server 的开发工作。SQL Server 2005 中的 sql_variant 数据类型允许单个列、参数或变量存储不同数据类型的数据值。sql_variant 列的每个实例都记录数据值和描述该值的元数据：该值的基本数据类型、最大长度、小数位数、精度和排序规则。

【例 B-6】图 B-1 所示的是在新建的 EB 表中，EB_sql_variant 列上插入不同数据的语句、检验、运行的效果图。图 B-2 是在查询分析器浏览 EB 表数据的结果图。

程序代码如下：

```
CREATE TABLE EB
```

```
(EB_sql_variant sql_variant)
    INSERT INTO EB    VALUES ('I am a teacher! ')
    INSERT INTO EB    VALUES (19960112)
    INSERT INTO EB    VALUES ('4/5/2009 12:12:12 ')
    Go
```

4. UniqueIdentifier

UniqueIdentifier 数据类型存储一个 16 位的二进制数字，该值的使用与全球惟一标识符（globally uniqueidentifier，GUID）一样，此数字可以通过调用 SQL Server 的 newid()函数获得,在全球各地的计算机经由此函数产生的数字不会相同,主要用于在拥有多个结点、多台计算机的网络中，分配必须具有惟一性的标识符。

图 B-1　sql_variant 列上不同数据的插入示意图　　图 B-2　EB 数据表插入的 sql_variant 列信息

【例 B-6】应用 newid()函数获得一个 UniqueIdentifier 数据类型。

程序代码如下：
```
select newid()
```

5. Cursor

Cursor 这是变量或存储过程 OUTPUT 参数的一种数据类型，这些参数包含对游标的引用。使用 Cursor 数据类型创建的变量可以为空。注意：对于 CREATE TABLE 语句中的列,不能使用 Cursor 数据类型。

6. XML

XML 是 SQL Server 2005 中新增加的数据类型，可以保存整个 XML 数据的数据类型，它的使用方法和 int 数据类型一样。利用它可以将 XML 实例存储在字段中或者 XML 类型的变量中。注意，存储在 XML 中的数据不能超过 2GB。

B.9　用户自定义数据类型

SQL Server 2005 允许用户自定义数据类型，还可根据需要用自定义的数据类型来定义表的列或声明变量。用户自定义的数据类型并不是真正的数据类型，只是提供了一种加强数据库内部元素和数据类型间一致性的机制。用户用户定义的数据类型名称在数据库中必须是惟一的，用户自定义数据类型是建立在 SQL Server 系统数据类型基础上的，当用户定义一种数据类型时，需要指定该类型的名称、建立在其上的系统数据类型以及是否允许为空等。不能使用 SQL Server timestamp 数据类型来定义用户定义的数据类型。

SQL Server 为用户提供了两种方法来创建自定义数据类型：

（1）使用 SQL Server 管理平台创建用户自定义数据类型。

（2）利用系统存储过程创建用户自定义数据类型。

1．使用 SQL Server 管理平台创建用户自定义数据类型

启动 SQL Server Management Studio，在该窗口中的对象资源管理器中展开"数据库"结点下的具体数据库，如"信息管理"，然后再展开"可编程性"⇨"类型"项，右击"用户定义数据类型"选项，从弹出的快捷菜单中选择"新建用户自定义数据类型"命令，如图 B-3 所示，然后会出现"新建用户自定义数据库"对话框，在其中选择输入想要创建的数据类型名称、数据类型和长度等信息，单击"确定"按钮即可。

图 B-3　新建用户定义的数据类型过程

2．使用系统存储过程创建用户自定义数据类型

使用系统存储过程 sp_addtype 可创建用户自定义的数据类型。并且也可将其添加到某个特定数据库的 systypes 系统表中。如果想在所有新的用户定义的数据库中都可以使用这一用户定义的数据类型，请将其添加到 model。在创建了用户数据类型之后，可在 CREATE TABLE 或 ALTER TABLE 中使用它，sp_addtype 语法形式如下：

```
sp_addtype [@typename=] type, [@phystype=] system_data_type
 [, [@nulltype=] 'null_type'] [, [@owner=] 'owner_name'].
```

【例 B-7】创建两个用户自定义的数据类型 telephone 和 fax。

程序代码如下：

```
USE master
    EXEC sp_addtype telephone, 'varchar(24)', 'NOT NULL'
    EXEC sp_addtype fax, 'varchar(24)', 'NULL'
```

附录 C 函 数

SQL Server 2005 在 Transact-SQL 中提供了若干函数，用于帮助用户获取系统的相关信息、执行计算和统计功能、实现数据类型转换等操作。SQL Server 2005 函数分类及功能见表 C-1。

表 C-1　函数分类表

函数分类	功　　能
数学函数	对作为函数参数输入的值执行计算，返回一个数字值
聚合（统计）函数	在 SELECT 语句在使用，对一组值执行计算并返回单一的值
字符串函数	对字符串输入值执行操作，返回一个字符串或数字值
日期和时间函数	对日期和时间输入值操作，返回字符串、数字或日期和时间值
系统函数	执行操作并返回有关 SQL Server 中的值、对象和设置的信息
其他函数	以上几类之外的难以归类的、但用户经常使用的函数

C.1　数　学　函　数

SQL Server 2005 提供的数学函数可在数字型表达式（如 int、smallint、tinyint、float、real、Decimal、numeric、money 和 smallmoney 等）上执行数学运算，实现三角运算、指数运算、对数运算等数学运算。可以在 SELECT 语句的 SELECT 和 WHERE 子句以及表达式中使用数学函数，Transact-SQL 中的主要数学函数见表 C-2。

表 C-2　主要数学函数

函数类型	函　数	语 法 格 式	功　　能
通用函数	ABS	ABS(numeric_expression)	返回表达式的绝对值。返回的数据类型与表达式相同，可为 INT、MONEY、REAL、FLOAT 类型
	SIGN	SIGN(numeric_expression)	测试参数的正负号。返回：0：零值；1：正数或-1：负数返回的数据类型与表达式相同
	PI	PI()	返回值为 3.1415926535897936…
	RAND	RAND(integer_expression)	返回 0~1 之间的随机 float 值
	POWER	POWER（numeric_expression，numeric_expression）	返回给定表达式指定次方的值

续表

函数类型	函　数	语 法 格 式	功　　　能
三角函数	SIN	SIN(float_expression)	返回以弧度表示的角的正弦值
	COS	COS(float_expression)	返回以弧度表示的角的余弦值
	TAN	TAN(float_expression)	返回以弧度表示的角的正切值
	COT	COT(float_expression)	返回以弧度表示的角的余切值
反三角函数	ASIN	ASIN (float_expression)	返回正弦是 FLOAT 值的以弧度表示的角
	ACOS	ACOS (float_expression)	返回余弦是 FLOAT 值的以弧度表示的角
	ATAN	ATAN (float_expression)	返回正切是 FLOAT 值的以弧度表示的角
幂函数	EXP	EXP (float_expression)	返回表达式的指数值
	LOG	LOG (float_expression)	返回表达式的自然对数值
	LOG10	LOG10float_expression	返回表达式的以 10 为底的对数值
	SQRT	SQRT float_expression	返回表达式的平方根
	SQUARE	SQUARE (float_expression)	返回给定表达的平方值
取近似值函数	CEILING	CEILING(numeric_expression)	返回大于或等于所给数字表达式的最小整数。返回类型与表达式相同可为 INTEGER、MONEY、REAL、FLOAT 类型
	FLOOR	(numeric_expression)	返回小于或等于所给数字表达式的最大整数。返回类型与表达式相同可为 INTEGER、MONEY、REAL、FLOAT
	ROUND	ROUND(numeric_expression, integer_expression)	返回以 integer_expression 为精度的四舍五入值。返回类型可为 INTEGER、MONEY、REAL、FLOAT 类型

【例 C-1】 数学函数综合应用：用 ABS 求绝对值。

程序代码如下：

```
SELECT ABS(-1.0), ABS(0.0), ABS(1.0), PI()
```

下面是结果集：

```
---------------------------------
1.0  .0   1.0    3.14159265358979
 (1 row(s) affected)
DECLARE @angle float
    SET @angle = 45.175643
    SELECT 'The SIN of the angle is: ' + CONVERT(varchar,SIN(@angle))
    GO
```

下面是结果集：

```
---------------------------------
The SIN of the angle is: 0.929607
(1 row(s) affected)
```

【例 C-2】 数学函数综合应用：用 float 表达式返回给定角的 ATAN 值。

程序代码如下：

```
SELECT 'The ATAN of -45.01 is: ' + CONVERT(varchar, ATAN(-45.01))
```

下面是结果集：

```
---------------------------------
The ATAN of -45.01 is: -1.54858
(1 row(s) affected)
```

【例 C-3】数学函数综合应用：通过 RAND 函数产生的不同的随机值。

程序代码如下：

```
DECLARE @counter smallint
    SET @counter = 1
    WHILE @counter < 3
        BEGIN
            SELECT RAND(@counter) Random_Number
            SET NOCOUNT ON
            SET @counter = @counter + 1
            SET NOCOUNT OFF
        END
    GO
```

下面是结果集：

```
Random_Number
----------------------
0.71359199321292355
(1 row(s) affected)
Random_Number
----------------------
0.7136106261841817
(1 row(s) affected)
```

【例 C-4】数学函数综合应用：声明变量，返回所给变量的指数值。

程序代码如下：

```
DECLARE @var float
  SET @var = 378.615345498
  SELECT 'The EXP of the variable is: ' + CONVERT(varchar,EXP(@var))
GO
```

下面是结果集：

```
The EXP of the variable is: 2.69498e+164
(1 row(s) affected)
```

【例 C-5】数学函数综合应用：返回从 –1~1 的 SIGN 数值。

程序代码如下：

```
DECLARE @value real
      SET @value = -1
      WHILE @value < 2
       BEGIN
          SELECT SIGN(@value)
          SET NOCOUNT ON
          SELECT @value = @value + 1
          SET NOCOUNT OFF
       END
    SET NOCOUNT OFF
    GO
```

下面是结果集：

```
(1 row(s) affected)
----------------------
-1.0
(1 row(s) affected)
----------------------
0.0
(1 row(s) affected)
----------------------
1.0
(1 row(s) affected)
```

【例 C-6】数学函数综合应用：返回半径为 1 英寸、高为 5 英寸的圆柱容积。

程序代码如下：

```
DECLARE @h float, @r float
    SET @h = 5
    SET @r = 1
    SELECT PI()* SQUARE(@r)* @h AS 'Cyl Vol'
```

下面是结果：

```
Cyl Vol
-----------------------
15.707963267948966
```

【例 C-7】数学函数综合应用：返回 1.00~10.00 之间的数字的平方根。

程序代码如下：

```
DECLARE @myvalue float
    SET @myvalue = 1.00
    WHILE @myvalue <5
      BEGIN
        SELECT SQRT(@myvalue)
        SELECT @myvalue = @myvalue + 1
      END
    GO
```

下面是结果集：

```
-----------------------
1.0
-----------------------
1.4142135623731
-----------------------
1.73205080756888
-----------------------
2.0
-----------------------
```

【例 C-8】数学函数综合应用：计算给定 float 表达式的 LOG。

程序代码如下：

```
DECLARE @var float
    SET @var = 5.175643
    SELECT 'The LOG of the variable is: ' + CONVERT(varchar,LOG(@var))
    GO
```

下面是结果集：

```
The LOG of the variable is: 1.64396
(1 row(s) affected)
```

C.2 统 计 函 数

统计函数是在数据库操作中时常使用的函数，用于对查询结果集中多个项进行统计，并返回单个计算结果，该类通常又称为集函数。T-SQL 的常用的统计函数见表 C-3。

表 C-3 常用统计函数

函　　数	语 法 格 式	功　　能
AVG	AVG([ALL|DISTINCT]expression)	返回表达式的平均值
SUM	SUM([ALL|DISTINCT]expression)	返回表达式中所有 DISTINCT 值的和

函 数	语 法 格 式	功 能
MAX	MAX([ALL|DISTINCT]expression)	返回表达式的最大值
MIN	MIN([ALL|DISTINCT]expression)	返回表达式的最小值
COUNT	COUNT([ALL|DISTINCT]expression)	返回组中项目的统计数目
STDEV	STDEV(expression)	求表达式中所有值的统计标准偏差
VAR	VAR(expression)	求表达式中所有值的统计方差

统计函数用在 SELECT 子句中作为结果数据集的字段返回的结果。

注意：函数的对象或自变量必须包括在圆括号内，如果函数需要一个以上的自变量，可用逗号隔开各个自变量。

在 SELECT 中使用函数的语法为：Select 函数名 <列名 1 或*>,...<列名 n> From 表名

【例 C-9】统计函数综合应用：求各部门的平均工资。

程序代码如下：

```
Use 信息管理
    select avg(e_wage) as dept_avgWage from employee
    group by dept_id
```

运行结果如下：

```
dept_avgWage
-----------------------
5000.0000
4750.0000
3150.0000
5250.0000
2400.0000
2000.0000
4750.0000
(7 row s affected)
```

【例 C-10】统计函数综合应用：使用 SUM 和 AVG 函数进行计算。

程序代码如下：

```
USE pubs
SELECT AVG(advance), SUM(ytd_sales) FROM titles WHERE type = 'business'
```

下面是结果集：

```
-----------------------
6,281.25    30788
(1 row(s) affected)
```

【例 C-11】统计函数综合应用：计算年度销售额最高的书。

程序代码如下：

```
USE pubs
    GO
    SELECT MAX(ytd_sales) FROM titles
    GO
```

下面是结果集：

```
-----------------------
22246
(1 row(s) affected)
```

```
Warning, null value eliminated from aggregate.
```

【例 C-12】统计函数综合应用：查找作者所居住的不同城市的数量。

程序代码如下：

```
USE pubs
    SELECT COUNT(DISTINCT city)  FROM authors
```

下面是结果集：

```
-----------------------
16
(1 row(s) affected)
```

【例 C-13】统计函数综合应用：返回 titles 表中所有 royalty 值的方差。

程序代码如下：

```
USE pubs
    SELECT VAR(royalty) FROM titles
```

【例 C-14】统计函数综合应用：返回 titles 表中所有 royalty 的标准偏差。

程序代码如下：

```
USE pubs
    SELECT STDEV(royalty) FROM titles
```

【例 C-15】统计函数综合应用：求各部门的员工工资总额。

程序代码如下：

```
use pangu
    select dept_id sum(e_wage)  from employee
    group by dept_id
```

运行结果如下：

```
dept_id
-----------------------
1001  15000.0000
1002  15000.0000
1003  10500.0000
1004  16500.0000
4 row s affected
```

【例 C-16】统计函数综合应用：返回 employee 表中所 e_wage 的标准偏差。

程序代码如下：

```
use pangu
select stdev(e_wage)  from employee
```

运行结果如下：

```
-----------------------
2327.9257065546781
```

【例 C-17】统计函数综合应用：返回 employee 表中所有 e_wage 值的方差。

程序代码如下：

```
select var(e_wage)  from employee
```

运行结果如下：

```
-----------------------
5419238.0952380961
```

C.3　字符串函数

字符串函数用来对字符串输入值执行操作，返回字符串或数字值。可以在 SELECT 语句的 SELECT 和 WHERE 子句以及表达式中使用字符串函数，Transact-SQL 常用的字符串函数见表 C-14。

表 C-14 常用字符串函数

函 数	语 法 格 式	功 能
ASCII	ASCII(character_expression)	返回字符表达式最左端字符的 ASCII 代码值
CHAR	CHAR (integer_expression)	将 ASCII 代码转换为字符的字符串函数
SPACE	SPACE(integer_expression)	返回表达式的最大值
NCHAR	NCHAR(integer_expression)	根据 Unicode 标准所进行的定义，用给定整数代码返回 Unicode 字符
STR	STR(float_expression[,length[,decimal]])	由数字数据转换来的字符数据
LEN	LEN (string_expression)	返回给定字符串表达式的字符（而不是字节）个数，其中不包含尾随空格
SUBSTRING	SUBSTRING(expression,start,length)	返回字符、binary 和 text 等表达式的一部分
LOWER	SPACE (integer_expression)	返回由重复的空格组成的字符串
UPPER	UPPER (character_expression)	将小写字符数据转换为大写的字符表达式
STUFF	STUFF(character_expression,start,ength, character_expression)	删除指定长度的字符并在指定的起始点插入另一组字符
LEFT	LEFT(character_expression, integer_expression)	返回从字符串左边开始指定个数的字符
RIGHT	RIGHT(character_expression, integer_expression)	返回字符串中从右边开始指定个数的 integer_expression 字符
LTRIM	LTRIM (character_expression)	删除起始空格后返回字符表达式
RTRIM	RTRIM (character_expression)	截断所有尾随空格后返回一个字符串
REPLACE	REPLACE('string_expression1','string_ expression2','string_expression3')	用第三个表达式替换第一个字符串表达式中出现的所有第二个给定字符串表达式
UNICODE	UNICODE('ncharacter_expression')	按照 Unicode 标准的定义，返回输入表达式的第一个字符的整数值
DIFFERENCE	DIFFERENCE(character_expression, character_expression)	以整数返回两个字符表达式的 SOUNDEX 值之差
SOUNDEX	SOUNDEX (character_expression)	返回由 4 个字符组成的代码（SOUNDEX）以评估两个字符串的相似性
PATINDEX	PATINDEX('%pattern%',expression)	返回指定表达式中第一次出现的起始位置；如果不存在，则返回零
CHARINDEX	CHARINDEX(expression1,expression2 [,start_ location])	返回字符串中指定表达式的起始位置
QUOTENAME	QUOTENAME('character_string'[, 'quote_ character'])	返回带有分隔符的 Unicode 字符串，并加入可使输入字符串成为有效的 SQL 分隔标识符
REPLICATE	REPLICATE(character_expression, integer_ expression)	以指定的次数重复字符表达式
REVERSE	REVERSE(character_expression)	返回字符表达式的反转

【例 C-18】字符串函数综合应用：求解 ASCII 函数。

程序代码如下：

```
select ascii(45) as '45', ascii('xy') as '[xy]', ascii('ab') as '<ab>'
```

```
go
```
运行结果如下：
```
-----------------------
52    120    97
```
【例 C-19】字符串函数综合应用：将 ASCII 码转换为字符。

程序代码如下：
```
select char(43), char(34), char(-9)
```
运行结果如下：
```
-----------------------
+    "    NULL
```
【例 C-20】字符串函数综合应用：把字符串全部转换为大/小写。

程序代码如下：
```
select lower ('ABC'), upper('xyz')
```
运行结果如下：
```
-----------------------
abc    XYZ
```
【例 C-21】字符串函数综合应用：把数值型数据转换为字符型数据。

程序代码如下：
```
select str(478),str(478456,5),str(-478.456,8,2),str(478.4,5),str(478.46)
```
运行结果如下：
```
------------------------------------------------
 478    *****    -478.46  478      478
```
【例 C-22】字符串函数综合应用：去除字符串头部（LTRIM）或尾部（RTRIM）的空格。

程序代码如下：
```
select ltrim('计算机'),rtrim('理论'),rtrim('"数据"'),rtrim(ltrim('头尾无空格  '))
```
运行结果如下：
```
--------------------------------------------------
计算机    理论    "数据"    头尾无空格
```
【例 C-23】字符串函数综合应用：从字符串中取出子字符串。

程序代码如下：
```
select left('SQL Server',3), right('SQL Server',3),left(right('SQL Server',
6),4)
```
运行结果如下：
```
-----------------------
SQL  Server  Serv
```
【例 C-24】字符串函数综合应用：从字符串中返回部分字符串。

程序代码如下：
```
use 信息管理
select 姓名,区域,校名,substring(校名,4,6)  from 学生
where 校名 like '%大学%' and 区域='西南'
```
运行结果如下：
```
-------------------------------------------
刘华德    西南 上海师范大学        范大学
许 慧     西南 上海工程技术大学    程技术大学
王海霞    西南 华东师范大学        范大学
陈顺发    西南 华东理工大学        工大学
周 杰     西南 上海交通大学        通大学
```
【例 C-25】字符串函数综合应用：返回字符串中某个指定的子串出现的开始位置。

程序代码如下:

```
select charindex ('网络','广域网络技术'),patindex('%网络技术%','计算机网络技术'),
patindex('%网络技术','计算机理论网络技术')
```

运行结果如下:

```
-----------------------
3     4     6
```

【例 C-26】字符串函数综合应用:返回重复指定次数产生的字符串与指定的字符串的字符排列顺序颠倒。

程序代码如下:

```
select replicate('广域网',3), replicate('网络',-2), reverse('计算机网络')
```

运行结果如下:

```
------------------------------------------
广域网广域网广域网   NULL   络网机算计
```

【例 C-27】字符串函数综合应用:字符串替换。

程序代码如下:

```
select replace('计算机网络','网络','与数据库理论'), stuff('计算机网络',4,2,'算法矩阵'),
stuff('computer',4,2,'summer')
```

运行结果如下:

```
------------------------------------------------
计算机与数据库理论   计算机算法矩阵   comsummerter
```

C.4 日 期 函 数

该类日期函数用来对日期和时间输入值执行操作,并返回一个字符串、数字值或日期和时间值。Transact-SQL 常用的日期函数见表 C-5。

表 C-5 常用日期函数

函　　数	语 法 格 式	功　　能
GETDATE	GETDATE()	按格式标准返回当前系统日期和时间
DAY	DAY(date)	返回代表指定日期的日部分的整数
MONTH	MONTH(date)	返回代表指定日期月份的整数
YEAR	YEAR(date)	返回表示指定日期中的年份的整数
GETUTCDATE	GETUTCDATE()	返回表示当前 UTC 时间(世界时间坐标或格林尼治标准时间)的 datetime 值
DATEPART	DATEPART(datepart,date)	返回代表指定日期的指定日期部分的整数
DATENAME	DATENAME(datepart,date)	返回代表指定日期的指定日期部分的字符串
DATEADD	DATEADD(datepart,number, date)	在向指定日期加上一段时间的基础上,返回新的 datetime 值

【例 C-28】日期函数综合应用:获取系统日期函数和时间的年份、月份和日。

程序代码如下:

```
select getdate(), day(getdate()), month(getdate()), year(getdate())
```

运行结果如下:

```
-----------------------------------------------------
```

```
2004-05-12 15:16:19.430    12          5          2004
```

【例 C-29】日期函数综合应用：返回指定日期加上额外日期后产生的新日期。

程序代码如下：

```
select dateadd (day,2,'05/12/2004'),dateadd (day,12,'05/12/2004')
select dateadd (month,2,'05/12/2004'),dateadd (month,6,'05/12/2004')
select dateadd (year,2,'05/12/2004'),dateadd (year,6,'05/12/2004')
select dateadd (week,2,'05/12/2004'),dateadd (week,6,'05/12/2004')
```

运行结果如下：

```
---------------------------    ---------------------------
2004-05-14 00:00:00.000        2004-05-24 00:00:00.000
2004-07-12 00:00:00.000        2004-11-12 00:00:00.000
2006-05-12 00:00:00.000        2010-05-12 00:00:00.000
2004-05-26 00:00:00.000        2004-06-23 00:00:00.000
```

【例 C-30】日期函数综合应用：返回两个指定日期的差值。

程序代码如下：

```
USE 信息管理
GO
SELECT DATEDIFF(day, 出生日期, getdate()) AS 天数, DATEDIFF(month, 出生日期,
getdate())
       AS 月份数   FROM 学生  WHERE 性别='男'
GO
```

运行结果如下：

```
------------------------
    643       21
    894       30
    -44       -1
    84        3
    396       13
    -44       -1
    -43       -1
```

返回当前系统日期和时间。

```
SELECT GETDATE() AS 'Current Date'
GO
```

下面是结果集：

```
Current Date
--------------------------
Feb 18 1998 11:46PM
```

返回当前的月份。

```
SELECT DATEPART(month, GETDATE()) AS 'Month Number'
GO
```

下面是结果集：

```
Month Number
--------------------------
2
```

C.5 系 统 函 数

系统函数用于对 SQL Server 服务器和数据库对象进行操作，并可返回服务器配置和数据库对象等信息，它为用户提供了一种便捷的查询手段。系统函数可让用户在得到信息后使用条件语句，

根据返回的信息进行不同的操作，与其他函数一样可以在 SELECT 语句的 SELECT 和 WHERE
子句以及表达式中使用系统函数。T-SQL 常用的系统函数见表 C-6。

表 C-6　常用系统函数

函　　数	语 法 格 式	功　　能
DB_ID	DB_ID (['database_name'])	返回数据库标识（ID）号
DB_NAME	DB_NAME (database_id)	返回数据库名
FILE_ID	FILE_ID ('file_name')	返回当前库中给定逻辑文件名标识（ID）号
FILE_NAME	FILE_NAME (file_id)	返回给定文件标识（ID）号的逻辑文件名
OBJECT_ID	OBJECT_ID ('object')	返回数据库对象标识号
OBJECT_NAME	OBJECT_NAME (object_id)	返回数据库对象名
USER_ID	USER_ID (['user'])	返回用户的数据库标识号
USER	USER	返回用户在数据库中的名字
IS_SRVROLEMEMBER	IS_SRVROLEMEMBER('role'[,'login'])	指明当前的用户登录是否是指定的服务器角色的成员
IS_MEMBER	IS_MEMBER ({'group'l'role'})	确认当前用户是否是指定 Windows NT 组或 SQL Server 角色的成员
ISDATE	ISDATE (expression)	确定输入表达式是否为有效的日期
ISNULL	ISNULL(check_expression,replacement_value)	使用指定的替换值替换 NULL
APP_NAME	APP_NAME( )	返回当前会话的应用程序名称
CAST 和 CONVERT	CAST(expression AS data_type) ONVERT data_type[(length)],expression [,style])	将某种数据类型的表达式转换为另一种数据类型。CAST 和 CONVERT 提供相似的功能
COALESCE	COALESCE (expression[,...n])	返回其参数中第一个非空表达式
COLLATIONPROPERTY	COLLATIONPROPERTY(collation_name,property)	返回给定排序规则的属性
CURRENT_TIMESTAMP	CURRENT_TIMESTAMP	返回当前的日期和时间，等价于 GETDATE()
CURRENT_USER	CURRENT_USER	返回当前的用户，等价于 USER_NAME()
DATALENGTH	DATALENGTH (expression)	返回任何表达式所占用的字节数
fn_helpcollations	fn_helpcollations ()	返回 SQL Server 支持的所有排序规则列表
fn_servershareddrives	fn_serversshareddrives()	返回由群集服务器使用的共享驱动器名称
fn_virtualfilestats	fn_virtualfilestats([@DatabaseID=]database_id,[@FileID=]file_id)	返回对数据库文件（包括日志文件）的 I/O 统计
FORMATMESSAGE	FORMATMESSAGE(msg_number,param_value[,...n])	从 sysmessages 现有的消息构造消息
GETANSINULL	GETANSINULL (['database'])	返回会话的数据库的默认为空性
HOST_ID	HOST_ID()	返回工作站标识号
HOST_NAME	HOST_NAME()	返回工作站名称
IDENT_CURRENT	IDENT_CURRENT('table_name')	返回为任何会话和任何作用域中的指定表最后生成的标识值

续表

函　　　数	语 法 格 式	功　　　能
IDENT_INCR	IDENT_INCR('table_or_view')	返回表或视图中创建标识列时指定的增量值
IDENT_SEED	IDENT_SEED('table_or_view')	返回在带有标识列的表或视图中创建标识列时指定的种子值
IDENTITY	IDENTITY(data_type[,seed,increment]) AS column_name	在带有 INTO table 子句的 SELECT 语句中，将标识列插入到新表中
ISNUMERIC	ISNUMERIC (expression)	确定表达式是否为一个有效的数字类型
NEWID	NEWID()	创建 uniqueidentifier 类型的惟一值
NULLIF	NULLIF(expression,expression)	如果两个指定的表达式相等，则返回空值
PARSENAME	PARSENAME('object_name',object_piece)	返回对象名的指定部分
PERMISSIONS	PERMISSIONS([objectid[,'column']])	返回一个包含位图的值，表明当前用户的语句、对象或列权限
ROWCOUNT_BIG	ROWCOUNT_BIG ()	返回受执行的最后一个语句影响的行数
SCOPE_IDENTITY	SCOPE_IDENTITY()	返回插入到同一作用域中的 IDENTITY 列内最后一个 IDENTITY 值
SERVERPROPERTY	SERVERPROPERTY(propertyname)	返回有关服务器实例的属性信息
SESSIONPROPERTY	SESSIONPROPERTY(option)	返回会话的 SET 选项设置
SESSION_USER	SESSION_USER	将系统为当前会话用户名提供值插入表中
STATS_DATE	STATS_DATE (table_id , index_id)	返回最后一次更新指定索引统计的日期
SYSTEM_USER	SYSTEM_USER	当未指定默认值时，允许将系统为当前系统用户名提供的值插入表中
USER_NAME	USER_NAME ([id])	返回给定标识号的用户数据库用户名

【例 C-31】系统函数综合应用：测试当前应用程序是否为 SQL Server 查询分析器会话。

程序代码如下：

```
declare @currentApp varchar(50)
  set @currentApp = app_name
  if @currentApp <> 'SQL Query Analyzer'
  print 'This process was not started by a SQL Server Query Analyzer query session.'
```

运行结果如下：

```
-------------------------------------------------------
The command s completed successfully. /*表明当前应用程序是 SQL Server 查询分析器*/
```

【例 C-32】系统函数综合应用：使用 CURRENT_USER 返回当前的用户名。

程序代码如下：

```
SELECT 'The current user is: '+ convert(char(30), CURRENT_USER)
```

下面是结果集：

```
-------------------------------------------------------
The current user is: dbo
(1 row(s) affected)
```

【例 C-33】系统函数得合应用：使用 HOST_ID()来记录那些向记录订单的表中插人行的计算机终端 ID。

程序代码如下：

```
CREATE TABLE Orders
   (OrderID    INT        PRIMARY KEY,
    CustomerID NCHAR(5)   REFERENCES Customers(CustomerID),
    TerminalID CHAR(8)    NOT NULL DEFAULT HOST_ID(),
    OrderDate  DATETIME   NOT NULL,
    ShipDate   DATETIME   NULL,
    ShipperID  INT        NULL REFERENCES Shippers(ShipperID))
GO
```

【例 C-34】系统函数综合应用：返回服务器端计算机的名称，结果略。

程序代码如下：

```
declare @hostID char(8)
select @hostID = host_id
print @hostID
```

【例 C-35】系统函数综合应用：在 sysusers 中查找名称等于系统函数值的对象，结果略。

程序代码如下：

```
SELECT name
FROM sysusers
WHERE name = USER_NAME(1)
GO
```

【例 C-36】系统函数综合应用：返回当前系统的用户名。

程序代码如下：

```
 @sys_usr char(30)
set @sys_usr = system_user
   select 'the current system user is: '+ @sys_usr
```

运行结果如下：

```
--------------------------------------------------------
    The current system user is: sa
```

【例 C-37】系统函数综合应用：确定当前用户是否能够在 authors 表中插入数据行。

程序代码如下：

```
IF PERMISSIONS(OBJECT_ID('authors'))&8=8
   PRINT 'The current user can insert data into authors.'
ELSE
   PRINT 'ERROR: The current user cannot insert data into authors.'
```

运行结果如下：

```
--------------------------------------------------------
ERROR: The current user cannot insert data into authors.
```

【例 C-38】系统函数综合应用：返回 publishers 表中 pub_name 列的长度。

程序代码如下：

```
USE pubs
   GO
   SELECT length = DATALENGTH(pub_name), pub_name
   FROM publishers
   ORDER BY pub_name
   GO
```

运行结果如下：

```
length      pub_name
--------------------------------
20          Algodata Infosystems
```

```
16          Binnet & Hardley
21          Five Lakes Publishing
18          Lucerne Publishing
14          New Moon Books
17          Ramona Publishers
 (6 row(s) affected)
```

【例 C-39】系统函数综合应用：使用 host_name 返回服务器端计算机的名称。

程序代码如下：
```
declare @hostNAME nchar(20)
    select @hostNAME = host_name
    print @hostNAME
```
运行结果如下：
```
-------------------------------
YUYICH
```
【例 C-40】系统函数综合应用：从 pubs 数据库中的 jobs 表返回种子值 1。

程序代码如下：
```
USE pubs
  SELECT TABLE_NAME, IDENT_SEED(TABLE_NAME) AS IDENT_SEED
  FROM INFORMATION_SCHEMA.TABLES  WHERE IDENT_SEED(TABLE_NAME) IS NOT NULL
```
运行结果如下：
```
TABLE_NAME    IDENT_SEED
-------------------------------
jobs               1
```
【例 C-41】系统函数综合应用：用 OBJECT_ID 函数返回数据库对象的编号。

程序代码如下：
```
SELECT OBJECT_ID('信息管理.学生')
```
运行结果如下：
```
-------------------------------
485576768
```
【例 C-42】系统函数综合应用：用 OBJECT_NAME 函数返回数据库对象的名称。

程序代码如下：
```
use 信息管理
SELECT OBJECT_name('485576768')
```
运行结果如下：
```
-------------------------------
学生
```
【例 C-43】系统函数综合应用：指明当前用户是否为 sysadmin 固定服务器角色的成员。

程序代码如下：
```
IF IS_SRVROLEMEMBER ('sysadmin') = 1
  print 'Current user''s login is a member of the sysadmin role'
ELSE IF IS_SRVROLEMEMBER ('sysadmin') = 0
  print 'Current user''s login is NOT a member of the sysadmin role'
ELSE IF IS_SRVROLEMEMBER ('sysadmin') IS NULL
  print 'ERROR: Invalid server role specified'
```
运行结果如下：
```
--------------------------------------------------------
Current user's login is a member of the sysadmin role
```
【例 C-44】系统函数综合应用：指明当前用户是否为 db_owner 固定数据库角色的成员，及当前用户的数据库用户名。

程序代码如下:

```
IF IS_MEMBER ('db_owner') = 1
    print 'Current user is a member of the db_owner role'
ELSE IF IS_MEMBER ('db_owner') = 0
    print 'Current user is NOT a member of the db_owner role'
ELSE IF IS_MEMBER ('db_owner') IS NULL
    print 'ERROR: Invalid group / role specified'
```

运行结果如下:

```
-------------------------------------------------
Current user is a member of the db_owner role
    DECLARE @usr char(30)
    SET @usr = user
    SELECT 'The current user's database username is: '+ @usr
    GO
```

下面是结果集:

```
-------------------------------------------------
The current user's database username is: dbo
(1 row(s) affected)
```

C.6 其 他 函 数

除了以上几类函数之外，还有一些难以归类的而用户经常使用的函数。

1. TEXTPTR

TEXTPTR 函数返回一个指向存储文本的第一个数据库页的指针。其以 varbinary 格式返回对应于 text、ntext 或 image 列的文本指针值，若未赋初值则 TEXTPTR，函数返回一个 NULL 指针。检索到的文本指针值可用于 READTEXT、WRITETEXT 和 UPDATETEXT 语句。

TEXTPTR 函数语法格式：TEXTPTR <column>

【例 C-45】返回一个指向存储文本的值。

程序代码如下:

```
use 信息管理
    SELECT  姓名,TEXTPTR(简历),区域 FROM 学生  where 区域='东北'
    GO
```

运行结果如下:

```
-------------------------------------------------
叶 倩    0xF9FF990100000000770000000001000300   东北
林 颐    0xF9FF9B0100000000770000000001000500   东北
黎和生   0xF9FF9D0100000000770000000001000700   东北
周玉琴   0xF9FF9E0100000000770000000001000800   东北
```

2. TEXTVALID

TEXTVALID 函数用于检查指定的文本指针是否有效，如果有效则返回 1，无效则返回 0。如果列未赋予初值，则返回 NULL 值。TEXTVALID 函数语法格式：

```
TEXTVALID <'table.column'> <text_ pointer>
```

【例 C-46】TEXTVALID 函数的使用。

程序代码如下:

```
USE pubs
GO
```

```
SELECT pub_id,   TEXTVALID ('pub_info.logo', TEXTPTR(logo))  'Valid (if 1)
Text data'
FROM pub_info  ORDER BY pub_id
GO
```
运行结果如下：
```
----------------------------------
pub_id    Valid (if 1) Text data
0736      1
1389      1
1622      1
1756      1
4 row s affected
```

3. PATINDEX 函数

PATINDEX 用来返回指定表达式中某模式第一次出现的起始位置；如果在全部有效的文本和字符数据类型中没有找到该模式，则返回零。PATINDEX 函数语法格式：
```
PATINDEX ( '%pattern%' , expression )
```
【例 C-47】查找模式"wonderful"在 titles 表中 notes 列的某一特定行中的开始位置。

程序代码如下：
```
USE pubs
SELECT PATINDEX('%wonderful%', notes)  FROM titles  WHERE title_id = 'TC3218'
GO
```
下面是结果集：
```
----------------------------------
46
 (1 row(s) affected)
```

4. CURSOR_STATUS 函数

CURSOR_STATUS 函数允许存储过程的调用方确定针对一个给定参数，该过程是否返回游标和结果集。

CURSOR_STATUS 函数语法格式：
```
CURSOR_STATUS  ({ 'local' , 'cursor_name' } | { 'global' , 'cursor_name' } |
{ 'variable' , 'cursor_variable' }  )
```
主要参数说明如下：

- local: 指定一个常量，该常量表明游标的源是一个本地游标名。
- cursor_name: 游标名。游标名必须符合标识符的规则。
- Global: 指定一个常量，该常量表明游标的源是一个全局游标名。
- Variable: 指定一个常量，该常量表明游标的源是一个本地变量。
- cursor_variable: 游标变量的名称。必须使用 cursor 数据类型定义游标变量。

【例 C-48】创建一个名为 lake_list 的过程，并将输出结果用 CURSOR_STATUS 检验。

程序代码如下：
```
USE pubs
CREATE PROCEDURE lake_list
   ( @region varchar(30),@size integer, @lake_list_cursor CURSOR VARYING
OUTPUT )
AS
BEGIN
   DECLARE @ok SMALLINT
```

```
    EXECUTE check_authority @region, username, @ok OUTPUT
    IF @ok = 1
      BEGIN
      SET @lake_list_cursor =CURSOR LOCAL SCROLL FOR
        SELECT name, lat, long, size, boat_launch, cost
        FROM lake_inventory
        WHERE locale = @region AND area >= @size
        ORDER BY name
      OPEN @lake_list_cursor
      END
END
DECLARE @my_lakes_cursor CURSOR
DECLARE @my_region char(30)
SET @my_region = 'Northern Ontario'
EXECUTE lake_list @my_region, 500, @my_lakes_cursor OUTPUT
IF Cursor_Status('variable', '@my_lakes_cursor') <= 0
  BEGIN
  /* Some code to tell the user that there is no list of
  lakes for him/her */
  END
ELSE
BEGIN
    FETCH @my_lakes_cursor INTO -- Destination here
    -- Continue with other code here.
END
```

C.7 用户自定义函数

前面所介绍的都是 SQL Server 2005 提供的函数，为了扩展 Transact-SQL 的编程能力，系统还允许用户自定义函数。在 SQL Server 2005 中用户自定义函数是作为一个数据库对象来管理的，可以使用企业管理器或 Transact-SQL 命令来创建、修改和删除。用户可以使用 CREATE FUNCTION 语句编写自己定义的函数。

语法格式：

```
CREATE FUNCTION [ owner_name.] function_name ( [ { @parameter_name [AS]
    scalar_parameter_data_type [ = default ] } [ ,...n ] ] )
    RETURNS scalar_return_data_type
     [ AS ]
    BEGIN
    function_body
    RETURN scalar_expression
END
```

【例 C-49】返回内嵌表值函数。

程序代码如下：

```
USE pubs
GO
CREATE FUNCTION SalesByStore (@storeid varchar(30))
RETURNS TABLE
AS
RETURN (SELECT title, qty
        FROM sales s, titles t
        WHERE s.stor_id = @storeid and t.title_id = s.title_id)
```

附录 D

教 学 大 纲

《SQL Server 2005 数据库应用技术》教学大纲

课程代码	B3102711	课程名称	SQL Server 2005 数据库应用技术
			SQL Server 2005 database application technology

课程基本情况	1. 学分：2.5~4；学时：48~60（理论学时： 32~40；实验学时：16~20）
	2. 课程性质：专业必修课
	3. 适用专业：计算机科学与技术、信息管理与信息系统、电子商务、经济管理类等
	4. 适用对象：本科
	5. 先修课程：计算机应用基础、程序设计基础、数据库原理及应用、计算机网络技术与管理。
	6. 教材与参考书目：
	  • 虞益诚，等.SQL Server 2005 数据库应用技术（第二版）.北京：中国铁道出版社.2009.05.
	  • 虞益诚，等.SQL Server 2005 数据库应用技术.北京：中国铁道出版社，2006.01.
	  • 周峰.精通 SQL Server 2005 关系数据库基础与实践教程.北京：电子工业出版社，2006.07.
	  • 赵俊荣，等.SQL Server 2005 数据库技术及应用.北京：高等教育出版社，2007.3.
	  • 王琬茹，等.SQL Server 2005 数据库原理及应用教程.北京：清华大学出版社，2008.3.
	  • 许志清，等，精通 SQL Server 2005 数据库系统管理.北京：人民邮电出版社，2007.10.
	  • 钱雪忠，等. 据库与 SQL Server 2005 教程.北京：清华大学出版社，2007.10.
	  • 刘辉，等. 零基础 SQL Server 2005. 北京：机械工业出版社，2008.1.
	7. 考核方式：考试（ 考查）、闭卷 平时成绩（考勤、作业、提问）30%（若有期中考试则：期中 20%，平时成绩 10%）、期终考试 70%
	8. 教学环境：多媒体、Windows Server 2005/2003、SQL Server 2005 与前台程序设计语言

课程教学目的	《SQL Server 2005 数据库应用技术》是一门研究现今计算机网络中数据库运作的技术、网络数据库系统原理、管理方法与程序设计技术的学科。它是信息管理与信息系统（信息管理与电子商务方向）、计算机应用、经济管理（类）等专业的一门重要的专业课。本课程旨在使学生掌握网络数据库基本原理、SQL Server 的使用方法、管理技能与程序设计技术。本课程是实践性较强的课程，应使学生能融理性与感性知识为一体，掌握相关技能、开拓该领域的创新思维、综合运作能力

课程内容、学时分配及教学基本要求	1　SQL Serve 2005 的概述与安装（3+1 学时）
	  1.1　数据库与网络数据库基础（理解）
	  1.2　SQL Server 及发展及 SQL Server 2005 的特点（了解）
	  1.3　SQL Server 2005 的平台架构（理解）
	  1.4　SQL Server 2005 的 安装（了解）
	  1.5　SQL Server 2005 常用管理工具（掌握）
	  1.6　SQL Server 2005 的系统组成（了解）
	  1.7　查询编辑器的使用方法介绍（掌握）
		重点：SQL Server 管理平台与查询编辑器的使用。
		难点：网络数据库基础、SQL Server 管理平台与查询编辑器的使用。
		2　服务器管理使用与系统规则（2 学时）
		  2.1　SQL Server 2005 系统数据库及数据库对象（了解）
		  2.2　SQL Server 2005 服务器管理（理解）
		  2.3　SQL Server 2005 配置管理（理解）
		  2.4　配置 SQL Server 服务器属性（掌握）

课程内容、学时分配及教学基本要求	**2.5 结构化查询语言 SQL 基础（了解）** 重点：SQL Server 2005 数据库对象、SQL Server 2005 服务器管理、SQL Server 2005 配置管理、配置 SQL Server 服务器属性 难点：SQL Server 2005 配置管理。 **3 数据库的建设与管理（2+1 学时）** 3.1 关系数据库基础（理解） 3.2 文件和文件组（了解） 3.3 数据库的创建与基本管理（掌握） 重点与难点：数据库的创建与基本管理。 **4 表的创建与数据管理（6+1 学时）** 4.1 数据类型（掌握） 4.2 与数据完整性和约束基础（了解） 4.3 表的创建与管理（掌握） 4.4 表数据的管理（掌握） 4.5 索引 （了解） 4.6 数据的传输服务（掌握） 4.7 数据库的备份与恢复及数据库的附加（掌握） 4.8 *数据库的出版和订阅（了解） 重点：数据类型、表的创建与管理、数据库备份与恢复、数据传输 难点：约束、索引、数据库备份与恢复、数据库的出版和订阅。 **5 SQL Server 程序设计（4+1 学时）** 5.1 程序设计基本知识（理解） 5.2 流程控制语句的使用（掌握） 5.3 SQL Server 函数与游标基础（了解） 重点：程序设计基础、流程控制语句的使用、SQL Server 部分函数； 难点：流程控制语句的使用。 **6 数据查询（4+1 学时）** 6.1 查询基础（理解） 6.2 FROM 子句与 WHERE 条件查询（掌握） 6.3 ORDER BY 子句与 GROUP BY 子句（掌握）	6.4 COMPUTE 汇总与连接查询（理解） 6.5 嵌套查询与数据更新 （理解） 重点：嵌套查询、FROM 与 WHERE 条件查询、ORDER 与 GROUP 子句 难点：COMPUTE 汇总与连接查询、嵌套查询。 **7 视图（2 学时）** 7.1 视图基础与创建（掌握） 7.2 视图的管理（理解） 重点与难点：视图的创建与管理。 **8 存储过程与触发器（3）** 8.1 存储过程基础（了解） 8.2 存储过程的创建与管理（掌握） 8.3 触发器基础（理解） 8.4 触发器的创建与管理（掌握） 8.5 存储过程与触发器应用（理解） 重点：存储过程的创建与管理、触发器的创建与管理； 难点：触发器的创建与验证、权限管理。 **9 安全性管理机制（4+1 学时）** 9.1 SQL Server 的安全性机制（了解） 9.2 SQL Server 的登录模式与登录名称管理（掌握） 9.3 数据库安全性管理（掌握） 9.4 角色管理（理解） 9.5 权限管理（理解） 重点：登录模式、数据库安全性管理、角色与权限管理； 难点：数据库安全性管理、权限管理。 **10 SQL Server 数据库应用技术（2+2 学时）** 10.1 SQL Server WEB 基础（了解） 10.2 SQL Server2005 数据访问基础（了解） 10.3 基于 VB/VB.NET/Java/JSP/ASP/ASP.NET 的 SQL Server 数据访问（理解） 重点与难点：基于 VB/VB.NET/Java/JSP/ASP/ASP.NET 的 SQL Server 数据访问

	序号	实验名称	实验学时	每组人数	实验性质	开出要求
课内实验	1	SQL Sever 实例安装、管理工具的使用及数据库的创建与管理	2+1	1	验证	必做
	2	数据表及其数据的创建与管理	2+1	1	验证	必做
	3	视图的管理与使用及数据查询与更新	2+1	1	验证	必做
	4	SQL 程序设计、函数、SQL 存储过程和触发器的使用；	3+1	1	验证	必做
	5	SQL 安全性等综合管理	3	1	验证	必做
	6	SQL Server 2005 系统开发	4	1	综合	必做

续表

	序 号	内 容 提 要
实验 内容	实验一	1. 了解 SQL Sever 2005 的安装。理解客户端通过网络 IP 地址访问服务器实例。2、掌握 SQL Sever 2005 管理工具的设置与使用 3. 掌握数据库数的创建及其管理
	实验二	1. 熟悉基于不同方式创建表及其使用管理 2. 掌握数据的插入、更新、删除等操作
	实验三	1. 理解、掌握视图的管理与使用 2. 熟悉数据的查询与更新
	实验四	1. 熟悉 SQL 程序结构与具体设计 2. 理解、掌握函数、存储过程和触发器等的管理与使用
	实验五	1. 掌握 SQL 数据库安全性管理 2. 掌握 SQL Sever 2005 下的角色与权限管理
	实验六	1. 熟悉利用网络数据库 SQL 课程所学知识构建实例服务器与数据库表和系统设置 2. 理解使用 VB/VB.NET/Java/JSP/ASP/ASP.NET 等程序设计语言访问 SQL Server 2005 服务器下数据库的方法与技能 3. 掌握 SQL Sever 2005 的系统开发，并能使用窗体或菜单等 VB/Java 技术访问 SQL Server 数据库
备注	适用于 48 学时与 64 学时	

参 考 文 献

[1] 周峰. 精通 SQL Server 2005 关系数据库基础与实践教程[M]. 北京：电子工业出版社，2006.

[2] 郝安林，等. SQL Server 2005 基础教程与实验指导[M]. 北京：清华大学出版社，2008.

[3] 赵俊荣，等. SQL Server 2005 数据库技术及应用[M]. 北京：高等教育出版社，2007.

[4] 王琬茹，等. SQL Server 2005 数据库原理及应用教程[M]. 北京：清华大学出版社，2008.

[5] 许志清，等. 精通 SQL Server 2005 数据库系统管理[M]. 北京：人民邮电出版社，2007.

[6] 虞益诚，等. Java 程序设计及应用开发教程[M]. 北京：科学出版社，2007.

[7] 蒋培，等. ASP.NET Web 程序设计[M]. 北京：清华大学出版社，2007.

[8] 虞益诚，等. SQL Server 2000 数据库应用技术[M]. 北京：中国铁道出版社，2004.

[9] 钱雪忠，等. 据库与 SQL Server 2005 教程[M]. 北京：清华大学出版社，2007.

[10] 刘辉，等. 零基础 SQL Server 2005[M]. 北京：机械工业出版社，2008.

[11] 康会光，等. SQL Server 2005 中文版标准教程[M]. 北京：清华大学出版社，2008.

[12] 周涛，等. SQL Server 2005 数据库企业级应用[M]. 北京：清华大学出版社，2008.

[13] 吴文虎，等. VisualBasic.NET 程序设计教程[M]. 北京：中国铁道出版社，2006.

[14] 耿祥义，等. JSP 实用教程[M]. 2 版. 北京：清华大学出版社，2007.

[15] 李红. 数据库原理与应用[M]. 北京：高等教育出版社，2003.